合成孔径雷达成像及其图像处理

黄世奇 编著

科学出版社

北京

内 容 简 介

本书主要介绍涉及SAR成像及其图像处理中的基本理论、基本概念和基本方法，并根据SAR图像的特点和近年来从事相关科研与教学的实践经验，列举大量实例，以供读者参考。考虑到SAR处理技术的迅速发展和广泛应用，在讲解基本理论的同时还介绍国内外相关的最新动态、研究成果和应用实例。本书共9章，包括SAR成像原理和SAR图像处理两大部分。在SAR成像方面，介绍遥感、微波和SAR的基本概念、基本原理和基础知识，以及SAR成像原理、模型和基本成像算法，还有多普勒参数估计的基础内容。在SAR图像处理及应用方面，介绍SAR图像特性、斑点噪声及滤波、SAR图像增强、SAR图像分割及解译，以及包含干涉SAR成像处理和时间序列的多时相SAR图像处理等。

本书可作为高等院校电子信息、遥感、测绘、地理信息系统等专业的本科生教材，也可供研究生及相关领域的科研人员和工程技术人员参考。

图书在版编目(CIP)数据

合成孔径雷达成像及其图像处理/黄世奇编著. —北京：科学出版社，2015
ISBN 978-7-03-045754-7

Ⅰ. 合…　Ⅱ. 黄…　Ⅲ. 合成孔径雷达-雷达成像-图像处理
Ⅳ. TN958

中国版本图书馆CIP数据核字(2015)第225193号

责任编辑：魏英杰　纪四稳／责任校对：郭瑞芝
责任印制：吴兆东／封面设计：陈　敬

科学出版社出版
北京东黄城根北街16号
邮政编码：100717
http://www.sciencep.com
北京凌奇印刷有限责任公司 印刷
科学出版社发行　各地新华书店经销
*
2015年9月第　一　版　开本：720×1000 1/16
2022年1月第六次印刷　印张：21 1/2
字数：431 000
定价：120.00元
(如有印装质量问题，我社负责调换)

前 言

合成孔径雷达概念自20世纪50年代初被提出之后，得到了突飞猛进的发展，由真实孔径雷达的低分辨率成像到合成孔径雷达的高分辨率成像，由单极化成像到多极化成像，由单波段成像到多波段成像，由单站成像到双站（多站）成像，由单入射角、单模式到多入射角、多模式成像，再到逆合成孔径雷达成像、干涉合成孔径雷达成像和极化干涉合成孔径雷达成像，取得了举世瞩目的成绩。

合成孔径雷达（synthetic aperture radar，SAR）是一种主动的微波遥感成像雷达，由于其具有全天候、全天时获取数据的能力，并具有一定的穿透能力，所以在现代战争中得到了广泛的应用，如军事情报侦察、伪装识别、精确制导、目标动态跟踪、战场动态感知、毁伤效果评估等。因SAR成像能弥补光学遥感和红外遥感的不足，特别是在恶劣气候条件和人烟稀少的复杂环境下，SAR已成为一种非常重要的对地、对空观测不可缺少的技术手段，在生态科学、水文科学、海洋科学、环境科学以及灾害、测绘、地质、农业、森林、城市、航空等民用探测领域中发挥着重要的作用，而且随着SAR成像技术以及SAR图像解译和判读技术的不断发展和完善，其应用领域和范围也在不断深入和拓广。利用不同时相或时间序列的SAR图像，可以获得某区域在一段时间内地物目标发生变化的状态或信息，并进行连续的监测，这对全球资源与环境变化监测、灾害监测与评估、农作物生长状况监测、海洋环境监测等方面均有着非常重要的科学意义，可为人类与自然的和谐、持续发展提供技术保障。利用干涉SAR和差分干涉SAR成像技术可以获得地物高程信息、地形数据以及地表沉降信息等，利用极化SAR可以获得不同偏振状态下的散射信息。

随着电子技术、信息处理技术、计算机技术和图像处理技术的不断发展和进步，SAR成像质量和分辨率的进一步提高，SAR图像处理技术的不断完善，SAR的应用领域将不断拓宽和普及，将与光学成像遥感一样渗入普通老百姓的日常生活中，因此在相关专业的本科高年级中逐渐开设合成孔径雷达成像及其图像处理方面的基础课程也是大势所趋。虽然有关SAR成像和SAR图像处理方面的专著比较多，但是这些专著的起点高，一般面对的是硕士和博士研究生，或者专业科研工作人员。目前，针对本科授课还没有合适的教材，基于此，结合作者给信息工程和侦测工程授课情况，撰写了本书。因此，本书主要介绍SAR成像原理和SAR图像处理方面的基础内容，重点是基本概念、基本原理和基本方法的阐述，尽量通俗易懂、深入浅出、科普为主，以起到抛砖引玉和入门作用，如继续深入学习需参阅相关文献和专著。本书的特点是强调基础性，即基本原理、基本概念、基本方法和基本思路，同时图文并茂、通俗易懂、深入浅出、结构合理，不仅系统性、知识性和逻辑性强，而且内容丰富新颖、知识点涵盖广。

本书的先修课为《数字信号处理》和《数字图像处理》，因为SAR成像及其图像处理是这两门课程的实践课或后续课。对于《遥感原理与应用》《雷达原理》和《微波遥感原理》课程，不一定先修，因每个专业的方向以及培养方案和培养目标不完全相同，因此，在第1章首先简要介绍遥感与雷达方面的基本概念，在第2章简要介绍微波遥感方面的基础知识，对于前期学过这些课程或相关内容的学生，可以略去相关章节和内容的授课，但建议通读一遍，以形成一个完整的知识体系。

全书内容可以分成两部分，第一部分包括第1章至第4章，主要介绍遥感、合成孔径雷达和微波遥感的基本概念，以及SAR成像原理和基本成像算法，还有多普勒参数估计等基础内容。第二部分包括第5章至第9章，主要阐述SAR图像特性、SAR图像斑点噪声及滤波、SAR图像增强、SAR图像分割与解译，以及多时相SAR图像处理等方面的基础内容和基本方法。

本书的编写过程中，参阅了大量的国内外文献资料和网络资料，这些文献均以参考文献的形式列出，在此向各位作者表示衷心的感谢。本书使用的SAR图像数据来源于商业卫星和网络，在此表示感谢。本书已在侦测和信息工程两专业中进行了试讲，上课学生提出了许多具体的宝贵意见，在此一并表示感谢。

由于作者水平有限，不足之处在所难免，敬请各位同仁和广大读者不吝赐教指正，以便改正。

作　者
2015年5月

目　录

第1章　绪　　论

1.1　遥感基本概念

遥感技术是20世纪60年代兴起的一门新兴探测技术，它根据电磁波理论，利用各种传感仪器对远距离目标所反射或辐射的电磁波能量进行接收、转换、处理，并最终形成可视图像，实现对地物目标进行探测和识别的一种综合技术。遥感技术最初以航空摄影技术为基础，自1972年美国成功发射第一颗地球资源卫星并获取了大量地球表面卫星图像后，遥感技术就开始在世界范围内得到了迅猛的发展和广泛的应用，这也标志着航天遥感的开始。经过几十年的迅速发展，已经形成了对地球资源和环境进行探测和监测的立体观测体系，而且在测绘、环境生态保护、灾害监测、地质勘探、水文、气象、农林业和军事等领域得到了广泛的应用，并产生了可观的经济效益和显著的社会效益，为人类社会与生态环境的协调、可持续发展提供了非常重要的技术保障。

1.1.1　什么是遥感

如果从字面上理解，“遥感”，顾名思义，就是遥远地感知。遥感(remote sensing)通常被认为是在不接触物体的情况下，对其属性或状态进行探测。另外一种解释，认为“遥”是一个空间概念，而“感”是一个信息处理系统，则遥感技术是一种非接触的测量和识别技术。例如，人眼就是天生的遥感系统，当人眼观看远处物体时，就是一种生物遥感；普通的照相机照相、天文望远镜观测星空、各种航拍和卫星成像，都属于遥感的范畴。人类通过大量的实践，发现地球上每一个物体都在不停地吸收、反射或辐射信息和能量，其中有一种人类已经认识到的形式——电磁波，并且发现不同物体的电磁波特性是不同的。遥感就是根据这个原理来探测地表物体对电磁波的某种反映，从而提取这些物体的信息，完成远距离识别物体。例如，当大兴安岭森林火灾发生时，由于着火的树木温度比没有着火的树木温度高，它们在电磁波的热红外波段会辐射出比没有着火的树木更多的能量，如果此时正好有一个载着热红外波段传感器的卫星经过大兴安岭上空，由于着火的森林在热红外波段比没着火的森林辐射更多的电磁能量，在获得的遥感卫星影像中，着火的森林区域就会比没有着火的森林区域更亮。同样，如果此时有雷达成像传感器经过上空，能获得相应的雷达图像，着火区域和没着火区域的色调也不一样，因为它们的后向散射特性不同。这样，我们可以通过卫星影像判断森林着火情况，对灾害进行实时监测，并及时评估灾害损失和调整指挥抗灾救灾实施过程。

对遥感的定义有不同的表达形式，其中，广义定义指的是遥远地感知，泛指一切无接触的远距离探测，包括对电磁场、力场、机械波(声波、地震波)等的探测。狭义定义是指应用探测仪器，不与探测目标相接触，从远处把目标的电磁波特性记录下来，通过转换、处理和分析，揭示出物体的特征性质及其变化的综合性探测技术。目前，一种比较简明的定义是：从不同的高度平台，如高塔、气球、飞机、火箭、人造地球卫星、宇宙飞船、航天飞机和空间站等，通过传感器对地表物体的电磁波信息进行收集，然后将这些信息进行传输、处理和判读分析，从而达到对物体进行识别和监测的全过程。

1.1.2 遥感技术系统

把遥感技术与方法理论结合并应用到某个专业领域，就构成了一个遥感技术系统，如图 1.1 所示。一个完整的遥感技术系统通常由以下几部分组成：遥感信息源；信息获取；信息接收与传输；信息处理；信息应用。

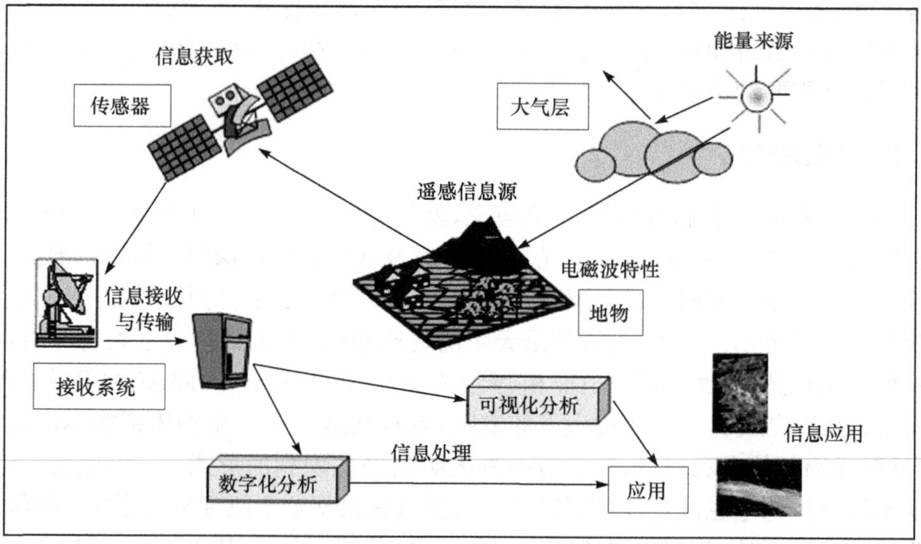

图 1.1 遥感技术系统示意图

遥感信息源(地物目标)——任何地物目标都具有发射、反射和吸收电磁波的性质，都是遥感的信息源。地物目标与电磁波的复杂相互作用，便构成了地物目标的电磁波特性，它是遥感探测的物理依据。

信息获取——主要由传感器及其平台来完成。传感器是接收和记录地物目标电磁波特征的仪器，如照相机、摄像机、红外成像仪、高光谱成像仪、合成孔径雷达、辐射计和散射计等。搭载传感器的载体称为遥感平台(remote platform),如地面三脚架、遥感车、气球、有人/无人机、卫星和航天飞机等。平台按高度不同,可分为地面平台、航空平台和航天平台。这三种平台有各自的特点和用途,既可单独使用,又可联合使用,根据实际的需要,可以组成不同层次的立体观测系统。

信息接收与传输——传感器接收到地物目标的电磁波信息后,记录在数字磁介质或胶片上。胶片由人或回收舱送到地面接收站,然后进行回收处理,而数字磁介质上记录的信息则可以直接通过飞机或卫星上的微波天线传输给地面的接收站进行处理。

信息处理——主要靠硬件系统和软件系统来完成。硬件系统包括工作站(计算机)、显示设备、大容量存储设备、图像输入输出设备等。软件系统主要包含以下功能:数据输入模块、几何校正模块、辐射校正模块以及图像变换、图像增强、图像融合、分类、分析和输出模块等。

信息应用——通过遥感技术获取地物目标电磁信息的目的是应用。这项工作由各专业人员根据不同的应用需要来进行。在应用过程中,也需要大量的信息处理和分析,如不同传感器信息的融合、同传感器不同时相信息的融合,以及遥感与非遥感信息的结合等。

1.1.3 遥感分类

目前,遥感分类的方式有多种,还没有一个完全统一的标准。根据遥感的定义,常见的分类方式有以下几种。

1. 按搭载传感器的遥感平台分类

根据遥感探测器所采用的遥感平台不同可以将遥感分为地面遥感、航空遥感、临近空间遥感和航天遥感。

地面遥感:是指把传感器设置在地面平台上,通常离地面的距离不超过150m,如车载、船载、手提、固定或活动的高架平台等。

航空遥感:又称机载遥感,是指把传感器设置在航空器上,如气球、航模、飞机及其他航空器等。航天遥感的特点是灵活、影像清晰、分辨率高,并已形成了完整的理论和应用体系,往往还用来做各种遥感实验和校正工作。缺点是飞行器受到气候的影响比较大。

临近空间遥感:是指把传感器装置在临近空间活动的飞行器上。临近空间是对海拔20～100km空间范围的一个通用性称谓。临近空间位于“空”和“天”之间,即位于飞机所能达到的最高位置和低轨道卫星轨道之间的区域。临近空间飞行器与航空、空间平台相比具有明显的优势,与航空平台相比,它提供的覆盖范围更宽,可以长时间驻留,生存能力强;与空间轨道平台相比,则可以进行分辨率更高且针对特定地区的覆盖探测。另外，由于临近空间的大气平稳，不像对流层那样具有复杂的气流和气候变化，而且大气稀薄且杂质成分少，无云雾等阻挡，适合电磁波的传播。临近空间飞行器有高空气球、飞艇、空天飞机和高速无人机等。

航天遥感：又称星载遥感，是指把传感器设置在航天器上，如人造卫星、宇宙飞船、空间实验室等。它的优点是成像高度高、宏观性好、可重复观测，平台不受天气、地形和国界等自然因素和条件的限制。缺点是平台的机动性较差。

2. 按遥感对象分类

按遥感的对象可分为宇宙遥感和地球遥感。

宇宙遥感：主要是探测宇宙中的天体和其他物质的遥感，如探测月球和火星表面的照片。

地球遥感：是对地球和地球上的物体进行探测的遥感。地球遥感主要包括资源遥感和环境遥感。资源遥感是以地球资源作为调查研究对象的遥感。调查全球自然资源状况和监测再生资源的动态变化，是遥感技术应用的主要领域之一。利用遥感信息勘测地球资源，成本低、速度快，有利于克服自然界恶劣环境的限制，减少勘测投资的盲目性。以地球表层环境为对象的遥感称为环境遥感。环境遥感是利用各种遥感技术，对自然与社会环境的动态变化进行监测或做出评价与预报的统称。由于人口的增长与资源的开发和利用，以及自然与社会环境随时都在发生变化，利用遥感多时相、周期短的特点，可以迅速为环境监测、评价和预报提供可靠依据。

3. 按电磁波段分类

按成像所利用的电磁波谱段可分为紫外遥感、可见光/反射红外遥感、热红外遥感和微波遥感。电磁波谱图如图 1.2 所示。

紫外遥感：是指利用紫外波段进行地物探测的遥感，波段范围为 0.05～0.38μm。在大多数情况下，紫外线或光谱的紫外线部分是具有最短波长的实用遥感。这种辐射只是可见光波长的紫外部分。地球表面的一些材料，如岩石、矿物和荧光，通过紫外辐射时可发出可见的光照射。

可见光/反射红外遥感：是指利用可见光波段、红外波段和短波红外波段进行探测的遥感，波段范围为 0.38～2.5μm。其中，在 0.38～0.76μm 是人眼可见的波段，从 0.76～2.5μm 为反射红外波段，虽然人眼不能直接看见，但其信息能被特殊遥感器所接收，如高光谱遥感和超光谱遥感。它们共同的特点是：辐射源是太阳。这两个波段只反映地物对太阳辐射的反射，所以可以根据地物反射率的差异来获得其相关的信息，都可以用摄影方式和扫描方式对观测区域成像。

热红外遥感：是指利用中、远红外波段进行地物探测的遥感，波段范围为2.5～

1000μm。热红外遥感通常是通过红外敏感元件，探测物体的热辐射能量，显示目标的辐射温度或热场图像的遥感技术的统称。在常温(约 300K)下，地物热辐射的绝大部分能量都位于此波段，因此，在此波段上地物的热辐射能量大于太阳的反射能量。热红外遥感具有昼夜工作能力。

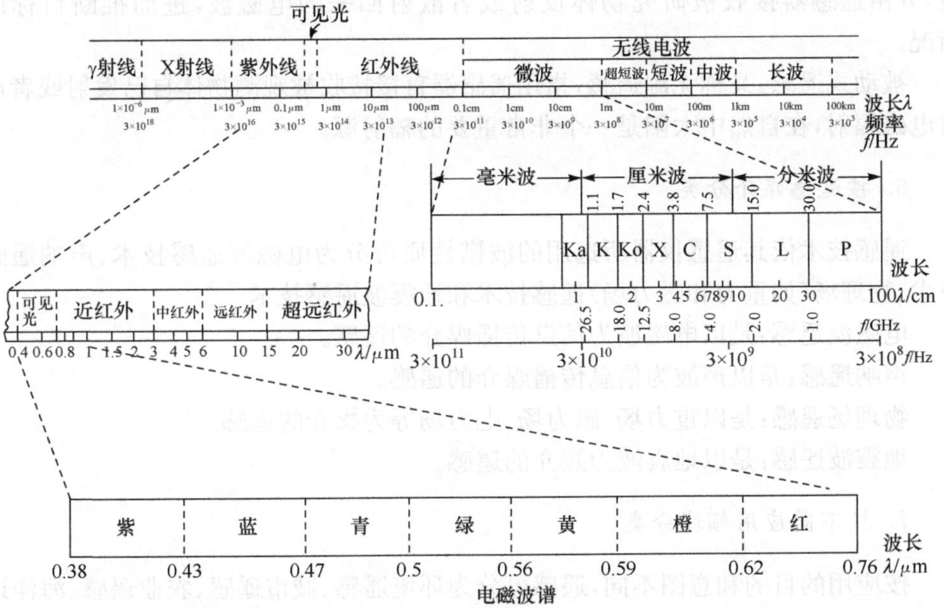

图 1.2　电磁波谱

微波遥感：是指利用微波波段进行地物探测的遥感，波段范围为 1～1000mm。微波遥感通过接收地物发射的微波辐射能量，或接收遥感仪器本身发出的电磁波束的回波信号，对地物进行探测、识别和分析。微波遥感的特点是对云层、地表植被、松散沙层和干燥冰雪具有一定的穿透能力，又能夜以继日地全天时、全天候工作。

4. 按应用空间尺度分类

按应用空间尺度遥感可分为全球遥感、区域遥感和城市遥感。

全球遥感：全面系统地研究全球性资源与环境问题的遥感统称。

区域遥感：是以区域资源开发和环境保护为目的的遥感信息工程，它通常按行政区域区划(国家、省区等)、自然区域区划(如长江流域、黄河流域等)和经济区域区划。

城市遥感：以城市环境、生态环境作为主要调查研究对象的遥感工程。

5. 按接收电磁波辐射性质分类

遥感按接收的电磁辐射的性质分为主动式遥感和被动式遥感。

主动式遥感:又称有源遥感,通过遥感器主动向地物目标发射一定形式的电磁波,并由遥感器接收被研究物体反射或者散射回来的电磁波,进而推断目标的情况。

被动式遥感:又称无源遥感,指用遥感器直接接收被观测物体自己发射或者反射电磁辐射,在自然中太阳是一个非常重要的辐射源。

6. 按遥感媒介分类

遥感技术依其遥感仪器所选用的波谱性质可分为电磁波遥感技术、声呐遥感技术、物理场(如重力和磁力场)遥感技术和地震波遥感技术。

电磁波遥感:是以电磁波为信息传播媒介的遥感。

声呐遥感:是以声波为信息传播媒介的遥感。

物理场遥感:是以重力场、磁力场、电力场等为媒介的遥感。

地震波遥感:是以地震波为媒介的遥感。

7. 按不同应用领域分类

按应用的目的和意图不同,遥感可分为环境遥感、城市遥感、农业遥感、海洋遥感、地质遥感、林业遥感、气象遥感、灾害监测遥感、空间遥感和军事遥感等。

1.1.4 遥感的特点

遥感作为一门对目标物体进行探测的综合性技术,它的出现和发展既是人类认识和探索自然界的客观需要,又具有其他探测技术手段与之无法比拟的特点。遥感技术的特点归纳起来主要有以下几个方面。

1. 探测范围广,采集数据快

遥感可获取大范围数据资料。遥感用于航摄飞机飞行高度为10km左右,陆地卫星的轨道高度可达910km左右,可及时获取大范围的遥感信息。例如,一幅大小为23cm×23cm,比例尺为1∶35000的航拍照片,可反映出60km^{2}的地面实况;一幅陆地卫星TM图像,其覆盖面积可达34225km^2;一幅星载SAR图像的覆盖面积也可达到1万多km^2。由此可见遥感技术可以实现远距离、大范围的对地宏观观测,这对地球资源和环境分析极为重要。

遥感探测能在较短的时间内,从空中乃至宇宙空间对大范围地区进行对地观测,并从中获取有价值的遥感数据。这些数据拓展了人们的视觉空间,为宏观地掌握地面事物的现状情况创造了极为有利的条件，同时也为宏观研究自然现象和自然规律提供了宝贵的第一手资料。例如，利用干涉 SAR 成像技术，短时间内获得全球数字高程数据。这种先进的技术手段与传统的手工作业相比是不可替代的。

2. 动态监测，快速更新

航天遥感平台能周期性、重复地对同一地区进行对地观测，这有助于人们通过所获取的多时相遥感数据，发现并动态地跟踪地球上许多事物的变化。同时，研究自然界的变化规律，尤其是在监视天气状况、自然灾害、环境污染、战场动态感知等方面，遥感的运用就显得格外重要。例如，陆地卫星 Landsat-4，5 的运行周期为 16 天，即每隔 16 天可对全球陆地表面成像一遍；同一颗 SPOT 卫星对同一地区的重访周期，最短为 5 天；NOAA 气象卫星每天能收到两次覆盖全球的图像；Meteosat 每 30 分钟获得同一地区的图像。

3. 获取信息的手段多，信息量大

根据不同的任务和应用的目的，遥感技术可选用不同波段和传感器来获取信息，甚至综合的立体观测系统。例如，可采用可见光探测物体，也可采用紫外线、红外线和微波探测物体；可以从地面、近地面、空中和航天等不同层次的平台来探测物体。利用不同波段对物体不同的穿透性，还可获取地物内部信息。例如，地面深层、水的下层，冰层下的水体，沙漠下面的地物特性等，微波波段还可以全天候工作。

遥感技术所获取信息量极大，是名副其实的海量数据和大数据，其处理手段是人力难以胜任的。例如，Landsat 卫星的 TM 图像，一幅覆盖面积为 185km×185km 的图像，像元空间分辨率为 30m，像元辐射分辨率为 2^8 级，其数据量约为 6000×6000＝36MB。如一景包括 7 个波段的 TM 影像的数据量可达 36MB×7＝252MB；如果覆盖我国范围的 TM 数据量，则可达到 135GB 的海量数据，远远超出了传统手工方法所获取的信息量。

4. 获取的数据具有综合性

遥感探测所获取的是同一时段和覆盖大范围区域的遥感数据，这些数据综合地展现了地球上许多自然与人文现象，宏观地反映了地球上各种事物的形态与分布，真实地体现了地质、地貌、土壤、植被、水文、人工构筑物等地物的特征，全面地揭示了各种地物之间的关联性，并且这些数据在时间上具有相同的趋势性。

5. 探测过程不受地面条件限制

在地球上有很多地方，自然条件极为恶劣，人类难以到达，如沙漠、沼泽、高山峻岭、冰川、海洋等，地面探测工作非常困难。采用不受地面条件限制的遥感技术，特别是航天遥感，还不受国界的限制，可及时方便地获取各种宝贵遥感数据资料。

6. 经济与社会效益高

遥感技术已在林业、农业、地质、测绘、环境、海洋、气象、深空、资源等众多方面得到了广泛应用，随着遥感影像的空间分辨率、时间分辨率、光谱分辨率和辐射分辨率的不断提高，以及与地理信息系统及全球定位系统的相结合，它的应用领域更加宽广。与传统的手工业相比，遥感技术的开发和利用，不仅节省大量的人力、物力和财力，而且大大地缩短了数据获取和处理时间，几乎可以实现近实时观测和处理。例如，20 世纪 70 年代，美国陆地 1 号卫星及其地面设备，维护费每年 2000～5000 万美元，而受益却为 14 亿美元，其中仅减少洪水灾害损失、预报农作物病虫害、估计世界小麦产量、勘探石油和天然气，这五项的收益共计为 10 多亿美元。在我国的各种自然灾害监测和救援中，遥感技术获得了大量的经济和社会效果，例如，每年夏季洪水灾害的监测和救援、2008 年四川省汶川地区特大地震的抗震救灾，城市的扩展与生态环境的监测等，都取得了非常好的经济和社会效益。

1.1.5 遥感技术的发展历史

最早使用“遥感”一词的是美国海军研究所的艾弗林·普鲁伊特。1961 年，在美国国家科学院和国家研究理事会的支持下，在密歇根大学的威罗·兰实验室召开了“环境遥感国际讨论会”。此后，在世界范围内，遥感作为一门新兴学科飞速发展起来。虽然遥感技术的迅猛发展和广泛应用只有几十年，但是遥感学科的技术积累和酝酿却经历了几百年的历史和发展阶段。

(1) 无记录的地面遥感阶段(1608～1838 年)。

1608 年，汉斯·李波尔赛制造了世界上第一架望远镜，1609 年伽利略制作了倍数放大 3 倍的科学望远镜，从而为观测远距离目标开辟了先河。但望远镜只能观测物体，却不能把所观测到的事物用图像记录下来。

(2) 有记录的地面遥感阶段(1839～1857 年)。

对探测目标的记录与成像始于摄影技术的发展，并与望远镜相结合发展为远距离摄影。1839 年，达吉赫(Daguarre)和尼普斯(Niepce)发明了摄影技术，并获得了第一张照片，第一次成功地把拍摄到事物的影像记录在胶片上，开辟了人类获取影像的先河。1849 年，法国人艾米·劳塞达特(Aime Laussedat)制订了摄影测量工作计划，成为有目的、有记录的地面遥感发展阶段的标志。

(3) 空中摄影遥感阶段(1858～1919 年)。

1858 年，法国摄影师 G. F. 图纳乔(Gaspard Felix Tournachon)用气球搭载相机拍摄了巴黎附近一个小村庄比弗雷(Bievre)的“鸟瞰”相片，这是人类获取的第一张空中地面照片。1860年，J. W. 布莱克(James Wallace Black)乘气球升空至630m，成功地拍摄了美国波士顿的照片。1903年，莱特兄弟(Willbur Wright and Orvilke Wright)发明了飞机，为航空遥感的发展创造了有利条件。1909年，W. 莱特在意大利的圣托西利上空用飞机进行了空中摄影；1913年，利比亚班加西油田测量就应用航空摄影，C. 塔迪沃(Captain Tardivo)在维也纳国际摄影测量学会会议上发表论文，描述了飞机摄影测绘地图问题。在第一次世界大战期间，航空摄影成了军事侦探的重要手段，并形成了一定规模。与此同时，相片的判读水平也大大提高。

(4) 航空遥感阶段(1919～1956年)。

第一次世界大战以后，航空摄影人员从军事转向商务和科学研究，例如，美国和加拿大分别成立了航测公司，并分别出版了《摄影测量工程》及类似性质的刊物，专门介绍有关技术方法。1924年，迈纳斯(Mannes)发明了彩色胶片，使得航空摄影记录的地物目标信息更为丰富，并于1937年成功获取了彩色航片。在第二次世界大战期间，德、英等国就充分认识到空中侦察和航空摄影的重要军事价值，并在侦察敌方军事态势、部署军事行动等方面收到了实际效果。人们还发现彩色航空摄影用于军事侦察的效果要优于黑白航空摄影，但是对于一些伪装目标，很难侦察和发现。为满足军事侦察需求，于是在1940年成功地将红外摄影技术用于军事侦察。同时，微波雷达也用于军事目标侦察，但直到1957年美国才研制出世界上第一台机载合成孔径雷达成像系统。

(5) 航天遥感阶段(1957～2000年)。

1957年10月4日，苏联成功发射人类第一颗人造地球卫星，标志着人类进入了太空新纪元。随后美国发射了“先驱者2号”探测器拍摄了地球云图。真正从航天器上对地球进行长期探测是从1960年美国发射TIROS-1和NOAA-1太阳同步卫星开始的。从此，航天遥感取得了重大进展。1972年，美国发射了第一颗地球资源卫星ERTS-1，后更名为陆地卫星1号，即Landsat-1，专门用于收集地表资源信息，这标志着遥感技术新时代的开始，从此进入了飞速的发展和应用阶段。随后，美国又发射了Landsat-2，3，并于1978年成功发射了第一颗星载合成孔径雷达Seasat。20世纪80年代，美国继续发射了第二代地球资源卫星Landsat-4，5，以及雷达成像卫星SIR-A、SIR-B和军事侦察卫星“长曲棍球”(Lacrosse)系列；同时，法国相继发射了SPOT系列卫星。此外，美国在高光谱遥感方面也取得丰硕的成果。90年代开始，进入了航天遥感快速发展期，不论是光学遥感和红外遥感，还是雷达成像遥感和高光谱成像遥感，都得到了迅速发展，进入了遥感大数据时代。美国、法国、俄罗斯、德国、意大利、加拿大、以色列、日本、印度、中国以及欧盟等都相继发射了各种资源、环境、气象和海洋卫星，美国仍然是遥感技术发展的领头羊。

在雷达成像方面，也出现多个商业卫星，如欧洲空间局的 ERS-1/2、日本地球资源卫星雷达 JERS-1、加拿大的 Radarsat-1 等。

(6) 精确感知、应用大发展阶段(2000 年至今)。

进入 21 世纪后，遥感技术进入了精确感知、应用大发展时期。首先，遥感卫星数量迅猛增加，各种星座计划得到实现，21 世纪初的前 15 年，各国已共发射数百颗各类卫星。例如，美国 DigitalGlobe 公司的 Quickbird 和 WorldView-1/2 卫星，并于 2014 年 8 月成功发射 WorldView-3，提供 31cm 全色分辨率、1.24m 多光谱分辨率和 3.7m 红外短波分辨率；美国 GeoEye 公司的 GeoEye 和 IKONOS 系列卫星，都能提供亚米级高分辨率影像。另外是典型的美国陆地卫星 Landsat-8 (2013 年 2 月 11 日发射)以及法国的 SPOT-6(2012 年 9 月 9 日发射)和 SPOT-7 (2014 年 6 月 30 日发射)。雷达卫星有欧空局的 ENVISAT、德国的 TerraSAR 和 TanDEM-X、意大利的 Cosmo-skymed、加拿大的 Radarsat-2 和日本的 ALOS-2。中国自 2006 年 4 月 27 日发射了遥感一号卫星，到 2014 年 11 月 21 日发射了遥感二十四号卫星，于 2013 年 4 月 26 日成功发射高分一号卫星，并先后相继发射了北京、资源、风云、海洋、实践、环境、天宫等系列卫星。

其次，分辨率不断提高。空间分辨率继续向物理极限发展，例如，美国由 0.5m 提升到 0.25m，中国也由 1m 跨入 0.5m。时间分辨率继续缩短，卫星的重访周期过去都是几十天，现在 10 天以内很正常，1～2 天不稀奇，尤其是星座运行，一天可重访多次。光谱分辨率继续提高，可达到 5～10nm，而波段可达到数百个，甚至上千个。更高的精确度，辐射定标可达 1.5～3dB，位置定位 3～5m。更宽的测绘幅宽，16～30m 分辨率可达 800km 测宽，100m 分辨率可达 2000km 测宽。

再次，星座运行实用化、遥感应用领域全面化、遥感数据使用大众化。目前，有多个高分辨率星座服务于资源与环境监测，例如，法国的 SPOT-6/7 与 Pleiades 1A/1B 组成四颗卫星星座，德国的 TerraSAR-X 和 TanDEM-X 组成的雷达卫星编队，美国的世界最大、最先进的亚米级高分辨率卫星星座 Quickbird 与 WorldView-1/2/3，韩国的 Kompsat 卫星星座，中国的环境-1 号卫星星座等。遥感应用已不断深入各个领域，逐渐进入普及化时期，同时，各种遥感处理软件功能更全面、更完善、更易操作和使用。

1.1.6 遥感技术的发展趋势

随着科学技术的不断发展和进步，遥感技术也处于一个能够准确快速提供多种类型、多层次需求的对地观测海量数据及应用研究的新阶段。不仅使光谱信息成像化、雷达成像多极化、光学探测多向化、地学分析智能化、环境研究动态化以及资源研究定量化，而且大大提高了遥感技术的实时性和运行性，使其向多尺度、多频率、全天候、高精度和高效快速的目标发展。随着新的传感器和新的遥感处理软件的不断涌现，使遥感领域的应用进一步拓宽，监测精度不断提高，工作效率不断改善，各种遥感数据的综合使用成为可能，在近一二十年内遥感技术的发展和应用将达到一个新的高潮。这种发展趋势主要体现在以下几个方面。

(1) 遥感影像分辨率越来越高。

随着人类对生态环境、资源环境的高度关注，对高精度遥感数据的要求也越来越高，提高新型高性能传感器研制开发水平，从而提高空间分辨率、辐射分辨率、时间分辨率和光谱分辨率已是卫星遥感影像获取技术的总发展趋势。遥感传感器的改进和突破主要集中在成像雷达和成像光谱仪。卫星遥感光学成像已达到厘米级，雷达成像已达到亚米级，光谱分辨率达到纳米级，观测同一区域时间间隔最短可达到 1～2 天。

(2) 遥感影像获取技术越来越先进。

遥感获取技术将向全电磁波谱波段发展。微波遥感技术（如合成孔径雷达）是当前国际遥感技术发展重点之一，因其具有全天候全天时获取影像以及一定的穿透植被和地表的能力，以及干涉雷达成像技术、差分干涉成像技术和多极化成像技术，可以获得丰富的信息。高光谱成像技术能实现图谱合一，在获得地物目标空间信息的同时又可以测量地物目标的光谱特性，获得连续的、高光谱分辨率的光谱特性曲线。此外，紫外成像、红外成像、激光雷达成像、激光合成孔径成像和偏振成像等，均得到了迅速研发和利用。

(3) 遥感影像获取平台立体化和集成化。

由航天、航空和地面观测台站网络组成以地球为研究对象的综合对地观测数据获取立体系统是遥感技术发展的一个趋势。例如，机载和车载遥感平台，以及超低空无人机载平台等多平台的遥感技术与卫星遥感相结合，将使遥感应用呈现出一派五彩缤纷的景象。立体组网对地观测，不仅能快速提供定位、定性和定量遥感，而且能全天候、全天时和全空间地获取数据能力，为地学研究、资源开发、环境保护以及区域经济持续协调发展提供科学数据和信息服务。此外，一个遥感平台集成多个波段成像是遥感获取技术的重要方向，例如，雷达成像由单波段、单极化、单模式到多波段、多极化、多模式集于一体。偏振成像和高光谱成像集成偏振高光谱成像，实现多种信息“合一”获取。

(4) 高分辨小型卫星组网。

发展小型高分辨率卫星，是遥感平台发展的一个重要方向。由于小型卫星的研制周期短、发射和维护费用低，所以近年来发展非常迅速。例如，美国 Space Imaging 公司于 1999 年 9 月成功发射的第一颗高分辨率商业小卫星 IKONOS-2，质量只有 170kg，全色图像空间分辨率为 1m，多光谱空间分辨率为 4m；GeoEye 公司研制的 Orbview3/4 小型卫星，空间分辨率为 1m(全色)和 4～8m(多波段)，其中，Orbview-4 还为一个拥有 200 个波段高光谱传感器。为协调时间分辨率和空间分辨率之间的矛盾，小卫星群(分布式卫星)将成为现代遥感发展的另一趋势。由若干颗微小卫星组成一定形状的飞行轨迹，以分布方式构成一颗"虚拟卫星"。这是小卫星向更快、更省和更好的方向发展，也是当前正在为小卫星开拓的另一个崭新的应用领域。编队飞行的军事应用是最早受到关注的领域之一。一方面，组成编队飞行的卫星可以实现对地观测，获取地面目标信息；另一方面，多颗卫星的协同工作，可以实现更多的功能，如立体成像，可以为军事需求提供服务。由若干颗微小卫星编队飞行，组成一个具有立体侦察的虚拟大卫星，可以用较低的成本、较高的可靠性和生存能力来替代功能相同的单颗大卫星，最大限度地发挥微小卫星的特点和优势。

(5) 遥感数据处理系统的综合智能实时化。

多平台、多层面、多传感器、多时相、多光谱、多角度以及多空间分辨率的融合与复合应用，是目前遥感技术的重要发展方向。从单一信息源分析向包含非遥感数据的多源信息的复合分析方向发展；从定性判读向信息系统应用模型及专家系统支持下的定量分析发展；从静态研究向多时相动态研究发展。地理信息系统为遥感影像处理提供各种有用的辅助信息和分析手段，从而提高了遥感信息识别的精度。目前，对于遥感数据，是一个大数据时代，数据后处理落后于数据获取，尤其是不同传感器数据的融合处理、不同分辨率、不同波段的数据处理，必须建立一个高精度、实时和智能的综合处理系统，以大大提高多源遥感技术的融合、分类识别以及提取的精度和可靠性。

(6) 遥感数据的普及化和商业化。

遥感技术的最初发展主要用于军事目标情报的侦察，随着遥感技术应用领域的不断拓宽，其民用性逐渐增强，并逐渐向商业化转移，许多卫星已实现军民两用。遥感的普及和民用是遥感发展的一大趋势。现在有许多商用卫星，为世界科研、环境、资源和灾害监测提供数据服务和技术支持，例如，美国的 Quickbird、World-View-1/2、Landsat 系列，法国的 SPOT 系列，加拿大的 Radarsat-1/2，德国的 TerraSAR-X 等。遥感数据的使用对象过去几乎是政府机构，现在逐渐转化为企业和个体，百姓大众将成为卫星数据的主要用户。

(7) 遥感数据分发方式直接化。

目前，星载遥感数据完全由地面接收站进行处理，然后分发给申请的用户，以后将向直接分发给用户方向发展。随着小卫星群技术的发展，信号处理技术的进步，遥感数据将可以直接在卫星上进行处理，用户根据需要申请卫星调动，卫星获取数据后，根据用户需求进行处理，然后直接分发给用户。

1.2 雷达基本概念

1.2.1 什么是雷达

雷达是一种无线电波探测装置，利用目标对电磁波的反射或散射现象来对目标进行检测、定位、跟踪、成像与识别。雷达(radar)是"radio detection and ranging"缩写的音译，原意是"无线电探测与测距"，即用无线电方法发现目标并测定它们在空间的位置。它通常号称"千里眼"，即能探测到很远的距离。看到"雷"这个字，马上会让人想到天边的雷鸣和闪电，突出了一个快字。自然，雷达这种"千里眼"的作用也就让人印象更深了。随着技术的发展，雷达的任务不仅是测量目标的距离、方位和仰角，而且还包括测量目标的速度，以及从目标回波中获取更多更丰富有关目标的信息。目前，已成功地应用于地面、车载、舰载、机载和星载等方面，在民用和军事的许多领域中承担着非常重要的任务。

1.2.2 雷达工作原理与基本组成

雷达利用目标对电磁波的反射(或称为二次散射)现象来发现目标并测定其位置及其他相关信息。飞机、导弹、人造卫星、各种舰艇、车辆、兵器、炮弹，以及桥梁、港口、建筑物、山川、云雨等，都可以作为雷达的探测目标，这要根据雷达的实际用途来定。由雷达发射机产生的电磁能，经收发开关后传输给天线，再由天线将此电磁能定向辐射于大气中，电磁能在大气中以光速(约 3×10^8 m/s)传播，如果目标恰好位于定向天线的波束内，则它将要截取一部分电磁能，目标将被截取的电磁能向各方向散射，其中部分散射的能量朝向雷达接收方向。雷达天线搜集到这部分散射的电磁波后，就经传输线和收发开关馈给接收机，接收机将这微弱信号放大并经信号处理后即可获取所需信息，并将结果送至终端显示，如图 1.3 所示。

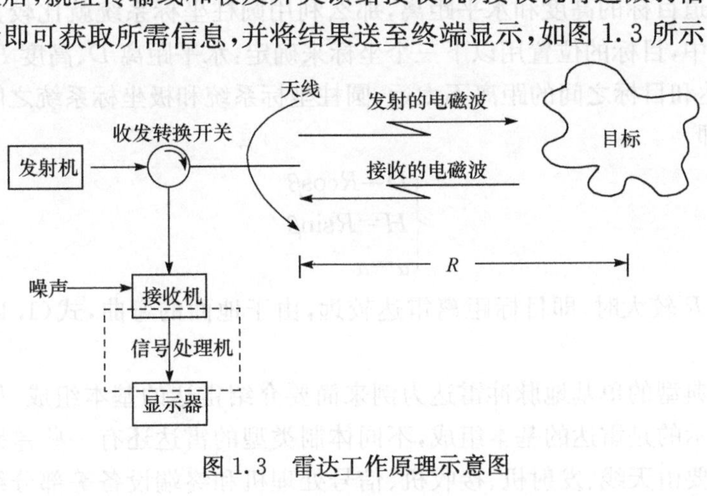

图 1.3 雷达工作原理示意图

当雷达探测到目标后，就要从目标回波中提取有关信息：可对目标的距离和空间角度定位，目标位置的变化率可由其距离和角度随时间变化的规律中得到，并由此建立对目标的跟踪；雷达的测量如果能在一维或多维上有足够的分辨力，则可得到目标的尺寸和形状信息；采用不同的极化，可测量目标形状的对称性。雷达还可以对目标的表面粗糙度及介电常数等特性进行测定。

目标在空间、陆地或海面上的位置，可以用多种坐标系来表示。最常见的是直角坐标系表示法，即用(x,y,z)三个坐标值来表示空间任一点目标 P 的位置。在雷达应用中，测定目标坐标常采用极(球)坐标系统来表示，如图 1.4 所示。

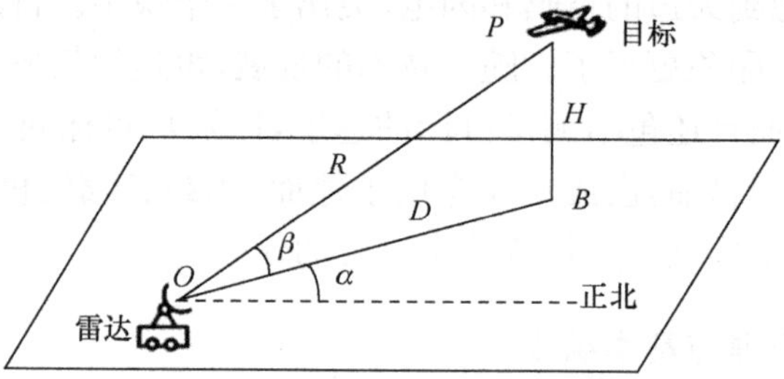

图 1.4 空间目标的极坐标表示

在图 1.4 中，点目标 P 的位置可用(R,α,β)三个坐标确定。

(1) 目标的斜距 R：雷达到目标的直线距离 OP。

(2) 方位角 α：斜距 R 在水平面上的投影 OB 与某一起始方向(正北、正南或其他参考方向)在水平面上的夹角。

(3) 仰角 β：斜距 R 与它在水平面上的投影 OB 在铅垂面上的夹角，有时也称为倾角或高低角。

如果知道目标的高度和水平距离，那么利用圆柱坐标系统就比较方便。在圆柱坐标系统中，目标的位置用以下三个坐标来确定：水平距离 D、高度 H 和方位角 α。如果雷达和目标之间的距离不太远，圆柱坐标系统和极坐标系统之间存在如下简单关系，即

$$\begin{cases} D=R\cos\beta \\ H=R\sin\beta \\ \alpha=\alpha \end{cases} \tag{1.1}$$

当斜距 R 较大时，即目标距离雷达较远，由于地面的弯曲，式(1.1)必须做适当修改。

下面以典型的单基地脉冲雷达为例来简要介绍雷达的基本组成，如图 1.5 所示。该图表示的是雷达的基本组成，不同体制类型的雷达还有一些差别。单基地脉冲雷达主要由天线、发射机、接收机、信号处理机和终端设备等部分组成。雷达

发射机产生辐射需一定强度的脉冲功率，其波形是脉冲宽度为 τ 而重复周期为 T_r 的高频脉冲串。发射机现有两种类型：一种是直接振荡式（如磁控管振荡器），它在脉冲调制器控制下产生的高频脉冲功率被直接馈送到天线；另一种是功率放大式（主振放大式），它是由高稳定度的频率源（频率综合器）作为频率基准，在低功率电平上形成所需波形的高频脉冲串作为激励信号，在发射机中予以放大并驱动末级功放而获得大的脉冲功率来馈给天线的。功率放大式发射机的优点是频率稳定度高，而且每次辐射是相参的，这便于对回波信号作相参处理，同时也可以产生各种所需的复杂脉压波形。发射机输出的功率馈送到天线，而后经天线辐射到空间。

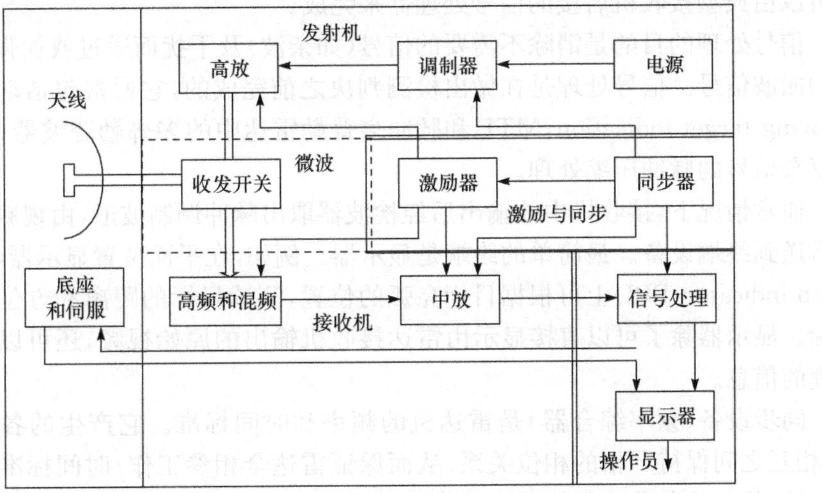

图 1.5 脉冲雷达基本组成框图

脉冲雷达天线一般具有很强的方向性，以便集中辐射能量来获得较大的观测距离。同时，天线的方向性越强，天线波瓣宽度越窄，雷达测向的精度和分辨率就越高。常用的微波雷达天线是抛物面反射体，馈源放置在焦点上，天线反射体将高频能量聚成窄波束。天线波束在空间的扫描常采用机械转动天线来得到，由天线控制系统来控制天线在空间的扫描，控制系统同时将天线的转动数据送到终端设备，以便取得天线指向的角度数据。根据雷达用途的不同，波束形状可以是扇形波束或针状波束。天线波束的空间扫描也可以采用电子控制的办法，它比机械扫描的速度快，灵活性好，这就是 20 世纪末开始日益广泛使用的平面相控阵天线和电子扫描的阵列天线。

脉冲雷达的天线是收发共用的，这需要高速开关装置。在发射时，天线与发射机接通，并与接收机断开，以免强大的发射功率进入接收机把接收机高放混频部分烧毁；接收时，天线与接收机接通，并与发射机断开，以免微弱的接收功率因发射机旁路而减弱。这种装置称为天线收发开关。天线收发开关属于高频馈线中的一部分，通常由高频传输线和放电管组成，或用环行器及隔离器等来实现。

接收机多为超外差式，由高频放大器（有些雷达接收机不用高频放大）、混频器、中频放大器、检波器、视频放大器等组成。接收机的首要任务是把微弱的回波信号放大到足以进行信号处理的电平，同时接收机内部的噪声应尽量小，以保证接收机的高灵敏度。因此，接收机的第一级通常采用低噪声高频放大器。一般在接收机中也进行一部分信号处理，例如，中频放大器的频率特性应设计为发射信号的匹配滤波器，这样就能在中放输出端获得最大的峰值信噪比。对于需要进行较复杂信号处理的雷达，例如，需分辨固定杂波和运动目标回波而将杂波滤除的雷达，则可以由典型接收机后接的信号处理器来完成。

信号处理的目的是消除不需要的信号（如杂波）及干扰而通过或加强由目标产生的回波信号。信号处理是在做出检测判决之前完成的，它通常包括动目标显示(moving target indication，MTI)和脉冲多普勒雷达中的多普勒滤波器，有时也包括复杂信号的脉冲压缩处理。

通常情况下，接收机中放输出后经检波器取出脉冲调制波形，由视频放大器放大后送到终端设备。最简单的终端是显示器。例如，在平面位置显示器(plane position indicator，PPI)上可根据目标亮弧的位置，测读目标的距离和方位角这两个坐标。显示器除了可以直接显示由雷达接收机输出的原始视频，还可以显示经过处理的信息。

同步设备（频率综合器）是雷达机的频率和时间标准。它产生的各种频率振荡，相互之间保持严格的相位关系，从而保证雷达全相参工作；时间标准提供统一的时钟，使雷达各分机保持同步工作。

1.2.3 雷达的基本任务

雷达是一种有源装置，它有自己的发射机，而不像大多数光学和红外传感器那样依赖于外界的辐射。在任何气象条件下，不论是白天还是黑夜，雷达都能探测或远或近的小目标，并精确测量它们的距离，这是雷达和其他传感器相比具有的主要优势。雷达除了探测到目标并测量其距离，还可以获得目标的位置、速度以及它的形状和尺寸等信息。

1. 目标距离的测量

雷达工作时，发射机经天线向空间发射一串周期一定的重复高频脉冲。如果电磁波在传播的途径中遇到目标，有部分电磁波就会被反射回来，那么雷达就可以接收到由目标反射回来的回波。由于回波信号往返于雷达与目标之间，所以它将滞后于发射脉冲一个时间 t_r，如图 1.6 所示。电磁波的能量是以光速 c 进行传播的，假设目标与雷达之间的距离为 R，那么电磁波传播的距离等于光速与时间间隔

的乘积，即

$$R=\frac{ct_r}{2} \tag{1.2}$$

其中，距离的单位为 m，时间的单位为 s，则光速 $c=3\times10^8$m/s。

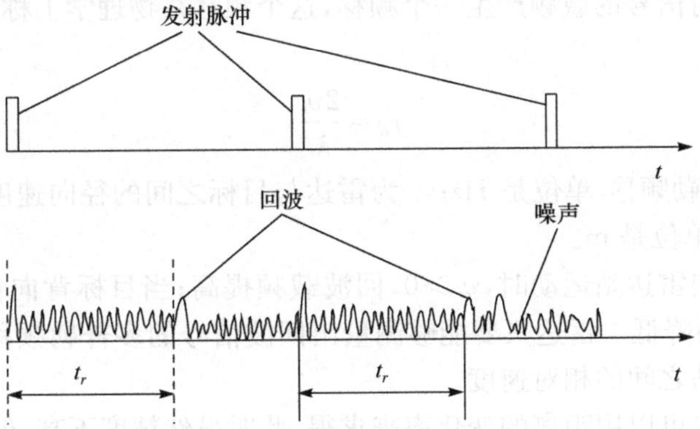

图 1.6 目标距离测量示意图

由于电磁波传播的速度非常快，在雷达技术中，时间单位通常为微秒。如果回波脉冲滞后于发射脉冲 1μs，那么所对应的目标距离为

$$R=\frac{ct_r}{2}=\frac{(3\times10^8\text{m/s})\times(1\times10^{-6}\text{s})}{2}=150\text{m}=0.15\text{km} \tag{1.3}$$

目标距离测量的精度与雷达发射信号带宽(或处理后的脉冲宽度)有关，脉冲越窄，性能越好。

2. 目标角位置的测量

目标角位置指的是方位角或仰角，在雷达技术中测量这两个角位置基本上都是利用天线的方向性来实现的。雷达天线将电磁能量汇集在窄波束内，当天线波束轴对准目标时，回波信号最强，其他回波最弱，如图 1.7 中实线所示。当目标偏离天线波束轴时回波信号减弱，如图 1.7 中虚线所示。根据接收回波最强时的天线波束指向，就可确定目标的方向，这就是角坐标测量的基本原理。

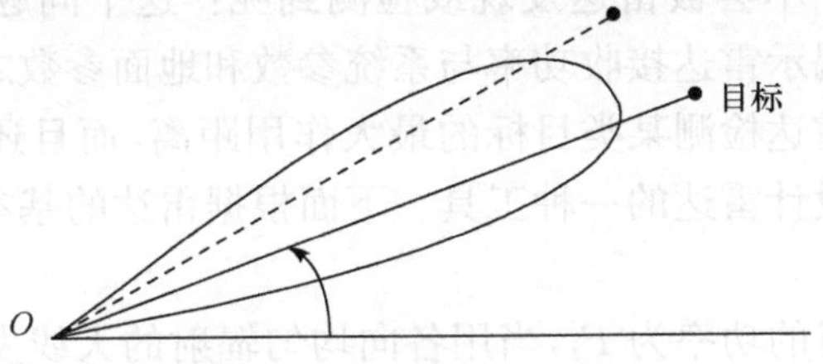

图 1.7 目标位置测量示意图

3. 目标相对速度的测量

有些雷达除确定目标的位置，还需测定运动目标的相对速度，例如，测量飞机或导弹飞行时的速度。当目标与雷达站之间存在相对速度时，接收到回波信号的载频相对于发射信号的载频产生一个频移，这个频移在物理学上称为多普勒频移，它的数值为

$$f_d=\frac{2v_r}{\lambda} \tag{1.4}$$

其中，f_d 为多普勒频移，单位是 Hz；v_r 为雷达与目标之间的径向速度，单位是 m/s；λ 为载波波长，单位是 m。

当目标朝向雷达站运动时，$v_r>0$，回波载频提高；当目标背向雷达站运动时，$v_r<0$，回波载频降低。雷达只要能够测量出回波信号的多普勒频移 f_d，就可以确定目标与雷达站之间的相对速度。

径向速度也可以用距离的变化率来求得，此时虽然精度不高，但是不会产生模糊。无论用距离变化率还是用多普勒频移来测量速度，都需要时间。观测时间越长，则速度测量精度越高。

4. 目标尺寸和形状的测量

如果雷达测量具有足够高的分辨率，就可以提供目标尺寸的测量。目前，雷达的分辨率在距离向(横向)已能达到厘米级，而在方位向(纵向)的分辨率还远达不到其物理极限，只通过无限增加天线的实际孔径来解决此问题是不现实的。然而当雷达和目标之间有相对运动时，就可以利用合成孔径方法来获得方位向高分辨率。例如，合成孔径雷达(SAR)就是利用脉冲压缩技术和合成孔径技术来获得高分辨率 SAR 图像的，从而提供了丰富的目标几何外形特征：形状、尺寸、纹理等。此外，不同的极化方式成像，可以获得目标形状不对称性的量度。

1.2.4　雷达的探测能力

雷达俗称“千里眼”，那么雷达到底能探测多远的距离呢？或者说目标究竟距离雷达多远的距离才不会被雷达发现或检测到呢？这个问题要由雷达方程来解答。因为雷达方程揭示雷达接收功率与系统参数和地面参数之间的关系，因此，它不仅可以用来决定雷达检测某类目标的最大作用距离，而且还可以作为了解雷达的工作关系和用作设计雷达的一种工具。下面根据雷达的基本工作原理来推导自由空间的雷达方程。

假设雷达发射机的功率为 P_t，当用各向均匀辐射的天线发射时，距雷达 R_t 远处的球面面积为 $4\pi R_t^2$，则距 R_t 处球面上任一点的功率密度为 ρ_t，即

$$\rho_t = \frac{P_t}{4\pi R_t^2} \tag{1.5}$$

实际雷达总是使用定向天线将发射机功率集中辐射于某个方向上。天线增益 G_t 用来表示相对于各向同性天线，即实际天线在辐射方向上功率增加的倍数。因此，当发射天线增益为 G_t 时，距雷达 R_t 处目标所照射到的功率密度为

$$\rho_t = \frac{P_t G_t}{4\pi R_t^2} \tag{1.6}$$

当电磁波遇到目标时，目标会截获一部分照射功率并将它们重新辐射于不同的方向。用雷达散射截面 σ 来表示被目标截获入射功率后再次辐射回雷达处功率的大小，或用式(1.7)表示在雷达处的回波信号功率密度，即

$$\rho_r = \rho_t \cdot \frac{\sigma}{4\pi R_r^2} = \frac{P_t G_t}{4\pi R_t^2} \cdot \sigma \cdot \frac{1}{4\pi R_r^2} \tag{1.7}$$

其中，R_r 为接收站到目标的距离。散射截面 σ 的大小随具体目标而异，它用来表示目标被雷达“看见”的尺寸。雷达接收天线只收集了回波功率的一部分，设天线的有效接收面积为 A_r，则雷达接收到的回波功率 P_r 为

$$P_r = \rho_r \cdot A_r = \frac{P_t G_t}{4\pi R_t^2} \cdot \sigma \cdot \frac{1}{4\pi R_r^2} \cdot A_r \tag{1.8}$$

式(1.8)就是雷达方程，当作出一定的假设时，雷达方程式可以进一步简化。天线有效接收面积 A_r 和增益 G_r 之间存在如下的关系

$$A_r = \frac{\lambda^2 G_r}{4\pi} \tag{1.9}$$

其中，λ 为系统的波长，把式(1.9)代入式(1.8)中，得

$$P_r = \frac{P_t G_t}{4\pi R_t^2} \cdot \sigma \cdot \frac{1}{4\pi R_r^2} \cdot \frac{\lambda^2 G_r}{4\pi} \tag{1.10}$$

对于发射机和接收机处于不同位置的双站雷达而言，R_t 和 R_r 并不一定相等，同样，G_t 和 G_r 也不相等。但是对于单站雷达，这些参数是相等的，即 $R_t = R_r = R$，$G_t = G_r = G$，当把所有的 G、R 和 4π 都结合到一起时，就得到了我们常用的雷达方程表达式，即

$$P_r = \frac{P_t G_t}{4\pi R_t^2} \cdot \sigma \cdot \frac{1}{4\pi R_r^2} \cdot \frac{\lambda^2 G_r}{4\pi} = P_t \cdot \sigma \cdot \frac{G^2 \lambda^2}{(4\pi)^3 R^4} \tag{1.11}$$

当雷达接收到的回波功率等于获取目标信号最小可检测时的功率为 $P_{r\min}$ 时，即雷达达到其最大作用距离 $R_{\max}$，超过这个距离后，雷达就不能有效地检测到目标了。

$$R_{\max} = \left[\frac{P_t \sigma G^2 \lambda^2}{(4\pi)^3 P_{r\min}}\right]^{1/4} \tag{1.12}$$

上述基本雷达方程可以正确地反映雷达各参数对其检测能力影响的程度，但并不能充分反映实际雷达的性能，这是因为许多影响作用距离的环境和实际因素在方程中没有被包括。

1.2.5 雷达分类

雷达的用途非常广泛，种类也非常多，分类的方法也非常复杂，常有以下几种分类法。

(1) 按辐射方式可分为有源雷达、半有源雷达和无源雷达。

(2) 按装载平台可分为地面雷达、舰载雷达、航空雷达、卫星雷达等。

(3) 按波形形式可分为脉冲雷达、连续波雷达、脉冲压缩雷达、噪声雷达和频率捷变雷达等。当前常用的雷达大多数是脉冲雷达。常规脉冲雷达周期性地发射高频脉冲。相关的参数为脉冲重复周期(脉冲重复频率)、脉冲宽度以及载波频率。载波频率是在一个脉冲内信号的高频振荡频率，也称为雷达的工作频率。

(4) 按工作波段可分为米波雷达、分米波雷达、厘米波雷达和其他波段雷达。

(5) 按用途目的可分为预警雷达、搜索警戒雷达、无线电测高雷达、气象雷达、航管雷达、引导雷达、炮瞄雷达、引信雷达、战场监视雷达、机载截击雷达、钻地雷达、导航雷达以及防撞和敌我识别雷达等。

(6) 按是否成像可分为非成像雷达和成像雷达。

(7) 按角跟踪方式可分为单脉冲雷达、圆锥扫描雷达和隐蔽扫描雷达。

(8) 按测量目标参数可分为测高雷达、二坐标雷达、三坐标雷达和敌我识别雷达等。

(9) 按采用的技术和信号处理的方式分为各种分集制雷达(如频率分集、极化分集等)、相参积累和非相参积累雷达、动目标显示(MTI)雷达、动目标检测(moving target detection，MTD)雷达、脉冲多普勒雷达、合成孔径雷达、边扫描边跟踪(track while scan，TWS)雷达等。

(10) 按天线扫描方式分为机械扫描雷达和电扫描雷达等。

(11) 按工作体制可分为多普勒雷达、合成孔径雷达、逆合成孔径雷达、激光雷达和相控阵雷达等，下面简要介绍一些新体制雷达。

① 双/多基地雷达。

普通雷达的发射机和接收机安装在同一位置，而且通常是用相同的天线，收发之间用一个开关进行转换。而双/多基地雷达是将发射机和接收机分别安装在相距很远的两个或多个平台上，可以是地面平台、空中平台或空间平台。由于隐身飞行器外形的设计主要是不让入射的雷达波直接反射回雷达，这对于单基地雷达很有效。但入射的雷达波会朝各个方向反射，总有部分反射波会被双/多基地雷达中的一个接收机接收到。因此，可应用双基地雷达来探测具有一定隐身能力的飞机或导弹武器。

② 相控阵雷达。

众所周知,蜻蜓观测的范围要比人眼宽得多,原因是蜻蜓的每只眼睛由许许多多个小眼组成,每个小眼都能成完整的像。利用蜻蜓眼睛的原理,把雷达天线阵面做成由许多个辐射单元和接收单元(称为阵元)组成,单元有规则地排列在平面上,构成阵列天线,这就是相控阵雷达。单元数目多少与雷达功能有关,可以从几百个到几万个。利用电磁波相干原理,通过计算机控制馈往各辐射单元电流的相位,就可以改变波束的方向进行扫描,故称为电扫描。辐射单元把接收到的回波信号送入主机,完成雷达对目标的搜索、跟踪和测量。每个天线单元除了有天线振子,还有移相器等必需的器件。不同的振子通过移相器可以被馈入不同的相位电流,从而在空间辐射出不同方向性的波束。天线的单元数目越多,则波束在空间可能的方位就越多。这种雷达的工作基础是相位可控的阵列天线,"相控阵"由此得名。

相控阵雷达分为有源相控阵雷达和无源相控阵雷达,它们的区别是无源是只有单个或者几个发射机子阵元发射,其他阵元只能接收,而有源是每个阵元都有完整的发射和接收单元。

③ 宽带/超宽带雷达。

工作频带很宽的雷达称为宽带/超宽带雷达。隐身兵器通常对工作在某一波段的雷达是有效的,而面对覆盖波段很宽的雷达就无能为力了,它很可能被超宽带雷达波中的某一频率的电磁波探测到。另外,超宽带雷达发射的脉冲极窄,具有相当高的距离分辨率,可探测到小目标。

④ 合成孔径雷达。

合成孔径雷达通常安装在移动的空中或空间平台上,利用雷达与目标间的相对运动,将雷达在每个不同位置上接收到的目标回波信号进行相干处理,就相当于在空中安装了一个"大孔径天线"雷达,这样小孔径天线就能获得大孔径天线的探测效果,具有很高的目标方位分辨率,再加上应用脉冲压缩技术又能获得很高的距离分辨率,因而能探测到隐身目标。合成孔径雷达在军事上和民用领域都有广泛应用,如战场侦察、火控、制导、导航、资源勘测、地图测绘、海洋监视、环境遥感等。如果目标运动,而雷达平台不运动,这就是逆合成孔径雷达成像技术。

⑤ 毫米波雷达。

工作在毫米波段的雷达称为毫米波雷达。它具有天线波束窄、分辨率高、频带宽、抗干扰能力强等优点,同时它工作在目前隐身技术所能对抗的波段之外,因此,它能探测隐身目标。毫米波雷达还具有攻击能力,特别适用于防空、地面作战和灵巧武器。

⑥ 激光雷达。

工作在红外和可见光波段的雷达称为激光雷达。它由激光发射机、光学接收机、转台和信息处理系统等组成。激光器将电脉冲变成光脉冲发射出去，光接收机再把从目标反射回来的光脉冲还原成电脉冲，送到显示器。隐身兵器通常是针对微波雷达的，因此，激光雷达很容易“看穿”隐身目标所玩的“把戏”；再加上激光雷达波束窄、定向性好、测量精度高、分辨率高，因而它能有效地探测隐身目标。激光雷达在军事上主要用于靶场测量、空间目标交会测量、目标精密跟踪和瞄准、目标成像识别、导航、精确制导、综合火控、直升机防撞、化学战剂监测、局部风场测量、水下目标探测等。

1.2.6 雷达的主要技术参数

1. 工作频率及工作带宽

雷达的工作频率主要根据目标的特性、电波传播条件、天线尺寸、高频器件的性能、雷达的测量精确度和功能等要求来决定。工作带宽主要根据抗干扰的要求来决定。一般要求工作带宽为5%～10%，超宽带雷达为25%以上(相对发射波形的中心频率)。

2. 发射功率

发射功率的大小影响作用距离，功率大则作用距离远。发射功率分脉冲功率和平均功率。雷达在发射脉冲信号期间所输出的功率称脉冲功率，平均功率是指一个重复周期内发射机输出功率的平均值。发射机的输出功率直接影响雷达的威力和抗干扰能力。高频大功率的产生受到器件、电源容量和效率等因素限制。一般远程警戒雷达的脉冲功率为几百千瓦至兆瓦量级，中、近程火控雷达为几千瓦至几百千瓦量级。

3. 调制波形、脉冲宽度和重复频率

早期雷达发射信号采用单一的脉冲波形幅度调制，现代雷达则采用多种调制波形以供选择。

脉冲宽度指发射脉冲信号的持续时间，用τ表示。一般在0.05～20μs，它不仅影响雷达探测能力，还影响距离分辨率。早期雷达的脉冲宽度是不变的，现代雷达常采用多种脉宽的信号以供选择。当采用脉冲压缩技术时，发射脉冲时宽可达数百微秒，相应地用脉冲压缩方式增大信号的带宽。

脉冲重复频率指雷达每秒钟发射的射频脉冲的个数，用f_r表示。脉冲重复频率的倒数称为脉冲重复周期，它等于相邻两个发射脉冲前沿的间隔时间，用T_r表示。雷达的脉冲重复频率一般在50～2000Hz(相应的T_r为20000～500μs)。它们既决定了雷达单值测距范围，又影响不模糊测速区域大小。为了满足测距测速的性能要求，现代雷达常采用多种重复频率或参差重复频率。

4. 天线的波束形状、增益和扫描方式

天线波束形状一般用水平和垂直面内的波束宽度来表示(3dB 表示)。米波雷达的波束宽度在10度量级,而厘米波雷达的波束宽度在几度左右。常见的波束形状有扇形、针状和余割平方形。

天线的增益近似表示式为

$$G=\frac{4\pi A}{\lambda^2} \tag{1.13}$$

其中,A 为天线的有效截面积。天线的增益越大,则雷达作用距离越远。

搜索和跟踪目标时,天线的主瓣在雷达的探测空域内以一定的规律运动,称为扫描。它可分为机械扫描和电扫描两大类。按照扫描时波束在空间的运动规律,扫描方式大致可分为圆周扫描、圆锥扫描、扇形扫描、锯齿形扫描和螺旋扫描等。常规的两坐标警戒雷达一般采用机械方式的圆周扫描,炮瞄雷达在跟踪时可以采用圆锥扫描。相控阵雷达是电扫描的,波束指向由计算机决定,不要求阵列天线在空间做连续机械运动。有的雷达同时采用机械扫描和电扫描两种方式,例如,有的三坐标雷达在方位上采用机械扫描,在仰角上采用电扫描。它还可以用相扫或相扫与频扫相结合构成二维空间扫描。

利用整个天线系统或其某一部分的机械运动来实现波束扫描的称为机械性扫描。如环视雷达、跟踪雷达,通常采用整个天线系统转动的方法。机械性扫描的优点是简单。其主要缺点是机械运动惯性大,扫描速度不高。近年来快速目标、洲际导弹、人造卫星等的出现,要求雷达采用高增益极窄波束,因此,天线口径面往往做得非常庞大,再加上常要求波束扫描的速度很高,用机械办法实现波束扫描无法满足要求,必须采用电扫描。

电扫描时,天线反射体、馈源等不必做机械运动。因无机械惯性限制,扫描速度可大大提高,波束控制迅速灵便,故这种方法特别适用于要求波束快速扫描及巨型天线的雷达中。电扫描的主要缺点是扫描过程中波束宽度将展宽,因而天线增益也要减小,所以扫描的角度范围有一定限制。另外,天线系统一般比较复杂,根据实现时所用基本技术的差别,电扫描又可分为相位扫描法、频率扫描法、时间延迟法等。

5. 接收机的灵敏度

接收机的灵敏度是指雷达接收微弱信号的能力。它用接收机在噪声电平一定时所能感知的输入功率的大小来表示,通常规定在保证50%～90%发现概率条件下,接收机输入端回波信号的最小功率作为接收机的最小可检测信号功率 $P_{r\min}$。这个功率越小,接收机的灵敏度越高,雷达的作用距离就越远。

6. 终端装置和雷达输出数据的形式

最常用的终端装置是显示器。根据雷达的任务和性质不同,所采用的显示器形式也不同。例如,按坐标形式分,有极坐标形式的平面位置显示器;有直角坐标形式的距离-方位显示器、距离-高度显示器;或者是上述两种形式的变形。

带有计算机的雷达,显示器既是雷达的终端,又是计算机的终端,它既显示雷达接收机输出的原始信息,又显示计算机处理以后的各种数据。在半自动录取的雷达中,仍然依靠显示器来录取目标的坐标。在全自动录取的雷达中,显示器则是人工监视的主要工具。显示器和键盘的组合,常作为人与计算机对话的手段。

7. 电源供应

功率大的雷达,电源供应是个重要的问题。特别是架设在野外无市电供应的地方,需要自己发电。电源的供应除了考虑功率容量,还要考虑频率。地面雷达可以用 50Hz 交流电,船舶和飞机上的雷达,为了减轻重量,采用高频的交流电源,最常用的是 400Hz。

1.2.7 雷达频率

雷达的工作频率没有根本性的限制。无论工作频率如何,只要通过辐射电磁能量来检测和定位目标,并且利用目标反射回波来提取目标信息的任何设备都可认为是雷达。已经使用的雷达工作频率从几兆赫兹到紫外线区域。任何工作频率的雷达,其基本原理是相同的,但具体的实现却差别很大。实际上,大多数雷达的工作频率是微波频率,但也有值得注意的例外。

雷达工程师利用表 1.1 给出的字符来标识雷达常用工作频段。这些字符表示的波段名称在雷达领域是通用的。它作为一种标准已被电气和电子工程师协会(IEEE)正式接受,并被美国国防部认可。在过去,人们试图用其他字符来细分波段的整个频谱(如在波导中使用和在电子对抗措施中使用),但是表 1.1 是雷达界采用的唯一频段标识。

表 1.1 标准的雷达频率命名法*

波段名称	频率范围	据国际电信联盟的规定Ⅱ区的雷达频段
HF 波段	3～30MHz	
VHF 波段	30～300MHz	138～144MHz,216～225MHz
UHF 波段	300～1000MHz	420～450MHz,890～942MHz
L 波段	1000～2000MHz	1215～1400MHz
S 波段	2000～4000MHz	2300～2500MHz,2700～3700MHz

续表

波段名称	频率范围	据国际电信联盟的规定Ⅱ区的雷达频段
C 波段	4000～8000MHz	5250～5925MHz
X 波段	8000～12 000MHz	8500～10 680MHz
Ku 波段	12～18 GHz	13.4～14.0 GHz,15.7～17.7 GHz
K 波段	18～27 GHz	24.05～24.25 GHz
Ka 波段	27～40 GHz	33.4～36.0 GHz
V 波段	40～75 GHz	59～64 GHz
W 波段	75～110 GHz	76～81 GHz,92～100 GHz
mm 波段	110～300 GHz	126～142 GHz,144～149 GHz 231～235 GHz,238～248 GHz

*引自 IEEE 标准 521—1984

最初的代码(如 P、L、S、X 和 K)是在第二次世界大战期间为保密而引入的。尽管后来不再需要保密,但这些代码仍沿用至今。由于雷达使用了新的频段,其他的字符是后来增加的。

雷达的常用工作频段很方便用字母来标识。在军事应用上,它的重要作用是它不必用雷达的确切频率来描述雷达的工作频段。当实际需要时,可加上确切的工作频率或替换掉字母。

国际电信联盟(ITU)为无线电定位(雷达)指定了特定的频段。这些频段列于表 1.1 的第三列。每个频段都有其自身特有的性质,从而使它比其他频段更适合于某些应用。下面将说明在雷达已采用的或可以工作的电磁波频谱中各部分的特性。实际上,频域的划分并不像名称那样分明。

1. 高频(HF,3～30MHz)

虽然在第二次世界大战前夕英国安装的第一部作战雷达的工作频率位于该波段,但是用在雷达上,它有许多缺点。在高频段,窄波束宽度要采用大型天线,外界自然噪声大,可用的带宽窄,并且民用设备广泛使用电磁频谱的这一部分,因而雷达所用的该频段被限制在窄的范围内。另外,波长长意味着许多有用的目标位于瑞利区,在该区内目标的尺寸比波长小。因此,目标的截面积在高频频率条件下比在微波条件下小。

高频电磁波的一个重要特性是它能被电离层折射,并且根据电离层实际情况,电磁波可以在 500～2000 英里(1 英里＝1.609344 千米)的距离外折射回地面。这可用做飞机和其他目标的超视距检测。对于大面积观察(如海洋)的雷达,可能实现的超视距探测距离使频谱的高频段颇具吸引力,而采用常规微波雷达是不实际的。

2. 甚高频(VHF,30～300MHz)

20世纪30年代开发的大多数早期雷达都工作在该频段。在当时,这些频率的雷达技术是技术领域大胆的探索,处于技术前沿。这些早期的雷达很好地适应了当时的需要,并牢固地确立了雷达的实用性。和高频频段一样,甚高频频段很拥挤,带宽窄,外部噪声高,波束宽。但是与微波频段相比,所需的工艺简单、价格便宜。大功率和大尺寸天线都现成可用。对于性能好的MTI雷达所需的稳定发射机和振荡器,该频段较更高频段更容易实现,并且可以免受频率升高时盲速对MTI效能的限制。在好的反射表面上(如海面)采用水平极化,直射波和表面反射波间的较长干涉会大大增加雷达的最大防空距离(几乎为自由空间作用距离的两倍)。但伴随而来的相消干涉会导致覆盖范围内某些仰角能量为零和低仰角能量降低。该频段是低成本、远距离雷达如卫星探测设备的一个好的工作频段。理论上,要想减小大多数空中目标在该频段的雷达截面积是很困难的。尽管甚高频有许多诱人的特点,但是它的优点并不能弥补它的局限性,所以许多雷达不采用该频段。

3. 超高频(UHF,300～1000MHz)

在很多情况下,甚高频雷达也适合于超高频,但比起甚高频频段,超高频段外部噪声低,波束也较窄,并且也不受气候的困扰。在有合适的大天线情况下,对于远程警戒雷达,特别是用于监视宇宙飞船、弹道导弹等外层空间目标的雷达,这个频段很适用。它特别适合于机载早期预警(AEW),例如,使用AMTI检测飞行器的机载雷达。超高频段的固态发射机能产生大功率,并且具有可维护性和带宽大的优点。

4. L波段(1.0～2.0GHz)

它是地面远程对空警戒雷达首选的频段,例如,作用距离为200英里用于空中交通管制的雷达(美国联邦航空局(FAA)命名为ARSR)。在该频段能得到好的MTI性能和大功率及窄波束天线,并且外部噪声低。军用3D雷达使用过L波段,也使用过S波段。L波段也适用于必须检测外层空间远距离目标的大型雷达。

5. S波段(2.0～4.0GHz)

在S波段,对空警戒雷达可以是远程雷达,但在较低频率上更难达到远距离。随着频率升高,MTI雷达出现的盲速数量增多,从而使MTI的性能变差。雨杂波会明显减少S波段雷达的作用距离。但对于必须准确估计降雨率的远程气象雷达,它是首选频率。它也是对空中程监视雷达的较好频率,例如,航线终端的机场监视雷达(ASR)。该频段波束宽度更窄,因而角精度和角分辨率高,从而易于减轻军用雷达可能遭遇敌方的主瓣干扰的影响。由于在更高的频率能得到窄的仰角波束宽度,也有军用3D雷达和测高雷达采用S波段。远程机载对空警戒脉冲多普勒雷达也工作在该频段,如机载预警和控制系统(AWACS)。

通常,比S波段低的频率适合于对空警戒(大空域内探测和低数据率跟踪多目标)。S波段以上的频率更适合于信息收集,例如,高数据率精确跟踪和识别个别目标。若使雷达频率既用于对空警戒,又适于精确跟踪(如基于多功能相控阵雷达的军用防空系统),S波段是合适的折中。

6. C波段(4.0~8.0GHz)

C波段介于S波段和X波段之间,可看作二者的折中。但是,在该频段或更高的频率上实现远程对空警戒很困难。该频段常用于导弹精确跟踪的远程精确制导雷达中。多功能相控阵防空雷达和中程气象雷达也使用该频段。

7. X波段(8~12GHz)

X波段是军用武器控制(跟踪)雷达和民用雷达的常用频段。舰载导航和领港、恶劣气象规避、多普勒导航和警用测速都使用X波段。工作于该频段的雷达的尺寸适宜,所以适合于注重机动性和重量轻而非远距离的场合。X波段雷达的带宽宽,从而可产生窄脉冲(或宽带脉冲压缩),并且可用尺寸相对小的天线产生窄波束,这些都有利于高分辨率雷达的信息收集。

8. Ku、K和Ka波段(12~40GHz)

在第二次世界大战期间发展起来的初期K波段雷达中,它们的波长都集中在1.25cm(24GHz)。由于该波长很接近水蒸气的谐振波长,而水蒸气的吸收会降低雷达的作用距离,所以,选择这个波长是不适宜的。后来,以水蒸气的吸收频率为界将K波段细分为两个频段。低端用Ku表示,高端用Ka表示。这些频率受到关注是因为其有宽的带宽,并且用小孔径天线可获得窄波束。但是,在该波段难于产生和辐射大的功率。由于雨杂波和大气衰减的限制,工作在较高频率更加困难。所以,并没有多少雷达采用这些频率。但是,用于机场地面交通定位和控制的机场场面探测雷达由于要求高分辨率,它们工作在Ku波段。在这种特殊应用中,由于作用距离短,该波段特性的缺点并不重要。

9. 毫米波波段(40 GHz以上)

尽管Ka波段的波长约为8.5 mm(35GHz),考虑到Ka波段雷达的工艺与毫米波的相比更接近微波雷达的工艺,它很少被认为是毫米波波段的典型频率。所以毫米波雷达的频率范围取在 40～300GHz。当频率为 60GHz 时，由于大气中氧气吸收产生的异常衰减，排除了雷达在其邻近频率的应用。因而，94GHz 频率（3mm 波长）通常是毫米波雷达的典型频率代表。

尽管人们对电磁频谱的毫米波波段感兴趣，但是到目前为止还没有现役雷达运行于 Ka 波段以上。大功率、高灵敏度接收机和低损耗传输线在毫米波波段不易实现，但这并不是根本问题。即使在“晴朗”的天气下，毫米波波段也存在很高的衰减，这就是雷达很少采用该频段的主要原因。实际上，所谓“传播窗口”（94 GHz）处的衰减也大于 22.2 GHz 水蒸气吸收频率点处的衰减。毫米波雷达更适合于那些工作于没有大气衰减的空间雷达。对近程应用，当总衰减不大且可承受时，人们在大气层内的近程雷达中也考虑采用这些频率。

10. 激光频率

红外光谱、可见光谱和紫外光谱的激光雷达可得到幅度、效率适当的相参功率和定向窄波束。激光雷达具有良好的角度和距离分辨率，对目标信息的获取来说颇具吸引力，如精确测距和成像。它们已用于军用雷达测距器和勘探的距离测量。人们已考虑利用这些雷达从太空测量大气温度、水蒸气、臭氧的分布剖面以及测量云层的高度和对流层风速。激光雷达孔径的实体面积比较小，因而不能用于大空域的警戒。激光雷达的严重缺点是在雨、云或雾中不能有效地工作。

1.2.8 雷达的发展与应用

雷达的发展以应用为主要目标，应用牵引雷达的发展，发展拓宽雷达的应用领域。雷达技术已经走过了 80 多年的发展历程，先后经历了第二次世界大战、冷战军备竞赛、新军事革命、高技术条件下的局部战争等不同历史因素的促进并经受了考验，雷达技术的体制、理论、方法、技术和应用都已得到很大的发展和应用。随着科学技术的不断进步，为应对全球资源的竞争，当今的雷达技术仍处在高速发展和演变时期，从而衍生出许多新的概念、体制和技术。目标多样化、环境复杂化和任务多元化是推动雷达技术发展的重要因素。雷达的发展过程主要有以下几个阶段。

1. 雷达的雏形阶段

1904 年 4 月 30 日，德国的 Christian Huelsmeyer 申请了一项名为“Telemobiloscope”的专利。这个专利是一个关于利用电磁波来探测远处金属物体的发射与接收机系统。该系统设计的目的是用来防止轮船之间的碰撞，但是该系统最初没有考虑测距功能。1927 年 Hollmann 对 Huelsmeyer 的装置进行了改进，并在此基础上制造了第一部厘米波的发射与接收机，这就是微波（microwave）通信系统的

"祖宗"。随后，Hollmann等对该系统进行了完善，使得该系统可以探测到8km远的轮船和30km远在500m高空飞行的飞机。后来，上述系统分别形成了舰载(Seetakt)和地基(Freya)两个雷达系列。

2. 雷达的早期发展阶段

美国在1922年利用连续波干涉雷达检测到木船，1933年首次利用连续波干涉雷达检测到飞机。1934年美国海军开始研究脉冲雷达；1935年英国开始研究脉冲雷达，1936年1月英国W.瓦特在索夫克海岸架起了英国第一个雷达站，首台警戒雷达投入使用，1937～1938年大量"CH"型号雷达站投入使用。1937年美国第一个军舰雷达XAF试验成功，1938年美国研制出第一台火炮控制雷达；1944年能够自动跟踪飞机的雷达研制成功；1945年能够消除背景干扰，显示运动目标的技术使雷达功能进一步完善；1947年美国贝尔电话实验室研制出线性调频脉冲雷达。1941年苏联最早在飞机上装备预警雷达。20世纪50年代中期美国装备了超距预警雷达系统，可以探寻超音速飞机，不久又研制出脉冲多普勒雷达。

在整个第二次世界大战期间，由于军事上的迫切需要，雷达获得广泛的应用和发展，成了电磁场理论最活跃的部分，而且随着技术的进步其性能日臻完善。

3. 雷达的蓬勃发展阶段

20世纪50年代末开始，雷达的发展进入了蓬勃发展新阶段。当时，由于航空与航天技术的飞速发展，飞机、导弹、人造卫星及宇宙飞船等采用雷达作为探测和控制的手段，尤其是在60年代中研制的反洲际弹道导弹系统，对雷达提出了高精度、远距离、高分辨率及多目标测量等要求。因此，1959年美国通用电器公司研制出弹道导弹预警雷达系统，可发现、跟踪3000英里外、600英里高的导弹，预警时间为20分钟。1964年美国装置了第一个空间轨道监视雷达，用于监视人造地球卫星或空间飞行器。1971年加拿大伊朱卡等3人发明全息矩阵雷达。与此同时，数字雷达技术在美国出现。

这个时期由于解决了一系列的关键性技术问题，雷达的发展进入了一个新的阶段。例如，脉冲压缩技术的采用；单脉冲雷达和相控阵雷达研制的成功；在微波高功率放大管试制成功后，研制成了主控振荡器——功率放大器型的高功率、高稳定度的雷达发射机，并用于可控脉冲形状及相参雷达体系；脉冲多普勒雷达体制的研制成功，使雷达能测量目标的位置和相对运动速度，并具有良好的抑制地物干扰等的能力。另外，微波接收机高频系统中许多低噪声器件的研制成功，使雷达接收机灵敏度大为提高，增大了雷达探测距离。由于雷达中数字电路的广泛应用以及计算机与雷达的配合使用和逐步合成一体，使雷达的结构组成和设计发生根本性的变化。雷达采用这些重大技术后，工作性能大为提高，测角精度提高了一个数量级以上，探测距离提高到数千公里，测距误差在 5m 左右。单脉冲雷达跟踪带有信标机的飞行器，作用距离可达数十万公里以上。雷达的工作波长，从短波扩展至毫米波、红外线和紫外线领域。在这个时期，微波全息雷达、毫米波雷达、激光雷达和超视距雷达相继出现。

4. 新技术新体制雷达应用阶段

20 世纪 70 年代以来，新的关键技术不断突破，新的雷达体制不断涌现，雷达的性能日益提高而应用范围也持续拓宽，呈现一片欣欣向荣的景象。

(1) 由于 VHLSI 和 VLSI 的迅猛发展，数字技术和计算机的应用更为广泛深入，使得动目标检测(MTD)和脉冲多普勒(PD)等雷达的信号处理机更为精致、灵活，性能显著提高；自动检测和跟踪系统得到了明显完善，提高了工作的自动化和智能化程度。

(2) 多平台、多极化、多波段、多视角、多模式的合成孔径雷达(SAR)的实现，空间分辨率进一步提高，SAR 成像算法和图像处理及解译技术不断改善，已成为对地、对空观测系统不可缺少的技术。逆合成孔径雷达(ISAR)、干涉合成孔径雷达(InSAR)和极化干涉合成孔径雷达(PolInSAR)等新体制雷达都得到了快速发展和应用。

(3) 脉冲压缩雷达更多地采用复杂的大时宽带宽脉压信号，能满足距离分辨率和电子反对抗的需要。

(4) 在有源相控阵技术方面，高可靠性的固态功率源更为成熟，可以组成普通固态发射机或在分布于相控阵雷达的阵元上组成有源阵。许多场合可用平面阵列天线代替抛物面天线，阵列天线的基本优点是可以快速和灵活地实现波束扫描和波束形状变化，具有很好的应用前景。例如，相控阵雷达的连续出现，不仅用于战略而且也用于战术雷达，如制导、战场炮位侦察等。相控阵雷达的天线阵由许多天线单元排成的阵列组成，是一种具有多功能、多目标、远距离、高数据率、高可靠性和高自适应能力等众多优点的雷达，而且还可较好地用于对付高动态性能多目标的战略防空雷达。

(5) 超宽带雷达技术(UWB)、高频超视距雷达技术(OTHR)、双/多基地雷达技术、MIMO 雷达系统、外辐射源雷达和网络雷达系统等新体制雷达不断出现并得到应用。

由于目标的种类构型、运动特性、活动空间和频谱特性等方面的多样化，雷达的工作环境、生存环境、电磁环境以及目标周边环境的复杂化，雷达作战使命任务越来越多样化，促使雷达技术不断发展变化，以满足国民经济和国防事业发展的需求。一方面综合应用各种新技术、新器件来完善和提高自身的性能，另一方面为适应不断出现的各种新技术的应用，也促使雷达不断地改善。雷达的功能可以满足重要的社会和军事需要，而且在诸多应用领域还没有替代者。因此，雷达的发展具有旺盛的生命力，还将持续向前。

雷达不论在军事上还是民用方面均得到了广泛的应用。军事应用方面有预警雷达/超远程雷达、搜索和警戒雷达、引导指挥雷达、火控雷达，炮位校射雷达、靶场测量雷达、机载雷达导航和火控雷达、舰载雷达、无线电测高仪、制导雷达/雷达引信以及战场监视雷达等。在民用方面有气象雷达、航行管制、遥感、反恐/生命探测、导航雷达和公路测速等。

1.3 合成孔径雷达概述

1.3.1 什么是合成孔径雷达

雷达随着载体沿一定的方向向前匀速运动，同时以固定的重复频率发射电磁脉冲信号，同时接收散射回波信号，并将接收的回波信号的幅度和相位信息存储起来，将它们按阵列回波作合成处理，利用这种合成阵列方式工作的雷达称为合成孔径雷达(synthetic aperture radar，SAR)，又称综合孔径雷达。实际上，SAR是用一个小天线作为单个辐射单元，将此单元沿一直线不断移动，在不同位置上接收同一地物的回波信号并进行相干处理，这样一个小天线通过“运动”方式就合成一个等效“大天线”，从而提高图像的分辨率。SAR是一种主动微波遥感成像雷达，能获得高分辨率的二维SAR图像。这里的高分辨率包括两方面的内涵：高距离向分辨率和高方位向分辨率。在距离向，SAR利用雷达发射的大时间带宽积的线性调频信号，采用脉冲压缩技术来实现；在方位向，通过同一雷达传感器在等间隔位置上发射和接收脉冲信号，然后将接收的回波信号进行相干处理，从而达到高分辨率，实际上是通过合成孔径技术或多普勒技术来实现的。

1.3.2 合成孔径雷达的特点

(1) 具有全天候全天时工作能力。

SAR成像是主动微波遥感，因此，它不受白天黑夜的影响，能时刻接收从目标散射回来的回波。SAR发射的电磁波属于微波频谱段，具有较长的波长，可以穿透云、雨、雾、烟、尘和雾霾等，因此，成像时不受这些因素的影响，能全天候获取数据。

(2) 具有一定的穿透能力。

雷达发射的电磁波有一定的穿透能力，能透过一定的遮蔽物，在同样的条件下，波长越长，穿透能力越大。

(3) 能获得与距离无关的二维高分辨率图像。

在距离向和方位向均能获得高的分辨率，而且分辨率与波长、载体的飞行高度以及雷达的作用距离无关。

(4) 能获得多种回波信息。

散射回波中包含着多种信息：幅度信息、相位信息、极化信息、空间几何结构信息、纹理信息、数字高程模型(DEM)以及地表形变信息等。

(5) 具有多种功能和用途。

除了SAR本身有广泛的应用，利用干涉SAR成像技术，可以获得包括地面高度信息在内的三维高分辨图像和数字高程信息；利用差分干涉SAR成像技术，可以获得高精度的变化信息；利用极化SAR可以获得不同极化信息和对称结构信息；还可实现动目标检测和显示等。

(6) 工作模式多样化。

SAR可以多极化、多波段、多模式、多视角、多平台成像。

(7) SAR成像机理复杂，SAR图像解译困难。

SAR成像原理不同于光学成像，是相干成像，而且电磁波与地物目标间的相互作用非常复杂，回波数据需经过复杂成像算法处理后，才能成为图像数据。SAR图像解译不仅受到斑点噪声的影响，而且还受雷达成像系统参数和地物目标物理参数的影响，以及特殊机理的影响，如二面角、三面角和多次散射等。

(8) SAR成像受目标表面结构和粗糙度影响。

SAR成像除了受系统参数影响，还受地面目标的介质材料和表面结构的影响。介质材料的反映是介电常数，其他条件不变时，介电常数越大散射越强，因此，介电常数决定散射强度。地物目标的表面结构和粗糙度导致不同的散射机理，决定散射的类型。

(9) SAR成像对方位向敏感。

SAR成像与光学成像不同，它对目标的方位特敏感，即目标在0～360°旋转时，获取的SAR图像是不同的，包含的信息也有所别。

1.3.3 合成孔径雷达的分类

合成孔径雷达按不同的准则，可以分成不同的类型。

(1) 按载体平台可分为机载SAR、星载SAR、弹载SAR和临近空间载体SAR。其中，机载SAR又包括有人和无人机载SAR；星载SAR包括低、中和高轨道SAR。

(2) 按波束控制方式可分为条带SAR、聚束SAR和扫描SAR。条带(stripmap)SAR是指天线波束的照射范围为与平台运动方向平行的带状区域；聚束(spotlight)SAR是指通过控制天线波束指向，使其沿飞行路径连续照射同一目标区域；扫描SAR(scanSAR)是指通过天线在距离向的扫描来获得宽测绘带。图1.8为典型的三种SAR成像模式。

(3) 按成像视角方式可分为正侧视、斜视、下视和前视等。

(4) 按成像孔径类别可分为真实孔径雷达和合成孔径雷达。

(5) 按相对运动方式可分为合成孔径雷达和逆合成孔径雷达。

(6) 按图像维数可分为二维 SAR、三维 SAR 和四维 SAR。

(7) 按载体运动轨迹可分为直线 SAR、曲线 SAR 和圆迹 SAR。

(8) 按发收站的不同可分为单站 SAR、双站 SAR 和多站 SAR。

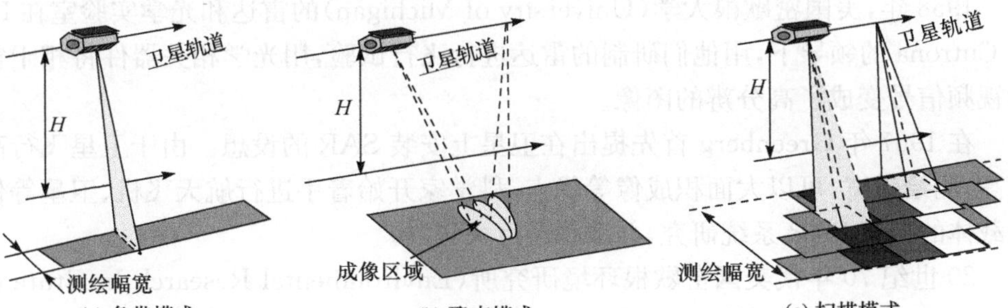

图 1.8 典型的 SAR 成像模式图

1.3.4 合成孔径雷达的发展历程

SAR 成像技术诞生于 20 世纪 50 年代初，在 60 多年的发展过程中，其取得了辉煌的成绩。从概念到构思，从实验室到样机，从机载到星载，从单星到星座，从低分辨率、单波段、单极化、单模式、单基地、单平台、单视角，到高分辨率、多波段、多极化、多模式、多(双)基地、多平台、多视角，再到干涉体制和全极化干涉体制的出现以及动目标的显示，各方面均得到了突飞猛进的发展和应用。目前，SAR 已经在农业、林业、地质、环境、水文、海洋、灾害、测绘、城市、生态、考古等方面及军事领域中得到了广泛的应用，尤其在气候和环境条件恶劣、复杂的情况下，SAR 发挥了其全天候全天时的独特优势。星载 SAR 的发展过程大致反映了 SAR 技术的发展历程，因此，下面主要以星载 SAR 为例来阐述 SAR 的发展历程。星载 SAR 的整个发展过程大致可分为 3 个阶段：孕育期(1951～1990 年)，美国是主要的研制、发展和应用国家；成长期(1990～2000 年)，美国、俄罗斯、欧洲、加拿大和日本等国家和地区在这一时期推进了星载 SAR 技术的进步；蓬勃发展期(2000 年至今)，美国、欧盟、加拿大、以色列、日本、印度、俄罗斯、韩国、中国等国家和地区先后发射了 SAR 成像雷达卫星，此时期推动星载 SAR 技术的发展，已不是单纯地依靠单项技术的突破，而是依靠概念体制的推陈换代。例如，近年来提出的多发多收合成孔径雷达(multi-input multi-output SAR，MIMO-SAR)就是一种备受关注的新型雷达成像模式，还有数字波束形成等。

1951 年 6 月美国 Goodyear 宇航公司的 Carl Wiley 首先提出利用频率分辨方法可以改善雷达的角分辨率，他将其称为多普勒波束锐化。与此同时，伊利诺伊大学的控制系统实验室证实了这一结论。第一个实用化的 X 波段 SAR 系统于 1952 年研制成功。1953 年 7 月获得了第一张 X 波段相干雷达的 SAR 图像。

1957 年美国密歇根大学雷达和光学实验室研制的 SAR 系统获得第一张全聚焦的 SAR 图像。

1958 年，美国密歇根大学(University of Michigan)的雷达和光学实验室在 L. J. Cutrona 的领导下，用他们研制的雷达进行飞行试验，用光学相关器件将相干雷达视频信号变成了高分辨的图像。

在 1967 年 Greenberg 首先提出在卫星上安装 SAR 的设想。由于卫星飞行高度高，测绘带宽，可以大面积成像等优点，科学家开始着手进行航天飞机、卫星等作为载体的天基 SAR 系统研究，并取得了巨大进展。

20 世纪 70 年代美国密歇根环境研究所(Environmental Research Institute of Michigan，ERIM)和喷气动力实验室(Jet Propulsion Laboratory，JPL)研制出 1.25GHz 和 9GHz 多极化合成孔径雷达，标志着多波段、多极化雷达成像系统的诞生。

1972 年美国 JPL 进行了 L 波段星载 SAR 的机载校飞。

1975 年，美国国家航空航天局(National Aeronautics and Space Administration，NASA)将 SAR 作为 Seasat-A 任务的一部分。由于 SAR 在 Seasat 任务中的突出表现，使得星载 SAR 得到高度重视，成为合成孔径雷达的一个重要发展方向。

1978 年 5 月，NASA 成功地发射了全球第一颗装载了 SAR 的人造地球卫星(Seasat-A)，对地球表面 $1\times10^8\text{km}^2$ 的面积进行了测绘。Seasat 卫星的高度约 800km，工作波段为 L 波段，测绘带宽为 100km。Seasat 卫星具有很大的全球覆盖率，转发了不同地形特征的 SAR 数据，获得了大量过去未曾有过的信息，引起了科学家的极大重视。标志着星载 SAR 已成功进入了太空时代，星载 SAR 由实验室研究向应用研究的关键转变。

1981 年 11 月 12 日，美国“哥伦比亚”号航天飞机搭载 SIR-A 顺利升空。雷达影像上成功观测到撒哈拉沙漠的地下古河道，显示了 SAR 具有穿透地表的能力，引起国际科技界的震动。1984 年 10 月 5 日美国进行了“挑战者”号航天飞机搭载 SIR-B 的实验。SIR-A 和 SIR-B 都源于 Seasat-A，都工作于 L 波段。其中，SIR-A 于 1981 年 11 月发射，轨道高度为 252km，分辨率为 37m，而 SIR-B 于 1984 年 7 月发射，轨道高度为 250～326km，倾角为 57°，测绘带宽为 50km，分辨率为 35m。与 SIR-A 的主要不同点在于 SIR-B 的波束俯视角可变，而且 SIR-B 可采用光学和数字两种方式记录和处理图像，比 Seasat 的非实时数字处理的成像速度要快。

1987 年 7 月，苏联发射的“COSMOS-1870”卫星上配备了一部分辨率为 25m

的 S 波段 ALMAZ-I SAR 系统。该雷达的特点是天线双侧视，运行时间长达 2 年，是第一部长期运行的空间合成孔径雷达。主要对人类无法进入的地区进行雷达成像测绘，监测海洋表面污染，鉴别海冰和对厚冰区的舰船进行导航等。

美国 JPL 于 1988 年研制的 AIR SAR，功能齐全，不仅具有 P，L，C 三个波段，而且还具有全极化能力，能同时产生 12 个数据通道的分辨率为 10m×10m 的 SAR 图像。

1988 年 12 月 2 日，美国航天飞机“亚特兰蒂斯”号将“长曲棍球(Lacrosse)”军事侦察卫星送入预定轨道，这是世界上第一颗高分辨率雷达成像卫星。它可以全天候全天时监视苏联装甲部队的活动，分辨率可达到 1m 左右。

1989 年，美国 NASA 开展了一项星球雷达任务——Magellan 雷达观测金星计划，将 SAR 拓展到作为研究其他星球的重要工具之一。

德国宇航局于 20 世纪 80 年代中期开发机载合成孔径雷达，并于 1988 年和 1989 年先后研制成功线性极化 C 波段和 X 波段 SAR 系统，1990 年又扩展到 L 波段。该雷达系统具有全极化方式，分辨率为 2.4m×4m，测绘带宽为 4km，入射角为 20°～27°。

丹麦于 1989 年研制成功 C 波段机载合成孔径雷达，该系统具有灵活的性能指标，其分辨率、测绘带宽和成像几何布局均可调节。测绘带宽分别为 12km、24km 和 48km，距离向和方位分辨率分别为 2m、4m 和 8m，最大作用距离为 80km。

从 20 世纪 90 年代起，对能够提供三维信息的干涉式 SAR 的研究引起了世界各国的格外关注，成为 SAR 技术发展的新热点。

1991 年 3 月 8 日，美国 NASA 发射长曲棍球-2。

1991 年 3 月 31 日，COSMOS-1870 的改进型 ALMAZ-1 由苏联发射上天，搭载 S 波段 SAR。

1991 年 7 月 1 日，欧空局发射了 ERS-1 空间合成孔径雷达，该雷达系统采用准极地轨道，平均高度为 785km。测绘带宽为 100km，分辨率为 30m，工作于 C 波段，VV 极化方式，该系统的最大特点在于实现了平台姿态的动态控制。根据 ERS-1 的特性，可获得大量的星载 SAR 三维成像试验的数据，许多科学家利用 ERS-1 的数据进行三维 SAR 成像研究，得到了较为满意的结果。它可提供全球气候变化情况，并对近海水域和陆地进行观测。

1991 年 3 月，苏联发射了 ALMAZ-II 合成孔径雷达，其轨道高度为 300km，投射角可变，范围为 30°～60°。双侧视成像，每侧的测绘带宽为 350km，分辨率为 15～30m，工作于 S 波段，HH 极化方式。

1992 年 2 月，日本发射了 J-ERS-1 空间合成孔径雷达，L 波段，运行 2 年，轨道高度为 568km，投射角为 38.5°。测绘带宽为 75km，分辨率为 18m×24m，HH

极化。

1993 年 9 月，美国宇航局航天飞机成像雷达 SIR-C/X-SAR 发射成功，是全世界第一部多波段(L、C 和 X 波段)、多极化、多入射角空间合成孔径雷达。轨道高度为 250～325km，投射角在 17°～63°范围内可变，测绘带可在 15～90km 范围内可变，分辨率为 25m。其中，SIR-C 工作于 L、C 波段，有 4 种极化方式，X-SAR 工作于 X 波段，只有一种极化方式 VV。采用多波段工作可以研究地物对不同频率的响应，以此来区分和鉴别地物目标。

1994 年 NASA、DLR(德国空间局)和 ASI(意大利空间局)共同进行了航天飞机成像雷达飞行任务 SIR-C/X-SAR，分别在 1994 年 4 月 9 日到 20 日和 9 月 30 日到 10 月 11 日进行了两次飞行。SIR-C 由 NASA 负责完成，是一部双频(L 波段、C 波段)全极化雷达。X-SAR 由 DLR 和 ASI 共同建造，为单频 X 波段，单极化 VV 雷达。SIR-C/X-SAR 首次实现了利用多频、多极化雷达信号从空中对地球进行观测，SIR-C 图像数据有助于人们深入理解现象背后的物理机理，深入开展植被、土壤湿度、海洋动力学、火山活动、土壤侵蚀和沙化等多项科学研究工作。

1995 年 4 月 21 日 ERS-2 发射升空。

1995 年 11 月 4 日加拿大成功发射了其第一颗资源调查卫星 Radarsat-1，轨道高度 800km，投射角为 10°～60°。测绘带宽为 45～500km，分辨率为 10～100m，工作于 C 波段，水平极化方式。该星为商业应用和科学研究提供全球冰情、海洋和地球资源数据。

1996 年 NASA 开展了第二项星球雷达任务——观测土星的 Cassini 任务，用于开展观测 Titan 表面的物理状态、地形和组成成分等多项任务，进而推测其内部构造。

1997 年 10 月 24 日，NASA 发射长曲棍球-3。

2000 年 2 月 11 日，美国 NASA 和美国国家测绘局(National Imagery and Mapping Agency，NIMA)联合进行了为期 11 天的航天飞机地形测绘任务(Shuttle Radar Topography Mission，SRTM)。采用 60m 长的可展开天线杆进行干涉测量，获得全球大部分陆地高程数据。

2000 年 8 月 17 日，NASA 发射长曲棍球-4。

2002 年 3 月 1 日，欧空局 ESA 发射 ENVISAT 卫星，搭载 ASAR。

2005 年 4 月 30 日，NASA 发射长曲棍球-5。到目前为止，长曲棍球总共发生了 5 颗，其中，长曲棍球 1、2 和 3 已经退役，长曲棍球 4 和 5 仍在轨工作。长曲棍球卫星质量为 12～16t，轨道倾角为 57°或 68°，工作在 L 波段和 X 波段，具有水平和垂直两种极化方式，最优分辨率可达 0.3m。后续接替长曲卫星工作的是未来成像构架(future imagery architecture，FIA)卫星，在 2010 年 9 月 21 日和 2012 年 4 月 3 日已发射两颗，该卫星采用抛物面天线，最高分辨率为 0.3m。

2006年1月24日，日本发射ALOS，搭载PALSAR，L波段，全极化工作，主要用于勘探自然资源、地图绘制、灾害监控等方面。PALSAR主要有3种工作模式：条带模式、扫描模式和低数据率模式。

2006年12月、2007年7月和2007年11月，德国分别发射了SAR-Lupe星座成像侦察卫星系统中的前三颗，2008年7月发射了系统中的最后一颗卫星。德国自1998年启动SAR-Lupe星座系统研究工作，该系统由5颗相同的SAR卫星组成，分布在3个不同的轨道上，每颗卫星质量约770kg，工作在X波段，极化方式为HH，分辨率为0.5m，主要用于军事侦察。

2007年6月15日，德国成功发射了军民两用雷达卫星TerraSAR-X，工作在X波段，具备多种极化和全极化的能力，可以聚束式、条带式和推扫式3种模式成像。该系列卫星的主要任务是收集科学研究数据，最高分辨率为1m时，可获得5km×10km的测绘带宽。

2007年6月和12月，意大利成功发射了COSMO-SkyMed-1/2卫星，并于2008年10月发射了COSMO-SkyMed-3，于2010年11月成功发射COSMO-SkyMed-4，完成了整个星座计划，起到四星运作。COSMO-SkyMed是一个兼备军民两用的对地观测SAR卫星星座，最高分辨率可达1m，具有雷达干涉测量能力、全天候全天时对地观测能力以及卫星星座特有的短重访周期等优势。

2007年12月14日，加拿大再次成功发射了Radarsat-2卫星，该卫星同Radarsat-1一样工作在C波段，质量由2750 kg降至2280kg。Radarsat-2除了继承Radarsat-1卫星的经典工作模式，还提高了SAR系统的性能，增加了新的工作模式，如全极化工作模式、超宽扫描模式、超精细条带模式。

2010年6月21日，德国发射了TanDEMSAR卫星，它是TerraSAR-X的姊妹星，与TerraSAR-X卫星实现协同工作，完成对地表的三维测量，其精度可达到2m。

2012年4月26日，印度成功发射了雷达成像卫星(Risat-1)。Risat-1卫星由印度太空研究组织(ISRO)建造，C波段，将用于灾难预测、农林学等领域。由于其可穿透云层和云雾，同时也可以用于国防目的。

2012年11月19日，中国成功发射环境一号卫星C卫星，S波段，VV极化方式，多模式成像，空间分辨率为5m。

2013年8月22日，韩国成功发射Kompsat-5。

2014年4月3日，欧空局成功发射“哨兵”Sentinel-1a，第一颗主要用于环境监视的SAR卫星，C波段，多种工作模式，空间分辨率5m。

2014年5月24日，日本成功发射第二颗陆地观测技术卫星“大地2号”(ALOS-2)，将用于观测地壳变动，以及火山喷发、台风等自然灾害，L波段，最高分辨率可达1m。

我国于1976年开始SAR方面的研究工作，到1979年时，中国科学院电子学研究所成功地研制出机载SAR模样机，并获得我国第一幅SAR图像，分辨率为180m×30m(距离向×方位向)，采用光学记录、光学成像。1980年12月，用第二台改进的SAR系统进行了实验，并采用脉冲压缩技术，增加了天线稳定伺服平台和运动补偿电路，分辨率提高到15m×15m。1987年，我国“863”计划正式提出了星载SAR的研究任务，这标志着我国在空间成像领域迈出了具有重大意义的一步。1987年中国科学院电子学研究所成功研制多条带、多极化机载SAR系统，X波段，可以从HH、VV、HV、VH四种极化形式中任选一种工作，具有双侧视功能，图像分辨率为10m×10m，采用光学记录、光学成像。1994年成功研制出X波段、多极化、多通道、数字成像处理，且分辨率为10m的机载SAR系统，测绘带宽为35km×35km，并获得我国第一批机载SAR实时数字成像处理图像。2000年成功研制出2.5m分辨率的机载SAR及其实时数字成像处理器系统。在星载SAR方面，于2012年已成功发射了HJ-C雷达卫星。

1.3.5 合成孔径雷达的发展趋势

自从合成孔径雷达的概念被提出来后，已经过去了60多年，在这期间，合成孔径雷达成像技术得到了突飞猛进的发展，获得了可喜的成绩。工作波段从单波段单极化发展到多波段多极化，工作模式从单视角单模式发展到多视角多模式，天线从单线发展到阵列天线和多输入多输出阵列，数据处理方式由光学非实时处理发展到数字式实时处理，成像方法由非聚焦处理发展为聚焦处理，雷达平台由机载发展到星载和弹载，图像分辨率由数十米发展到的1m以下，最高可达0.1m，SAR图像由二维发展到三维和四维。进入21世纪后，SAR各项技术继续蓬勃发展，各种新的概念、新的技术和新的方法不断应用于之中，并且更大程度地从理论走向实践。

1) 多参数SAR系统

多参数包含多极化、多波段、多模式和可变视角等内容。但SAR以某种方式探测地物时，雷达系统会发射不同频率、不同极化的电磁波，而且以不同的入射角照射地物，同时雷达系统会接收到不同的散射信息。不同的极化方式可以获得不同的后向散射特性，采用多极化或全极化方式，可以获得更丰富的目标散射信息。用不同极化的图像合成假彩色图像，可明显改善SAR图像的质量和视觉判读，获得更详细的信息。然后利用不同频段、不同分辨率模式和不同入射角对目标区域进行观测，就可以完整地定量分析地物目标的雷达散射特性。正因如此，多参数SAR系统仍将受到特别青睐。

2) 军民两用的高分辨率宽测绘带

宽测绘带和高分辨率始终是SAR成像遥感发展的重要方向。对于海洋监视、土地使用、植被监测、环境监测、灾害监视和冰川观测等，通常需要SAR具有宽幅的成像能力，实现快速普查，从宏观上了解信息的动态。对于军事目标的侦察及其打击效果的评估，还有灾害的救援等特区任务，通常需要对指定区域进行高分辨率成像，进行精细的辨识，同时也希望测绘带尽量宽。

由于SAR具有全天候全天时获取遥感数据的能力，在民用和军事领域中都具有广泛的应用价值，但最初的应用通常是分开的。例如，ERS-1/2和Radarsat-1等都是以民用为主的星载SAR，而美国的“长曲棍球”雷达卫星和德国的SAR-Lupe雷达卫星则是专门的军用侦察卫星。民用和军事侦察应用对雷达卫星的技术指标是不同的，各有侧重点。一般来讲，商业民用SAR卫星要求具有宽的测绘带和高精度的辐射定标，并具有中等分辨率，一般低于5m。军事侦察SAR卫星除了强调测绘带宽，更强调分辨率高。高分辨率一直是军事侦察的关键技术指标，军用侦察卫星的图像分辨率通常要求优于1m。随着卫星技术的发展，SAR成像技术的提高，有些卫星虽然是商业民用卫星，但是也具有较大的军事应用价值，例如，加拿大的Radarsat-2卫星和德国的TerraSAR-X和TanDEM-X卫星。

3）SAR及载体的微小型化

微小型包括雷达载体的小型化和雷达本身的小型化。随着现代战场环境的日益复杂，大型卫星的弊端逐步暴露出来，例如，造价高昂、维护不便、应急发射困难、战术保障和快速反应能力有限等。与大卫星相比，小卫星的战场生存能力和快速反应能力要强得多，并已经发挥了一些作用。SAR卫星应用的效费比明显提高，SAR卫星的研制费用大幅降低，SAR卫星在军事和经济上的应用越来越重要，越来越普及。同样，超小型SAR系统具有体积小、质量轻、技术含量高、研制周期短、制造费用低、发射灵活和不易被摧毁等一系列优点，而受到各个国家的青睐。目前，星载SAR的载荷由最初的2000～3000kg降到300～700kg，甚至是10kg以下，在载荷质量上实现了跨越式发展。在机载SAR方面，目前也实现了2kg以下的SAR系统。小型化的SAR系统还是实现深空微波探测的重要技术手段。因此，未来一二十年内，SAR系统继续朝轻型化和小型化方向发展。

4）多星组网的应用模式

多星组网是未来卫星使用的主要模式之一，多星组网包括相同或不同SAR卫星的组网，SAR卫星和可见光卫星的组网等。通过多星组成星座或星队，可以有效提高时间分辨率，还能把航天侦察的“盲区”降至最低。与可见光卫星组网配合使用，能使各种卫星的优势得到充分发挥，达到互补目的。例如，美国在伊拉克战争中就利用3颗“锁眼”可见光侦察卫星和2颗长曲棍球雷达成像侦察卫星组成的航天侦察网。德国的SAR-Lupe项目就是一个由5颗小型SAR卫星组成的军事专用卫星系统，意大利的COSMO-SkyMed系统也是一个由4颗X波段的小型SAR成像卫星组成，可用于军民两用的对地观测星座，中国的HJ-A/B/C就是由光学卫星和雷达卫星组成的环境与灾害监测预报小卫星星座，具有对灾害与环境情况动态监测预报的能力。

5) 分布的 SAR 成像模式

分布 SAR 并不是简单的卫星组网，它是利用 2 颗或多颗轨道具有相互关系的卫星配合工作，一颗卫星发射多颗卫星接收，或多颗卫星发射多颗卫星接收，实现单颗卫星不能实现的功能，或获得单颗卫星不能达到的技术指标。例如，实现干涉 SAR 成像、地面运动目标显示、增加成像带宽、提高 SAR 图像分辨率等。目前，德国的 TerraSAR-X/TanDEM-X 是唯一的一套在轨多星干涉系统，它由两颗 X 波段的星载 TerraSAR-X 和 TanDEM-X 组成，一次飞行可以得到多幅双基干涉高程图和单基干涉高程图。因此，分布 SAR 成像模式将是一种很有发展潜力和应用需求的星载 SAR 系统。

6) 多层次的立体成像系统

SAR 成像系统按载体的不同分为地基、空基和天基系统，它们即可单独成像，也可组合构成立体的成像系统。星载 SAR 可通过天、空、地基相结合，实现低、中、高分辨率互补充，从而形成空时协调的多基立体观测系统。立体观测系统能够准确、有效、快速、及时、灵活地对一些重点或敏感区域进行远距离的安全观测，能够对一些重点基础设施项目进行长期稳定监测。例如，德国使用星载 TerraSAR-X 卫星和欧洲最先进的机载 SAR 系统 PAMIR 进行双基混合成像，获得了很好的实验结果。多层次、全方位的立体成像系统可以满足特殊的应用需求，具有很大的发展潜力。

7) 多传感器数据的融合

光学遥感成像、高光谱遥感成像和 SAR 遥感成像，各具特色，各具优点，每种传感器单独获得的信息毕竟有限。因为它们的成像机理的不同和成像条件的限制，任何一种传感器获取的数据都不能全面地反映地物目标的特性。对多传感器遥感数据进行融合处理，既可提高图像的可读性和可判性，又能更客观、更本质、更全面地描述观测目标，还可增强系统的抗干扰性能力和伪装识别能力，提高系统的可靠性，减少信息的不确定性。所以，多传感器数据的融合处理是 SAR 图像处理和应用的重要方向。多传感器的融合包括不同 SAR 传感器的融合，SAR 和可见光传感器的融合，SAR 和高光谱数据的融合。

1.3.6 合成孔径雷达的应用

1. 军事领域的主要应用

SAR 的全天候全天时特点，及其具有一定的穿透能力，使其在许多方面优于红外和光学遥感，例如，它能识别一般伪装的导弹阵地、识别云雾笼罩地区的地面目标等。所以，SAR 在军事应用方面，有着广泛的天地，它可用于航空测量、航空遥感、卫星海洋观测、航天侦察、图像匹配制导等,具体如下。

(1) 军事情报侦察、军事目标监视与跟踪。许多人造目标或军事目标的材料是金属材料,对电磁波有较强的散射作用,SAR 成像比较容易识别这些地物目标,所以,对军事目标的侦察、监视和跟踪是 SAR 的最大军事应用。

(2) 条约检查和防扩散。监控其他国家履行条约和防止核、化、生物武器扩散日益紧迫。通常,监视仅在特殊的时间里才可能,当飞越领空被允许时,或必须去维持监视能力,在恶劣的气候或夜晚,确保敌方不能用这些条件隐藏活动。合成孔径雷达提供了全天候全天时获取数据的能力,弥补了其他传感器获不到的信息。

(3) 军事地形测绘。SAR 不仅可定量测量地面目标位置和地形参数,而且通过干涉 SAR(InSAR)和差分干涉 SAR(D-InSAR)技术,能获得地物目标的高程、地形数据及地表形变信息。

(4) 导航与制导。合成孔径雷达能为地形匹配制导提供精确的数字地形图,为末端景象匹配制导提供基准图和实时景象图。

(5) 隐藏目标的探测和伪装的识别。低频合成孔径雷达在某种情况下可以穿透植被和一定的土壤层,这为探测那些通常隐藏在树林、灌木和其他地面覆盖物下的目标提供可能。利用合成孔径雷达,可以穿透一定的植被和人工伪装物,探测被伪装的军事设施和装备。同时,由于雷达的反射特性与目标表面材料的介电常数有关,所以,可利用合成孔径雷达的数据对目标表面材料性质进行定量分析,从而达到判别真伪的目的。

(6) 动目标探测。合成孔径雷达能探测到 4～100km/h 的军事动目标,如对坦克、舰船、导弹、航母及部队的集结等。

(7) 目标动态监测。SAR 具有全天候全天时获取数据能力,可对观测区域进行连续成像,获得不同时相的 SAR 图像,经过一定的算法处理,可获得目标区域的变化信息或动态信息,因此,SAR 可对机场、港口等目标和区域进行动态监测。

(8) 毁伤效果评估。用导弹或飞机轰炸对方的军事目标后,可对毁伤的效果进行评估。由于炸弹爆炸会产生大量烟雾和尘埃,此时只有 SAR 才能发挥最佳效果,及时获取战场信息。通过与战前的 SAR 图像作比较分析,可对毁伤程度作出评判,为指挥员提供决策依据。

2. 民用领域的主要应用

SAR 遥感能弥补光学遥感和红外遥感的不足,已成一种非常重要的对地、对空观测技术和手段,在全球动态监测、资源监测、生态监测、海洋监测、环境监测、土地使用与城市发展监测、农作物生长状况和森林植被覆盖监测、灾害监测、地质监测,以及生态、水文、考古和深空探测等领域中得到了广泛的应用。

(1) 监视植被再生,评估木材产量。

(2) 洪水淹没区及其损失评估。
(3) 植被类型,特别是热带地区的成像。
(4) 农业上土壤湿度和植被含水量的评估。
(5) 森林火灾监测与评估。
(6) 用于水资源管理、积雪覆盖量的评估。
(7) 轮船交通监视和安排。
(8) 油膜(天然和人造)检测。
(9) 海面海流速度测量。
(10) 检测新生成的冰块和多年生成的冰块,用于指挥破冰船。
(11) 与石油、天然气和矿脉走向岩层有关的地质构造的确定。
(12) 环境监测与评估。
(13) 近期火山喷发造成的地形、火山灰和泥石流变化的成像。
(14) 具有高分辨率的全球或局部地貌成像。
(15) 城市规划与动态监测。
(16) 考古研究。
(17) 土地使用情况监测。
(18) 古河道变迁考察。
(19) 近期受自然灾害如地震、火山袭击地区成像。
(20) 地震或陆地沉降引起的地球表面小规模移动的成像。

1.4 典型的 SAR 成像系统

1.4.1 星载 SAR 系统

自从 1978 年第一颗星载 SAR 系统成功发射后,世界各国总共已发射了几十颗 SAR 卫星。星载 SAR 的优点很明显。

(1) 高度高,可视范围大,成像测绘带宽,单位时间内具有较大的覆盖区域。
(2) 全球范围,不受国界领空限制。
(3) 全天候,不受气象条件限制,不受飞行条件和机场远近的限制。
(4) 较低的运行费用。
(5) 平台姿态稳定,运动补偿简单甚至无需运动补偿。
(6) 轨道稳定,多次成像重复性好。
(7) 下视角相对小,图像阴影少。

同样,也存在一些不足的地方。

(1) 设计、建造、发射费用昂贵。
(2) 轨道固定,不能按要求随意飞到任何地方,即机动性受到限制,侦察不灵活。

(3) 距离远,提高图像信噪比困难大。

(4) 卫星飞行速度快,测绘成像带宽,设计参数约束条件多。

(5) 受星-地数据传输链路信道容量制约,难以实现实时处理。

表 1.2 是各国具有代表性或里程碑意义的星载 SAR 系统。下面简要介绍几部典型的星载 SAR 成像系统。

表 1.2 代表性的星载 SAR 系统

序号	国家/项目	运行时间	波段 (极化方式)	性能描述
1	美国 Seasat	1978～1978	L (HH)	世界上第一颗星载 SAR 卫星,运行 3 个月,分辨率 25m
2	美国 Lacrosse1-5	1988～ 2005～	X 或 L (双极化)	间谍卫星,分辨率由最初 1m 提高到 0.3m,目前 1～3 已退役
3	欧空局 ERS-1ERS-2	1991～2000 1995～2011	C (VV)	欧洲第一颗 SAR 遥感卫星, 分辨率 25m
4	日本 J-ERS-1	1992～1998	L (HH)	日本第一颗 SAR 地球资源卫星, 分辨率 20m
5	美国德国意大利 SIR-C/X-SAR	1994 年 4 月 10 日	L 和 C(全极化)X(VV)	航天飞机雷达成像,第一部航天多极化、多频率成像雷达,分辨率 20m
6	加拿大 Radarsat-1	1995～2013	C (HH)	加拿大第一颗 SAR 卫星,扫描成像宽度可达 500km,分辨率可达 9m
7	美国 SRTM	2000 年 2 月	C(HH+VV) 和 X(VV)	航天地形测绘任务,第一颗星载干涉 SAR 测量系统,分辨率 30m
8	欧空局 ENVISAT/ASAR	2002～2012	C (双极化)	第一颗发/收结构星载 SAR 卫星,成像宽度可达 400km,分辨率 30m
9	日本 ALOS/PalSAR	2006～2011	L (全极化)	先进的陆地观测卫星, 测绘带宽 360km,分辨率 10m
10	德国 SARLupe1-5	2006～ 2008～	X (全极化)	多卫星组网,间谍卫星,分辨率 1m
11	德国 TerraSAR-X/ TanDEM-X	2007～ 2010～	X (全极化)	第一个双基地星载 SAR,2014 年将获取全球地形,分辨率 1m/3m
12	加拿大 Radarsat-2	2007～	C (全极化)	1m×3m(方位×距离)分辨率, 500km 测绘带宽,分辨率 3m

续表

序号	国家/项目	运行时间	波段（极化方式）	性能描述
13	意大利 COSMO-SkyMed1-4	2007～ 2010～	X （双极化）	四颗卫星的星座，分辨率为 1m/3m
14	印度 RISAT-1	2012～	C （全极化）	RISAT -1a 卫星将于 2016 发射， RISAT -3(L 波段)正在研制
15	中国 HJ-C	2012～	S (VV)	四颗卫星星座
16	韩国 Kompsat-5	2013～	X （双极化）	多用途卫星，分辨率达 1m
17	日本 ALOS-2	2014～	L （全极化）	分辨率 1m×3m(方位×距离)， 490km 测绘带宽
18	欧空局 Sentinel-1a Sentinel-1b	2014～ 计划 2015	C （双极化）	两颗卫星星座，测绘带宽为 80，250，100，400km，分辨率分别为 5m×5m，5m×20m，5m×5m，20m×40m
19	西班牙 PAZ	计划 2014	X （全极化）	与 TerraSAR-X，TanDEM-X 构成星座
20	加拿大 Radarsat Constellation-1/2/3	计划 2017	C （全极化）	三颗卫星星座，400km 测绘带宽
21	阿根廷 SAOCOM1-2	计划 2015 计划 2016	L （全极化）	双卫星星座，全极化

1. 美国的 Seasat(海洋星)

1978 年 6 月 27 日，美国 NASA 从范登堡基地发射了 Seasat-A 卫星(图 1.9(a))，其上首次装载了合成孔径雷达，是世界上第一颗利用微波传感器进行海洋监测的卫星，飞行高度约 800km。入轨 10 天后星载 SAR 系统才首次启用，卫星飞行 105 天后，由于电源系统故障，于 1978 年 10 月 10 日终止飞行使命。其间，Seasat-A 系统共工作 500 次，每次 5～10min，以 25m 的分辨率对地球表面 100 万 km^2 的面积进行了测绘，实现了全天时全天候工作。Seasat-A 标志着 SAR 技术已进入空间领域，开创了星载合成孔径雷达的历史，其任务是论证海洋动力学测量的可靠性，在其短短的 3 个月工作时间内向地面传回了大量有关陆地、海洋和冰面的图像。利用 Seasat-A 的雷达图像，获得了大量从未得到的地表信息，图 1.9(b)为海洋监测的 SAR 图像。

(a)

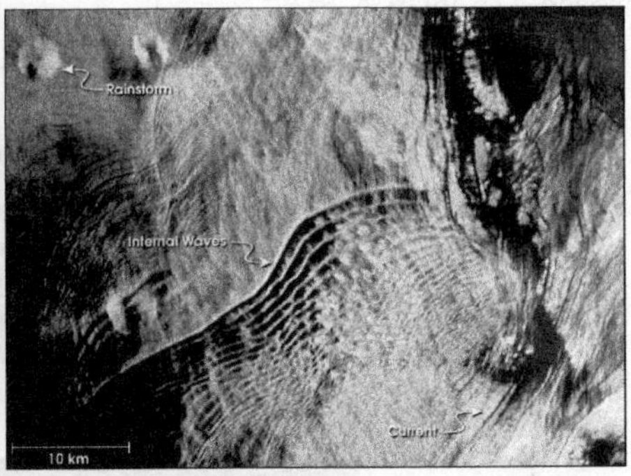

(b)

图 1.9 Seasat-A 及其图像

Seasat SAR 工作在 L 波段，HH 极化，图像空间分辨率为 25m×25m，照射宽度为 100km，具体的系统参数如表 1.3 所示。

表 1.3 Seasat SAR 系统特征表

参数	数值	参数	数值
轨道	倾斜角：108°；高度：800km	数据处理方式	光学
频率	1.275GHz(L 波段)	PRF	1463～1640Hz
波长	23.5cm	脉宽	33.4μs
极化	HH	天线尺寸	10.74m×2.16m
分辨率	25m×25m(4 视)	收发方式	集中收发
入射角	20°(固定)	峰值功率	1000W
测绘带	100km	数据记录速率(地面)	110Mbit/s
带宽	19MHz	目的及应用	海洋研究

2. 美国的 Lacrosse(长曲棍球系列)

“长曲棍球”(Lacrosse)卫星是美国的军用雷达成像侦察卫星。它不仅适于跟踪舰船和装甲车辆的活动，监视机动或弹道导弹的动向，还能发现伪装的武器和识别假目标，甚至能穿透干燥的地表，发现藏在地下数米深处的设施。“长曲棍球”(Lacrosse)卫星于 1983 年批准立项，直至 1986 年才批准启动。美国至今已经发射了 5 颗 Lacrosse 系统，它们是 Lacrosse-1(1988 年 12 月)、Lacrosse-2(1991 年 3 月)、Lacrosse-3(1997 年 10 月)、Lacrosse-4(2000 年 8 月)、Lacrosse-5(2005 年 4 月)，分辨率从最初的 1 m 提高到 0.3 m。图 1.10 为 Lacrosse 卫星图，表 1.4 为

Lacrosse-4/5 的技术指标。

图 1.10 “长曲棍球”Lacrosse 雷达成像卫星

表 1.4 Lacrosse-4 和 Lacrosse-5 系统特征表

Lacrosse-4		Lacrosse-5	
名称	参数/说明	名称	参数/说明
发射地	范登堡空军基地	发射地	Cape Canaveral
轨道： 远地点×近地点	695km×689km (675km×572km)	轨道： 远地点×近地点	718km×712km
Platform	Titan IV-B	Platform	Titan IV-B
质量	14500kg	质量	16000kg
倾斜角	68.0°(68.1°)	倾斜角	57.0°
NORAD Number	26473(USA 152)	NORAD Number	28646(USA 182)
分辨率	最好分辨率约 1m (大多数图像为 3m)	分辨率	最好分辨率约 0.3m (大多数图像为 1m)

注：Lacrosse-4 在初始轨道运行后做了自适应调整，括号内为调整后的相应参数

“长曲棍球”卫星由美国前麦道公司(现合并到波音公司)和洛·马公司研制。“长曲棍球”卫星已成为美国卫星侦察情报的主要来源，在南斯拉夫战争、伊拉克战争以及阿富汗战争中发挥了重要作用。其基本情况如下。

(1) 星体构造：主体呈八棱体，长 8～12m，直径 4m。

(2) 卫星质量约 14500kg，天线展开直径约 20m，太阳能。

(3) 典型轨道：近地点 670km，远地点 780km，倾角 57°和 68°。

(4) 由于采用大型抛物面天线，提高了 SAR 的分辨率和信噪比。它采用 X、L 两个频段和双极化方式。其地面分辨率达到 1m(标准模式)、3m(宽扫模式)和 0.3m(精扫模式)，在宽扫模式下，其地面覆盖面积可达几百平方千米。

(5) 它采用大型太阳电池翼，展开长度为50m，可以为庞大的卫星(12t)提供足够的功率。

(6) 星上装有GPS接收机和雷达高度计，故能进行精密测量。

(7) 采用TDRSS实现大容量高速率数据的实时传送，可以在全球范围内执行侦察任务。

3. 美国的SIR-C/X-SAR(Shuttle Imaging Radar-C/X-SAR)

SIR-C成像雷达系统是美国NASA继SIR-A和SIR-B之后的第三个装载在航天飞机上的成像雷达系统，同时还搭乘了由德国空间局(DRL)和意大利空间局(SAI)研制的X-SAR系统，因此，这两个系统又统称为SIR-C/X-SAR系统。该系统由美国NASA利用航天飞机于1994年4月将其送上太空。由于SIR-C/X-SAR引入了很多新技术，是当时最先进的航天雷达系统，具体表现在以下几个方面。

(1) 第一部多波段同时成像的航天雷达，它共有3个波段，由美国研制L和C波段SAR，德国和意大利研制X波段SAR。

(2) 第一部高分辨率且具有4种极化(HH、HV、VH和VV)状态同时成像的航天雷达(X-SAR只有VV极化)。

(3) 由于采用相控阵天线，其下视角和测绘带都可在大范围内改变。

(4) 第一部在两个季节成像的多参数航天雷达，该系统于1994年4月和10开展了两个为期10天的成像飞行。

该系统主要应用于环境监视和资源勘探等商业目的。图1.11(a)为SIR-C工作状态图，而图1.11(b)为San Francisco地区的SAR图像，表1.5为该系统的参数情况。

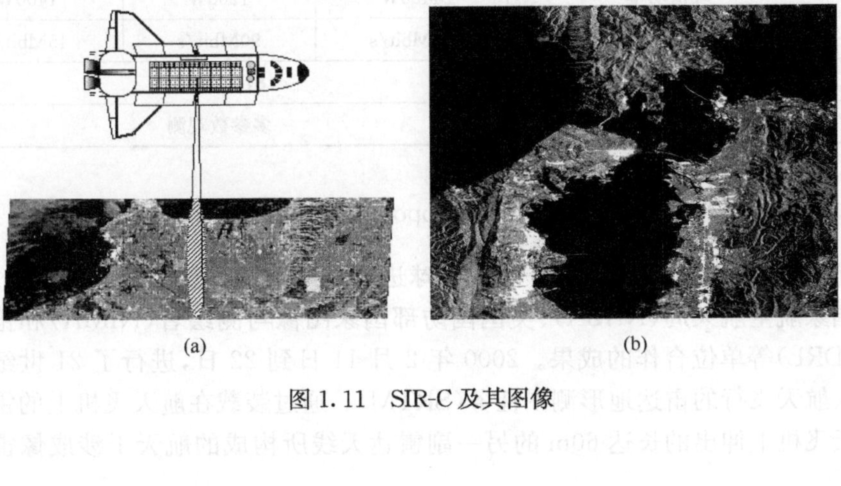

(a) (b)

图1.11 SIR-C及其图像

表 1.5 SIR-C/X-SAR 系统参数

序号	指标	SIR-C/X-SAR		
		L 波段	C 波段	X 波段
1	轨道	倾斜角:57°;高度:225km		
2	频率	1.25GHz	5.3GHz	9.6GHz
3	波长	24cm	5.66 cm	3.125 cm
4	极化	HH/VV/VH/HV		VV
5	极化隔离度	≥25dB		≥39dB
6	分辨率	距离向:25m/13m 方位向:30m(4 视)		20m/10m 25m(4 视)
7	入射角(视角)	20°～55°		
8	测绘带	15～90km		15～40km
9	带宽	10MHz,20MHz,40MHz		
10	数据处理方式	数字		
11	脉冲重复频率(PRF)	1395～1736Hz		
12	脉宽	33.8μs,16.9μs,8.5μs		
13	天线类型	微带		裂缝波导
14	天线尺寸	12.0m×2.95m	12.0m×0.7m	12.0m×0.4m
15	天线增益	36.4 dB	42.7 dB	44.5 dB
16	天线方位向波束宽度	1.0°	0.25°	0.14°
17	天线距离向波束宽度	5°～16°	5°～16°	5.5°
18	波束操控方式	电扫		
19	收发方式	分布式 T/R 组件		
20	峰值功率	4400W	1200W	1400W
21	数据率	90Mbit/s	90Mbit/s	45Mbit/s
22	数据格式	(8,4) BFPQ		
23	目的及应用	多参数观测		

4. 美国的 SRTM(Shuttle Radar Topography Mission)

航天干涉成像雷达技术是一项对全球进行三维地形快速测图的高新技术，是美国国家航空航天局(NASA)、美国国防部国家图像与测绘署(NIMA)和德国空间局(DRL)等单位合作的成果。2000 年 2 月 11 日到 22 日，进行了 21 世纪第一次载人航天飞行的雷达地形测图任务(SRTM)。通过装载在航天飞机上的雷达与从航天飞机上伸出的长达 60m 的另一副雷达天线所构成的航天干涉成像雷达系统,进行了为期 222 小时 23 分钟的连续测绘工作,完成了从北纬 60°到南纬 56°之间的陆地表面的三维地形测绘,占全球地表面积的 80%,获得了前所未有的高精度地形数据。SRTM 是航天成像雷达 SIR-C/X-SAR 改进型的任务,它已分别于 1994 年 4 月和 10 月两次成功完成。SRTM 的 SIR-C 和 X-SAR 雷达设备各增加了第二个接收机通道和只用于接收的第二根天线,这两根天线装在长 60m 可伸缩的天线杆一端,这是第一部装载在航天器上环绕地球轨道进行单次通过测量的干涉仪。美国 NASA 的喷气推进实验室(JPL)负责 C 波段雷达系统、天线杆、姿态与轨道测定仪(AODA)以及 C 波段数据处理。德国 DLR 负责 X 波段雷达系统(X-SAR)的系统工程、理论、操作、校准和数据处理。意大利空间局(ASI)与 DLR 于 1994 年合作完成了飞机硬件部分的飞行实验和数据处理。表 1.6 为 SRTM 系统的主要参数。

表 1.6 SRTM 系统参数

序号	指标	SRTM	
		C 波段	X 波段
1	轨道	倾斜角:57°;高度:233km	
2	频率	5.3GHz	9.6GHz
3	波长	5.66 cm	3.125 cm
4	极化	HH/VV/VH/HV	VV
5	极化隔离度	≥ 25dB	≥ 39dB
6	分辨率	30m×30m(4 视)	30m×30m(4 视)
7	测高精度	10m	6m
8	入射角(视角)	15°～55°	17°～60°
9	测绘带	225km	50km
10	带宽	10MHz	9.5MHz
11	脉冲重复频率(PRF)	1344～1550Hz	1440～1674Hz
12	脉宽	34μs	40μs
13	天线类型	平面相控阵	裂缝波导阵列
14	舱内天线尺寸	12.0m×0.75m	12.0m×0.4m
15	舱外天线尺寸(只接收)	8.0m×0.75m	6.0m×0.4m
16	天线增益	42.7dB	44.5dB
17	天线方位向波束宽度	0.25°	0.14°/0.28°
18	天线距离向波束宽度	5°～16°	5.5°
19	收发方式	分布式 T/R 组件	
20	峰值功率	1200 W	1700 W

续表

序号	指标	SRTM	
		C 波段	X 波段
21	数据率	180Mbit/s	90Mbit/s
22	数据格式	8B	6B
23	目的及应用	干涉测量	

SRTM 由两个雷达系统组成，JPL 雷达系统在 C 波段（波长 5.6cm）工作，DLR 雷达系统在 X 波段（波长 3cm）工作。基线由 60m 长的可伸缩天线杆结构构成，此结构伸出轨道飞行器的货舱，伸出端带有 C 波段与 X 波段雷达的第二根天线，图 1.12 是 SRTM 的天线示意图。从地面反射的回波被内外侧的两根天线接收，它们路径相同但时间稍微不同，相位差是很小的距离差所导致的。由于精确知道对于任何时间的地面点航天飞机在太空的位置和姿态，所以能算出目标的高度。

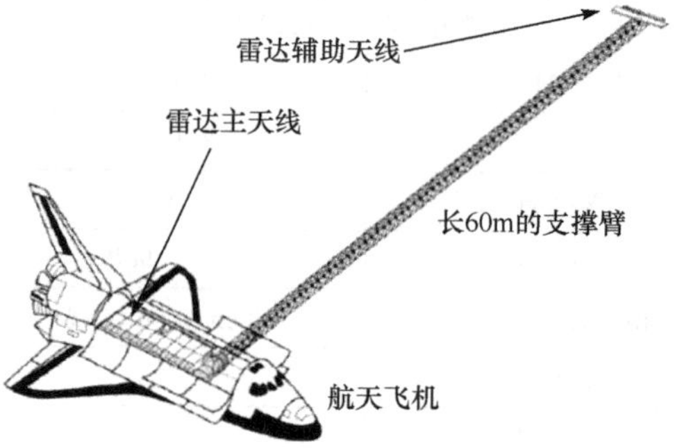

(a) SRTM 天线示意图

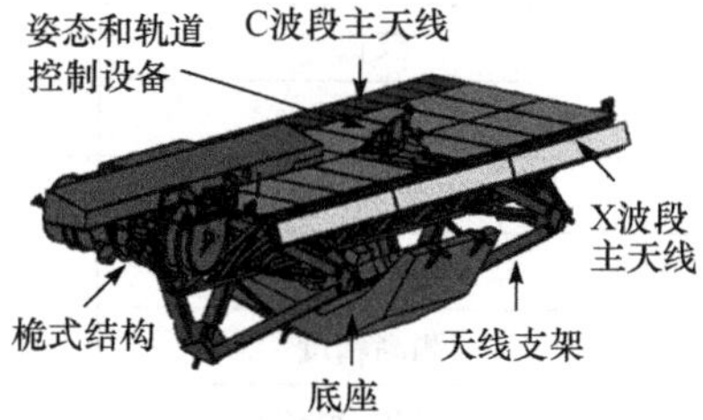

(b) 主雷达天线结构图

图 1.12　SRTM 天线图

SRTM 的主要任务是收集干涉雷达数据，生成几乎可以覆盖全球的数字高程模型（DEM），图 1.13 是 SRTM 系统执行雷达地形测绘任务期间收集的第一批数据初步高程模型中的一幅三维地形图，测绘时间是 2000 年 2 月 12 日，测绘地点是俄罗斯东部堪察加半岛（Kamchatka Peninsula in eastern Russia），该岛的中部是山脉，山脉构成了半岛的脊梁，是一连串的火山峰。由于长时间的冰川雕刻作用，这里遍布的山谷和锯齿状的山脊是常见的地貌。SRTM 经过近 10 天的测绘，完成了预先计划的 99.98%的测绘区域，经过一次测绘的地球表面积达到 1.1 亿 km^2，经过两次测绘的面积达到 7000 万 km^2，测绘数据装满了 332 盒高密度磁带，可写满 2 万盒 CD，仅数据处理就需 2 年时间。

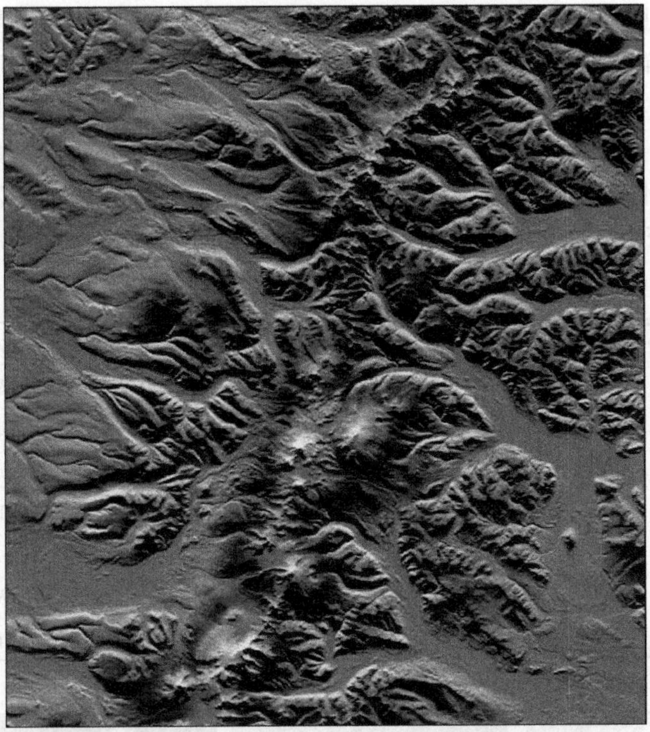

图 1.13 SRTM 获得俄罗斯堪察加半岛三维地形图

SRTM 系统成功获取数据后，C 波段的数据由美国 NASA/JPL 进行处理，X 波段的数据由德国 DLR 进行处理。对庞大海量数据进行处理的软件包括三个子模块系统：干涉测量处理子系统、镶嵌处理子系统和验证处理子系统。干涉测量处理子系统把原始数据转换成地形高度图和条带雷达图像，然后镶嵌处理子系统把覆盖全球的无数个条带镶嵌起来，构成各大陆的三维地形图和雷达条带镶嵌图，最后由验证处理子系统对整个数据的质量和精度作出评价。SRTM 的三维地形数据产品分为分辨率为 90m 的低精度数字高程模型(DEM)产品和分辨率为 30m 的高精度 DEM 产品(C 波段垂直精度为 10m，X 波段垂直精度为 6m)。条带雷达图像的采样间距为 15m×15m，每单幅图像的覆盖区域为 60km×450km～60km×4500km。

5. 欧空局的 ERS-1/2

1991 年 7 月 16 日以德国、英国、法国、意大利等 12 个成员国组成的欧洲空间局(ESA)利用阿里亚娜-4 火箭发射了欧洲的第一颗雷达地球资源卫星 ERS-1 (European Remote Sensing Satellite)，装载了 C 波段 SAR，采用 VV 极化方式，获得了 30m 空间分辨率和 100km 观测带宽的高质量图像。ERS-1 主要用于海洋环境研究，如海洋环流、洋流、潮汐、内波传播、海底地形探测和极地冰川分析等，同时对陆地的地质、农业、森林、冰川等方面进行观测。1995 年 4 月 21 日，欧空局发射了类似性能的 ERS-2 卫星，表 1.7 是 ERS-1/ERS-2 卫星的系统参数。虽然这两颗卫星目前已停止工作，但它们获得了大量的地面观测数据，而且 ERS-1 和 ERS-2 结合，可以获得高质量的干涉 SAR 图像，图 1.14 是 ERS-1/2 的 SAR 图像。

表 1.7　ERS-1/ERS-2 卫星的系统参数表

指标	ERS-1/2	指标	ERS-1/2
轨道	倾斜角：38°；高度：259km	分辨率	26.3m×30m(距离向×方位向)
频率	5.3GHz(C 波段)	入射角	23°(固定)
波长	5.6cm	测绘带	80.4km
极化	VV	带宽	15.6MHz
PRF	1640～1720Hz	脉宽	37.12μs
数据传输率	105Mbit/s	峰值功率	4800W
天线尺寸	10m×1m	目的及应用	民用；海洋、冰、陆地、天气

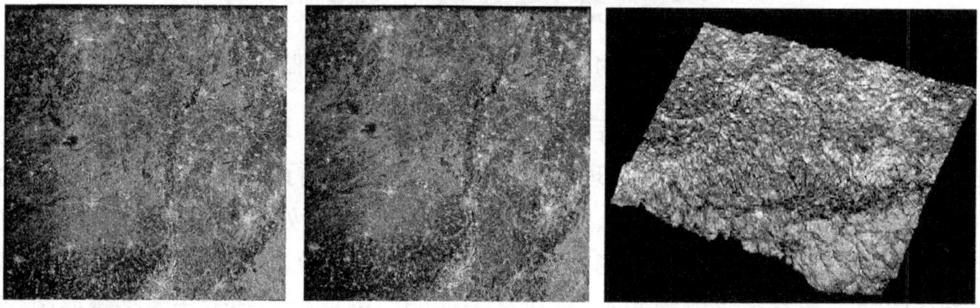

(a) ERS-1　(b) ERS-2　(c) (a)与(b)的三维地形图

图 1.14　ERS-1/ERS-2 的 SAR 图像

6. *欧空局的* ENVISAT(ASAR)

欧空局于 1991 年 4 月和 1995 年 4 月分别发射了欧洲遥感卫星 ERS-1 和 ERS-2，但 ERS-1 因故障于 2000 年终止运行，ERS-2 也在 2011 年退役。为了继续开展对地观测和地球环境研究，欧空局于是在 2002 年 3 月 1 日发射了 ENVISAT 卫星。该卫星是欧洲迄今建造的最大的环境卫星。星上载有 10 种探测设备，其中 4 种是 ERS-1/2 所载设备的改进型，所载最大设备是先进的合成孔径雷达(ASAR)，可获得海洋、海岸、极地冰冠和陆地的高质量 SAR 图像，为科学家提供更高分辨率的图像来研究海洋的变化。其他设备将提供更高精度的数据,用于研究地球大气层及大气密度。作为 ERS-1/2 合成孔径雷达卫星的延续,ENVISAT 数据主要用于监视环境,即对地球表面和大气层进行连续的观测,供制图、资源勘查、气象及灾害判断之用,其主要参数指标如表 1.8 所示。

表 1.8　ENVISAT(ASAR)卫星系统参数

轨道	高度 800km,倾角 98.55°,太阳同步				
轨道周期	100.59min		波段/频率	C 波段/5.331GHz	
重返周期	35 天		入射角范围	15°～45°	
天线类型	主动相控阵天线		天线尺寸	10m×1.3m	
信号带宽	约 16MHz		脉冲重复频率	1650～2100Hz	
平均功率	647～1395W		质量	830kg	
工作模式	成像模式(image)	交替极化模式(alternating polarisation)	宽幅模式(wide swath)	全球检测模式(global monitoring)	波谱模式(wave)
成像宽度	100km	100km	405km	400km	5km
极化方式	VV 或 HH	VV/HH 或 VV/VH 或 HH/HV	VV 或 HH	VV 或 HH	VV 或 HH
视数	4 视	2 视	12 视	7 视	单视
分辨率	30m	30m	150m	1000m	10m
辐射度分辨率	≤2.5dB	≤3.6dB	≤2.0dB	≤1.6dB	≤2.3dB
辐射度准确度	≤1.6dB	≤2.0dB	≤1.5dB	≤1.8dB	≤2.2dB
下行数据率	100Mbit/s	100Mbit/s	100Mbit/s	0.9Mbit/s	0.9Mbit/s
功率	1365W	1395W	1200W	713W	647W
目的及应用	用于监视环境,即对地球表面和大气层进行连续的观测				

ERS-1/2 是海洋动力环境卫星,主要用于海洋动力学现象的探测,如海平面高度、海洋重力场、海面浪场、风场、流场、潮汐、温度场以及海冰监测等。ENVISAT-1 上仍装载了 ERS 卫星上的海洋遥感器,但是对技术性能进行了改进,探测能力有所增强。此外,ENVISAT 卫星还具有探测海洋水色环境和海岸带的能力,如叶绿素浓度、泥沙含量、有色可溶有机物及海洋污染和海岸形成过程等,而 ERS 却不具备这种能力。与 ERS 相比较,ENVISAT 增添了多台大气化学成分测量仪器,可用于大气吸收光谱、大气发射光谱以及恒星光谱测量,可探测大气臭氧层、温室效应示踪气体以及气溶胶浓度分布。另外,ENVISAT 上的合成孔径雷达、中分辨率

成像光谱仪和沿轨迹扫描辐射计等，既可用于海洋和冰盖的探测，也可用于陆地遥感，如植被、土地、地质、灾害及水文参数的探测。

ENVISAT 卫星上配置了 8 台遥感器，即先进的合成孔径雷达（ASAR）、雷达高度计（RA-2）、微波辐射计（MWR）、先进的沿轨扫描辐射计（AATSR）、中分辨率成像光谱仪（MERIS）、掩星式全球臭氧监测仪（GOMOS）、扫描成像大气吸收光谱仪（SCIAMACHY）和大气探测密歇尔松（MICHELSON）干涉仪（MIPAS）。

ENVISAT 上所搭载的 ASAR 传感器是基于 ERS-1/2 的主动微波成像仪（AMI）而建造的，它继承了 ERS-1/2 中 AMI 的成像模式和波模式，增强了在工作模式上的功能，具有多极化、多入射角、大幅宽等新的特性。与 ERS-1/2 相比，其主要优点表现在如下方面。

（1）扫描合成孔径雷达（SCANSAR）可达到 400km 的幅照宽度。

（2）交替极化模式可使目标同时以垂直极化与水平极化方式成像。

（3）有不同的空间分辨率和数据率。

（4）可提供 7 个条带，且入射角在 15°～45°的雷达数据。

图 1.15 是 ENVISAT 获得的不同极化方式的 SAR 图像，成像模式为交替极化模式，成像地点是河南省北部，获取时间 2003 年 12 月 9 日。ENVISAT 在 2012 年与地面失去联系，停止了相关数据的获取。

(a) HH 极化

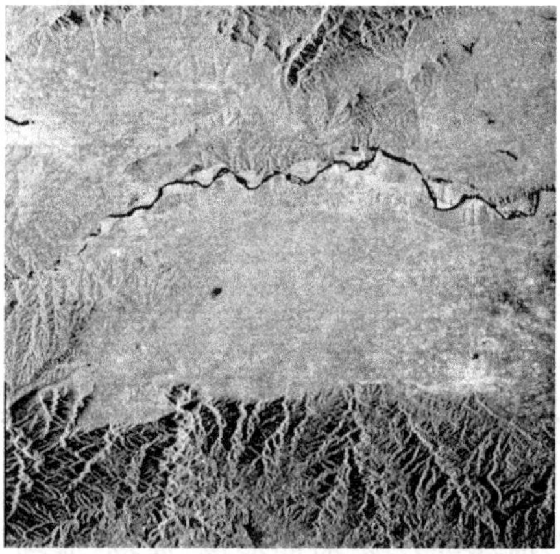

(b) VV 极化

图 1.15 ENVISAT 卫星的 SAR 图像

7. 欧空局的 Sentinel-1a

继 ERS-1/2 卫星和 ENVISAT 卫星之后，欧空局于 2014 年 4 月 3 日又发射了一颗雷达卫星 Sentinel-1a。它是 Sentinels 系统中的第一颗，该系统将成为欧洲新一代对地观测卫星的核心内容，将由 5 个卫星系统组成，专门为全球环境与安全监测(global monitoring for environment and security，GMES)服务。Sentinel-1 星座是一个极轨、全天时、全天候雷达成像系统，为陆地和海洋服务提供数据。Sentinel-1a 已经成功发射，而且 Sentinel-1b 计划在 2015 年发射。卫星设计寿命为 7 年，燃料可持续服务 12 年。卫星工作在 C 波段，参数设计延续了 ERS 和 ENVISAT 数据的基本特征，但是分辨率和幅宽有了很大的提升。条带模式(strip map)地面分辨率是 5m×5m，幅宽 80km；干涉宽幅模式(iterferometric wide swath)地面分辨率为 5m×20m，幅宽达到 250km，具体参数如表 1.9 所示。

表 1.9 Sentinel-1a 卫星系统参数

轨道	高度 693km，太阳同步	入射角范围	20°～45°	
重返周期	双星座 6 天	天线尺寸	12m	
波段/频率	C 波段/5.405GHz	质量	2300kg	
工作模式	干涉宽幅模式 (iterferometric wide-swath mode)	波模式 (wave-mode images)	条带模式 (strip map mode)	超宽带模式 (extra wide-swath mode)
成像宽度	250km	20km×20km	80km	400km
分辨率	5m×20m	5m×5m	5m×5m	20m×40m
目的及应用	监测海洋环境和北极海冰、监测地表形变、监视海洋溢油和舰船、水体管理和土壤保护等			

由于 ERS-1/2 卫星和 ENVISAT 均停止工作了，所以，Sentinel-1 卫星将延续欧空局以往 SAR 卫星的使命，主要提供以下服务。

(1) 城市规划与环境制图。

(2) 监测地表形变(地面沉降、滑坡、地震及火山活动)。

(3) 欧洲海洋环境监控，包括海岸线管理服务。

(4) 开放海域监测。

(5) 北极环境监测与海冰监测。

(6) 为应对气候变化与环境问题以及森林可持续发展开展森林监测。

(7) 水体管理与土壤保护。

(8) 林火及洪水管理，包括风险分析及损失评估。

(9) 全球食品安全与作物监测服务(GMFS)。

(10) 全球制图提供人道主义援助。

在 Sentinel-1a 卫星发射后的短短几个月内，已向地面返回了大量的对地观测数据，它们已经证明 Sentinel-1a 卫星数据可用于产生的地球表面的三维模型，将能够密切监测土地和冰的表面变形以及地震形变的检查，如图 1.16 所示。

(a) Sentinel 卫星图　　　(b) 获得的三维图

图 1.16　Sentinel-1a 及其获得的三维图像

8. 德国的 TerraSAR-X

星载 SAR 发展的重要趋势就是载体和雷达的小型化、成像模式的多样化、极化方式的多极化以及高分辨率和高质量的干涉数据等特点。德国于 2007 年 6 月 15 日成功发射的 TerraSAR-X 卫星就是这种类型的卫星。图 1.17 所示便是 TerraSAR-X 卫星，其质量约 1230kg，外形是长为 5.2m 以及直径为 2.2m 的柱体，最高分辨率 1m，其他系统参数如表 1.10 所示。

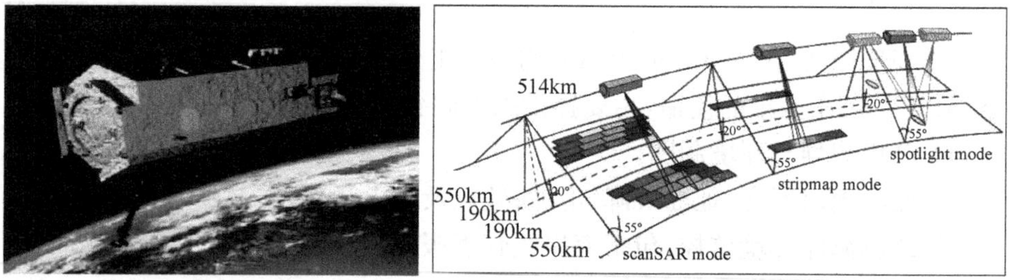

(a) TerraSAR 卫星　　　(b) 成像模式

图 1.17　TerraSAR-X 卫星及其成像模式

表 1.10　TerraSAR-X 卫星系统参数

轨道	514.8km，倾角 97.44°，太阳同步		
重访周期	11 天(=167 条轨道)	极化	单极化，双极化，全极化模式
波段/频率	X 波段/9.65GHz	ADC 采样率(8bit，I&Q)	330MHz，165MHz，110MHz
数据存储	256GB	BAQ 压缩	8-4，3，2B

续表

入射角范围	stripmap(SM):20°～45°;scanSAR(SC):20°～45° spotlight(SL):20°～55°;高分辨 spotlight(HS):20°～55°				
测绘带宽(地距)		stripmap	scanSAR	spotlight	高分辨 spotlight
	along track	free	free	10km	5km
	across track	30km	100km	15km	15km
分辨率		stripmap (单视)	scanSAR (4 视)	spotlight (单视)	高分辨 spotlight (单视)
	along track	3m	15m	2m	1m
	across track	3m	16m	1.2m(斜距)	1.2m(斜距)
方位向扫描角	±0.75°	天线类型		有源相控阵天线	
距离向扫描角	±19.2°	天线尺寸		4.784m×0.704m×0.15m	
功率消耗	605W	脉冲重复频率		3000～6500Hz	
峰值输出功率	2260W	系统噪声		5.0dB	
波束宽度	方位向:0.33°,高度向:2.3°				
Chirp 带宽	5～300MHz,150MHz(nominal),300MHz(experimental)				
数据传输	300Mbit/s-X 波段下行链路				

TerraSAR-X 的优点是有多种成像模式和多种极化方式,而且分辨率高,可以使获得景幅的大小各不相同。聚束式成像模式包括两种类型:高分辨率聚束式(high resolution spotlight,HS)式和聚束(spotlight mode,SL)式。这两种成像模式可以调整距离向分辨率和景幅大小,SL 和 HS 模式利用电磁波在方位向上的延迟来提高成像时间,例如,雷达直径越大,方位向分辨率越高(HS 为单极化 1m,双极化 2m;SL 为单极化 2m,双极化 4m)但是景幅的方位向越小。这两种成像模式的主要优势是空间分辨率高、入射角可选、多种极化方式,能够适应市场对雷达影像数据产品的多种需求。条带成像模式(stripmap mode,SM)是以固定入射角的波束沿飞行方向进行推扫成像,主要特点是分辨率高,可达 3m;覆盖范围较大,30km(宽)×4200km(长);入射角可选,而且能生成双极化和全极化数据;数据质量高,加上精密轨道数据,即可作为重复轨道干涉测量,并获得观测目标区域的数字高程模型。宽扫成像模式(scanSAR mode,SC)的优点是覆盖面宽,100km(宽)×4200km(长),能够平行获取多于 4 个扫描条带的影像。

TerraSAR-X 卫星的数据产品有多种,根据实际需求进行选择。主要以下四种类型:单视斜距复图像(single look slant range complex,SSC)、多视地距产品图像(multilook ground range detected,MGD)、椭球改正后地理编码产品图像(geo-coded ellipsoid corrected,GEC)和增强椭球改正产品图像(enhanced ellipsoid corrected,EEC)。图 1.17为 TerraSAR-X 卫星获得的数据产品,其中,图 1.18(a)是 TerraSAR-X 获得的首张 SAR 影像,获取时间是 2007 年 6 月 19 日,成像模式是条带式,HH 极化,分辨率 15m;图 1.18(b)是用聚束式获得的美国拉斯维加斯地区地形图,精度为 5m,单幅 SAR 图像拍摄时间是 2007 年 7 月 7 日,分辨率 1m,VV 极化。

(a) 幅度图像

(b) 三维地形图

图 1.18　TerraSAR-X 卫星的数据产品

9. 德国的 TanDEM-X

2010 年 6 月 21 日,德国成功发射了一颗雷达卫星 TanDEM-X,这颗卫星将与 2007 年发射的 TerraSAR-X 编队飞行,执行绘制全球最精确的 3D 地图的任务。这对卫星将在全球范围内一起测量地表高度变化,其精确度低于 2m。

TanDEM-X 卫星质量为 1350kg,寿命 5 年,TanDEM-X 的其他参数与 TerraSAR-X 类似。它的主要任务是生成一个连贯的高精度 3D 地球数字高程模型。TanDEM-X 卫星在轨道上与 TerraSAR-X 卫星协同工作,生成地球大陆块的数字高度模型。通过从相距几千米到相距仅 200m 的编队飞行,两颗卫星构成一台雷达干涉仪,图 1.19 为 TanDEM-X 与 TerraSAR-X 双星测量系统的示意图。同时,TanDEM-X 还可单独对地表进行测绘,获得高精度的雷达图像。

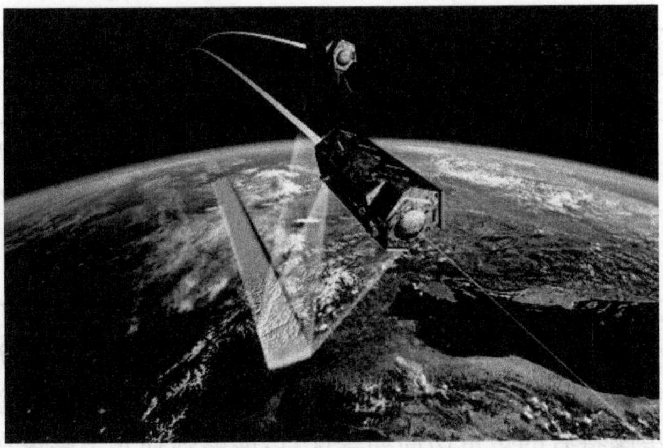

图 1.19 TanDEM-X 与 TerraSAR-X 组成星系示意图

10. 意大利的 Cosmo-Skymed(宇宙-地中海)

Cosmo-Skymed 星座雷达对地观测系统是由意大利国防部(MOD)和意大利空间局(ASI)共同资助,由意大利阿莱尼亚航天公司负责研制的地球观测系统。该系统由 4 颗低轨道中型卫星组成,每颗卫星都配有一个多模式的高分辨率 SAR 成像系统,工作 X 波段(波长 3.1cm),并且配备有灵活的数据获取与传输设备。Cosmo-Skymed 星座主要用于地中海周边地区的险情处理、沿海地带监测和海洋污染治理;同时,能够在任何气象条件下日夜观测地球,是一个可服务于民间、公共机构、军事和商业的两用对地观测系统,可提供民防(环境风险管理)、战略用途(防务与国家安全)、科学与商业用途。Cosmo-Skymed 雷达卫星的分辨率为 1m,扫描带宽为 10km,具有雷达干涉测量地形的能力,具体参数如表 1.11 所示。

表 1.11 Cosmo-Skymed 卫星系统参数

轨道	619.5km,倾角 97.86°,太阳同步轨道		极化	HH,VV
波段/频率	X 波段/9.65GHz		带宽	300MHz
天线尺寸	6m×1.2m		数据率	约 200Mbit/s
脉冲重复频率	3000Hz		重访周期	16 天
平均功率	300W		质量	200kg
发射时间	Cosmo-Skymed-1 2007-6-8;Cosmo-Skymed-2 2007-12-8 Cosmo-Skymed-3 2008-10-24;Cosmo-Skymed-4 2010-11-5			
成像模式	分辨率	覆盖范围	入射角	极化方式
聚束式	1m	10km×10km	20°~60°	HH,VV 可选

续表

成像模式	分辨率	覆盖范围	入射角	极化方式
条带式	3m	40km×40km	20°～60°	HH,HV,VH,VV 可选
	15m	30km×30km		双极化组合可选 HH/VV,HH/HV,VV/VH
扫描式	30m	100km×100km	20°～60°	HH,HV,VH,VV 可选
	100m	200km×200km		

Cosmo-Skymed 系统是全球第一个由四颗雷达卫星组成的分辨率最高达 1m 的星座，不仅具备全天候、全天时对地观测能力，而且具有雷达干涉测量能力，此外，还具有卫星星座特有的短重访周期等优点，能够弥补光学影像在时间和空间上的局限，目前已广泛应用于测绘、国土、城市规划、海事管理、地质勘测、灾害管理、农林渔牧、环境保护等领域。Cosmo-Skymed 系统的中雷达传感器具有三种工作模式：扫描式、条带式和聚束式，如图 1.20 所示。扫描模式通常具有较大的幅宽，但空间分辨率通常较低。在 Cosmo-Skymed 系统中，有两种扫描模式可供选择：WideRegion 模式和 HugeRegion 模式。WideRegion 模式包括 3 个邻近的子条带，测绘带宽 100km，分辨率 30m。HugeRegion 模式包括 6 个邻近子条带，测绘带可达 200km，分辨率约 100m。条带成像模式也有两种方式供选择：Himage 模式和 PingPong 模式。Himage 模式的幅宽 40km，分辨率 3m，在此模式下，雷达 Tx/Rx 配置不随时间变换。PingPong 模式下的雷达 Tx/Rx 配置可通过交互的方式进行改变，因此，可以有四种极化方式，即 HH、HV、VH 和 VV，成像幅宽为 30km，分辨率 15m。聚束式成像模式的幅宽是 10km，分辨率为 1m。

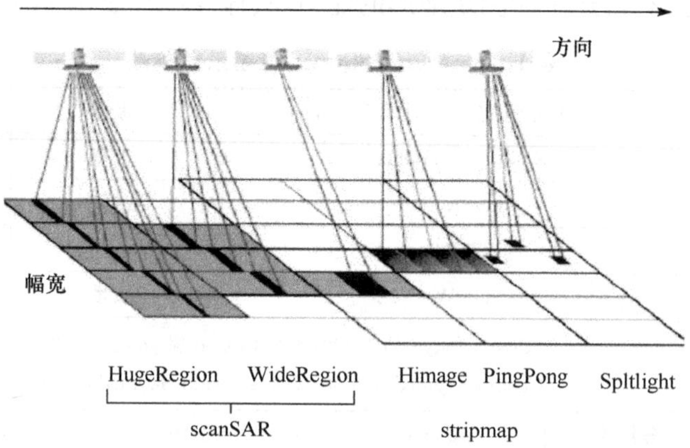

图 1.20 Cosmo-Skymed 系统的工作模式

Cosmo-Skymed的数据产品包括5个标准产品级别，通过对标准产品的后期加工可获得7个高级产品级别，空间分辨率从1～100m，获得的数字高程模型的精度在聚束模式下为8m，在扫描模式下为58m。5个标准产品为0级的原始数据、1A级的单视复数据、1B级的幅度地面多视图数据、1C级的地理编码椭球体纠正数据和1D级的地理编码地形纠正数据，图1.21分别为幅度多视数据和地形三维数据产品。

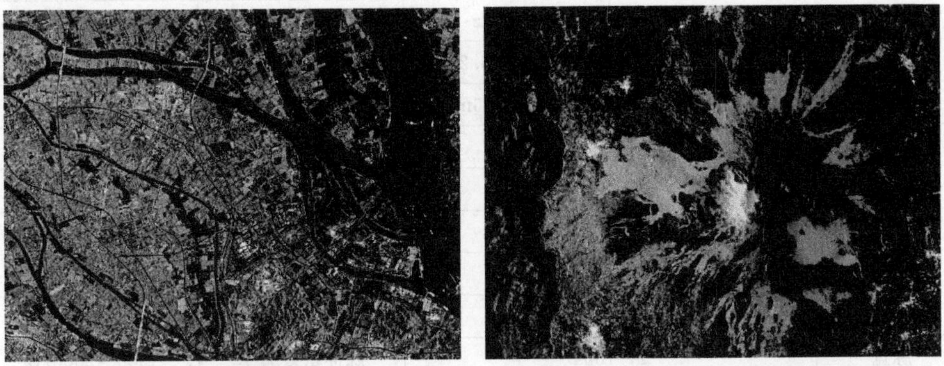

(a) 幅度图像　　(b) 三维地形图

图1.21　Cosmo-Skymed卫星的数据产品

11. 日本的ALOS(大地)

ALOS卫星是日本于2006年1月24日发射的先进陆地观测卫星(advanced land observing satellite，ALOS)。ALOS是JERS-1与ADEOS的后继星，采用了先进的陆地观测技术，获取全球高分辨率陆地观测数据。ALOS卫星上装有三个传感器：全色遥感立体测绘仪(PRISM)，主要用于数字高程测绘；先进可见光与近红外辐射计-2(AVNIR-2)，用于精确陆地观测；相控阵型L波段合成孔径雷达(PALSAR)，用于全天时全天候陆地观测。ALOS卫星采用了高速大容量数据处理技术与卫星精确定位和姿态控制技术。

ALOS卫星自2006年1月24日发射升空到2011年4月22日停止运行以来，用三个传感器拍摄了覆盖全球约6.5亿景存档数据。其中，在中国的覆盖率大于95%，多光谱数据更可实现100%覆盖，仅2010年一年全国覆盖率(10%云量)为2.5m全色92.86%，10m多光谱93.44%。

ALOS卫星是世界上唯一一颗L波段科研SAR卫星，其上携带了一个L波段的合成孔径雷达传感器PALSAR，表1.12是该系统参数表。由于PALSAR不受云层、天气和昼夜影响，可全天候对地观测，而且拥有穿透力更强的L波段，可用来监测更广范围的细微的地表形变，更好地应用在灾害领域和地质监测领域中。图 1.22 是 ALOS 卫星的地形数据产品。

表 1.12　ALOS 卫星系统参数

轨道	准太阳同步回归轨道，高度 691.65km(赤道)，倾角：98.16°			
工作模式	high resolution(高分辨率)		scanSAR(扫描)	全极化
极化	HH 或 VV	HH/HV 或 VV/VH	HH 或 VV	HH/HV + VV/VH
带宽	28MHz	14MHz	14MHz,28MHz	14MHz
入射角	9.9°～50.8°	9.7°～26.2°	18°～43°	8°～30°
地面分辨率	7～44.3m	14～88.6m	100m(多视)	24.1～88.6m
数据量化	5B	5B	5B	3 或 5B
数据率	240Mbit/s		120 或 240Mbit/s	240Mbit/s
测绘带	40～70km		250～350km	30km
天线尺寸	8.9m×3.1m		数据处理方式	数字
频率	1270MHz(L-band)		重访周期	46 天
脉宽	27/16μs		脉冲重复频率	1500～2500Hz
采样频率	32/16MHz		T/R 组件数目	80 个

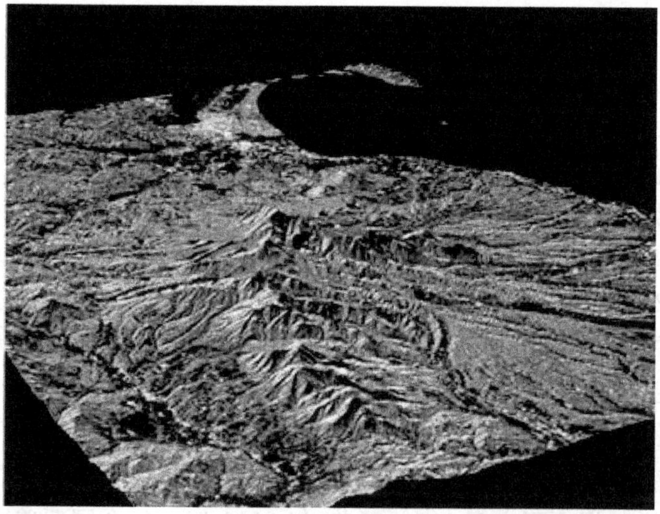

图 1.22　PALSAR 干涉提取 DEM 三维立体显示图

12. 日本的 ALOS-2(大地 2 号)

由于 ALOS-1 卫星已于 2011 年 4 月 22 日停止运行，日本于 2014 年 5 月 24

日成功发射了其后继卫星 ALOS-2。其搭载的 PALSAR-2 传感器将重新为我们提供宝贵的 L 波段 SAR 数据；另外，日本宇航局(JAXA)也在传感器的设计和制造上有了更进一步的改善，更短的重访周期，双向侧摆的观测能力，可以提供多种空间分辨率的条带模式，并增加了聚束模型，最高空间分辨率达到 1m×3m。L 波段在地质灾害监测领域具有独一无二的优势，相信随着更多的 L 波段 SAR 数据的获取，SAR 的应用将会开启一个新的阶段。图 1.23 为 ALOS-2 卫星图，其具体参数如表 1.13 所示。

图 1.23　ALOS-2 卫星图

表 1.13　ALOS-2 卫星系统参数

轨道	太阳同步轨道，高度 628km，倾角 97.9°		
工作模式	stripmap	spotlight	scanSAR
地面分辨率	3m×6m，6m×10m，10m×10m	1m×3m	100m×100m
天线尺寸	9.9m×2.9m	数据处理方式	数字
带宽	14MHz/28MHz/42MHz/84MHz	波段	L(22.9cm)
雷达载频	1257.5MHz	脉冲重复频率	1500～3000Hz
重访周期	14 天	入射角	8°～70°
质量	2120kg	设计寿命	5 年
卫星大小	9.9m×16.5m×3.7m	功率	5.2kW
成像方式	可选择左侧或右侧成像	极化	多极化

ALOS-2 作为日本新一代陆地观测技术卫星，比上一代体积要小，是一颗中型卫星。它舍弃了 ALOS 上搭载的能够对地形进行立体摄影的光学照相机，仅仅保留了雷达。但是 ALOS-2 此次搭载的雷达具有更高的性能和灵敏度，即便在夜间与恶劣天气下也可进行观测。ALOS-2 观测的范围是其上一代 ALOS 的 3 倍，通过机身左右倾斜可达 2320km，而且 ALOS-2 观测的精度能够识别陆地上 1～3m 大小的物体，较 ALOS 的 10m 分辨率大幅提高。此外，ALOS-2 绕地飞行高度为 630km，比 ALOS 低了 60km，每天会在正午时分通过日本附近的上空 2 次。在发生灾害时，只要提前 1 个小时发出请求，该卫星即可对受灾地区进行观测，而 ALOS 需要提前 5 个小时发出请求。图 1.24 和图 1.25 是 ALOS-2 最新发回来的图像数据。

图 1.24(c)是 L 波段的 ALOS-2 获取的东京迪斯尼地面区域浦安市的 SAR 图像，时间是 2014 年 6 月 19 日，与之对比的是另外对同一地区的其他两个 L 波段 SAR 系统获取的图像。图 1.24(a)是日本地球资源卫星一代 JERS-1 于 1992 年 4 月 21 日对浦安市地区进行观测获得的图像。图 1.24(b)是 ALOS 卫星于 2006 年 4 月 27 日对同一地区获得的 SAR 图像。从图 1.24 中可看到 ALOS-2 的分辨率明显要高于前两个卫星。

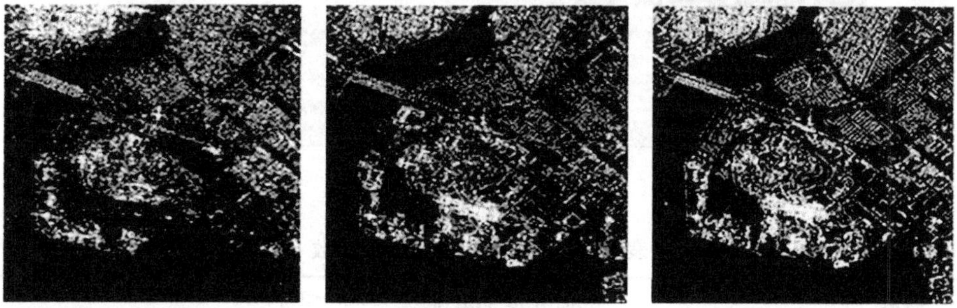

(a) JERS-1卫星L波段SAR系统 1992年4月21日 分辨率约18m　(b) ALOS卫星L波段SAR系统 2006年4月27日 分辨率约10m　(c) ALOS-2卫星L波段SAR系统 2014年6月19日 分辨率约3m

图 1.24　ALOS-2 系统与之前卫星的 SAR 图像对比

图 1.25 是西之岛的两张 L 波段的 SAR 图像，其中，图 1.25(b)是 2014 年 6 月 20 日用 ALOS-2 系统获取的带状地形图模式，分辨率大约 3m，而图 1.25(a)是 2014 年 2 月 4 日飞机上的 L 波段 SAR 系统获取的图像。从图 1.25 中可以看出，由于火山爆发，在四个月时间里这个岛已经变大了。对这个岛的观测是在夜间进行的，这也证明了 ALOS-2 系统的 SAR 传感器能穿透火山喷发产生的灰尘，所以 ALOS-2 系统能够不间断地监测火山运动。

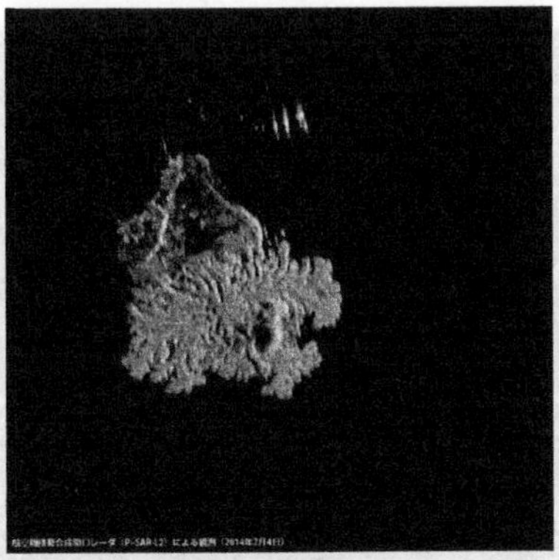

(a) 飞机获取图像 (配备Pi-SAR-L2系统) (2014年2月4日)

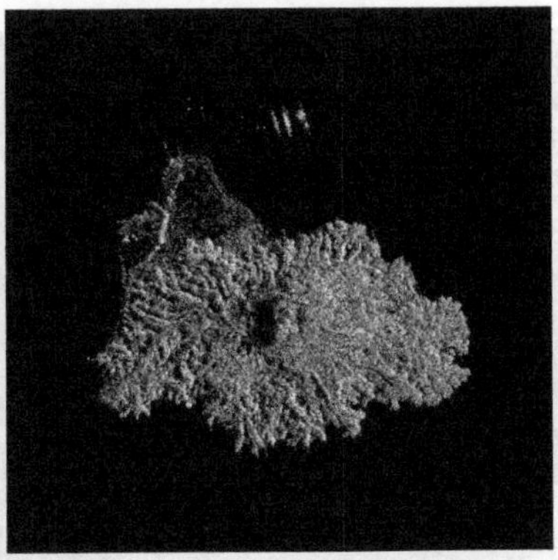

(b) ALOS-2卫星系统 L 波段获取图像 (2014年6月20日)

图 1.25　ALOS-2 系统与机载 L 波段的对比图像

13. 加拿大的 Radarsat-1/2

Radarsat-1 是加拿大发展的第一颗商业对地观测卫星，主要目的是监测地球环境和自然资源变化。加拿大航天局于 1989 年开始研制，并于 1995 年 11 月 4 日在范登堡美军空军基地成功发射，1996 年 4 月正式工作，是一个兼顾商用及科学试验用途的雷达系统。与其他 SAR 卫星相比，Radarsat-1 首次采用了可变视角的扫描工作模式，以 500km 的足迹每天可以覆盖北极区一次，几乎可以覆盖整个加拿大，每隔三天覆盖一次美国和其他北纬地区，全球覆盖一次不超过 5 天。Radarsat-1 用于海水测绘、地质、地形、农业、水文、林业、海洋和沿海地图的绘制等。表 1.14 为 Radarsat-1 卫星的具体参数，另外，Radarsat-1 有 7 种波束模式，25 种成像方式，如图 1.26 所示，具体的各种模式参数如表 1.15 所示。该卫星于 2013 年 4 月出现故障并停止运行。

表 1.14　Radarsat-1 卫星系统参数

轨道	轨道高度：789km；轨道倾角：98.6°		
卫星质量	2750kg	极化	HH
设计寿命	5 年	波长	5.6cm
波段/频率	C 波段/5.3GHz	空间分辨率	10～100m
入射角	20°～59°	测绘带	500km
天线尺寸	15m×1.5m	数据处理方式	数字
带宽	11.6MHz，17.3MHz，30MHz	星上记录方式	磁带记录
脉宽	42μs	平均功率	300W
峰值功率	5kW	天线类型	有源缝隙波导

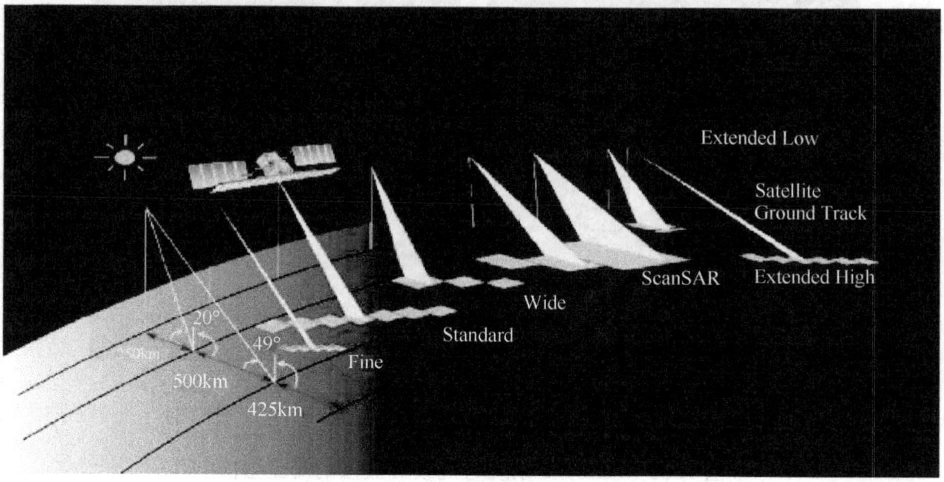

图 1.26 Radarsat-1 成像模式示意图

表 1.15 Radarsat-1 卫星成像模式参数

工作模式性能	空间分辨率	测绘带宽度	入射角范围	视数
标准波束	24m×26m	105km	20°～49°	4
宽观测带	32m×26m	158km	20°～39°	4
高分辨率	9m×8m	49km	37°～48°	1
低入射角	43m×26m	170km	10°～23°	4
scansSAR2 波束	35m×35m	310km	20°～39°	1
	100m	310km	20°～39°	14
scanSAR4 波束	34m×52m	520km	20°～49°	1
	100m	520km	20°～49°	8

Radarsat-2 是一颗搭载 C 波段传感器的高分辨率商用雷达卫星，由加拿大太空署 CAS(Canadian Space Agency)和 MDA(MacDonald Dettwiler and Associates Ltd)公司合作，于 2007 年 12 月 14 日在哈萨克斯坦拜科努尔基地发射升空，卫星设计寿命 7 年而预计使用寿命可达 12 年。Radarsat-2 是加拿大继 Radarsat-1 之后的新一代商用合成孔径雷达卫星。为了保持数据的连续性，Radarsat-2 继承了 Radarsat-1 所有的工作模式，并在原有的基础上增加了多极化成像，3m 分辨率成像，双边(dual-channel)成像和 MODEX(moving object detection experiment)。Radarsat-2 与 Radarsat-1 拥有相同的轨道，但是比 Radarsat-1 滞后 30 分钟，这是为了获得两星干涉数据。Radarsat-2 的用途是给用户提供全极化方式的高分辨率星载 SAR 图像，在地形测绘、环境监测、海洋和冰川观测等方面都有很高的实用价值。表 1.16 是 Radarsat-2 卫星的系统参数，而表 1.17 是 Radarsat-2 卫星波束模

式特征参数。Radarsat-2 卫星具有如下几个方面的突出优点。

表 1.16 Radarsat-2 卫星系统参数

轨道	太阳同步,轨道高度 798km,轨道倾角 98.6°		
带宽	11.6MHz,17.3MHz,30MHz,50MHz,100MHz		
重访周期	24 天	卫星质量	2280kg
极化方式	HH,HV,VH,VV	载波频率	C 波段(5.405GHz)
有源天线	C-Band T/R modules	天线尺寸	15m×1.37m
轨道周期	100.7min(14 轨/天)	拍摄方向	左边或右边可选
特点	11 种波束模式;左右侧视缩短了重访时间;丰富的极化信息		

表 1.17 Radarsat-2 卫星波束模式特征参数

波束模式	极化	入射角	标称分辨率		景幅大小(标称值)
			距离向	方位向	
聚束式	HH、VV	20°～49°	1m	1m	20km×8km
超精细	可选单极化(HH、VV、HV、VH)	30°～40°	3m	3m	20km×20km
多视精细		30°～50°	8m	8m	50km×50km
精细	可选单或双极化(HH、VV、HV、VH)或(HH/HV、VV/VH)	30°～50°	8m	8m	50km×50km
标准		20°～49°	25m	26m	100km×100km
宽幅		20°～45°	30m	26m	150km×150km
四极化精细	四极化(HH/VV/HV/VH)	20°～41°	12m	8m	25km×25km
四极化标准		20°～41°	25m	8m	25km×25km
高入射角	单极化(HH)	49°～60°	18m	26m	75km×75km
窄幅扫描	可选单或双极化(HH、VV、HV、VH)或(HH/HV、VV/VH)	20°～46°	50m	50m	300km×300km
宽幅扫描		20°～49°	100m	100m	500km×500km

(1) 多种类型产品:多分辨率(最高分辨率可达 1m)、多极化方式供客户选择。

(2) 高幅宽高性价比:在同等高分辨率模式下,Radarsat-2 覆盖的面积为商业 SAR 卫星中最大。

(3) 重访次数增加(左右视):可根据指令在右视和左视之间切换,所有波束都可以右视或左视,缩短了重访时间、增加了获取立体图像的能力。

(4) 快速获取数据能力:提供客户编程、紧急编程多种选择,可实现近实时处理,数据接收后不到 30min 可处理完成。

(5) 星上存储能力增强:可以获取世界任何地方的数据后,到某个地面接收站进行回放下传。

(6) 增加了成像模式:保留了 Radarsat-1 卫星的所有成像模式,同时增加了聚束模式、超精细模式、四极化(精细、标准)模式、多视精细模式。

(7) 增加了极化方式:Radarsat-1 只有单一的极化方式(HH),Radarsat-2 卫星可以提供全部四种极化方式。

Radarsat-2 与以前的卫星相比,一个最大的变化是在 20°～49°的侧视范围内,可以沿卫星飞行方向通过左视或者右视来获取图像;在 2012 年,Radarsat-2 增加了宽超精细、宽精细、宽多视精细、宽四极化精细、宽四极化标准等 5 种成像模式,其具体模式如图 1.27 所示。另外,Radarsat-2 的数据产品也非常丰富,如图 1.28 所示,主要有以下几种类型。

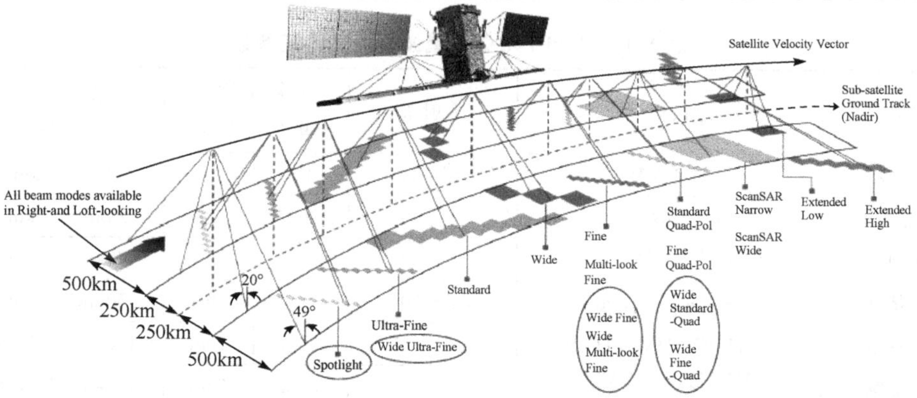

图 1.27 Radarsat-2 卫星的成像扫描模式图

(a) 2008年5月16日四川汶川, 超精细模式, 分辨率3m, HH极化

(b) 2008年5月29日四川成都, 超精细模式, 分辨率 3m, VV极化

(c) 2008年6月18日黄河口, 多视精细, 分辨率 8m, HH极化

图 1.28 Radarsat-2 卫星的典型产品图

(1) SLC——斜距产品,单视复型数据,它保留了各波束模式可以得到的最优分辨率以及聚焦 SAR 数据的最优相位及幅度信息;数据做了卫星接收误差的校正,坐标是斜距,32 位复数形式记录。

(2) SGF——地理参考产品,数据做过地距转换,且经过多视处理;图像经过标定,为轨道方向,16 位记录。

(3) SGX——数据做过地距转换。图像经过标定,为轨道方向,16 位记录。SGX 产品的象元比 SGF 产品的较小,为的是保留全部信号信息,以便作图像后处理、增值处理的输入。

(4) SCN——窄幅 scanSAR 产品,数据为 8 位或者 16 位可选(SCW 宽幅 scanSAR 产品)。

(5) SSG——地理编码系统校正产品,数据做过地图投影校正,8 位或 16 位可选。

(6) SPG——地理编码精校正产品,数据经过地图投影校正,并使用了地面控制点,以提高定位精度,8 位或者 16 位可选。

14. 中国的 HJ-C(环境一号 C)

环境与灾害监测预报小卫星星座是我国第一个专门用于环境与灾害监测预报的小卫星星座,也是我国第一个多星多载荷民用对地观测系统。环境与灾害监测预报小卫星星座是 2002 年 9 月国务院批准立项的,由 2 颗光学小卫星(HJ-1A、B)和 1 颗合成孔径雷达小卫星(HJ-1C)组成的"2+1"星座,简称"环境一号"(代号 HJ-1)。环境一号 A、B 星已于 2008 年 9 月 6 日在太原卫星发射中心成功发射,而环境一号 C 也于 2012 年 11 月 19 日在太原卫星发射中心成功发射,图 1.29 为 HJ-C 卫星图像。环境一号 C 星是我国第一颗民用雷达成像卫星,其有效载荷是 S 波段 SAR,其运行高度为 500km 左右的太阳同步圆轨道,整星质量 850kg,具有扫描和条带两种成像模式,其中扫描模式分辨率为 20m,幅宽 100km,条带模式分辨

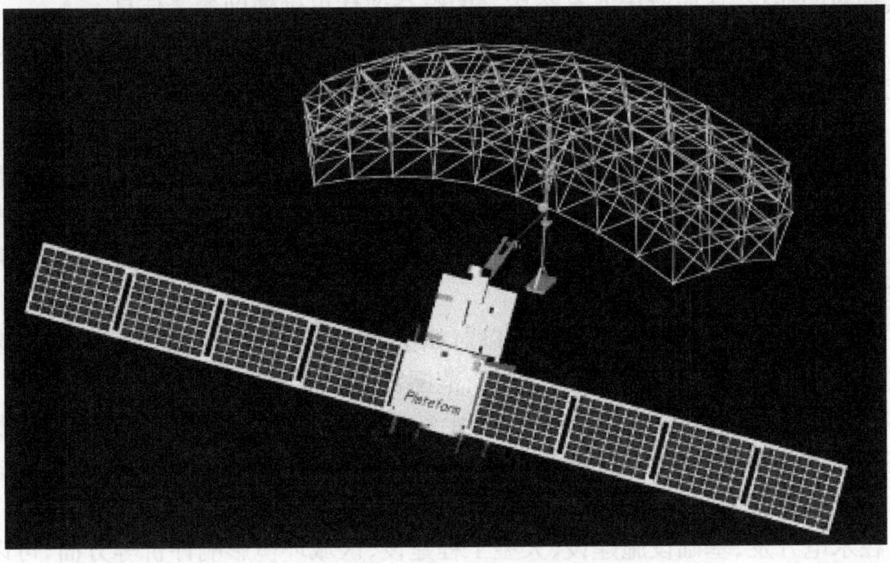

图 1.29 环境一号 C 卫星图

率 5m，幅宽 40km，具体参数如表 1.18 所示。

表 1.18 HJ-C 卫星系统参数

轨道	太阳同步，轨道高度 499km，轨道倾角 97.37°		
重访周期	31 天	卫星质量	850 kg
极化方式	VV	载波频率	S 波段
幅宽	scanSAR 模式	95～105km	
	stripmap 模式	35～40km	
分辨率	scanSAR 模式	15～25m	
	stripmap 模式	4～6m	

环境一号 C 星 SAR 数据可以在以下几个重要的环境保护领域发挥作用。

1）水环境监测

在水污染监测方面，雷达数据可以辅助光学数据对近岸海域进行赤潮、浒苔遥感监测；对渤海、黄海等重点海域可以进行溢油污染监测、预警和评价。

在饮用水源地保护区监测方面，可以对饮用水源地保护区内的围网养殖进行有效识别，确定其范围、规模及其变化，为饮用水源地保护提供信息支持。

2）生态环境监测

在土地利用/土地覆盖分类方面，综合应用雷达影像与光学影像数据，可以进行中尺度土地利用、土地覆盖与生态系统分类，拓展分类体系，提高效率和精度。

在生态环境参数反演方面，雷达数据可以敏感地反映土壤水分、森林生物量等生态参数的变化，从而对生态系统质量的综合评估提供辅助参考信息。

在生态环境质量评价方面，可以辅助其他地面监测等数据，从生态安全、生态系统健康、生态环境承载力等方面进行环境质量评价、变化趋势分析等。

3）环境监管

在矿山资源开发方面，可以对如南方稀土开发、露天铁矿、露天煤矿进行遥感监管，识别其位置、范围、动态及其对周围环境的影响。

在自然保护区人类干扰监管方面，可以识别出自然保护区内的人类活动，并评价其影响程度。

在多类型固废堆场监管方面，可以对如锰渣、磷石膏、粉煤灰、煤矸石等固废堆场进行监管，辅助光学数据识别其点位、范围及其可能的环境风险。

在核电站与电磁辐射监管方面，利用雷达数据对在建、运行设施的穿透性及对高压线塔的监测能力，监测核电站建设和运行情况及高压线塔的空间分布，为核电站与辐射监管提供信息支持。

在水电开发、基础设施建设、大型工程建设、区域环境影响评价等方面，可以对敏感目标进行识别并分析其变化情况，为区域、项目的环境影响与环境风险评估提供信息支持。

4）环境应急

在突发环境事件应急响应方面，雷达数据可以发挥其全天时、全天候的优势，在多云多雨等恶劣气象条件下获取有效数据，从而弥补光学数据在类似条件下无法获取数据的不足，为应急监测与响应及时提供重要参考信息。

5）环境灾害监测

另外，C 星也将在减灾领域中，如洪涝灾害监测、旱灾监测、雪灾监测、滑坡及泥石流监测、冰凌监测和海冰监测发挥重要作用。

2012 年 12 月 9 日 18 时 19 分，环境一号 C 星下传第一轨数据，中国科学院对地观测中心密云接收站准时捕获并成功接收全部数据，中国资源卫星应用中心完成标准产品生产，形成了第一幅影像图，即郑州地区 SAR 图像，如图 1.30 所示。

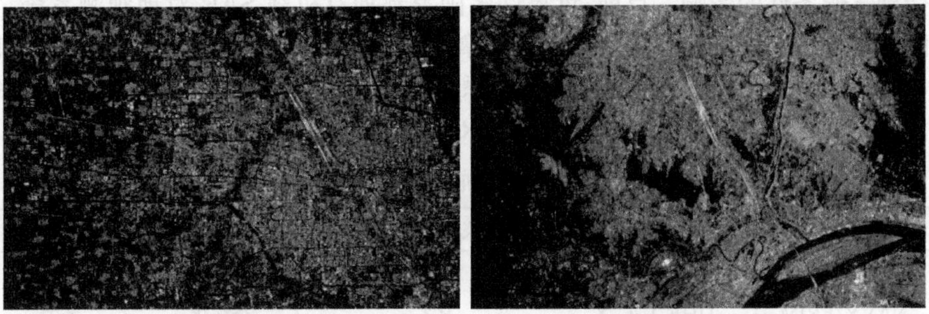

(a) 郑州地区 (b) 武汉地区

图 1.30 环境一号 C 卫星获取的 SAR 图像

1.4.2 机载 SAR 系统

20 世纪 60 年代以后，世界上许多国家都先后研制了机载 SAR 和无人机载 SAR，而且种类非常多，应用范围非常广，分辨率也在不断提高，由几十米到米级再到亚米级。与星载 SAR 相比，机载 SAR 具有如下几个方面的突出优点。

（1）高的机动性与高的灵活性。

机载 SAR 通常是 SAR 首要发展的目标，因为它具有非常高的灵活性和机动性，在飞行条件允许条件下，可以随时飞往需要测绘的地区，容易实现战术观测目的。

（2）费用低且易于维护。

制造飞机的费用远远低于制造卫星，同时平时的维护费用也非常低，例如，在战场上无人机有时可以作为一次性使用。

（3）能实时成像并应用。

星载 SAR 获取地面回波数据后，需传输到地面接收站，然后在地面处理中心进行成像处理。机载 SAR 可以在飞机上实时实现成像，无需再传到地面来进行处理。例如，现在的侦察、打击和评估一体化的攻击机，各种灾害和应急事件的现场指挥。我国已在 2011 年成功研制了机载 SAR 测图系统。

(4) 能及时试验和采用新技术。

机载 SAR 是星载 SAR 技术发展的基础，星载 SAR 的许多技术都是用机载 SAR 来做试验和验证，因此，一些新的技术和成像处理方法首先在机载 SAR 上得到实现和应用。

当然，机载 SAR 的缺陷也很明显，例如，其观测的视野有限，不如星载 SAR 开阔；另外，飞机运行的轨迹没有卫星平稳，因此，在成像处理时将带来更多的技术难点和不稳定性因素；同时，飞机本身的飞行条件不是全天候的，机载 SAR 观测难免会受到气候条件的影响。目前，世界许多国家都拥有机载 SAR 对地观测系统，如中国、美国、德国、英国、法国、俄罗斯、加拿大、日本、瑞典、荷兰、丹麦、澳大利亚、南非等，表 1.19 是部分典型的机载 SAR 系统参数，图 1.31 是部分机载 SAR 系统图，图 1.32 和图 1.33 是典型的机载 SAR 图像产品。

表 1.19　典型的机载 SAR 系统参数

SAR 系统名称	波段	飞机名称	极化方式	国家
AirSAR	P,L,C	DC-8	全极化	美国
NAVY/ERIM	UHF,L,C,X	P-3	全极化	美国
EMISAR	L,C	Gulfstream	全极化	丹麦
E-SAR	P,L,S, C,X	Dornier DO-228	全极化 双极化	德国
AeS-1/2	P X	AeroComander	全极化 双极化	德国
IFSARE	X	LearJet	单极化	美国
DoSAR	S,C,X Ka	Transal DO228(1989) C-160(1998) G-222(2000)	全极化 VV 极化	德国
PiSAR	L,X	Gulfstream	全极化	日本
AESI	X P	Gulfstream Commander	HH 极化 全极化	德国
RENE	S,X	Ecureuil As350	全极化	法国
STORM	C	MerLinⅣ	全极化	法国
PHARUS	C	CESSNA-CitationⅡ	全极化	荷兰

续表

SAR 系统名称	波段	飞机名称	极化方式	国家
RAMSES	P,L,S,C,X,Ku,Ka,W	Transal C-160	全极化	法国
SAR580	C,X	Convair CV-580	全极化	加拿大

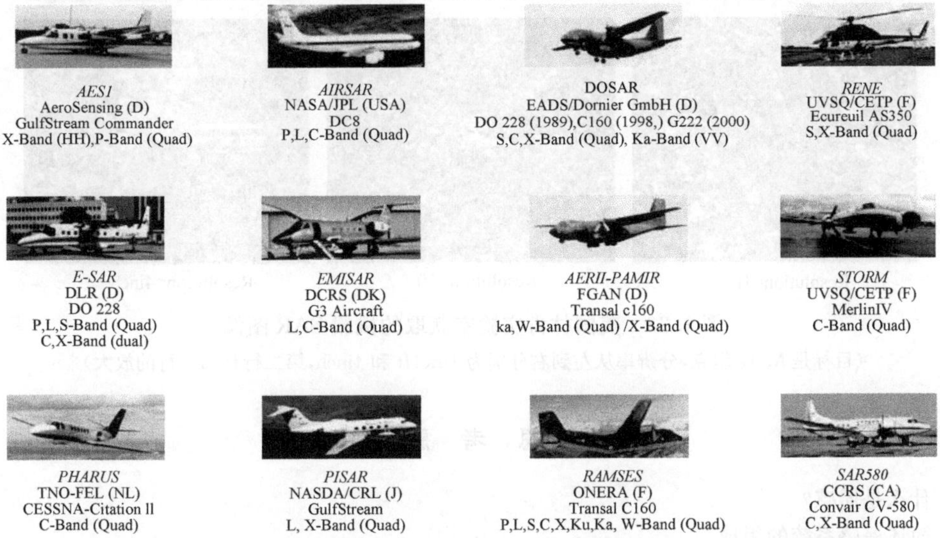

图 1.31 部分机载 SAR 系统图

图 1.32 中国 KLC-9 获取的机载 SAR 图像(0.5m 分辨率)

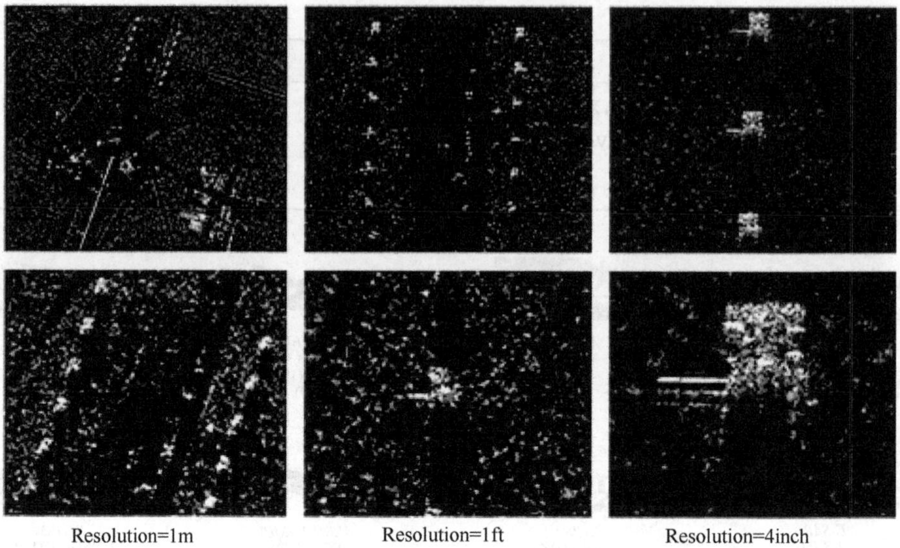

图 1.33 美国林肯实验室获取的机载 SAR 图像

（目标是 M-47 坦克，分辨率从左到右分别为 1m、1ft 和 4inch，第二行是第一行的放大）

思 考 题

1. 什么是遥感？
2. 简述遥感系统的组成。
3. 简述遥感的分类情况。
4. 遥感具有哪些特点？
5. 遥感技术的发展经历了哪几个阶段？
6. 简述遥感技术的发展趋势。
7. 什么是雷达？
8. 雷达的工作原理是什么？
9. 雷达系统由哪几个部分构成？
10. 雷达的基本任务是什么？
11. 简述雷达的分类情况。
12. 雷达系统的主要技术参数有哪些？
13. 雷达的发展经历了哪几个阶段？
14. 什么是合成孔径雷达？
15. 合成孔径雷达成像的特点是什么？
16. 合成孔径雷达有哪些分类类型？
17. 简述合成孔径雷达的发展历程。
18. 简述合成孔径雷达的发展趋势。
19. 简述合成孔径雷达的典型应用。
20. 简述典型的星载 SAR 系统。

第 2 章　成像雷达微波遥感基础

2.1　什么是微波遥感

成像雷达是一种主动式的微波遥感雷达。微波遥感是指传感器的工作波长在微波波谱区的遥感技术，通过利用某种传感器接收地面各种地物发射或者反射的微波信号，借以识别、分析地物，并提取地物所需的信息。微波是电磁波的一种形式，在电磁波谱里面，它属于无线电波，波长从 1mm 到 1m，一般分为毫米波、厘米波、分米波和米波，如图 2.1 所示。在遥感技术体系中，按使用的电磁波可分为可见光遥感、红外遥感、毫米波遥感和微波遥感。其中，可见光遥感是人们最为熟悉的一种遥感方式，无论地面遥感摄影还是航空和航天摄影，都可以获取反映地面信

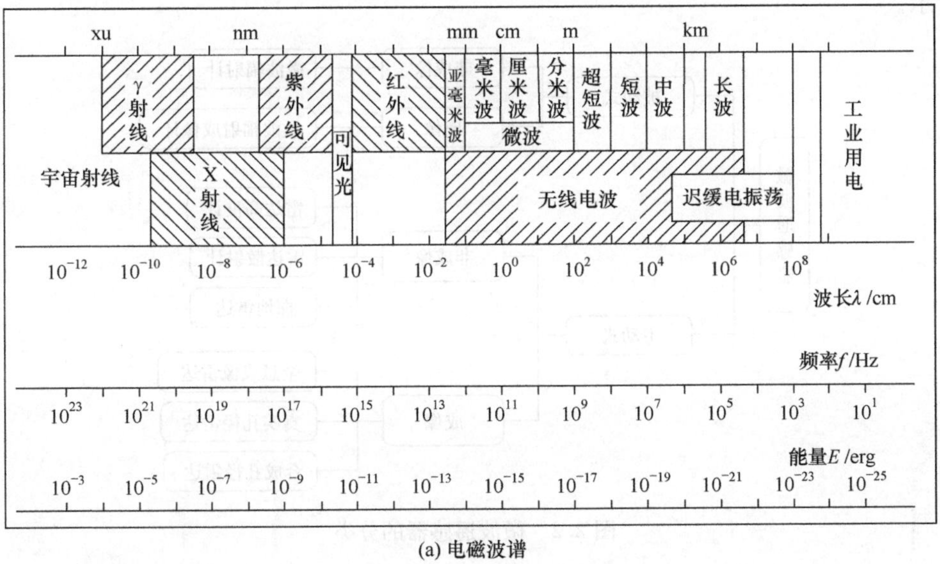

(a) 电磁波谱

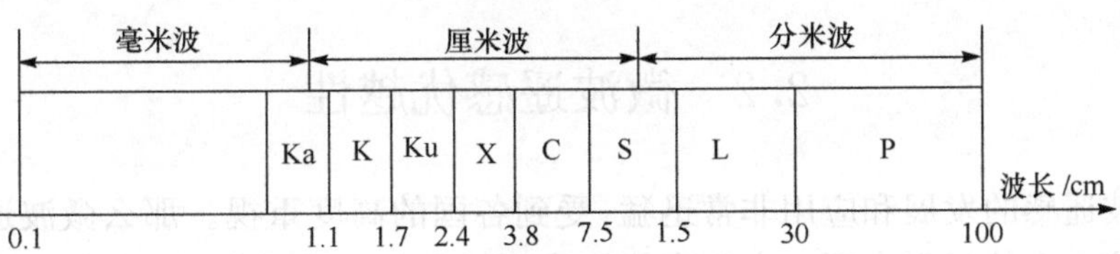

(b) 微波波段划分

图 2.1　电磁波谱与微波波段

息的影像，这对人们认识和发现各类地物及其相互关系起到了非常重要的作用，对全球资源与环境生态监测、深空探测和社会经济的发展也带来了越来越大的效益。红外遥感是利用0.76～1000μm的红外射线与各类地物的关系来进行资源与环境的调查及监测的。微波遥感不同于可见光和红外遥感，通过主动发射微波并接收回波来获取信息，它为人们认识世界开辟了一条全新的有效途径。利用微波获得的信息在与红外和可见光波段测得的信息是不同的，例如，在可见光、近红外波段所观测的颜色基本上取决于植被和土壤表层分子的谐振特性，而微波波段范围内观察到的“颜色”则取决于研究对象面或体的几何特性以及介电特性，这样，将微波、可见光和红外辐射配合运用，就能够研究表面上的几何结构、介电特性和分子谐振特性。因此，充分利用这三个波段的信息，可以实现互补，更加全面地了解被测物体的特性。

微波遥感按工作方式分主动式(有源)微波遥感和被动式(无源)微波遥感。前者由传感器发射微波波束再接收由地面物体反射或散射回来的回波，如侧视雷达；后者接收地面物体自身辐射的微波，如微波辐射计。微波遥感的分类如图2.2所示。

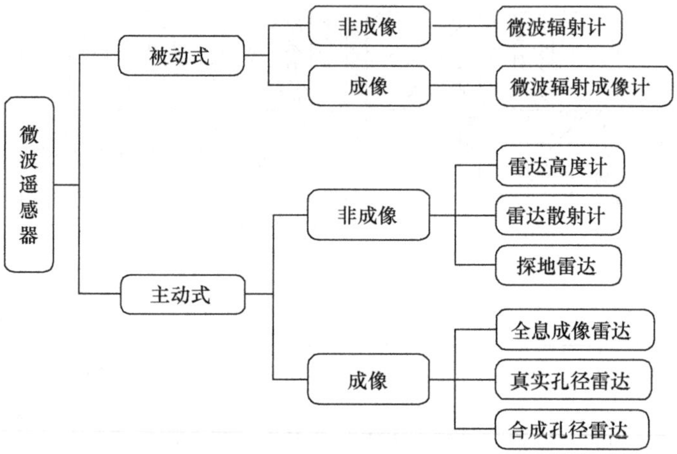

图2.2　微波遥感器的分类

2.2　微波遥感优越性

微波遥感的发展和应用非常迅猛，受到各国的高度重视。那么微波遥感为什么具有这么大的吸引力呢？它到底能解决可见光和红外遥感所不能解决的哪些问题呢？它究竟具有什么优越性和特点呢？

1. 微波能穿透云雾、雨雪，具有全天候工作能力

微波具有穿透云层、雾和小雨的能力，这一特性是可见光和红外波段遥感探测系统所不具备的。图 2.3 和图 2.4 分别为云层和雨对无线电波从空间到地面之间传输的影响图。从图 2.3 中可知，水云层对微波的传输有一定的影响，这影响将随波长的增大而减少，微波的透射率随波长增大而增强，当波长大于 3cm 时，微波对水云的穿透率达到 90%以上，当波长 9cm 时，几乎没有影响。此外，微波几乎全部穿透冰云，即冰云对任何波长的微波都没有什么影响。地球上经常有 40%～60%的地区被云层覆盖，占地球面积 3/5 的海洋上，气候条件变化大，也经常被云层遮蔽，对于这些地区，微波遥感具有非常重要的意义。因为可见光和红外传感器对于云层的覆盖是无能为力的。同样，通过图 2.4 可知，当微波的波长大于 3cm 时，微波对雨的穿透率较大，即此条件下雨对雷达的影响已经很小。这说明任何恶劣的天气条件都无碍于微波正常工作，而光学和红外遥感不具备这个特点。这对于多雨、多雾地区和洪水灾害的检测非常重要。

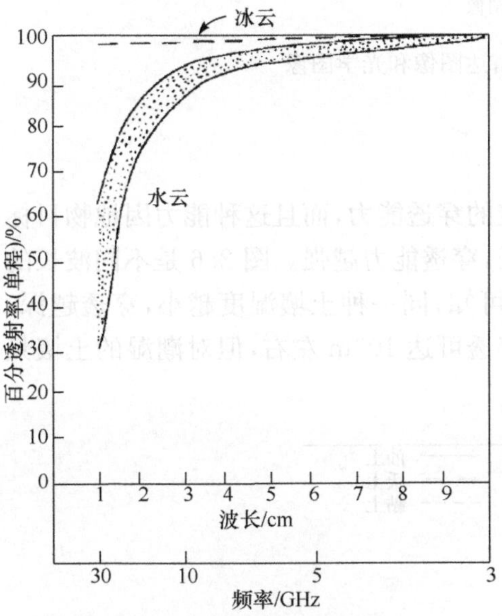

图 2.3　云层对电磁波传输的影响

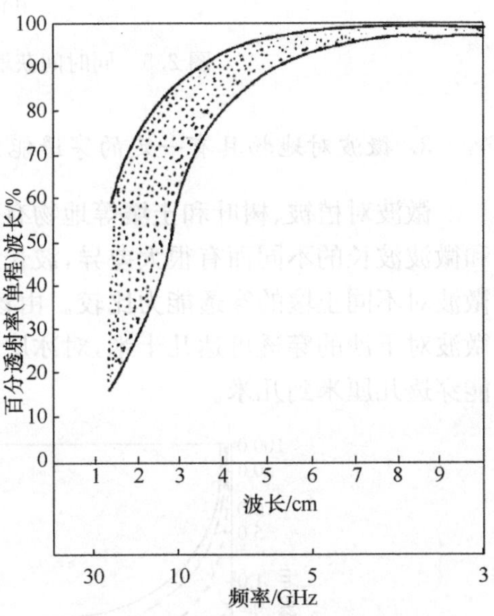

图 2.4　雨对电磁波传输的影响

2. 微波是主动遥感，具有全天时工作能力

成像雷达是主动的微波遥感雷达。主动式微波遥感是通过传感器发射微波波束，再接收地物反射回来的回波信号，以此来获得目标的信息。因此，它不依赖于太阳辐射，不论白天黑夜都可以工作，即具有全天时工作。虽然红外线也可以在夜

间工作，例如，热红外扫描仪接收夜间地物的热辐射，但是它受大气衰减的影响很大，遇到云雨影响更大。微波则不然，不仅大气衰减很小，而且对云雨有高的穿透率。图 2.5 是雷达图像和光学图像的对比。

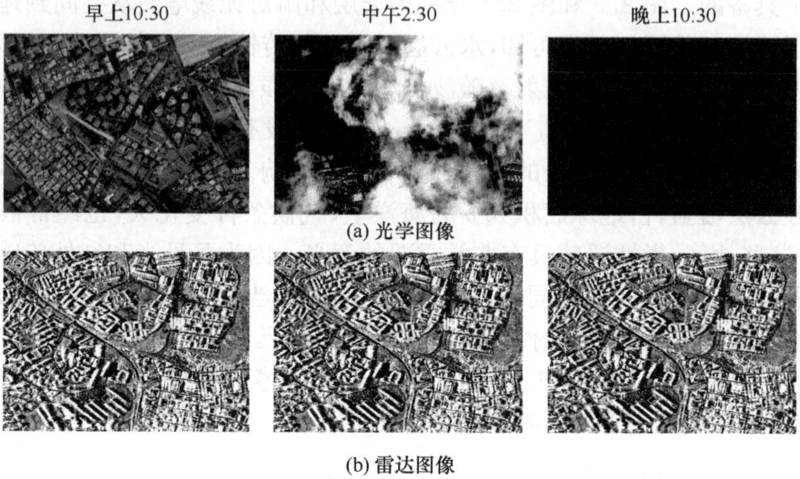

图 2.5　同时间获取的雷达图像和光学图像

3. 微波对地物具有一定的穿透能力

微波对植被、树叶和土壤等地物有一定的穿透能力，而且这种能力因地物目标和微波波长的不同而有很大差异，波长越长，穿透能力越强。图 2.6 是不同波长的微波对不同土壤的穿透能力比较。由该图可知，同一种土壤湿度越小，穿透越深。微波对干沙的穿透可达几十米，对冰层的穿透可达 100m 左右，但对潮湿的土壤只能穿透几厘米到几米。

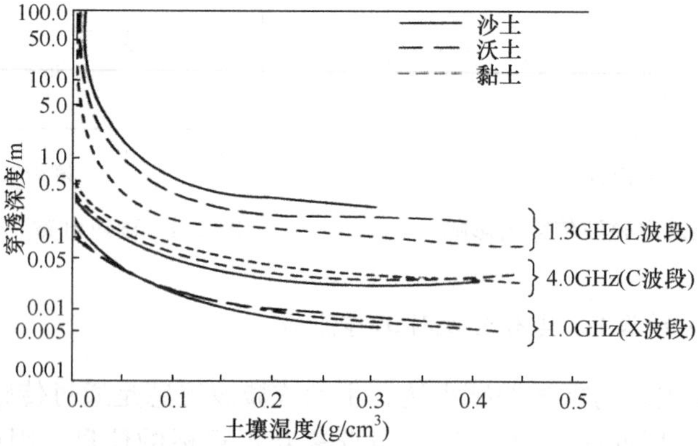

图 2.6　穿透深度与土壤湿度、土壤类型及频率的关系

1981 年 11 月 12 日美国“哥伦比亚”号航天飞机搭载合成孔径成像雷达 SIR-A (L 波段)顺利升空，在雷达影像上成功观测到撒哈拉沙漠的地下古河道，如图 2.7 所示，这充分显示了 SAR 具有穿透地表的能力，引起国际科技界的震动。在图 2.7(b)中，中间条带部分就是地下古河道，而图 2.7(a)中却没有。图 2.8 是微波穿透树林后获得的图像，图 2.8(b)中的黑线是树林中的道路，清晰可见，这表明微波穿透植被的能力是相当强的。

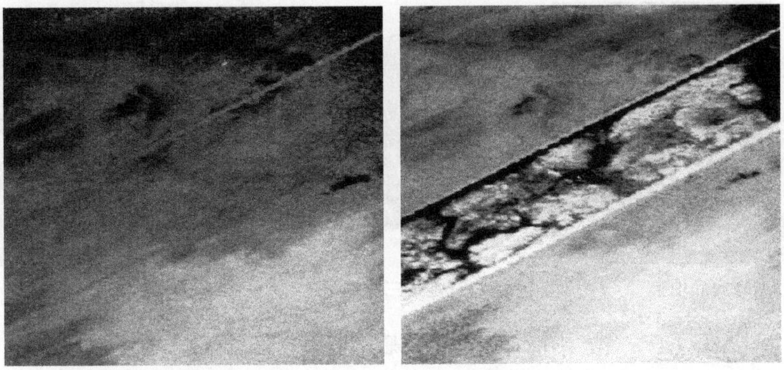

(a) LANDSAT　　(b) SIR-A

图 2.7　撒哈拉沙漠的光学和雷达图像

(a) 照片　　(b) SAR图像

图 2.8　旱季森林区域的 SAR 图像

4. 微波能提供不同于可见光和红外遥感所能提供的某些信息

由于微波遥感的原理与可见光和红外遥感不同，所以微波遥感可提供一些可见光和红外遥感无法探测的信息。例如，微波高度计和合成孔径雷达具有测量距离的能力，可用于测定大地水准面。除此之外，微波高度计还可以测量海浪内波、海面风场和海浪高度等；合成孔径雷达还能测量海浪内波、海底地形、海洋溢油、舰只潜航尾迹和相位变化等。而这些可见光和红外遥感是无法替代的。

特别要强调的是，成像雷达遥感可以提供复数形式的数据，不仅包括地物反射、散射的回波强度信号，还包括回波的相位信息，从而可以进行干涉测量。雷达影像干涉测量在地面点高程和地物高度测量方面已达到很高精度，特别是差分干涉测量对地表形变测量精度可达毫米级。这些更是可见光和红外遥感所不可比拟的。图 2.9 为微波测量的特殊信息，图 2.9(a)为雷达图像获得海底地形情况，图 2.9(b)为干涉 SAR 获得的三维地形图，图 2.9(c)为干涉 SAR 获得的地震形变信息。

(a) 海底地形　　(b) 地形三维测量　　(c) 地震形变

图 2.9　微波遥感获取特殊信息

微波遥感也有其明显不足之处。除了成像雷达获取的影像，一般来说，微波传感器所获图像的空间分辨率比可见光和红外传感器低，并且其特殊的成像方式使得数据处理和解译相对困难，与可见光和红外传感器数据不能在空间上一致，不像红外与可见光传感器可以做到同步获取同一地物的信息，两类影像中的相应像元在空间位置上可以做到一致等。但这些不足比起其上述长处，是常常可以忽略的，特别是 SAR 成像，目前可以实现亚米级成像，可以和可见光和红外遥感图像进行融合处理，相互提供不同信息。

由于微波的全天候特点，能穿过云层，还可能探测地下结构，随着空间分辨率的不断提高，高分辨率 SAR 与多通道辐射计成像（微波成像辐射计 SSM/I）技术的发展，以及多源、多极化、多通道、多视角、多用途、主动与被动、多系列、连续多年的空间遥感计划的进行，已使微波遥感成为空间遥感发展最前沿的技术。微波遥感技术已使以往受昼夜云雾影响的光与红外遥感获取全球环境 35%的信息增加到全天候地获取全球环境 95%的信息，凸现了以微波遥感为主的发展态势。

2.3　电磁波理论与微波

2.3.1　什么是电磁波

空间任何一处只要存在着变化的电场，它就能够在周围空间激发磁场；同样，变化的磁场也能够在它的周围空间激发电场。这种电场和磁场能量不断地相互转化，就能形成随时间而变化的交变电磁场，并以波动的形式在空间传播，如图 2.10

所示。所谓电磁波，就是以波动形式在空间传播并传递电磁能量的交变电磁场。电场和磁场总是不可分离地联系在一起的，既不会有与磁场分离的纯电波，也不会有与电场分离的纯磁波。在自由空间中传播的电磁波一般是平面波，它是一种电场和磁场相互垂直的横波。

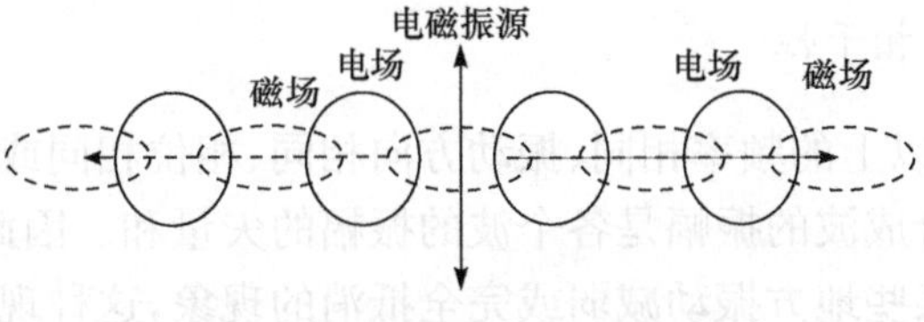

图 2.10 电磁场交变示意图

电磁波具有四个基本的物理量，即电磁波的基本要素，它们是波长(或频率)、传播方向、振幅和极化方式(又称偏振方式)。只要这四个物理量确定了，一个平面电磁波就被完全确定了。一般来说，振幅是指电场振动的幅度，它表示电磁波传递的能量大小；极化方式是指电场振动方向所在的平面。电磁波的传播是能量存在的一种形式。下面结合微波简要介绍电磁波的基本特征。

2.3.2 电磁波的基本特征

微波是电磁波的一种形式，只要了解了电磁波的基本特征，也就了解了微波的基本特征，电磁波具有如下一些基本特征。

1. 叠加原理

当空间同时存在由两个或两个以上的波源所产生的波时，每个波并不因其他的波的存在而改变其传播规律，仍保持原有的频率(或波长)和振动方向，并按照自己的传播方向继续前进，而空间相遇点的振动的物理量则等于各个独立波在该点激起的振动的物理量之和，如图 2.11 所示。这就是波的叠加原理。叠加原理适用

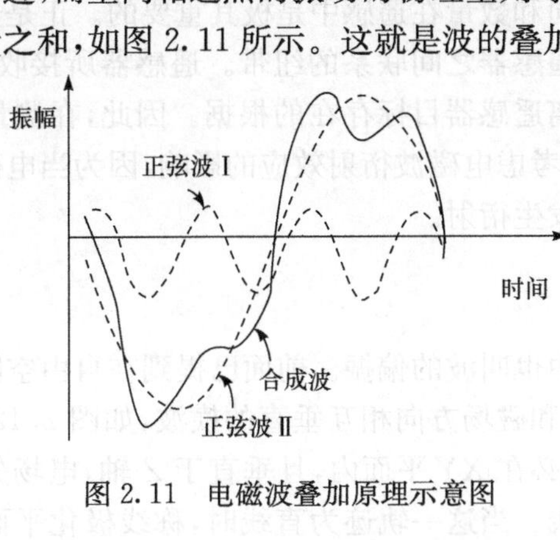

图 2.11 电磁波叠加原理示意图

于遥感中所使用的各种电磁波。根据这一原理，也可以把任何复杂的波形看成由很多简单的较易理解的波形叠加的结果。最常见的简单的波形是正弦波或简谐波。人们已经在数学上证明了任何复杂波形都可以用无穷个具有适当振幅、频率和相位的正弦波叠加而成。

2. 相干性和非相干性

由两个或两个以上的频率相同、振动方向相同、相位相同或相位差恒定的电磁波在空间叠加时，合成波的振幅是各个波的振幅的矢量和。因此，会出现交叠区某些地方振动加强，某些地方振动减弱或完全抵消的现象，这种现象称为干涉。产生干涉现象的电磁波称为相干波。电波天线正是利用电磁波的相干性制成的。如果两个波是非相干的，则叠加后的合成波振幅是各个波的振幅的代数和，交叠区不会出现振动强弱交替的现象。

一般来说，凡是单色波都是相干的。例如，微波雷达发射的电磁波、激光器产生的激光和声呐器产生的声呐都是相干波。从远处两个靠得较近的物体反射回来的波是高度相干的。因而用这类电磁波的遥感器进行成像时，获取的影像上有的地方可能没有接收到任何功率，有的地方从这两个物体接收到的反射功率则可能是其中一个物体的平均反射功率的 4 倍。正因为波的相干性，微波雷达图像的影像上会出现颗粒状或斑点状的特征，这些颗粒通常称为斑点噪声。这是一般非相干的可见光影像所没有的，也是对解译很有意义的信息。

3. 衍射

如果电磁波投射在一个它不能透过的有限大小的障碍物上，将会有一部分波从障碍物的边界外通过。这部分波在超越障碍物时，会改变方向绕过其边缘到达障碍物后面，这种使一些辐射量发生改变的现象称为电磁波衍射。遥感器所接收的电磁辐射通量的方向和数量在遥感中是极其重要的。正是这种辐射通量构成了我们所研究的目标与遥感器之间联系的纽带。遥感器所接收的辐射通量的数量、性质和方向就成为远离遥感器目标存在的根据。因此，在测量目标辐射通量的方向和性质时，就不得不考虑电磁波衍射效应的影响，因为当电磁波到达遥感天线孔径被切割或截获时要发生衍射。

4. 偏振与极化

波的极化在光学中也叫波的偏振。前面已提到在自由空间中传播的电磁波是平面波，它是一种电场和磁场方向相互垂直的横波，如图 2.12 所示。在 Z 方向传播的均匀平面波，电场必在 XY 平面内，且垂直于 Z 轴，电场矢量的顶端在 XY 平面内画出一条轨迹曲线。当这一轨迹为直线时，称线极化平面波，或简称极化波，

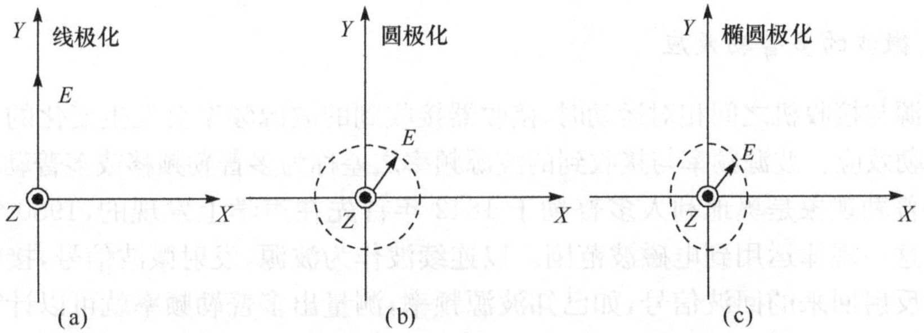

图 2.12　线极化、圆极化和椭圆极化示意图

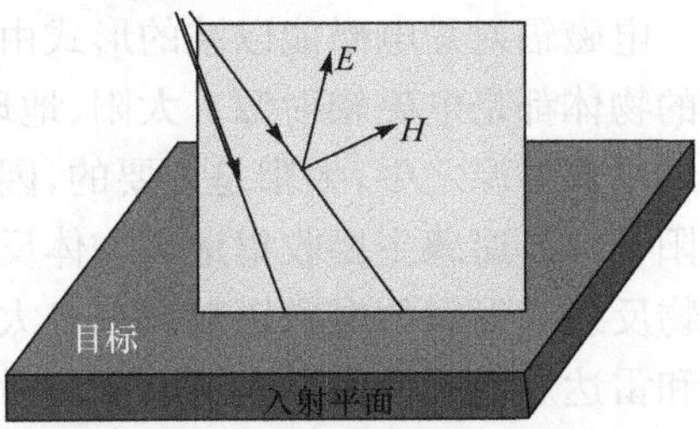

图 2.13　极化示意图

如图 2.12(a)所示。当轨迹曲线为圆形或椭圆形时，称圆极化波或椭圆极化波，如图 2.12(b)和图 2.12(c)所示。所谓极化是指电磁波的电场振动方向的变化趋势。线极化是电场矢量方向不随时间变化的情况，它又分为两个方向的极化，即水平极化和垂直极化。水平极化指电场矢量与入射面(例如，侧视雷达发射的很窄的垂直于地面的扫描波束所形成的一个平面，如图 2.13 所示，图中所谓参考平面即入射面，由入射波与目标表面入射波处法线所组成的平面。图中 E 为电场方向。)垂直，而垂直极化则是指电场矢量与入射面平行。若发射和接收的都是水平极化(或垂直极化)电磁波，则得到同极化 HH(或 VV)图像，若发射和接收的电磁波是不同极化的电磁波，则所得图像为交叉极化图像(HV 或 VH)。一般来说，成像雷达有四种极化图像，而且同一地区同一波段不同极化的雷达图像存在着明显的区别，如图 2.14 所示。

(a) HH图像　　(b) VV图像　　(c) HV图像

图 2.14　不同极化雷达图像

5. 微波的多普勒效应

波源与接收机之间相对运动时，接收器接收到的波源频率会发生变化的现象叫做多普勒效应。波源频率与接收到的波源频率之差称为多普勒频移或多普勒频率。

多普勒现象是奥地利人多普勒于 1842 年首先在声学上发现的，1930 年左右开始将这一规律运用到电磁波范围。以连续波作为波源，发射微波信号，接收由活动目标反射回来的回波信号，如已知波源频率，测量出多普勒频率就可以计算出目标的运动速度。这种测速装置称为连续波多普勒雷达。

2.3.3　电磁波辐射与微波

电磁辐射是电磁能以波的形式由物体向外发射的过程，那些能够发射电磁辐射的物体都是电磁辐射源。太阳、地球、月亮及其他星球都在太阳系的环境中，但是这些辐射源之中，太阳是主要的，因为包括地球在内的所有行星的辐射能量都与太阳有关。遥感主要收集地表物体反射和发射的电磁能量，借以获得地物的信息。地物反射和发射的电磁辐射都来自太阳的辐射能。除了这些天然电磁辐射源，激光和雷达发射机等都是人工电磁辐射源。所有电磁辐射的产生则是与物质内部的微粒的运动分不开的。

物质都是由分子和原子构成的。当没有外界的光和热等作用时，物质内部微粒各种形式的运动处于一种稳定的状态，这些运动主要包括原子内部电子围绕原子核在其固定轨道上的运动、原子核在平衡位置上的振动和分子围绕其质量中心的转动。在稳定运动状态下，这些运动具有一定的能量 E，$E=hv$（h 为普朗克常数，v 为频率），而且不会因为不停地运动而衰减。然而当物质受到外来刺激，如与其他微粒碰撞或接收到外来能量时，物质内部微粒的运动状态就会发生变化，由低能级的基态跃迁到更高能级的激发状态，电子运动的轨道可能发生变化，原子和分子振动能级和转动能级也发生改变。但是，处于激发态的粒子是十分不稳定的，一般在10^{-8}s 内就要向基态转化。或者与另一粒子发生碰撞，将能量传递给它，或者跃迁到较低能级，同时释放出多余的能量 ΔE（$\Delta E=hv'$），这时就产生了电磁辐射。不同的 ΔE，发射出去的电磁波频率也就不同，一般在 ΔE 为$10^{-4}\sim10^{-5}$ eV 时，即产生微波辐射。表 2.1 说明不同电磁辐射能量所对应的电磁波和物质内部的运动状态，而表 2.2 为各种电磁波产生的机理。

表 2.1　物质内部不同的运动状态所对应的电磁辐射

物质内部状态	对应的电磁波	电磁能量/eV*
原子核内部的相互作用	γ 射线	$10^7\sim10^5$
层内电子的离子化	X 射线	$10^4\sim10^2$

续表

物质内部状态	对应的电磁波	电磁能量/eV*
外层电子的离子化	紫外线	10^2～4
外层电子的激励	可见光	4～1
分子振动，晶体振动	红外线	$1～10^{-3}$
分子旋转和反转 电子自转与磁场的相互作用	毫米波和微波	$10^{-4}～10^{-5}$
核自转与磁场的相互作用	米波	10^{-5}

* 说明：eV 是用来度量微观粒子能量的一种单位，它等于一个电子通过电势差为 1V 的电场时所获得(或减少)的能量，$1eV=1.60219\times10^{-19}J$

表 2.2　电磁波产生的机理

波长范围		产生机理	特点	用途
γ 射线	小于 10^{-6} μm	原子核受激后产生	非常强的穿透力，很难观察到波动性	医学
X 射线	$10^{-6}～10^{-3}$ μm	原子中内层电子受激后产生	较强的穿透力，粒子性突出	医学
紫外线	$10^{-3}～0.38$ μm	原子、分子中外层电子受激发后跃迁到低能态	明显的波粒二象性	
可见光	0.38～0 .76μm			可见光遥感
红外线	0.76μm～1 mm	分子振动或转动的能级跃迁		红外遥感
微波	1mm～ 1m	电磁电感组成的振荡回路	波动性明显	微波遥感

热能所产生的热辐射是一种重要的电磁辐射，因为热能的本质是物质微粒的无规则运动的动能，这种无规则运动引起微粒间的碰撞，使得电子的轨道运动、原子或分子的振动和转动发生变化，微粒进入高能运动状态，在其重新转变为低能运动状态的过程中，就发射出电磁波，热能也就因此转化为电磁能。所以，在一定条件下，任何物体都能向外发射电磁辐射，而这种因热运动所引起的电磁辐射通常被称为热辐射，一般只要温度在 0 以上，一切物体都会发射出由这一温度所决定的热辐射。从表 2.1 可知，物质微粒运动状态的很微小的变化就能产生微波辐射。

所有的物体都能吸收电磁辐射，吸收能力越强，其辐射能力也就越强，其中“黑体”是一种理想的吸收体和发射体，它能吸收全部外来的电磁辐射，而在一切温度下发射出最大的电磁辐射。虽然这种物体并不存在，但却可由人工方法制造出来，进行电磁辐射基本规律的研究。

从上面的分析可知，微波辐射和红外辐射都是热辐射，只是物质内部的运动状态不同。其中，微波辐射具有如下特点。

(1) 微波与红外线相对，是物体低温条件下的重要辐射特性，温度越低，微波辐射越强。

(2) 微波辐射的强度比红外辐射弱得多,需要经过处理才能够使用接收器接收。

(3) 在遥感技术运用中,不同地物间的微波辐射差异较红外辐射差异更大,因此,微波可以帮助识别在可见光与红外波段难以识别的地物。

黑体辐射的基本定理对微波辐射和红外辐射都是适用的。黑体按波长而异的电磁辐射定律,即普朗克辐射公式。

$$M_b(\lambda)=2\pi hc^2\lambda^{-5}\frac{1}{e^{hc/\lambda kT}-1} \tag{2.1}$$

若按频率分布,因 $f=c/\lambda$,$\frac{\mathrm{d}f}{\mathrm{d}\lambda}=\frac{c}{\lambda^2}$,$\frac{M_b(f)\mathrm{d}f}{\mathrm{d}\lambda}=M_b(\lambda)$,则有

$$M_b(f)=\frac{2\pi h^3}{c^2}\frac{1}{e^{hf/kT}-1} \tag{2.2}$$

如果表示成辐射亮度,则可写为

$$B_b(f)=\frac{2hf^3}{c^2}\frac{1}{e^{hf/kT}-1} \tag{2.3}$$

和

$$B_b(\lambda)=\frac{2hc^2}{\lambda^5}\frac{1}{e^{hf/\lambda kT}-1} \tag{2.4}$$

式(2.1)~式(2.4)都称为普朗克黑体辐射公式,其中,h 为普朗克常数,且$h=6.626\times10^{-34}$J;c 为光速,且 $c=2.998\times10^8$m/s;k 为玻尔兹曼常数,且 $k=1.381\times10^{-23}$J/K,为热力学温度度数。

当辐射波长很长或温度很高时,T 足够大,使得 $ch/(\lambda kT)\ll1$,考虑到这一因素,将式(2.1)中分母中 $e^{ch/\lambda kT}$项按级数展开,即

$$e^{hc/\lambda kT}=1+\frac{hc}{\lambda kT}+\frac{h^2c^2}{2\lambda^2k^2T^2}+\cdots \tag{2.5}$$

式(2.5)中的第三项及以后各项均忽略不计,并将其分别代入式(2.1)和式(2.3),分别可得式(2.6)和式(2.7),即

$$M_b(\lambda)=\frac{2\pi c}{\lambda^4}kT \tag{2.6}$$

$$B_b(f)=\frac{2kT}{\lambda^2} \tag{2.7}$$

式(2.6)和式(2.7)就是瑞利-金斯辐射公式,它是在波长相当长的情况下适用的公式,因而在微波遥感中十分有用。它表明在某一波长范围内,辐射亮度与热力学温度的一次项成正比,这就是以物体的热力学温度作为热辐射能量度量的缘由。

如果允许瑞利-金斯公式相对于普朗克公式的误差小于 1%，即 $\lambda T > 0.77$(mK) 或 $f/T < 3.9\times10^8$(Hz/K)，则可推出该公式对于微波的适用范围，即在 $T=300$K (常温下的地物)时，$\lambda > 2.57$mm，或者是 $f < 117$GHz，这就是说，瑞利-金斯公式对目前所使用的全部微波波段($\lambda > 3$mm)都是成立的，即使波长短到 1mm (300GHz)，相对误差也不会超过 3%。

对于一般物体的辐射，一般用相同温度下的黑体辐射来表示，即所谓基尔霍夫定律，如式(2.8)所示，即

$$M_e = \alpha M_b \tag{2.8}$$

其中，M_e 为物体在所有的波长下总的辐射通量密度；α 是其吸收率；M_b 是相同温度下黑体的辐射通量密度，如果式(2.8)写成式(2.9)的形式，即

$$\varepsilon = \frac{M_e}{M_b} \tag{2.9}$$

式(2.9)表示物体的发射率，可见物体的发射率等于其吸收率。对于瑞利-金斯公式，一般物体的辐射亮度只要在黑体的相应公式中加上这样一个吸收率或发射率系数即可。

由式(2.9)定义的发射率是半球发射率，它给出了辐射体在球面空间内的发射本领，为区别起见，有时也可写成 e_h。但是，地物的发射率也可能随测量方向而变，特别是表面磨光的金属。因此，用 e_θ 表示地物的定向发射本领，它是与辐射表面的法线成 θ 角的小立体角内所测到的发射率。当 $\theta=0$ 的发射率称为法向发射率，用 e_n 表示。由于大多数遥感器都是探测辐射源规定方向上的一个小立体角内的辐射通量，所以，e_θ 和 e_n 就显得特别重要。对于磨光金属，e_h 要比 e_n 大 20%左右。但是除了磨光金属和光滑表面，通常 e_h、e_θ 和 e_n 三者之间的差别不大，往往可以不加区分，这时就用 e 来表示物体的发射本领。

2.4　微波与物质的相互作用

2.4.1　微波与大气的相互作用

地物发射或反射的电磁波在到达空间传感器之前必须穿过大气层，因而会与大气层中的物质发生复杂的相互作用，使到达传感器的信息已不再完全是原来的信息。大气层的物质包括各种气体与其他微粒，它们与电磁波之间的复杂相互作用主要是不同大气层界面对电磁波的散射和对具有某一波长电磁波的吸收作用，这样造成了传感器所收集到的电磁波信息已是衰减的信号。我们已了解大气对于红外电磁波的影响，那么，大气对微波的衰减作用究竟如何呢？

一般来说，大气衰减作用的程度与大气成分及其物理性质有关，与电磁波长有

关,一般电磁波频率越高(即波长越短),大气衰减作用越显著,相反,频率越低,或波长越长,大气衰减可忽略不计。

大气对微波的衰减作用主要有大气中水分子和氧分子对微波的吸收及大气微粒对微波的散射。

大家知道气体分子所具有的能量有如下几种形式:平移动能和与轨道有关的电子能量、振动能量及转动能量。当分子与周围的电磁场发生相互作用时,它们的能级会发生变化,这时它吸收或发射某一频率的电磁辐射能量。单个的分子吸收或发射的谱线是一些不连续的谱线。大气中的众多分子的吸收或发射谱线则是由无数不同频率上的谱线所形成的一条连续的谱线,如图 2.15 所示。大气中对微波的吸收作用主要是氧分子和水分子,它们对微波吸收的谱线如图 2.16 和图 2.17 所示。

氧分子对微波的吸收中心波长位于 0.253cm 和 0.50cm 处,从水分子和氧分子对微波的吸收谱线比较中可以看出,氧分子的吸收作用较强。根据这些情况,一般可采用 2.06～2.22mm、3.0～3.75mm、7.5～11.5mm 和 20mm 以上的波长作为微波遥感的窗口,在这四个波段内大气的吸收作用是很小的。

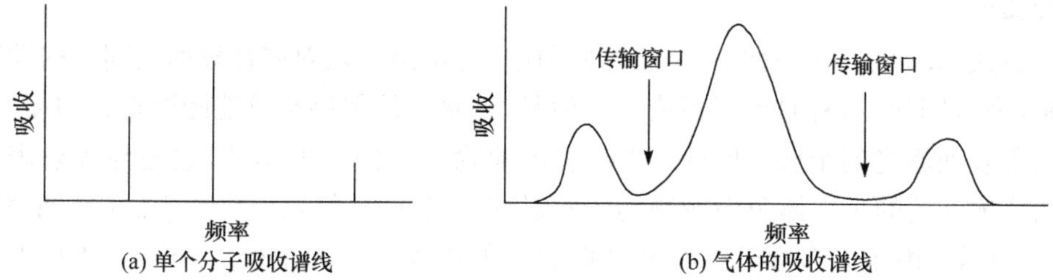

图 2.15　单分子和多分子气体的吸收谱

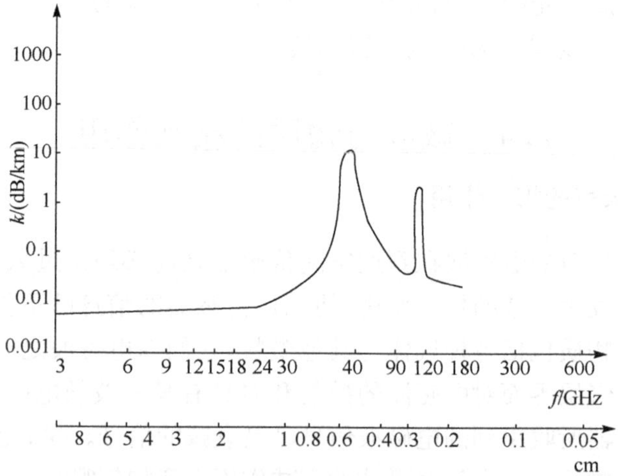

图 2.16　氧对不同波长的微波的吸收

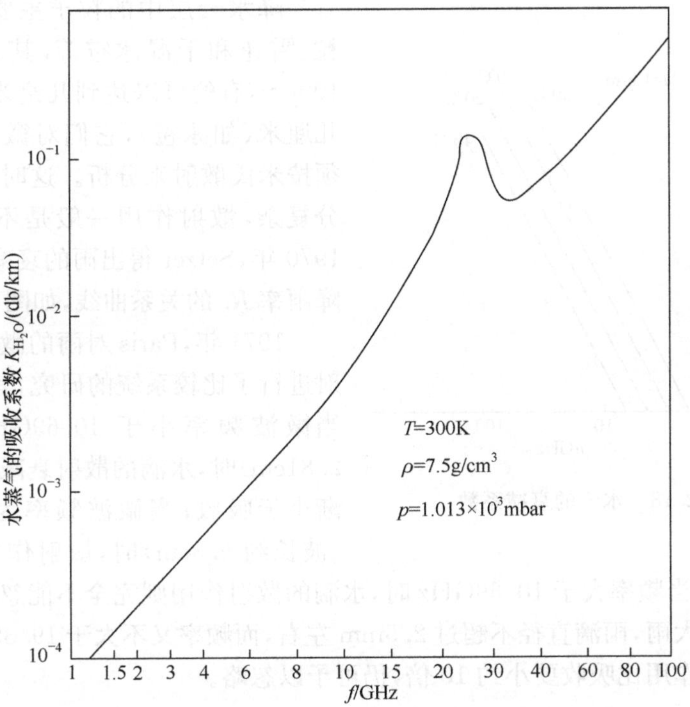

图 2.17　水汽对微波的吸收谱线

大家知道,电磁波在大气层中的传播过程会受到微小粒子的散射,这种影响是不可忽视的。大气微粒可分为三大类,即水滴(包括云雾、霾和降水)、冰粒和尘埃,它们的散射因微粒大小和电磁波长的相对关系不同而异。当微粒直径比波长小得多时,散射截面积与波长的四次方成反比,即电磁波越短,散射越强,这种散射称为瑞利散射。而当微粒直径大于波长时,散射作用对波长的敏感就不如瑞利散射,其散射截面积与波长的 n 次方成反比,这种散射称为米氏散射,这里 $n=0,1,2$。

由水粒组成的云粒子一般直径很小,不超过 100μm,比微波波长要小一两个量级,因此其对微波的散射满足瑞利散射条件,但是这时散射作用比吸收作用小得多,一般可以忽略,故微波在非降水云层中的衰减,主要由水粒的吸收引起,其衰减系数 K_c 的计算公式为

$$K_c = 4.35M \times \frac{10^{[0.0122\times(291-T)-1]}}{\lambda^2}\,(\mathrm{dB/km}) \tag{2.10}$$

其中,M 为云层含水量,单位是 g/m^3。根据式(2.10)可知,云的吸收在一定的温度和一定的微波波长之下,与云层含水量呈线性关系,图 2.18 是按该式计算出的含水量在 1g/m^3 时不同温度下云层衰减系数与微波波长的关系。

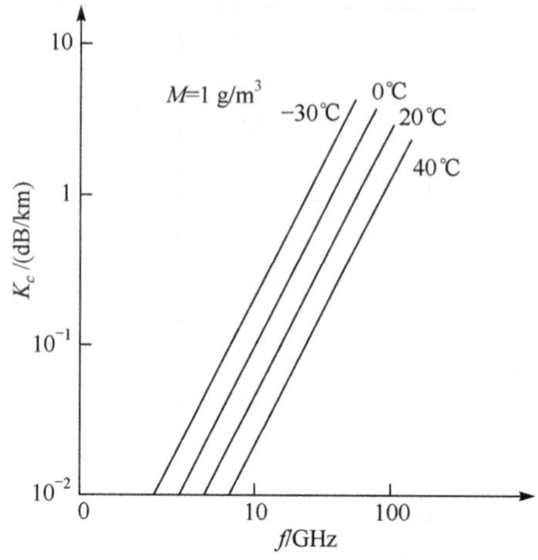

图 2.18　水云的衰减系数

降水云层中的粒子主要有雨滴、冰粒、雪花和干湿冰雹等，其直径均大于100μm，有的可以达到几毫米（如雨滴）、几厘米（如冰雹），它们对微波的散射必须按米氏散射来分析。这时吸收情况十分复杂，散射作用一般是不能忽略的。1970 年，Setzer 得出雨的衰减系数 K_{er} 与降雨率 R_r 的关系曲线，如图 2.19 所示。

1971 年，Paris 对雨的微波吸收和散射进行了比较系统的研究，其研究表明，当微波频率小于 10.69GHz（波长约 2.81cm）时，水滴的散射衰减作用已经逐渐小于吸收；当微波频率为 4.805GHz（波长约 6.3cm）时，散射作用只有吸收的 1/10。而当频率大于 10.69GHz 时，水滴的散射作用则完全不能忽略。但如果不是暴雨和大雨，雨滴直径不超过 2.5mm 左右，而频率又不大于 19.35GHz 时，则雨滴的散射作用比吸收要小约 10 倍，仍可予以忽略。

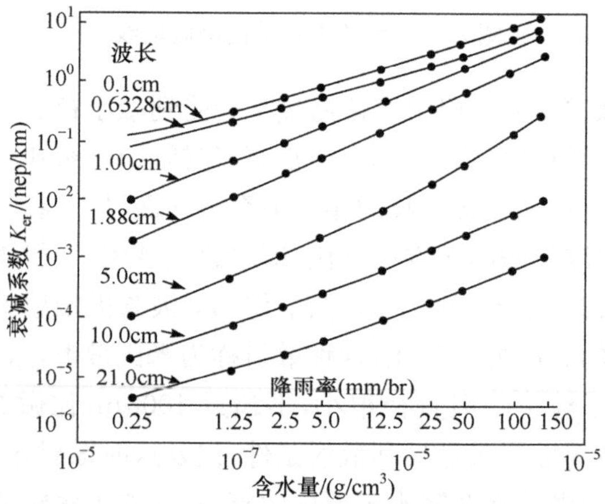

图 2.19　雨的衰减系数与降雨率的关系

还应当指出，云层对微波在大气中的传播除了产生吸收和散射效应，云层本身也会发射出微波辐射而呈现为亮度温度。这种亮度作为随机干扰噪声叠加在目标亮温上，对目标的微波辐射亮度测量产生影响。频率越高，这种噪声就越严重。因此，当目标的发射率较低而微波传感器的工作频段很高时，这种云层干扰噪声的影响就不能忽略，而必须借助于其他波段传感器所获得的资料将这种干扰排除。反之，如果要对云层遥感，传感器的工作频率就要尽可能高。

从以上的分析可知，在 1～300GHz 的频带内，随着波长越来越短，微波与大气的相互作用有两个重要的转变：其一，大气对微波能量传输的衰减作用由很弱到很强；其二，云层微粒和雨微粒对微波的吸收和散射作用（其宏观表现也是衰减）从极轻微到十分显著。正是由于这些性质，使得微波波段具有三个方面的重要使用价值：对于地面与空间的通信和从空间对地面的观测，云雨的影响可减至最小，这是其他波段无法比拟的；如果对云层进行观测，则可得到关于云层含水量和分布范围的信息；即使在有云层的情况下也可进行除了云层参数以外的大气性质的测量。图 2.20 为微波在大气中传播的衰减情况，从该图中可知，当微波的波长大于 3cm 时，大气对微波的衰减可以忽略，即微波具有全天候的特性。

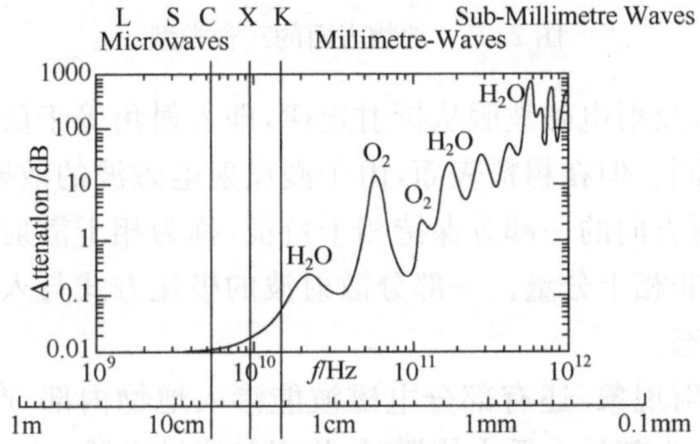

图 2.20　微波在大气传播中的衰减关系

2.4.2　微波与地物的相互作用

入射电磁波与地表面各类地物发生相互作用的过程中，在地物表面产生镜面反射或漫反射（或称为散射），并由透射或绕射进入表层以下，在部分或全部被吸收后，可能部分或全部再辐射出去（即发射）。通常把地物表面的反射、散射、透射、吸收和发射仅作为表面现象处理。如果要更全面地分析则还需考虑表面以下介质的作用，因为即使是金属，不仅其表面产生反射，也还有电磁波的透入，只不过透入的深度有限，随波长而异。这样在表面以下物质与电磁波发生相互作用的积累就构成地物对电磁波相互作用的一个组成部分。

按物理学的理论来分析，入射电磁波会促使地物表面的自由电荷和束缚电荷产生振荡运动，这种振荡运动转而辐射出次级场，或者深入到第二介质（透射、绕射），或者返回初始介质（反射、散射、发射），或者这两种情况同时发生，这就是电磁波与地物的相互作用的基本现象。

一般来说，若地物表面是光滑的，入射电磁波将产生反射，波束垂直地物表面，反射波就按逆入射方向返回。而当地物表面是粗糙面时，入射电磁波就会产生散射，即向各方向漫反射，顺着入射方向的散射分量称为前向散射，逆入射方向的散射分量称为后向散射。在地物表面只是有些粗糙，还不是很粗糙时，即中等粗糙程度的情况下，还存在如同光滑表面的较强镜面反射分量，但如果表面相当粗糙，则各方向的散射分量强度近乎相同。图 2.21 是各种表面的反射和散射情况。

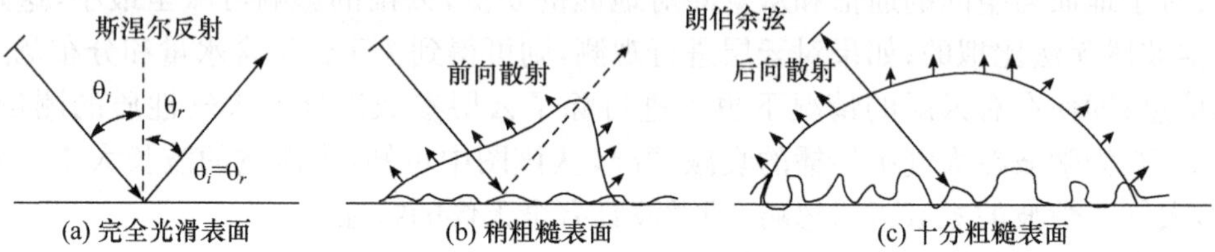

图 2.21　地物表面的三种类型

对于光滑表面，反射电磁波服从折射定律，即入射角等于反射角，反射波的极化方式与入射波相同。但在粗糙表面，由于漫反射电磁波的散射服从朗伯余弦定律，这时在镜面反射方向的一部分保持相干特征，称为相干散射分量，其余方向上的散射分量则称为非相干分量。一部分散射波的极化方式与入射波相同，另一部分则是正交极化状态。

除了反射和散射现象，还有部分电磁波能渗入地物内部，产生透射。一般来说，当电磁波在地物内部的介质中传播时，将引起能量损耗。如电磁波对介质的穿透深度定义为

$$d=\frac{1}{\alpha}=\sqrt{\frac{1}{\omega\mu\sigma}} \tag{2.11}$$

其中，α 是介质的衰减常数，dB/m；ω 是电磁波的角频率；μ 是介质的磁导率，H/m；σ 是介质的电导率，s/m。穿透深度 d 的物理意义是，当入射电磁波在有耗介质中传播的距离为 d 时，其场强将减小到它在介质表面时的数值的 $1/e$，即 37%，而功率将降低到介质表面入射功率的$1/e^2$，也就是 13.5%。例如，对于铜，由于 $\sigma=5.80\times10^7$ s/m，$\mu=4\pi\times10^{-7}$ H/m，当频率为 1.0GHz 的微波入射到铜表面时，它的穿透深度约为 2μm，所以，一般认为金属和其他良导体对微波都是不透明的，即无穿透性。

任意极化的电磁波都可以分解为 TE(transverse electric)波和 TM(transverse magnetic)波两个分量。TE 波是电场矢量垂直于入射平面的极化波，称水平极化波(H 波)；TM 波是电场矢量平行于入射平面的极化波，称垂直极化波(V 波)；当这两种波入射到两种均匀介质的光滑界面上时，产生反射和折射，如图 2.22所示。介质 1 的介电特性由 μ_1 和 ε_1 表征，ε 为介质的介电常数，F/m；介质

2 的介电特征用 μ_2 和 ε_2 表征，θ_1 为入射角，θ_2 为折射角，TE 波和 TM 波的反射系数 R_h 和 R_v 分别为

$$
\begin{cases}
R_h = \dfrac{\eta_2\cos\theta_1 - \eta_1\cos\theta_2}{\eta_2\cos\theta_1 + \eta_1\cos\theta_2} \\
R_v = \dfrac{\eta_1\cos\theta_1 - \eta_2\cos\theta_2}{\eta_1\cos\theta_1 + \eta_2\cos\theta_2}
\end{cases}
\tag{2.12}
$$

其中，$\eta_1 = \sqrt{\mu_1/\varepsilon_1}$ 和 $\eta_2 = \sqrt{\mu_2/\varepsilon_2}$ 分别是两种介质的本征阻抗，它们的传输系数 T_h 和 T_v 分别为

$$
\begin{cases}
T_h = \dfrac{2\eta_2\cos\theta_1}{\eta_2\cos\theta_1 + \eta_1\cos\theta_2} \\
T_v = \dfrac{2\eta_1\cos\theta_1}{\eta_1\cos\theta_1 + \eta_2\cos\theta_2}
\end{cases}
\tag{2.13}
$$

式(2.12)和式(2.13)就称为菲涅耳公式。

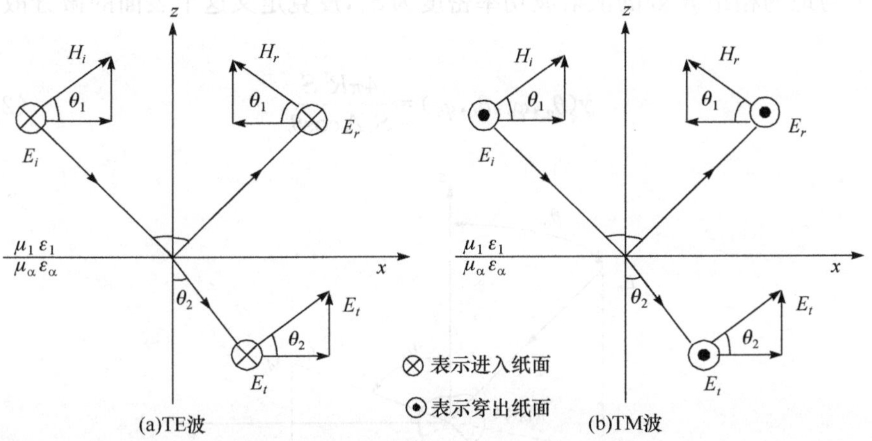

图 2.22　TE 波和 TM 波的反射与折射

如果令 k_1 和 k_2 分别为电磁波在两类介质中的传播矢量，由于在界面上的切向分量必须连续，而且相位相等，于是可以得折射定律，即

$$k_2\sin\theta_2 = k_1\sin\theta_1 \tag{2.14}$$

当电磁波由介质 1 入射到介质 2 时，假设 $k_1 > k_2$，由折射定律，$(k_1/k_2)\sin\theta > 1$，这时不存在折射角，也就是说入射波将不会进入介质 2，而在界面上产生全反射。

特殊的情况是，对于 TM 波，当入射角为某一角度 θ_B 时，入射电磁波将全部透过两种均匀介质的界面，进入第二种介质，毫无反射，这时的入射角 θ_B 称为布儒斯特角，于是由式(2.12)，并令 $R_v = 0$，有

$$\sqrt{\varepsilon_2}\cos\theta_B=\sqrt{\varepsilon_1}\cos\theta_2 \tag{2.15}$$

又由折射定律可得

$$\sqrt{\varepsilon_1}\sin\theta_B=\sqrt{\varepsilon_2}\sin\theta_2 \tag{2.16}$$

所以

$$\tan\theta_B=\sqrt{\frac{\varepsilon_2}{\varepsilon_1}} \tag{2.17}$$

全透射现象只是对 TM 波才存在,对于 TE 波,不存在全透射。

当电磁波入射到粗糙的地物表面时,如前所述,被散射的电磁波既有镜面的反射分量,又有漫反射分量,这时折射定律和菲涅耳公式已不再适用。

皮克(Peake)对电磁波与地物表面的相互作用进行了深入而详细的研究,并提出了微分散射系数和表面极化发射率等概念。

电磁波的入射场与散射场存在一定的几何关系,如图 2.23 所示。当电磁波以功率密度 S_o(W/m^2)从(θ_o,φ_o)方向上入射到表面面积为 A 的某地物上,在(θ_s,φ_s)方向上与地物相距 R 处的散射波功率密度为 S_s,皮克定义这个表面的微分散射系数为

$$\gamma(\theta_o,\varphi_o,\theta_s,\varphi_s)=\frac{4\pi R^2 S_s}{S_o A\cos\theta_o} \tag{2.18}$$

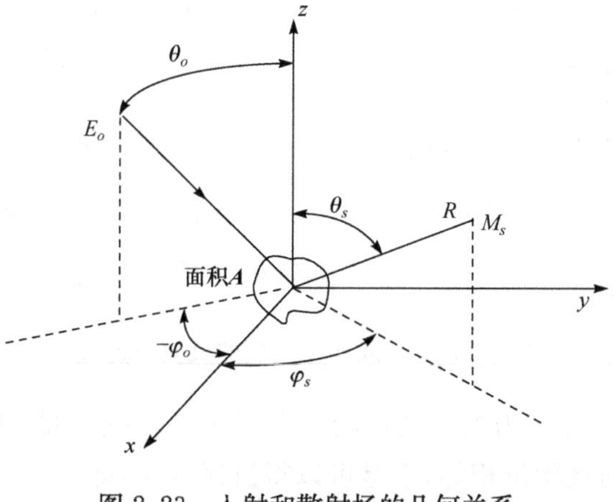

图 2.23 入射和散射场的几何关系

$A\cos\theta_o$ 是 A 在(θ_o,φ_o)方向上的投影面积,如图 2.24 所示,故 γ 也称为单位投影面积的散射系数,而单位实际面积的散射系数 σ°为

$$\sigma^\circ(o,s)=\frac{4\pi R^2 S_s}{S_o A} \tag{2.19}$$

其中,o 代表入射场方向;s 代表散射场方向。

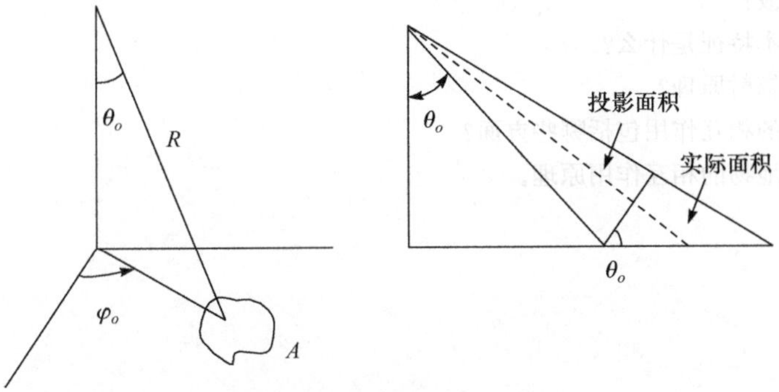

图 2.24　σ°与 γ 的几何关系

对于粗糙地物表面，散射的镜面分量的极化方式与入射波的极化相同，漫反射分量的极化方式一部分与入射波相同，另一部分为正交极化。为了反映不同分量的不同极化方式，散射系数 γ_{ij} 的中下标 i 表示入射波的极化方式，i 的值为 h 或 v，h 为水平极化，v 为垂直极化，j 表示散射的极化方式，同样，j 的值为 h 或 v。一般 γ_{ii} 表示同极化微分散射系数，γ_{ij} 表示正交极化微分散射系数。

皮克根据基尔霍夫定律和地物表面对于入射波的散射极化性质，给出了用表面微分散射系数 $\gamma_{ii}(o,s)$和 $\gamma_{ij}(o,s)$表示的表面极化发射率，即

$$l_i(o) = 1 - \frac{1}{4\pi}\int[\gamma_{ii}(o,s) + \gamma_{ij}(o,s)]\mathrm{d}\Omega \tag{2.20}$$

按照朗伯的观点，粗糙的地物表面对于入射波的散射服从余弦定律，即单位实际面积的散射系数与入射角余弦和散射角余弦的乘积成正比。

$$\sigma^\circ_{ii}(o,s) + \sigma^\circ_{ij}(o,s) = \gamma_0\cos\theta_o\cos\theta_s \tag{2.21}$$

其中，γ_0 是与散射表面的介电特性有关的常数，这就是朗伯余弦定律，依据式(2.19)，式(2.21)可写为

$$\gamma_{ii}(o,s) + \gamma_{ij}(o,s) = \gamma_0\cos\theta_s \tag{2.22}$$

再将式(2.22)代入式(2.20)，由 $\mathrm{d}\Omega = \sin\theta_s\mathrm{d}\theta_s\mathrm{d}\varphi_s$，则粗糙表面的发射率为

$$l_i(\theta_o,\varphi_o) = 1 - \frac{1}{4\pi}\int_{\varphi_s=0}^{2\pi}\int_{\theta_s=0}^{2\pi}\gamma_0\cos\theta_s\sin\theta_s\mathrm{d}\theta_s\mathrm{d}\varphi_s = 1 - \frac{\gamma_0}{4\pi} \tag{2.23}$$

式(2.23)表面粗糙表面的发射率在所有方向都相同，这种粗糙表面称为朗伯表面。

思　考　题

1. 什么是微波遥感？
2. 简述电磁波谱微波的划分情况。
3. 微波传感器包含哪些类型？
4. 微波遥感的优越性主要体现在哪些方面？

5. 什么是电磁波?
6. 电磁波的基本特征是什么?
7. 简述微波的辐射原理?
8. 微波与物质的相互作用包括哪些方面?
9. 简述微波与地物的相互作用原理。

第3章 合成孔径雷达成像原理

3.1 概述

电磁波谱中的可见光或红外波段成像传感器获得的图像产品是我们非常熟悉的，雷达成像传感器获得的雷达图像与它们也是非常相似的，但是，其成像原理与可见光或红外成像原理是完全不相同的。可见光和红外传感器是利用透镜或镜子系统的“二维阵列探测器”来接收地物目标的反射或辐射能量，这是一个电子阵列，早期的遥感仪器是使用胶卷化学处理的过程。这种二维图像可以通过使用扫描系统或一个移动的线阵列探测器来实现。例如，用照相机拍照，这是我们非常熟悉的一种图像获取方法，成像过程是通过保持场景中的目标及其在焦平面中的图像之间对应的角度关系，如图 3.1(a)所示，即中心投影成像。由于这个对应关系的存在，图像的分辨率依赖于镜头与成像场景之间的距离。场景越靠近镜头，图像的分辨率越高，更小的细节能被识别。随着镜头的移动并进一步远离场景，分辨率逐渐下降，只有较大的物体才能在图像中识别。由于雷达成像使用一个完全不同于光学或红外成像机理来形成雷达图像，如图 3.1(b)所示，即斜距成像，这导致雷达图像的特点也完全不同于可见光和红外图像。

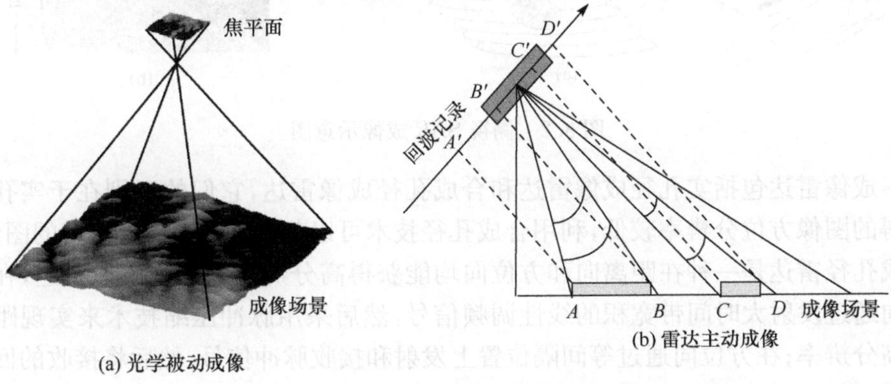

(a) 光学被动成像　(b) 雷达主动成像

图 3.1　目标场景与焦平面像对应关系图

成像雷达包括真实孔径成像雷达和合成孔径成像雷达，它们的成像过程也有所不同，在距离向，都是通过脉冲回波的延迟来实现对地物目标的分离；在方位向，真实孔径雷达是通过角度大小来实现目标的辨识，而合成孔径雷达是通过多普勒历程(或孔径的合成)来实现目标的辨识。我们可以看到真实孔径雷达的方位向成像机理类似于普通相机的镜头,所以,真实孔径雷达的方位向分辨率不高,与角度的大小有关。合成孔径雷达利用时间延时和多普勒历程来实现成像,因此,SAR图像的分辨率与离目标远近无关,这个优势使得星载 SAR 成像不需要很大的天线也能获得高分辨率图像。

可见光或红外成像与雷达成像的另一个最大区别是,前者的镜头在随着飞机或卫星等载体飞行过程中垂直朝下拍照,要求几乎没有什么明显障碍物。而成像雷达却不是这样,为了避免产生模糊,成像雷达在随着载体的飞行过程中从一侧使用一根天线照射地物目标表面。通常,该天线发射一个扇形的电磁波束,在照到地面上时被拉升成椭圆形区域,如图 3.2(a)所示。垂直载体飞行方向照射的宽度,一般称为测绘带宽。

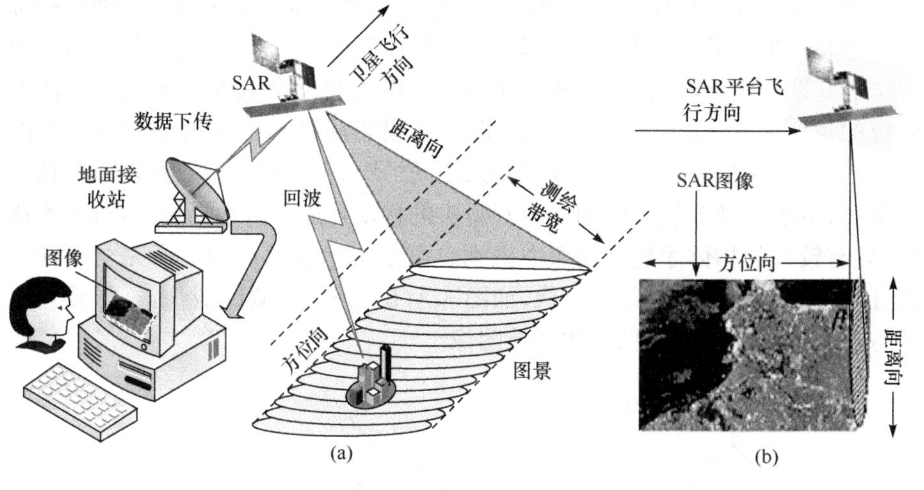

图 3.2 侧视 SAR 成像示意图

成像雷达包括实孔径成像雷达和合成孔径成像雷达,它们的区别在于实孔径获得的图像方位分辨率较低,利用合成孔径技术可以获得较高方位分辨率的图像。合成孔径雷达是一种在距离向和方位向均能获得高分辨率的二维成像雷达,在距离向通过发射大时间带宽积的线性调频信号,然后采用脉冲压缩技术来实现距离向高分辨率;在方位向通过等间隔位置上发射和接收脉冲信号,然后将接收的回波信号进行相干处理,即可实现方位向高分辨率,实际上是通过合成孔径技术来实现的。

SAR 成像,从本质上讲,就是地物目标散射特征空间到影像数据空间的映射;从原理上讲,就是一个从数据采集到目标图像重构的过程。从目标的散射特性出发,根据雷达平台与目标之间的相对运动以及两者的几何关系,就可得到以系统相应函数表示的信号模型，或者是某种对应关系，完成从目标特征空间到信号数据空间的映射；利用系统相应函数对信号数据进行匹配滤波及相关处理，就可完成从信号数据空间到影像空间的映射。当雷达载体向前运动时，雷达天线按一定的重复频率不断地向照射区域发射电磁波，并接收散射回波，这样可使扫描区域逐行积累并形成图像，如图 3.2 所示。其中，图 3.2(a)是星载 SAR 成像和处理示意图，图 3.2(b)是 SAR 成像的平面示意图。为了更加清楚地了解 SAR 成像原理和机理，下面将以星载 SAR 条带式为例来介绍 SAR 成像中的基本概念和基本原理。

3.1.1　什么是合成孔径

对于 SAR，合成孔径技术指的是利用雷达与目标之间的相对运动，把一个真实的小孔径天线合成一个等效虚拟的长孔径天线的过程。合成孔径是相对于真实孔径而言的，刚开始时一般都称为综合孔径，但是，它是 SAR 成像中的一个非常关键的技术，通过该技术 SAR 实现了方位向高分辨率。雷达随载体向前运行时，以固定的重复频率向照射区域发射电磁波，通常发射的是数字脉冲信号。当小孔径天线发出第一个脉冲并接收从目标散射回来的第一个回波脉冲后，把它存储起来后，沿直线移动一段距离到第二个位置。然后，小孔径天线在第二个位置继续再发射一个脉冲(这个脉冲与第一个脉冲之间存在由延时引入的相位差)，并把第二个散射回波也存储起来，再沿直线移动一段距离到第三个位置，发射脉冲信号再接收回波。这就是 SAR 成像采用的走-停-走(go-stop-go)的模式。以此类推，小孔径天线在这一直线上构成了一个长的天线阵，如图 3.3 所示。在一个合成孔径时间里，载体所走过的路程就是一个合成孔径阵列的长度。随后，把所有存储起来的回波进行处理，便可得到一个大天线的方向图，进而提高雷达的方位分辨率，如图 3.4 所示，有关分辨率的概念将在 3.1.3 节中进行详细的介绍。

在图 3.3 中，D 表示真实孔径，宽度为 β 的波束在距离 R 处的照辐宽度为 L_s，则有

$$L_s = \beta \cdot R \tag{3.1}$$

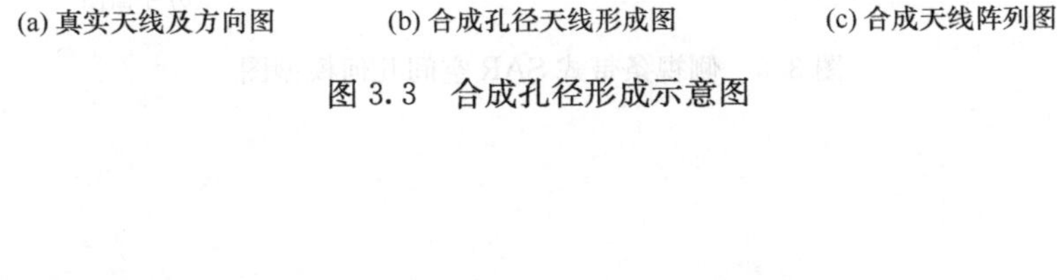

(a) 真实天线及方向图　(b) 合成孔径天线形成图　(c) 合成天线阵列图

图 3.3　合成孔径形成示意图

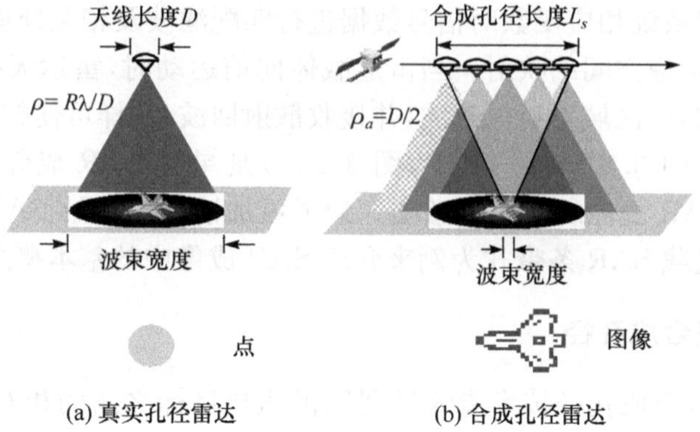

图 3.4　真实孔径雷达与合成孔径雷达的效果图

此即形成的等效天线阵列的最大长度，称为合成孔径长度（对每一点目标而言），其实质上是载体在一个合成孔径时间里所走过的路程，则一个合成孔径时间为

$$T_s=\frac{L_s}{v}=\frac{\beta\cdot R}{v} \tag{3.2}$$

其中，v 为载体的运行速度。

3.1.2　侧视 SAR 成像几何关系及相关概念

SAR 成像系统中涉及的术语较多，3.1.1 节已经介绍了合成孔径的基本概念，现在以星载 SAR 侧视成像几何模型为基础来介绍其他相关的概念。图 3.5 为星载 SAR 侧视成像几何模型，其中图 3.5(a)为立体图，图 3.5(b)为平面图。假设

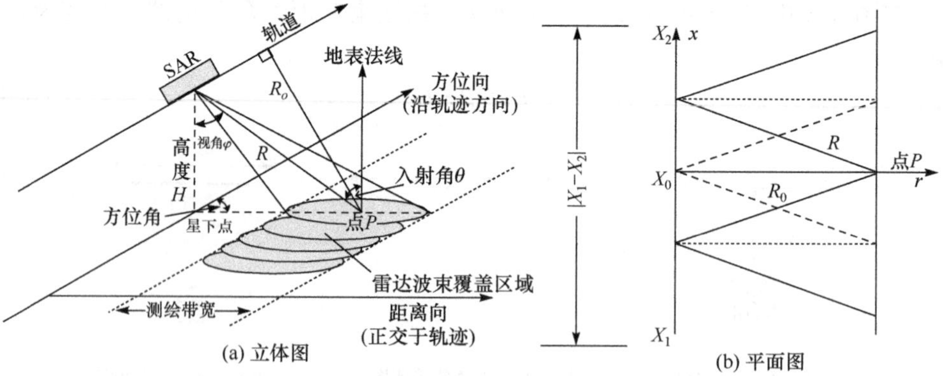

图 3.5　侧视条带式 SAR 空间几何模型图

SAR 天线的真实孔径为 D，SAR 载体的飞行速度为 v，目标散射点 P 与航线的最近距离为 R_0，与雷达之间的距离为 R。

(1) 方位向(azimuth direction)：SAR 载体运行的方向称为方位向，即纵向。在图 3.5(a)中是沿轨迹方向，或者是平行于轨道且同向的方向，在图 3.5(b)中，x 轴的方向就是方位向。

(2) 距离向(range direction)：在确定了方位向后，在信号处理空间内，与方位向垂直的方向称为距离向，即横向，正交于轨迹方向，在图 3.5(b)中，r 轴的方向就是距离向。

(3) 雷达波束覆盖区域：雷达所发射的电磁波在地面上照射的范围，通常为椭圆形区域，该范围的大小由波束入射角及星地位置关系等因素决定。

(4) 合成孔径长度：在图 3.5(b)中，目标点 P 是 r 轴上的一点，当雷达波束刚好触到点目标 P 时，雷达载体的位置为 x_1；当雷达载体向前运动到 x_0 的位置时，此时雷达垂直照射点目标 P，目标点正好处于波束中心；当雷达载体到达位置 x_2 时，波束处于离开目标点的临界状态。其中，$|x_1-x_2|$ 是雷达波束能够覆盖到 P 点的雷达载体所移动的距离，这个距离就是一个合成孔径的长度。

(5) 合成孔径时间：从雷达波束照射到目标 P 点时开始，直到波束离开目标 P 点时，这个过程所经历的时间称为合成孔径时间，即 T_s。在一般情况下，合成孔径时间可以被认为是合成孔径距离 L_s 除以雷达载体平台的有效速度 v，即 L_s/v。

(6) 距离(range)：SAR 成像是斜距成像，因此距离分为斜距(slant range)、地距(ground range)和中心距离(center range)，如图 3.5 所示，斜距是雷达平台到目标之间的距离，一般用 R 表示；中心距离是雷达平台距目标的最短距离，用 R_0 表示。中心距离 R_0 根据系统参数设计，设计完成后不会随时间改变，而斜距 R 随着雷达平台的运动而不断改变。斜距与地距的关系在后续内容中将进行介绍。

(7) 视角(look angle)：视角用 φ 表示，也称高程角，定义为天线和地面的垂线与到入射点的发射波束之间的夹角，对水平飞行的机载雷达系统，视角是天底点与到入射点发射波束的夹角，当载体发生滚动时，视角会发生变化。从近距离到远距离，视角增加，它是俯角的补角，即 $\varphi=90°-\beta$，β 为俯角，如图 3.6 所示。

(8) 俯角(depression angle)：俯角(β)是天线水平线和从雷达到入射点的发射波束之间的夹角，如图 3.6 所示。俯角受机载和星载飞行器滚动的影响。当飞机水平飞行时，β 是水平线与入射波束之间的夹角，俯角从远到近不断增加，并且是视角的补角($90°-\varphi$)。

(9) 方位角(azimuth angle)：方位角(ϕ)是雷达波束在地面的投影与载体在地面轨迹沿运行方向的夹角。当载体由远向近靠近目标时，方位角由小变大。

(10) 入射角(incidence angle)：雷达波束与地表法线之间的夹角称为入射角，用 θ 表示。值得注意的是入射角并不等于视角，当地面是平坦区域时，它们相等，

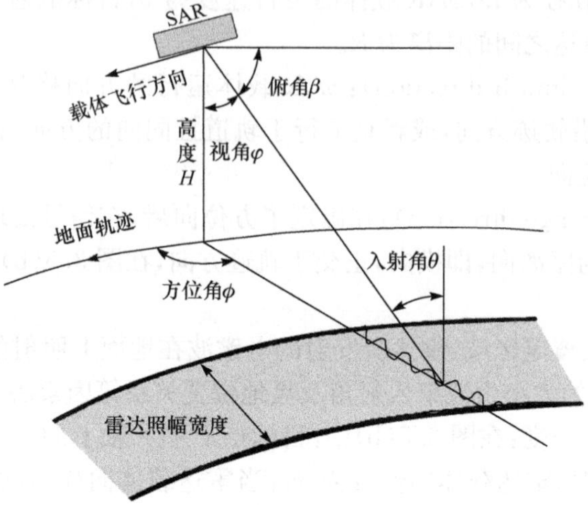

图 3.6　成像雷达系统中几个角的关系几何图

因此对于机载成像可以认为它们相等;但是,对于星载成像,它们是不相等的。它们之间的关系如图 3.7 所示。假设地表面为平坦区域时,而且表面弯曲效应能被忽略,此时视角等于入射角。在星载 SAR 成像系统中,表面弯曲效应必须考虑,此时,即使是平坦的表面,入射角总是大于视角。但是,很多人经常把入射角和视角当作一个概念混合交替使用。实际上,只有低空飞行的机载系统作校正时,而且没有地形出现的情况下,它们才认为是相等的。只要地形出现了,即表面不是平坦的,那么在 SAR 图像中入射角会随着像素逐一变化。图 3.8 是普通 SAR 图像与

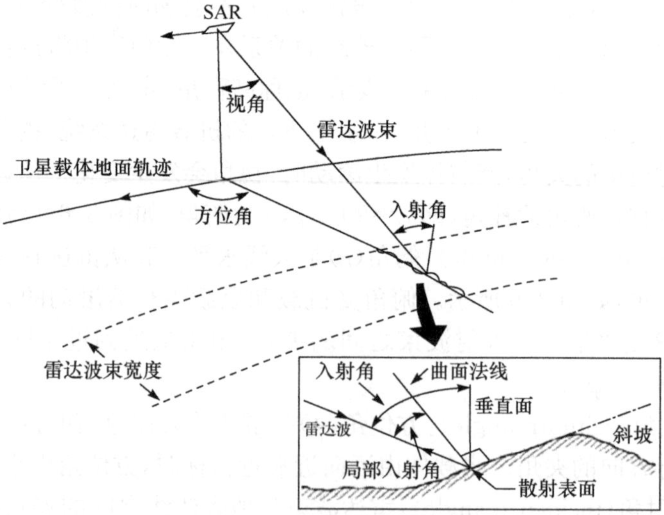

图 3.7　视角和入射角的关系图

转化为局部入射角的 SAR 图像之间的比较。普通 SAR 图像反映的是后向散射系数，而局部入射角 SAR 图像反映的是雷达亮度(反射率)系数图像。其中，图 3.8(a)是 SAR 图像，图 3.8(b)是其对应入射角图像。从图 3.8 中，可知入射角图像与入射角无关，而且去除了阴影和叠掩等现象，而 SAR 图像的透射收缩、叠掩和阴影与入射角有着密切的关系。

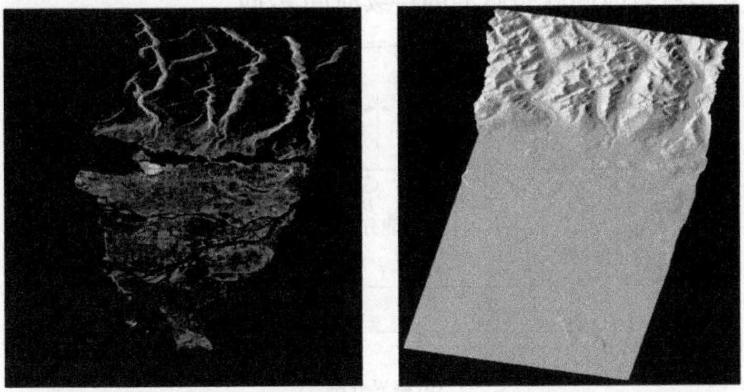

(a) SAR图像　(b) 局部入射角图

图 3.8　SAR 图像与对应局部入射角图

(11) 高度(height)：雷达载体卫星到星下点之间的距离。

3.1.3　分辨率与分辨单元

SAR 成像是高分辨率的二维成像，这里的高分辨率包含两个含义，即高的距离向分辨率和高的方位向分辨率。这里着重介绍真实孔径雷达和合成孔径雷达的距离分辨率和方位分辨率的概念。

1. 距离向分辨率

雷达的分辨率是指雷达对两个相邻目标的分辨能力。这种分辨能力是依靠雷达不断地向外发射电磁脉冲串，并通过测量这些脉冲串的接收时间差和接收能量大小来实现对目标距离和大小的探测。因为 SAR 是斜距成像，所以，首先考虑两个点目标在斜距方向的分离情况。雷达波是以光速进行传播的，相应的回波是用时间差 Δt 来进行分离的，其定义为

$$\Delta t=2x_r/c \tag{3.3}$$

其中，c 为光速；因子 2 表示信号在雷达与目标之间的往返；x_r 是雷达与目标之间的斜距距离。假设雷达发射的脉冲为方波脉冲，脉冲持续时间为 τ，有两个目标，较近目标为 A，较远目标为 B，那么从近目标 A 处反射回来的回波脉冲与从远距

离目标 B 处反射回来的回波脉冲之间的时间间隔为 Δt，具体情况如图 3.9 所示。目标 A 和 B 均位于同一方位角，但它们与雷达之间的距离是不同的，它们能被雷达区分出来的最小间距称为距离分辨率。一般认为当较近目标 A 回波脉冲的后沿(下降沿)与较远目标 B 回波的前沿(上升沿)刚好重合时，就作为它们可分辨的极限，此时，两目标间的距离就是距离分辨率。从图 3.9 中可知，雷达接收到的脉冲串的最小分离有效时间就是脉冲的持续时间 τ，即

$$\Delta t=\tau=2x_r/c \tag{3.4}$$

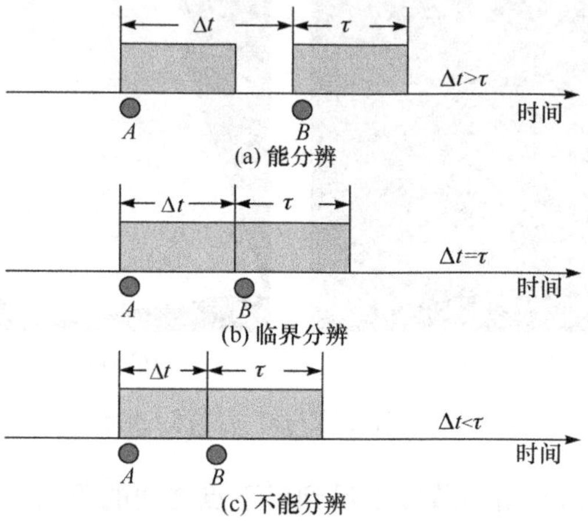

图 3.9　距离分辨率波形示意图

则雷达成像的斜距分辨率为

$$\Delta R=x_r=c\tau/2 \tag{3.5}$$

一般情况下，距离向分辨率指的就是斜距分辨率，通常用 ρ_r 表示，即

$$\rho_r=c\tau/2 \tag{3.6}$$

其中，c 是电磁波传播速度，即光速(3×10^8m/s)，是一个常数，因此距离分辨率由脉冲宽度 τ 决定。脉冲宽度越小，距离分辨率越好。当 τ 为 0.1μm 时，距离向分辨率为 15m。

从上面的分析可知，高分辨率要求脉冲宽度窄，实质上是要求信号具有大的带宽。在实际应用中，我们总是希望同时能得到宽发射脉冲和大发射带宽，可是这是一对矛盾问题。因为宽脉冲持续时间长，以获取足够的能量来达到探测更远的距离，有利于目标检测；而高的分辨率要求发射的脉冲持续时间尽可能短，即大的带宽，这将造成发射脉冲的能量较小。如何来解决这对矛盾呢？这个矛盾可以通过对发射信号进行调制，使其成为宽脉冲，然后对接收信号进行压缩处理，使其成为窄脉冲，具有大的带宽。有种信号叫线性调频(linear frequency modulation，LFM)，它

能很好地解决这对矛盾。有关 LFM 信号的特点将在 3.2 节中详细介绍。

信号的带宽可以近似认为是压缩后时宽的倒数，即 $\tau=1/B$，因此，式(3.6)可以用信号的带宽 B 来表示，即

$$\rho_r=\frac{c}{2B} \tag{3.7}$$

在地球观测中，有时人们更关心的是地距分辨率ρ_g，即分辨实际地面单元的能力。斜距与地距之间的几何关系如图 3.10 所示，由三角函数公式可得到地距的分辨率为

$$\rho_g=\frac{\rho_r}{\sin\theta} \tag{3.8}$$

其中，θ 是入射角，由式(3.8)可知，入射角 θ 越大，具有较好的地距分辨率，即远离星下点的地面单元比近星下点的单元有较好的地距分辨率，也就是测绘影像的外侧比内侧有较好的地距分辨率。这恰好与宽幅光学成像相反。当入射角是贴地入射角时，地距分辨率达到最好，此时，$\rho_g=\rho_r$。图 3.11 为不同距离的 SAR 图像。在距离向分辨率方面，真实孔径雷达和合成孔径雷达的实现原理是一样的，它们的根本区别在于 SAR 改善了方位向分辨率。

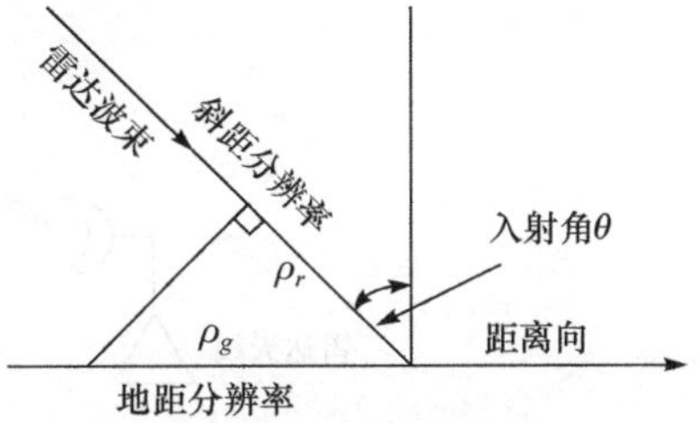

图 3.10　斜距与地距的几何关系示意图

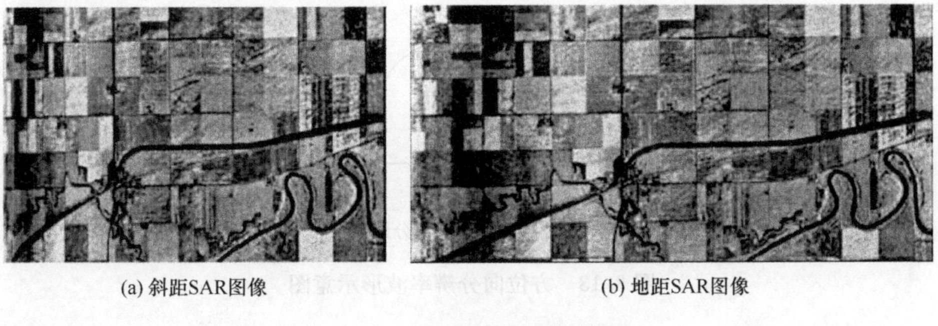
(a) 斜距SAR图像　(b) 地距SAR图像

图 3.11　地距和斜距 SAR 图像

从式(3.7)中可知，距离向分辨率完全不依赖于脉冲长度，而是依赖于脉冲的带宽，而且距离分辨率完全不受目标特性或观测几何的影响，特别是不受雷达到目标距离的影响。也就是说，距离向的空间分辨率不受载体飞行高度的影响，无论 3km 还是 3000km 的高度，雷达系统的距离分辨率完全相同。在光学成像系统中，地面分辨率是由飞行高度和观测角决定的，而不是由系统的角分辨能力决定的。

2. 方位向分辨率

1) 真实孔径方位分辨率

方位向分辨率是指对距离相同而方位角不同的两个点目标的分辨能力。方位向分辨率是由天线的有效波束宽度确定的，相同径向距离的目标，若间距大于天线波束宽度，就能被区分，若小于波束宽度，则不能被区分，如图 3.12 所示。由于目标 A 和目标 B 在波束范围内，所以，它们不能被雷达分辨。但是，目标 C 与目标 A 或目标 B 的距离都大于波束宽度，所以，雷达能够对它们进行分辨。

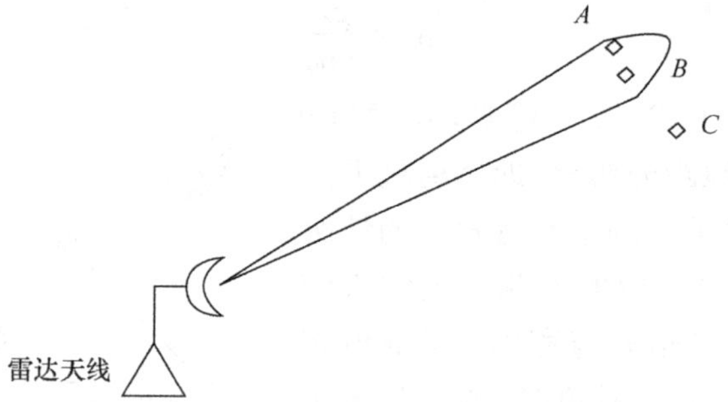

图 3.12　方位向分辨率示意图

如果从信号处理的角度考虑，方位向分辨率与距离向分辨率类似，可以定义为：当一个目标的回波强度到达峰值点时，另一个目标的回波强度从零开始上升，此时两目标之间的角度就是雷达方位分辨的极限，即**方位向分辨率**，如图 3.13 所示。

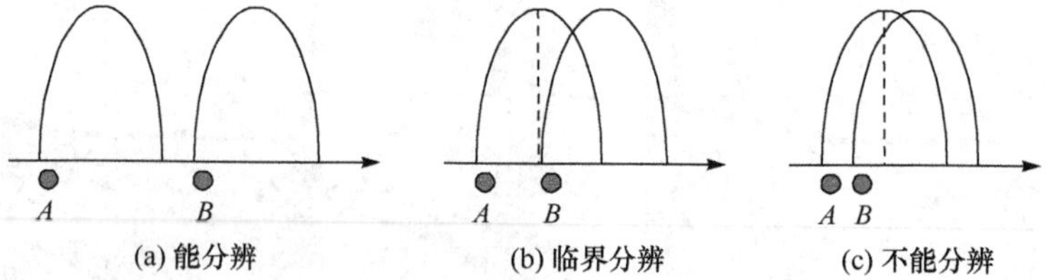

图 3.13　方位向分辨率波形示意图

对于真实孔径雷达，它的方位向分辨率由方位向波束宽度决定，这一点和光学成像系统相同。由雷达天线理论可知，天线波束的宽度是有限的，通常用 3dB 波束宽度(以弧度为单位)来近似表示，即

$$\theta_{3dB} \approx \frac{\lambda}{D} \tag{3.9}$$

其中，λ 表示波长(m)；D 表示天线孔径的有效长度(m)。

方位向长度(弧长)ΔX 与天线波束宽度 θ(rad)之间的关系为

$$\Delta X \approx \theta \cdot R \tag{3.10}$$

其中，R 是雷达与目标间的距离。式(3.10)就是方位向的一个近似方位分辨率，通常用 ρ_a 表示，并把式(3.9)代入式(3.10)，可得方位向分辨率表达式为

$$\rho_a = \theta_{3\mathrm{dB}} \cdot R = \frac{\lambda}{D} R \tag{3.11}$$

由式(3.11)可知，雷达天线波束越窄，方位向分辨率越好；雷达天线孔径越大，方位向分辨率越好。对于机载雷达成像系统，天线尺寸不会带来特别的困难。当飞行高度为 2km，入射角为 60°，天线孔径为 3m，工作在 X 波段的雷达波长为 3cm 时，方位向分辨率是 40m。对于飞行高度较高的飞机或卫星，真实孔径雷达的局限性就特别明显。当载体的高度增加时，为了保持系统的分辨率不变，必须增大天线孔径的尺寸。如上面的例子，当飞行高度为 200km 时，为保持 40m 的方位向分辨率，同时入射角不变，则需要 400m 长的天线。这显然是不现实的，除非接受数百米或上千米的天线，要么接受更粗糙的方位向分辨率。合成孔径雷达就是利用雷达与目标之间的相对运动来形成庞大的等效天线孔径尺寸，从而提高雷达成像的方位向分辨率。

式(3.11)表明，对于真实孔径雷达成像，其方位向分辨率受到雷达的波长 λ、雷达与目标之间的距离 R 以及雷达天线孔径尺寸 D 的影响。

2) 合成孔径方位分辨率

合成孔径雷达成像的一个关键技术孔径的“合成”，利用一个沿着轨迹“运动”的天线合成一个等效尺寸大得多的天线，大幅度提高方位向空间分辨率。实质上，SAR 也是利用多普勒历程来实现方位向高分辨率的。因此，下面从合成孔径几何概念和多普勒频移概念两个方面分别进行解释。

(1) 方位分辨率的多普勒解释。

SAR 成像的平台是连续运动的，可以利用回波定位原理来确定回波来自波束的哪一部分。在波束前半部分内，目标回波发生向高频偏移的多普勒频移；在后半部分内，则发生向低频偏移的多普勒频移。频移越大，代表回波离波束中心越远。天线足迹可以认为是被划分为一系列等多普勒频移的单元，当然，也可划分为等距离单元。当雷达扫过任何目标时，其回波频率将相应改变。多普勒波束锐化方法是利用位于同一距离处不同方位位置的目标点具有不同的多普勒频移的观点来解释合成孔径原理。

图 3.14 是多普勒频移形成示意图，在距离雷达 R 处一个点目标 P，雷达载体以速度 v 匀速直线运动，令其坐标用 X_0 表示，点目标 P 的坐标用 X_R 表示。目标相对于雷达的运动可以分解为二部分：沿雷达与目标连线方向的径向运动，速度为 $v\sin\alpha$；沿切线方向的运动，速度为 $v\cos\alpha$。α 的定义如图 3.14 所示。

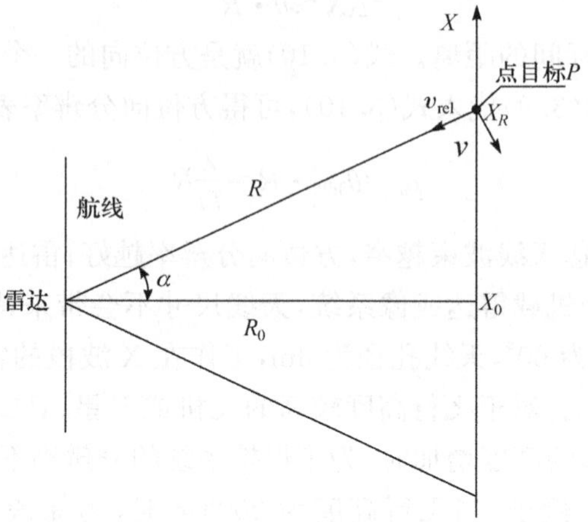

图 3.14 合成孔径多普勒频移解释平面图

如果对波束通过目标过程中所引起的 R(雷达到目标的斜距)的微小变化不计,那么角 α 应该很小,则有

$$\sin\alpha=(X_0-X_R)/R \tag{3.12}$$

运动目标的多普勒频移公式为

$$f_d=v_{rel}/\lambda \tag{3.13}$$

其中,v_{rel}是雷达和目标之间的相对运动速度;λ 是雷达信号波长。这里,$v_{rel}=v\sin\alpha$,代入式(3.13)中,有

$$f_d=(v\sin\alpha)/\lambda \tag{3.14}$$

这里先定义一个零多普勒时刻概念,**所谓零多普勒时刻**是指雷达平台距离目标最近的时刻。但需要注意的是,当雷达系统工作模式为正侧视时,该时刻即波束中心扫过目标的时候;在非正侧视情况下,波束中心扫过目标的时刻既有可能提前于零多普勒时刻,又有可能滞后零多普勒时刻,这需要视平台的工作方式而定。这里假设是正侧视成像,因此,当波束中心位于零多普勒线(垂直于飞行路径)时,其相对速度最小;当远离波束时,其相对速度为$-v_{rel}$。因此,回波频率范围为$[f_c-f_D,f_c+f_D]$,其中 f_c 为发射脉冲中心频率,即载频,而 f_D 为

$$f_D=\frac{2v\sin\alpha}{\lambda} \tag{3.15}$$

其中,λ 为发射波波长;因子 2 是因为在发射和接收过程中有 2 次多普勒频移。因此,总的带宽为

$$B_D=(f_c+f_D)-(f_c-f_D)=2f_D=\frac{4v\sin\alpha}{\lambda} \tag{3.16}$$

图 3.15 是多普勒频移历程示意图。对于点目标 P,当波束的前沿开始照射

时，多普勒频率为正的最大值，然后随着波束其他部分通过目标，多普勒频率逐渐减小，当波束中心通过目标时，$X_R=X_0$，$R=R_0$，此时为零多普勒时刻；在这以后，多普勒频率变为负值，直到波束离开目标的瞬间，多普勒频率达到负的最大值。需指出的是：同一距离门上的不同目标点，它们的瞬时多普勒频率是不相同的。

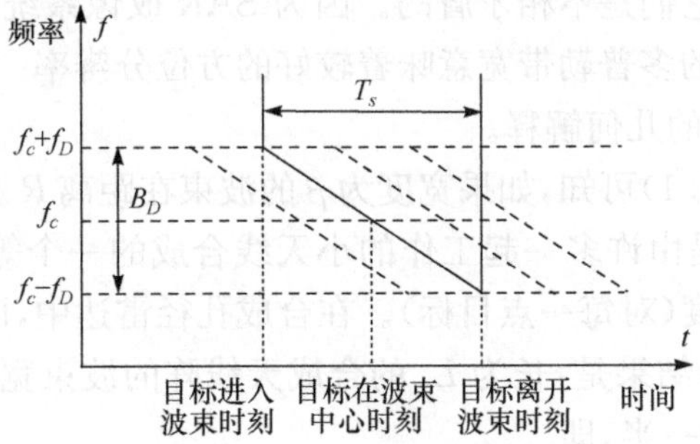

图 3.15　目标回波多普勒历程

如果雷达天线真实孔径为 D，则沿航迹方向波束照射区的长度为 $L=R\cdot\lambda/D$，与真实孔径雷达的分辨力相同。于是，由该雷达接收的多普勒信号的总带宽为

$$B_D=\frac{4v\sin\alpha}{\lambda}\approx\frac{4v}{\lambda}\cdot\alpha=\frac{4v}{\lambda}\cdot\frac{\lambda}{2D}=\frac{2v}{D} \tag{3.17}$$

其中，$\sin\alpha$ 的值是长度为 D 的真实孔径天线波束的一半，即

$$\sin\alpha\approx\alpha=\frac{\lambda}{2D} \tag{3.18}$$

式中还用到了一个角度很小时，其正弦约等于其本身值的近似。

类似于距离向分辨率一样，方位向不同信号的时间分辨能力 ρ_t 为

$$\rho_t=\frac{1}{B_D} \tag{3.19}$$

其中，B_D 为多普勒带宽。式(3.19)乘以方位向的相对运动速度 v，就可得到方位向分辨率的距离表达式，即

$$\rho_a=\frac{v}{B_D} \tag{3.20}$$

把式(3.17)代入式(3.20)，则有

$$\rho_a=v\cdot\frac{1}{B_D}=v\cdot\frac{1}{\frac{2v}{D}}=\frac{D}{2} \tag{3.21}$$

式(3.21)表明，合成孔径雷达成像系统方位向分辨率的理想值等于天线尺寸的一半。它不依赖于雷达与目标之间的距离和高度，所以，对于机载或星载 SAR

成像系统，这个值是一样的。同样，方位向空间分辨率与雷达波长无关。所以，不同波段的传感器，只有天线孔径大小一致，理论上方位向分辨率相同。最有趣和最奇怪的事是事实与直觉相反，即天线越小，方位分辨率越高。

初看起来，这与前面真实孔径雷达给出的天线尺寸越长而方位分辨率越高的结论相矛盾。其实，它们是不相矛盾的。因为 SAR 成像系统不依赖于角波束，而是多普勒频移，较宽的多普勒带宽意味着较好的方位分辨率。

(2) 方位分辨率的几何解释。

由图 3.3 和式(3.1)可知，如果宽度为 β 的波束在距离 R 处的辐照宽度为 L_s，且 $L_s=\beta\cdot R$。这就是由许多一起工作的小天线合成的一个等效大天线的最大长度，称为合成孔径长度(对每一点目标)。在合成孔径雷达中，由于天线都是同时收发，因而相位差加倍，结果是：长为 L_s 的合成天线阵的波束宽度是长为 L_s 的真实孔径天线阵的波束的一半，即

$$\beta_s=\frac{\lambda}{2L_s} \tag{3.22}$$

由于 L_s 比 D 大许多，合成天线阵列的波束宽度 β_s 将比真实天线的波束宽度 β 小许多。也就是说，雷达的角分辨率将大大改善。把角分辨率转换成与雷达距离为 R 处的方位向分辨率 ρ_a，即

$$\rho_a=\beta_s\cdot R=\frac{\lambda}{2L_s}\cdot R \tag{3.23}$$

由雷达天线理论可知，真实天线孔径尺寸为 D，波长为 λ，则其波束宽度 β 为

$$\beta=\frac{\lambda}{D} \tag{3.24}$$

把 $L_s=\beta\cdot R$ 以及式(3.24)代入式(3.23)，可得

$$\rho_a=\frac{\lambda}{2L_s}\cdot R=\frac{\lambda}{2\beta R}\cdot R=\frac{\lambda}{2\beta}=\frac{\lambda}{2\,\dfrac{\lambda}{D}}=\frac{D}{2} \tag{3.25}$$

式(3.25)与式(3.21)完全相同，这表明不论从多普勒的角度还是从孔径合成的角度来解释 SAR 成像的方位向分辨率，都是一致的，其值在理想情况下等于天线孔径的一半，而与其他因素无关。

上面对 SAR 图像的空间分辨率进行了深入分析，尽管距离向和方位向分辨率都与距离远近无关，那么距离是否可以无限远呢？答案是否定的。因为 SAR 发射电磁波在传播的过程中，信噪比(SNR)将按雷达与目标之间距离的三次方(R^3)衰减，在有限功率条件下，SNR 的损失使远距离目标的细节变得模糊，即辐射分辨率会降低。

同样，SAR 成像的方位向分辨率理论上是天线孔径尺寸的一半，为了得到更

高方位向分辨率,是否可使天线孔径尺寸无限小呢? 答案同样是否定的。因为天线尺寸越小,则意味着波束宽度越大,在有限功率条件下,对雷达的硬件和工艺需更高的要求,为保持较高的 SNR,天线尺寸不能过小。

3. 分辨单元

雷达图像的分辨单元与光学图像不一样,光学图像的一个分辨单元就是一个像元。而对于雷达图像,图像的分辨单元是由距离向分辨率和方位向分辨率共同确定的。根据 Nyquist 采样定理,每个分辨单元在方位向和距离向均有两个采样点。在 SAR 图像中,这些采样点被称为像元,因此,每个分辨单元包含四个像元。

4. 辐射分辨率和时间分辨率

人们通常最关心的是图像的空间分辨率,因为它适合人眼的视觉空间辨别。SAR 图像除了高的距离向和方位向空间分辨率,它的分辨特性还包括辐射分辨率和时间分辨率。辐射分辨率反映在雷达图像中所能区分的两个目标的微波反射率之间的最小差值(或最小对比度)的能力。时间分辨率指的是雷达载体重复飞越某区域的时间间隔。

3.2　线性调频信号与脉冲压缩

3.2.1　线性调频信号

3.1 节提到,雷达的探测距离和距离向分辨率是一对矛盾问题,若要尽可能探测较远距离的目标,发射的电磁脉冲需尽可能持续较长时间,即宽的脉冲宽度(时宽);若要提高距离向分辨率,要求脉冲的频带尽可能宽,即宽的频带宽度(带宽)。现代雷达信号处理技术中通常采用脉冲压缩技术来解决这个矛盾,SAR 成像的距离向分辨率即是通过脉冲压缩来实现的。而线性调频(linear frequency modulation,LFM)信号是雷达系统和声呐系统及其他探测系统广泛采用的一种信号形式。因为 LFM 信号具有以下几个方面的优点。

(1) 很大的时宽带宽积,能获得很大的脉冲压缩比。

(2) 产生和处理都比较简单。

(3) 较强的适应性,即使是延迟信号也适应。

LFM 信号又称 chirp 信号,因为这种信号调制方法与鸟的啁啾声相似,所以其被发明者称为 chirp。LFM 信号是最早发明并获得广泛应用的脉冲压缩技术,因此,仍然有一些人把 chirp 当作脉冲压缩的同义词使用。

LFM 信号的数学表达式为

$$s(t)=\mathrm{rect}\left(\frac{t}{T}\right)\exp\left[\mathrm{j}2\pi\left(f_c t+\frac{1}{2}Kt^2\right)\right] \tag{3.26}$$

其中，T 为脉冲持续时间，即脉冲宽度；f_c 为载波频率；K 为信号的线性调频率，单位为 Hz/s；$\mathrm{rect}(t/T)$ 为矩形窗函数，其定义为

$$\mathrm{rect}\left(\frac{t}{T}\right)=\begin{cases}1, & |t|\leqslant\dfrac{T}{2}\\ 0, & 其他\end{cases} \tag{3.27}$$

由式(3.26)可得线性调频信号的瞬时相位，即

$$\phi(t)=2\pi\left(f_c t+\frac{1}{2}Kt^2\right) \tag{3.28}$$

对式(3.28)中的时间 t 求导数，可得信号的瞬时频率

$$f(t)=\frac{1}{2\pi}\frac{\mathrm{d}\phi(t)}{\mathrm{d}t}=f_c+Kt \tag{3.29}$$

式(3.29)表明，LFM 信号的瞬时频率是时间的函数，而且是以斜率 K 的线性变化，也正因如此，K 被称为线性调频率。调频率 K 有正有负，当 K 为正值时，表示 LFM 信号是按频率递增信号，当 K 为负值时，表示 LFM 信号是按频率递减信号，如图 3.16 所示。图中的 B 表示 LFM 信号的频率变化范围，近似等于信号的带宽，即 $B=KT$，则 $K=B/T$。

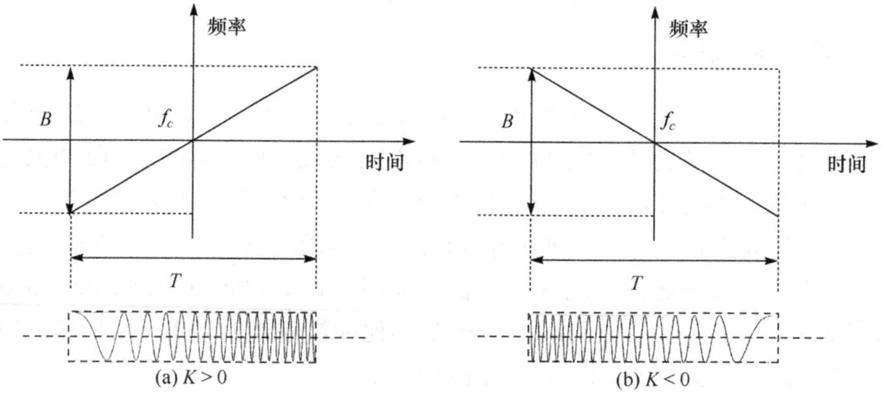

图 3.16　典型的 LFM 信号

下面讨论 LFM 信号的频域表示，由于 LFM 信号的特殊性，如果直接利用传统的傅里叶变换定义式进行处理，则无法得到 LFM 信号频域表达式的精确闭合解，而且计算很复杂。于是，我们利用驻定相位(principal of stationary phase)定理，可以快速计算得到 LFM 信号频谱的近似表达式。

信号的傅里叶变换通常可以用一种积分形式表示，式(3.30)是实部的表达式。

$$P = \int_{t_1}^{t_2} U(t)\cos[V(t)]\mathrm{d}t \tag{3.30}$$

其中，$U(t)$和$V(t)$在时间上均是缓慢变化的函数，但是如果当$V(t)$的变化范围太大，而且大大超过2π时，就会造成$\cos[V(t)]$的值在变化范围内快速振荡。这将导致整个积分区域内，除了$\mathrm{d}[V(t)]/\mathrm{d}t=0$附近的区域，其余区域积分的正负面积几乎抵消，而导数为零附近区域范围内，$\cos[V(t)]$的相位变化率很小，可以认为相位值是平稳的，即相位是驻定的，并且该区域内的积分对整个表达式结果作出主要贡献。因此，在计算时主要针对该驻定点附近的区域计算，以此得到近似的结果，这一原理被称为驻定相位定理。对具有大时宽带宽积信号，该定理是分析其频谱的有效工具。虽然驻定相位定理求出的积分是一个近似值，但是它使运算简化，能快速计算出大时宽带宽积信号的频谱。

根据驻定相位定理，我们可以得到 LFM 信号的近似频谱表达式为

$$S(f)=\mathrm{rect}\left(\frac{f}{KT}\right)\exp\left(-\mathrm{j}\pi\frac{f^2}{K}\right) \tag{3.31}$$

在式(3.26)和式(3.31)中，假设载频$f_c=0$，脉冲持续时间$T=4\mu\mathrm{s}$，带宽$B=30\mathrm{MHz}$，采样频率$f_s=60\mathrm{MHz}$，于是可以得到 LFM 信号$s(t)$的时域和频域仿真图，如图 3.17 所示。

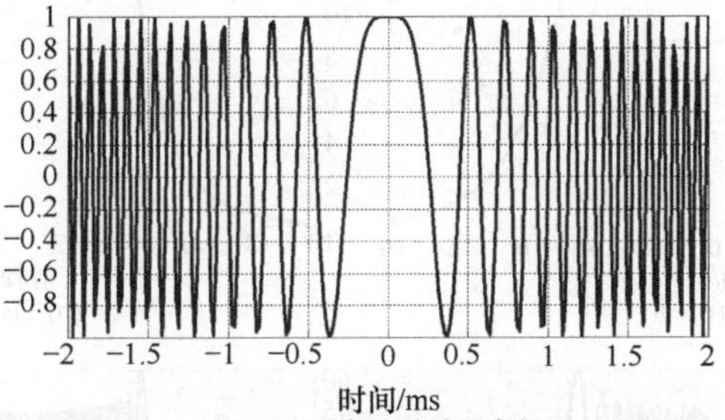

(a) LFM信号时域的实部

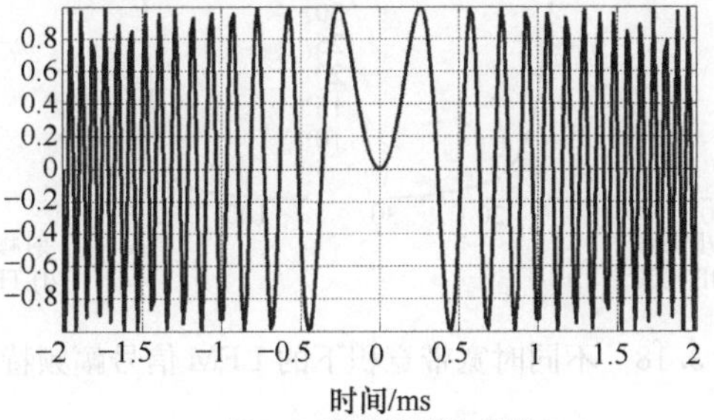

(b) LFM信号时域的虚部

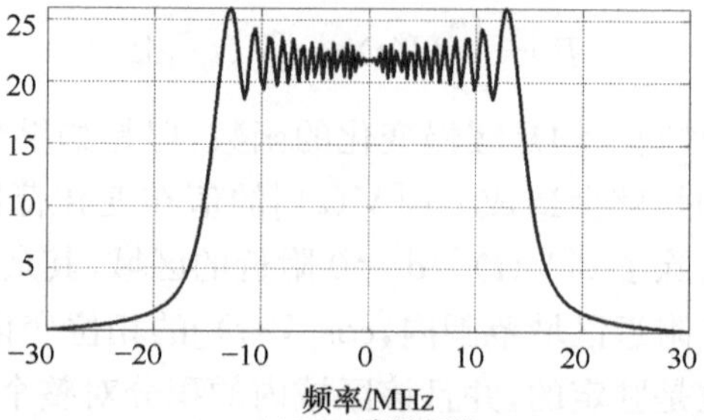

(c) LFM信号频域

图 3.17　LFM 信号的时域波形和幅频特性

关于 LFM 信号的频率特性,有关文献进行了推理和证明,下面给出两点结论。

(1) 在满足大时宽带宽积的条件下,LFM 信号具有近似矩形的幅频特性,时宽带宽积(TBP)越大,幅频特性越接近矩形,如图 3.18 所示,TBP 的定义为

$$\mathrm{TBP}=T\cdot B=T\cdot|K|T=|K|T^2 \tag{3.32}$$

(2) 在满足大时宽带宽积的条件下,LFM 信号具有平方律的相频特性。

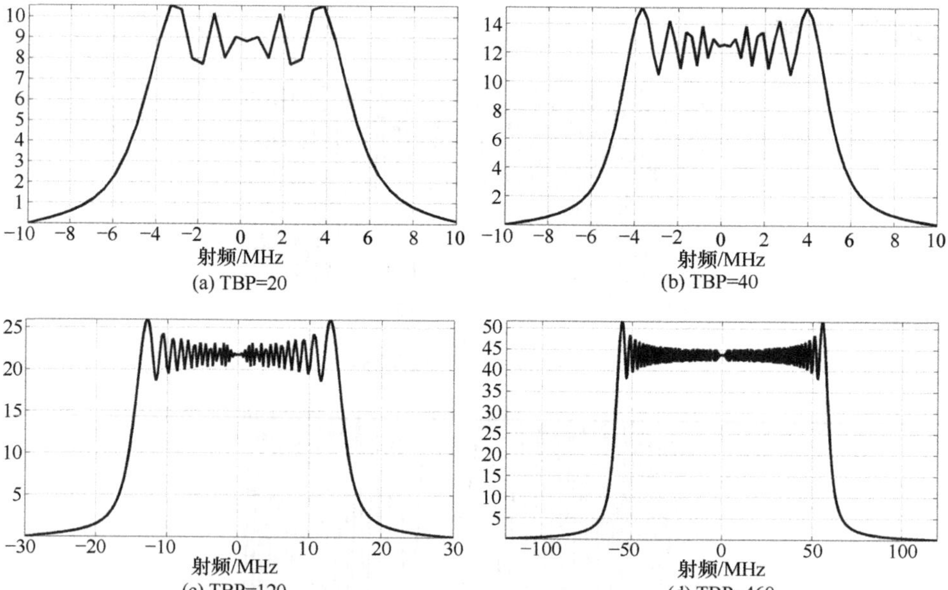

(a) TBP=20　(b) TBP=40　(c) TBP=120　(d) TBP=460

图 3.18　不同时宽带宽积下的 LFM 信号幅频特性

3.2.2　脉冲压缩

脉冲压缩技术能够解决单一载频信号在作用距离和分辨率上的矛盾,使用脉

冲压缩的雷达发射具有大时宽带宽积的信号。同样，SAR成像也是采样了这种脉冲压缩技术，实现了距离向高分辨率和探测距离之间矛盾的化解。脉冲压缩技术实质上是一个匹配滤波器。雷达接收到的信号不是简单的单一载频脉冲信号，而是经过了某种调制后的信号，信号通过一个匹配滤波器将宽脉冲压缩为窄脉冲，实现距离向高分辨率。要有效实现脉冲信号压缩，需满足两个条件。

(1) 发射的脉冲信号必须具有大时宽带宽积(远大于1)，即单一载频信号要具有线性相位谱，从而使脉冲宽度与信号带宽是相对独立变化的参量。

(2) 接收端必须有一个匹配滤波器。时域上，匹配滤波器将发射的宽脉冲压缩为窄脉冲；频域上，滤波器的相频特性与发射信号实现相位共轭匹配，使压缩后的信号具有线性相位。

实现脉冲压缩的前提是雷达要发射具有大时宽带宽积的脉冲信号，由于受到雷达硬件和工艺的影响，直接发射大时宽带宽积的脉冲有一定困难，所以通常采用“调制”技术来实现在宽脉冲情况下增大信号带宽。根据雷达信号理论，调制包括幅度调制和相位调制两种。其中，相位调制通常分为：线性调频(LFM)、非线性调频(NLFM)和相位编码(PCM或PSK)。

假设发射的脉冲信号为 $s(t)$，经过目标反射后被雷达接收，接收的信号是原信号延时 Δt 后的信号，记为 $s'(t)$，即

$$s'(t)=\mathrm{rect}\left(\frac{t-\Delta t}{T}\right)\exp\left\{\mathrm{j}2\pi\left[f_c(t-\Delta t)+\frac{1}{2}K(t-\Delta t)^2\right]\right\} \tag{3.33}$$

对接收信号 $s'(t)$进行压缩处理，就是建立一个匹配滤波器，使输出的信噪比达到最大。图3.19是匹配滤波器的一个简单框图，关键是冲击响应函数 $h(t)$的求解。

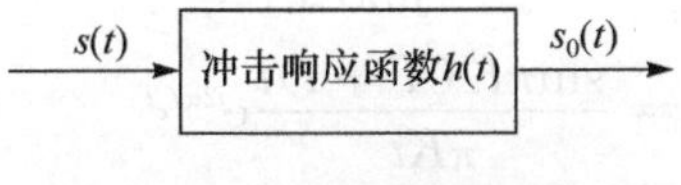

图3.19　匹配滤波器框图

根据雷达信号处理原理，信号 $s'(t)$的匹配滤波器的时域脉冲响函数 $h(t)$应为

$$h(t)=s'^*(\Delta t-t) \tag{3.34}$$

其中，Δt 是使滤波器物理可实现所附加的时延。在理论分析时，通常令 $\Delta t=0$，则 $s'(t)=s(t)$，则式(3.33)和式(3.34)分别简化为式(3.35)和式(3.36)。

$$s'(t)=s(t)=\mathrm{rect}\left(\frac{t}{T}\right)\exp\left[\mathrm{j}2\pi\left(f_c t+\frac{1}{2}Kt^2\right)\right]=\mathrm{rect}\left(\frac{t}{T}\right)\mathrm{e}^{\mathrm{j}2\pi(f_c t+\frac{1}{2}Kt^2)} \tag{3.35}$$

$$h(t)=s^*(-t) \tag{3.36}$$

把式(3.35)代入式(3.36),可得

$$h(t)=\mathrm{rect}\left(\frac{t}{T}\right)\mathrm{e}^{\mathrm{j}2\pi\left(f_c t-\frac{1}{2}Kt^2\right)} \tag{3.37}$$

在图 3.19 中,信号 $s(t)$经过系统 $h(t)$后,得到输出信号 $s_o(t)$,即

$$\begin{aligned} s_o(t) &= s(t) * h(t) \\ &= \int_{-\infty}^{\infty} s(u)h(t-u)\mathrm{d}u = \int_{-\infty}^{\infty} h(u)s(t-u)\mathrm{d}u \\ &= \int_{-\infty}^{\infty} \mathrm{e}^{-\mathrm{j}\pi K u^2}\,\mathrm{rect}\left(\frac{u}{T}\right)\mathrm{e}^{\mathrm{j}2\pi f_c u} \times \mathrm{e}^{\mathrm{j}\pi K(t-u)^2}\,\mathrm{rect}\left(\frac{t-u}{T}\right)\mathrm{e}^{\mathrm{j}2\pi f_c(t-u)}\mathrm{d}u \end{aligned} \tag{3.38}$$

当 $0\leqslant t\leqslant T$ 时,有

$$\begin{aligned} s_o(t) &= \int_{t-\frac{T}{2}}^{\frac{T}{2}} \mathrm{e}^{\mathrm{j}\pi K t^2}\,\mathrm{e}^{-\mathrm{j}2\pi K t u}\,\mathrm{d}u \\ &= \mathrm{e}^{\mathrm{j}\pi K t^2}\,\frac{\mathrm{e}^{-\mathrm{j}2\pi K t u}}{-\mathrm{j}2\pi K t}\Bigg|_{t-\frac{T}{2}}^{\frac{T}{2}} \times \mathrm{e}^{\mathrm{j}2\pi f_c t} \\ &= \frac{\sin\pi K(T-t)t}{\pi K t}\mathrm{e}^{\mathrm{j}2\pi f_c t} \end{aligned} \tag{3.39}$$

当 $-T\leqslant t\leqslant 0$ 时,有

$$\begin{aligned} s_o(t) &= \int_{-\frac{T}{2}}^{t+\frac{T}{2}} \mathrm{e}^{\mathrm{j}\pi K t^2}\,\mathrm{e}^{-\mathrm{j}2\pi K t u}\,\mathrm{d}u \\ &= \mathrm{e}^{\mathrm{j}\pi K t^2}\,\frac{\mathrm{e}^{-\mathrm{j}2\pi K t u}}{-\mathrm{j}2\pi K t}\Bigg|_{-\frac{T}{2}}^{t+\frac{T}{2}} \times \mathrm{e}^{\mathrm{j}2\pi f_c t} \\ &= \frac{\sin\pi K(T+t)t}{\pi K t}\mathrm{e}^{\mathrm{j}2\pi f_c t} \end{aligned} \tag{3.40}$$

合并式(3.39)和式(3.40),可得到输出信号 $s_o(t)$的统一表达式

$$s_o(t)=T\frac{\sin\pi KT\left(1-\frac{|t|}{T}\right)t}{\pi KTt}\mathrm{rect}\left(\frac{t}{2T}\right)\mathrm{e}^{\mathrm{j}2\pi f_c t} \tag{3.41}$$

式(3.41)就是 LFM 脉冲信号经匹配滤波器后输出信号的表达式,它是一个固定载频 f_c 的信号。如果只考虑基带信号,即去掉载频,假设 $f_c=0$,则式(3.41)可简化为

$$s_o(t)=T\frac{\sin\pi KT\left(1-\frac{|t|}{T}\right)t}{\pi KTt}\mathrm{rect}\left(\frac{t}{2T}\right) \tag{3.42}$$

当 $T \gg |t|$ 时，式(3.42)的包络近似为 sinc 函数，其进一步简化为

$$s_o(t)=T\text{sinc}(\pi KTt)\text{rect}\left(\frac{t}{2T}\right)=T\text{sinc}(\pi Bt)\text{rect}\left(\frac{t}{2T}\right) \tag{3.43}$$

信号 $s_o(t)$ 的波形如图 3.20 所示，当 $\pi Bt=\pm\pi$ 时，$t=\pm 1/B$ 为其第一零点坐标；当 $\pi Bt=\pm\pi/2$ 时，$t=\pm 1/(2B)$，习惯上，将此时的脉冲宽度定义为压缩脉冲宽度，即

$$\tau=\left(\frac{1}{2B}\right)-\left(-\frac{1}{2B}\right)=\frac{1}{B} \tag{3.44}$$

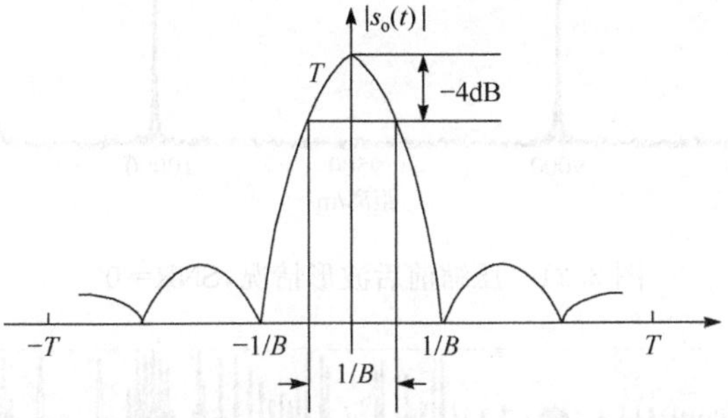

图 3.20　LFM 信号通过匹配滤波后的输出波形

LFM 信号压缩前脉冲的宽度 T 和压缩后脉冲的宽度 τ 之间的比值通常称为脉冲压缩比，用 D 表示，其定义为

$$D=T/\tau=TB \tag{3.45}$$

式(3.45)表明，脉冲压缩比等于发射 LFM 信号的时宽带宽积。

下面进行了仿真实验，实验结果如图 3.21 和图 3.22 所示。用 MATLAB 仿真雷达发射的线性调频信号回波信号，假设脉冲宽度 $T=10\mu s$，载频频率为零，脉冲宽度 $B=30\text{MHz}$，采样频率 $f_s=150\text{MHz}$。设置了 3 个回波信号，雷达到目标区域的最大距离为 11 000m，最小距离为 8000m，三个目标点分别距离雷达 9000m、10 000m 和 10400m。同时，为了模拟真实 LFM 信号回波情况，加入了加性噪声。在图 3.21 和图 3.22 中，上边是压缩前 LFM 信号的波形情况，下边是压缩后的波形形状。

从图 3.21 和图 3.22 中可以看出，压缩过后的信号具有明显的 sinc 函数的特性，仿真结果和理论分析相符，而且此时的脉冲分辨率为

$$\rho_r=\frac{1}{|K|T} \tag{3.46}$$

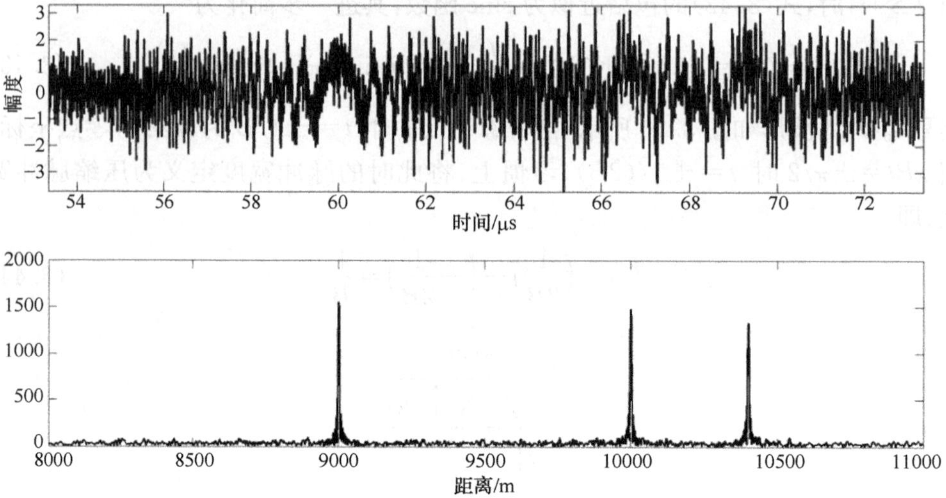

图 3.21　压缩前后波形情况,SNR=0

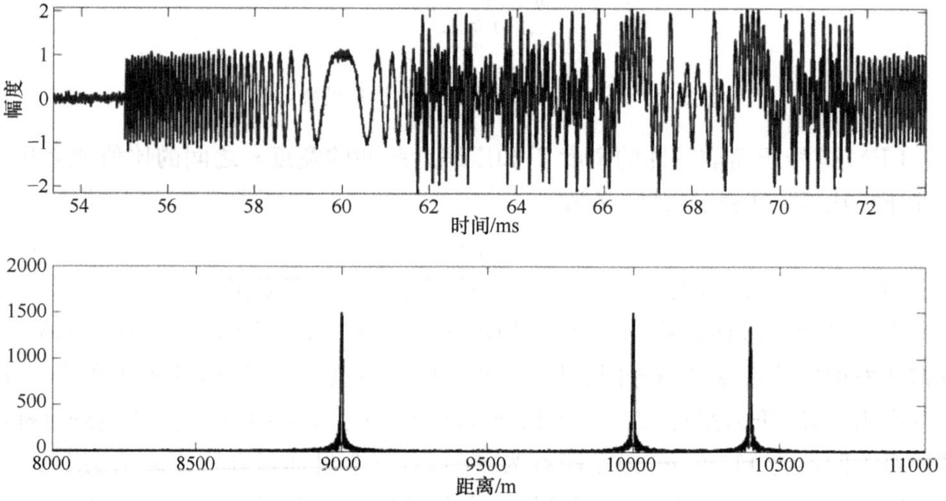

图 3.22　压缩前后波形情况,SNR=30

3.3　SAR 成像回波信号模型

从原理上说,SAR 成像是从目标散射特征数据采集到目标图像重构,也可视为不同空间之间的映射。从目标的散射特性出发,根据雷达平台与目标之间的相对运动以及两者的关系,得到以系统相应函数表示的信号模型,或者是某种对应关系,完成从目标特征空间到信号数据空间的映射;利用系统相应函数对信号数据进行匹配滤波，可以完成从特征信号数据空间到影像空间的映射。

合成孔径雷达的基本任务是获取目标区域的二维特征图像，即测量地物目标的后向散射特性(系数)，然后以某种形式表现出来，从中提取反映目标结构、大小、位置等方面的信息。图 3.23 是电磁传播与包含不同信息的示意图。其中，图 3.23(a)表示的脉冲传播示意图，雷达向目标区域发射电磁波，电磁波到达目标表面后，与目标发生复杂的相互作用，有一部分能量被反射回来，数字表示的是脉冲的间隔时间。图 3.23(b)表示发射脉冲与反射脉冲的波形图，从中可以看出，不同目标表面反射回来的脉冲强度是不同的，即不同空间特征的体现，SAR 成像的根本任务就是获得并提取这些特征。

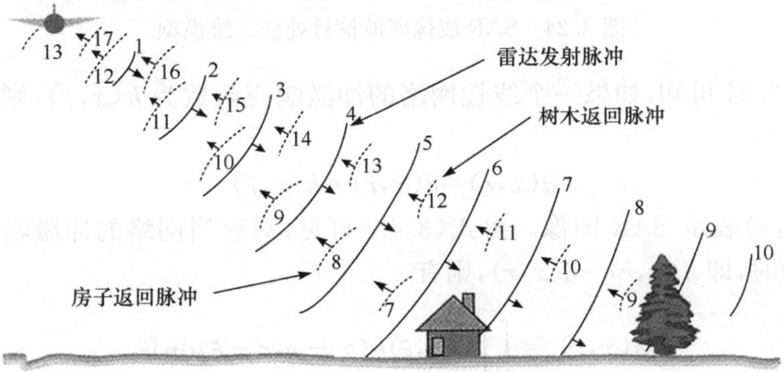

(a) 电磁波发射与反射传输示意图

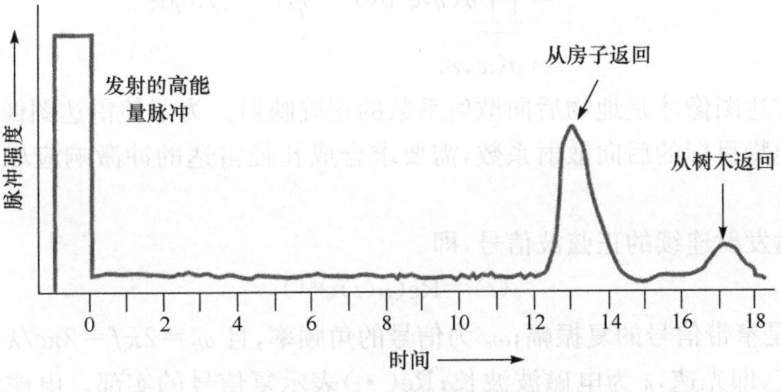

(b) 天线接收电磁波结果

图 3.23　雷达脉冲回波传播与包含信息示意图

前面已经详细地讨论了 SAR 图像的分辨率特性，SAR 图像是一种高分辨率的二维图像，所以，从信号处理的角度考虑，SAR 对目标的观测过程等效一个二维信号的处理过程。如果要从这个过程中准确地重构目标的后向散射系数，那么必须建立相应的数据处理模型和成像算法。

在 SAR 成像过程中，如果用 r 表示距离向位置，用 x 表示方位向位置，那么目标的后向散射系数 σ 用 $\sigma(x,r)$ 表示。用 $s(x,r)$ 表示雷达的回波信号，SAR 获取数据的过程就是一个二维卷积过程。

$$s(x,r)=\sigma(x,r)\otimes h(x,r) \tag{3.47}$$

在式(3.47)中，$h(x,r)$ 表示点目标的冲击响应信号。SAR 成像处理过程就是回波信号通过一个线性系统得到目标后向散射系数特性的过程，如图 3.24 所示，实际上可等效为一个二维滤波网络模型。

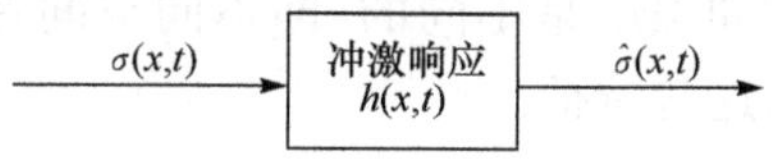

图 3.24　SAR 成像回波信号处理二维模型

由图 3.24 可知，如果一个线性网络的冲激响应函数为 $h(x,r)$，则系统的输出为

$$\hat{\sigma}(x,r)=\sigma(x,r)*h(x,r) \tag{3.48}$$

其中，$\hat{\sigma}(x,r)$ 表示 SAR 图像。由式(3.48)可见，只有当网络的冲激响应函数为 $\delta(\cdot)$ 函数时，即 $h(x,r)=\delta(x,r)$，则有

$$\begin{aligned}\hat{\sigma}(x,r) &= \iint_{-\infty}^{+\infty}\sigma(\eta,\xi)h(x-\eta,r-\xi)\,\mathrm{d}\eta\mathrm{d}\xi \\ &= \iint_{-\infty}^{+\infty}\sigma(\eta,\xi)\delta(x-\eta,r-\xi)\,\mathrm{d}\eta\mathrm{d}\xi \\ &= \sigma(x,r)\end{aligned} \tag{3.49}$$

此时雷达图像才是地物后向散射系数的正确映射。为了使雷达图像尽可能逼真地反映地物目标的后向散射系数，需要求合成孔径雷达的冲激响应尽可能接近 $\delta(\cdot)$ 函数。

设雷达发射连续的正弦波信号，即

$$s(t)=\mathrm{Re}(\mu(t)\mathrm{e}^{\mathrm{j}\omega_c t}) \tag{3.50}$$

其中，$\mu(t)$ 是窄带信号的复振幅；ω_c 为信号的角频率，且 $\omega_c=2\pi f=2\pi c/\lambda$，$c$ 为电磁波传播速度，即光速，λ 为电磁波波长；$\mathrm{Re}(\cdot)$ 表示复信号的实部。电磁波到达点目标表面后，通过其散射后，雷达天线接收到的回波信号为

$$s_r(t)=\mathrm{Re}[\sigma G\mu(t-\tau)\mathrm{e}^{\mathrm{j}\omega_c(t-\tau)}] \tag{3.51}$$

在式(3.51)中，σ 为地物目标的后向散射系数因子，G 为雷达方位向的增益加权因子，为简化计算，令 σ 和 G 的值均为 1，τ 为目标回波信号的双程延迟时间，则有

$$\tau=2R_t/c \tag{3.52}$$

式(3.51)可以写成

$$s_r(t)=\mathrm{Re}\left[\mu\left(t-\frac{2R_t}{c}\right)\mathrm{e}^{\mathrm{j}\omega_c\left(t-\frac{2R_t}{c}\right)}\right] \tag{3.53}$$

由图 3.5 所示的 SAR 成像几何关系可知

$$R_t=[R_0^2+(x-x_0)^2]^{\frac{1}{2}} \tag{3.54}$$

其中，$x=vt$，R_t 为雷达到目标的距离，即斜距，R_0 为雷达的垂直距离，即最短距离，并且通常情况下，有$(x-x_0)\ll R_0$ 存在，则有下列菲涅耳近似成立。

$$R_t=[R_0^2+(vt-x_0)^2]^{\frac{1}{2}}\approx R_0\left[1+\frac{(vt-x_0)^2}{R_0^2}\right] \tag{3.55}$$

这样，在回波信号中有两种时间概念：包含在信号包络函数和相位函数中的时间 t 和包含在信号延迟中的时间 τ。前者反映信号变化，即脉冲持续时间；后者反映载体运动引起的位置变化，即脉冲间隔时间。由于电磁波的传播速度远大于载体机械运动的速度，所以可近似认为 SAR 随载体飞行到某个位置后，发射一个脉冲信号，然后停在那个位置，等待接收散射回波，当回波接收后再继续飞行一个脉冲重复时间(pulse repetition time，PRT)，到达下一个位置，再发射下一个脉冲信号，然后停在那个位置接收回波，接收回波后继续往前走一个脉冲重复时间，到达下一个位置，以此类推，即走-停-走的模式。因此，通常情况下，在信号的持续时间里，雷达载体前进引起的雷达位置变化是微不足道的，可以忽略。也就是说，包含在信号包络函数和相位函数中的时间是“快”变化时间，而包含在载体位置 x 中的时间是“慢”变化时间。由于在信号持续时间内载体运动可以忽略，在考虑信号变化的“快”时间里，“慢”时间变化可以认为是零。也就是说，距离向和方位向在某种程度上可以分开处理。这就是二维雷达回波信号可以转为两个一维级联信号处理的原因和理论依据。下面将信号表示成“快”变化时间 t 和载体位置 x 的二元函数，于是有

$$s_r(x,t)=\mathrm{Re}\left\{\mu\left\{t-\frac{2R_0}{c}\left[1+\frac{(x-x_0)^2}{R_0^2}\right]\right\}\cdot\mathrm{e}^{\mathrm{j}\omega_c\left\{t-\frac{2R_0}{c}\left[1+\frac{(x-x_0)^2}{R_0^2}\right]\right\}}\right\} \tag{3.56}$$

一般情况下，$(x-x_0)\ll R_0$，故可以略去式(3.56)中 $\mu(\cdot)$中的$(x-x_0)^2/R_0^2$项，并进行简化，于是式(3.56)可写成

$$s_r(x,t)=\mathrm{Re}\left\{\mu\left(t-\frac{2R_0}{c}\right)\cdot\mathrm{e}^{\mathrm{j}\omega_c\left(t-\frac{2R_0}{c}\right)}\cdot\mathrm{e}^{-\mathrm{j}\frac{2\pi}{\lambda R_0}(x-x_0)^2}\right\} \tag{3.57}$$

将接收信号 $s_r(x,t)$进行同步解调，并将幅度归一化，得

$$s_r(x,t)=\mathrm{Re}\{\mathrm{e}^{\mathrm{j}\frac{1}{2}k_r(t-\tau)^2}\cdot\mathrm{e}^{-\mathrm{j}\frac{2\pi}{\lambda R_0}(x-x_0)^2}\} \tag{3.58}$$

将此信号匹配滤波，求其自相关积分，即可得输出信号。按定义，此时输出信号就是合成孔径雷达的冲激响应函数 $h(x,t)$。

$$h(x,t)=\mathrm{Re}\left\{\iint[\mathrm{e}^{\mathrm{j}\frac{1}{2}k_r(t-\tau)^2}\cdot\mathrm{e}^{-\mathrm{j}\frac{2\pi}{\lambda R_0}(x-x_0)^2}]\cdot[\mathrm{e}^{-\mathrm{j}\frac{1}{2}k_r(t-\tau)^2}\cdot\mathrm{e}^{\mathrm{j}\frac{2\pi}{\lambda R_0}(x-x_0)^2}]\mathrm{d}x\mathrm{d}t\right\}$$

$$= \mathrm{Re}\left\{\left[T\mathrm{e}^{-\mathrm{j}k_r t^2} \cdot \mathrm{sinc}\left(\pi \frac{t}{T_r}\right)\right] \cdot \left[L_s \mathrm{e}^{-\mathrm{j}\frac{2\pi}{\lambda R_0}x^2} \cdot \mathrm{sinc}\left(\pi \frac{x}{\rho_a}\right)\right]\right\} \tag{3.59}$$

其中，T 为信号的脉宽；T_r 为线性调频信号压缩后的主瓣宽度，且 $T_r=2\pi/k_r T$，它决定雷达距离分辨率；L_s 为合成孔径长度；ρ_a 为合成孔径处理后的主瓣宽度，是雷达方位向的分辨率。由式(3.59)可求得其包络为

$$E_{nV}\{h(x,t)\}_n = \left|\frac{\sin[\pi(t/T_r)]}{\pi(t/T_r)}\right| \cdot \left|\frac{\sin[\pi(x/\rho_a)]}{\pi(x/\rho_a)}\right| \tag{3.60}$$

由此可见，未经加权的合成孔径雷达的冲激响应在方位向和距离向均为 sinc(x)函数形式。由于分离变量的结果，合成孔径雷达的冲激响应可以分成方位向冲激响应和距离向冲激响应的乘积，即有

$$h(x,t)=h_r(x,t) \cdot h_a(x,t) \tag{3.61}$$

其中，$h_r(x,t)$和 $h_a(x,t)$分别表示距离向和方位向冲激响应的复数形式。这样，可将合成孔径雷达的理论模型表示成图 3.25 的形式，即把信号处理分成两步，距离向脉冲压缩和方位向压缩。由上边的理论模型知，合成孔径雷达收到的回波函数 $s_r(x,t)$可以表示为目标场的雷达波后向散射截面函数 $\sigma(x,t)$同两个脉冲响应函数的卷积，即

$$s_r(x,t)=\sigma_0(x,t)\otimes[h_r(x,t) \cdot h_a(x,t)] \tag{3.62}$$

由图 3.25 可知，SAR 回波信号处理，就是对雷达接收机接收到的回波信号进行两个级联一维卷积运算，以重建目标散射场函数，获得雷达图像，这样可以大大减少成像处理的计算量。如果一个线性网络的冲激响应函数为 $h(x,r)$可分为距离向和方位向函数的乘积，如式(3.61)和图 3.25 所示，那么系统的输出为

$$\hat{\sigma}(x,r)=\sigma(x,r)\otimes h(x,r)=\sigma(x,r)\otimes h_r(x,r)\otimes h_a(x,r) \tag{3.63}$$

其中，$\hat{\sigma}(x,r)$表示 SAR 图像；$h_r(x,r)$和 $h_a(x,r)$分别表示距离向和方位向的冲击响应函数。

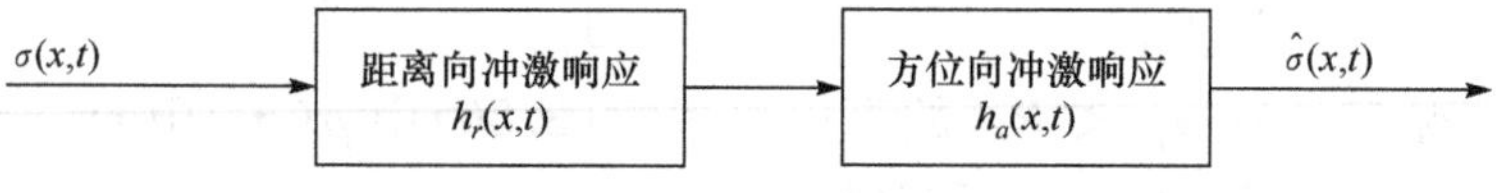

图 3.25　SAR 二维成像模型转化为两个一维级联处理模型

雷达发射的脉冲不仅是单个脉冲，而是一串脉冲信号，即

$$f(t) = \sum_{n=-\infty}^{\infty} p(t-nT_{\mathrm{prt}}) \tag{3.64}$$

其中，每个脉冲为

$$p(t)=a_r(t)\cos[2\pi f_c t+\phi(t)] \tag{3.65}$$

式(3.64)和式(3.65)中，n 为脉冲个数，T_{prt}为脉冲重复时间，即发射脉冲的间隔时间，$a_r(t)$为每个脉冲的幅度，f_c 为载频，$\phi(t)$为脉冲相位调制函数，通常采用线性

调频 $\phi(t)=\pi k_r t^2$。设场景中存在一个点目标 P，后向散射系数为 σ，在雷达的第 n 个脉冲发射时刻，天线相位中心与点目标的距离为 $R(t_n)$，则接收的回波信号为

$$\begin{aligned} s_r(t,t_n) &= \sum_{n=-\infty}^{\infty}\sigma\cdot p\left(t-nT_{\text{prt}}-\frac{2R(t_n)}{c}\right) \\ &= \sum_{n=-\infty}^{\infty}\sigma\cdot a_r\left(\frac{t-nT_{\text{prt}}-\dfrac{2R(t_n)}{c}}{T_p}\right) \\ &\quad\cdot\cos\left[2\pi f_c\left(t-nT_{\text{prt}}-\frac{2R(t_n)}{c}\right)+\phi\left(t-nT_{\text{prt}}-\frac{2R(t_n)}{c}\right)\right] \end{aligned} \tag{3.66}$$

式(3.66)表示的实信号，通过正交混频处理后，就得到相应的复信号，如式(3.67)所示。

$$\begin{aligned} s_r(t,t_n) &= \sum_{n=-\infty}^{\infty}\sigma\cdot a_r\left(\frac{t-nT_{\text{prt}}-\dfrac{2R(t_n)}{c}}{T_p}\right) \\ &\quad\cdot\exp\left[-\mathrm{j}\frac{4\pi R(t_n)}{\lambda}+\mathrm{j}\pi k_r\left(t-nT_{\text{prt}}-\frac{2R(t_n)}{c}\right)^2\right] \end{aligned} \tag{3.67}$$

其中，T_p 为雷达发射 n 个脉冲所用的时间。正交混频实现原理框图如图 3.26 所示。

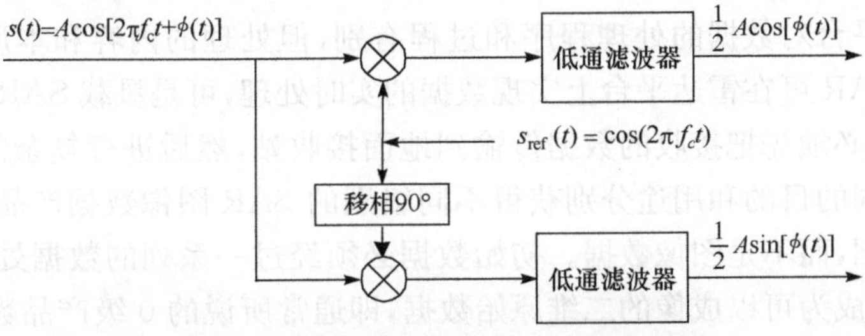

图 3.26　雷达信号正交混频处理原理图

SAR 图像中目标分为点目标、线和分布目标(面目标)以及硬目标(人造目标)。线目标和分布目标由点目标组成，或者它们可以分解成许多点目标。根据点散射模型，分布目标的回波可以表示成多个点目标回波之和，即

$$\begin{aligned} s_r(t,t_n) &= \sum_{m=1}^{M}\sum_{n=-\infty}^{\infty}\sigma_m\cdot a_r\left(\frac{t-nT_{\text{prt}}-\dfrac{2R_m(t_n)}{c}}{T_p}\right) \\ &\quad\cdot\exp\left[-\mathrm{j}\frac{4\pi R_m(t_n)}{\lambda}+\mathrm{j}\pi k_r\left(t-nT_{\text{prt}}-\frac{2R_m(t_n)}{c}\right)^2\right] \end{aligned} \tag{3.68}$$

其中，M 表示点目标的个数。

3.4　SAR 成像数据获取与处理

雷达成像与光学或红外成像的最大区别在于雷达天线接收的数据不是图像数据，而光学的 CCD 或红外焦平面成像直接获得的就是图像数据，可直接在显示器上显示。雷达数据却不能直接显示，如图 3.27(a)所示，从接收的原始数据中，我们很难从中获得需求信息。但是，雷达原始数据经过一系列的复杂处理，变成可显示的图像数据，如图 3.27(b)所示，此时我们可以获得相应的信息。

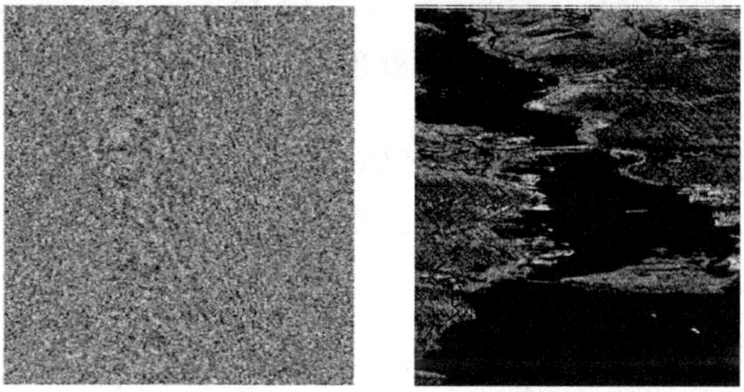

(a) SAR接收的原始数据　　(b) SAR图像数据

图 3.27　SAR 原始数据与图像数据

不同的平台对数据的处理程序和过程有别，但处理的内容和本质是一样的。例如，机载 SAR 可在雷达平台上实现数据的实时处理，可是星载 SAR 目前很难实现实时处理，必须先把接收的数据传输到地面接收站，然后进行复杂的成像处理，最后根据不同的目的和用途分别获得不同级别的 SAR 图像数据产品。地面接收的是初始数据，而不是图像数据。初始数据必须经过一系列的数据处理，如解压、去噪等，才能成为可以成像的二维原始数据，即通常所说的 0 级产品数据。0 级产品数据经成像算法处理，即可获得单视或多视复图像数据，里面包含相位信息，而光学和红外图像没有，这种产品通常称为 1 级产品数据。然后，1 级产品数据在根据实际需求再加工成各种不同级别的应用数据产品。

3.4.1　初始数据获取

SAR 成像的本质是地物目标特征空间到图像影像空间的映射，这个过程主要包含两个步骤：初始数据获取和数据聚焦处理，但是这期间却完成了三个空间坐标系的转换，如图 3.28 所示。图 3.28(a)和图 3.28(b)是点目标回波信号形成示意图。当雷达随载体沿方位向运动时，不断发射电磁脉冲的同时会接收到一系列由目标反射回来的 LFM 信号，如图 3.23(a)所示，但是这些 LFM 信号是未经压缩的原始信号,称为初始数据。点目标的回波信号在信号空间中是呈弥散状的,如图 3.28(b)所示,也就是说,点目标的回波信号在存储空间中是一个二维矩阵。获取初始数据之后,还要进行一系列预处理,如去噪、解压等,才能成为 0 级产品数据,但此时还不是图像数据。0 级产品数据只是经过预处理的二维弥散开的回波信号数据,通常称为原始数据,它们再经过距离向和方位向的二维压缩处理(即成像算法处理),就得到点目标的图像信号,即点目标的空间重建,如图 3.28(c)所示。雷达成像还有另一种理解,因雷达成像系统是线性系统,故可在接收端设置一个雷达系统的逆系统,对回波信号进行反卷积,从而获得点目标的后向散射系数。

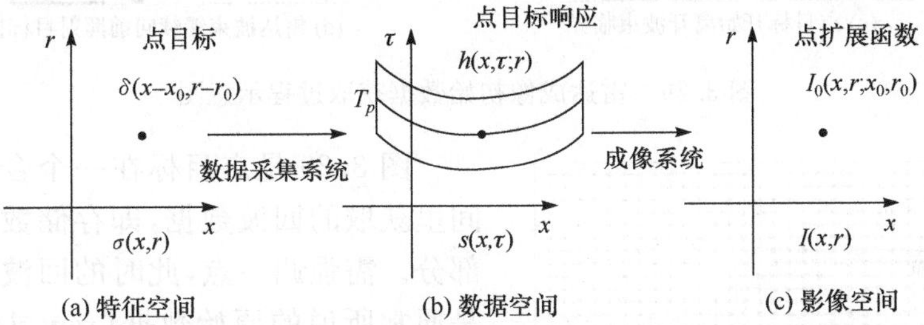

图 3.28 点目标回波信号接收处理示意图

雷达成像与光学或红外成像的不同在于雷达成像与时间顺序有关。雷达成像不仅是斜距成像,而且与雷达和目标之间的距离即电磁波往返的时间有关。在雷达采集数据过程中,首先雷达向地物目标区域发射电磁波,即雷达照射目标区域,然后接收从目标区域反射回来的回波,并进行存储,就获取了地物目标散射特性的初始数据,整个过程如图 3.29 所示。值得注意的是,数据的获取与时间有关,即到达雷达的回波信号的时间的先后顺序正比于雷达与地物目标(点散射体)间的距离。离雷达天线越近的散射体,信号返回的时间越短,反之则长。因此,最早返回的信号被记录在图像近距离侧,然后依返回时间的延长顺序依次向远距离分布。

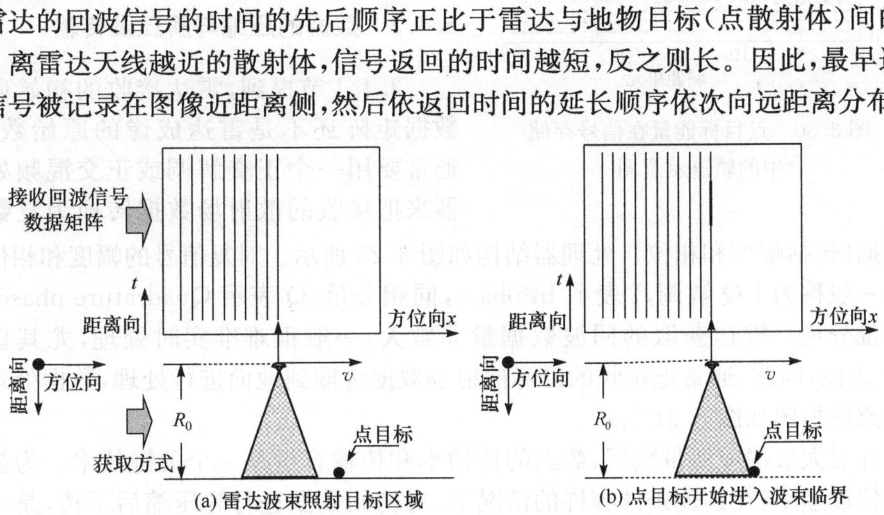

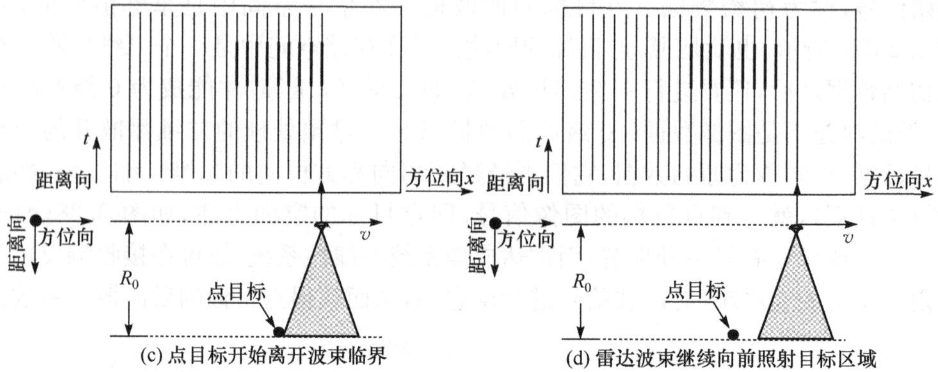

图 3.29　雷达成像初始数据获取过程示意图

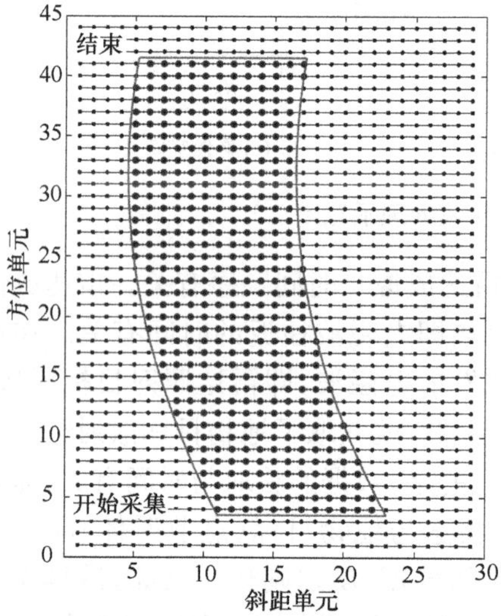

图 3.30　点目标能量在信号存储中的轨迹示意图

图 3.29 是点目标在一个合成孔径时间里获取的回波数据，即存储数组中深色部分。需强调一点，此时的回波数据还不是通常所说的原始数据(raw data)，因为原始数据是复数据，包含幅度和相位信息。图 3.30 显示的是一个点目标反射回波能量最终在存储器中存储形式，中间部分就是雷达照射区域采集的回波信号，雷达成像(信号处理)的目的就是把接收的二维信号压缩成点目标。

3.4.2　数据的压缩与解压及传输

3.4.1 节提到，雷达接收的初始回波数据矩阵还不是雷达成像的原始数据。通常要用一个正交解调或正交混频处理器来把接收的散射场数据转换为复数信号数据(包括幅度和相位)，处理器结构如图 3.26 所示。对复信号的幅度和相位的检测一般称为 I-Q 解调，I 表示 In-phase，同相分量，Q 表示 Quadrature-phase，正交相位分量。雷达获取的回波数据量非常大，一般很难准实时处理，尤其星载 SAR 成像，因此，通常把接收的目标散射场数据传输到地面进行处理，数据处理和传输流程框图如图 3.31 所示。

针对大数据或海量数据，数据的传输率和传输容量是一个关键技术。为提高数据传输速率，在其他条件容许的情况下，对初始数据进行先压缩后下传，是一种提高数据传输率的有效方法。目前，星载 SAR 均采用压缩传输方式，地面接收数

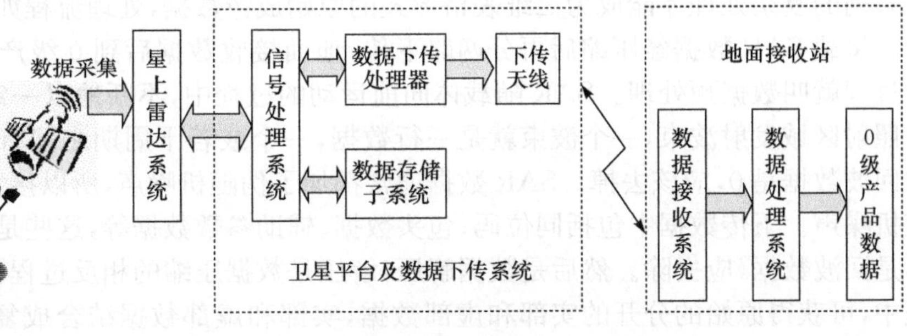

图 3.31　数据处理与传输框图

据后先解压后处理。数据压缩分为有损压缩和无损压缩两种方法。有损压缩虽然能获得较大的压缩比,但是压缩后的数据损失了部分信息。无损压缩不损失信息,但实际中真正无损压缩是不可能实现的,因为数据在传输的过程中不可避免地要受到噪声的干扰。星载 SAR 回波数据的压缩一般采用有损压缩法。根据星载 SAR 回波数据的特点,一种有效的数据压缩方法叫分块浮点量化(block floating point quantization,BFPQ)算法。它是根据信号的幅度对数据进行自适应量化,既达到数据压缩的目的,又使信号失真在均方意义下最小,又称为分块自适应量化(block adaptive quantization,BAQ)。星载 SAR 回波数据压缩及解压流程如图 3.32所示。回波数据下传之前经 BFPQ 将 n 位数据重新量化为 m 位数据,当 $m<n$ 时即达到压缩的目的。数据压缩后,经格式化处理,附加上头文件,包括时钟信号、校准信号和工程遥测信息等,通过平台总线到下传天线。在地面接收站,经过一个相反的过程,即接收、解格式化、解压缩,也就是将格式化后的压缩数据还原成 SAR 回波数据。数据传输的方式有两种:一是模拟传输;二是数字传输。SAR 回波数据下传通常采用数字传输方式,因为数字传输具有以下优点:抗噪声干扰能力强,信码可以再生、中继,与数据处理设备连接方便,易于加密,还可以使用纠错技术对传输差错进行控制。

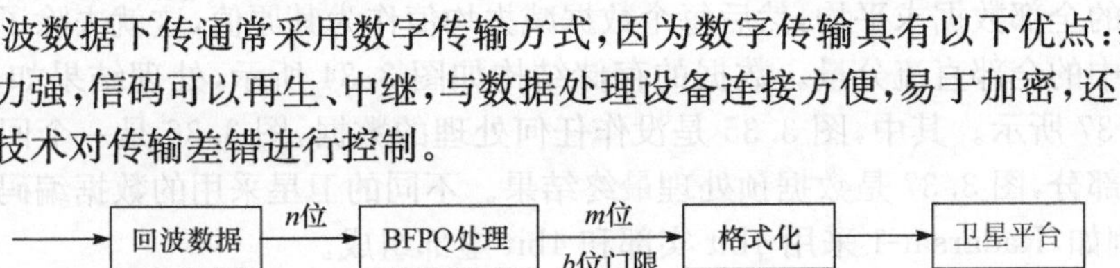

图 3.32　SAR 数据压缩及解压的 BFPQ 流程框图

3.4.3　数据预处理

地面接收站接收的数据是初始数据,不是成像数据,更不是图像数据,要经过一系列的复杂处理才能成为二维表格形式的原始成像数据，处理流程如图 3.33 所示。星载 SAR 数据经压缩后再分两路下传，地面接收数据后到 0 级产品数据，这个过程就叫数据预处理。SAR 随载体向前运动的过程中，不断地以一定重复频率向照射区域发射波束，一个波束就是一行数据，一个或若干周期之间有空隙，产生的回波数据是 0，应该去掉。SAR 数据通常都加了伪随机噪声，所以接着是去除伪随机噪声。下传数据中包括同位码、包头数据、辅助参数数据等，这些是系统参数，不是回波数据，应去除。然后是数据解压，解压是数据压缩的相反过程。在解压过程中，可获得原始的分开的实部和虚部数据，实部和虚部数据结合成复数据，即 0 级产品数据。

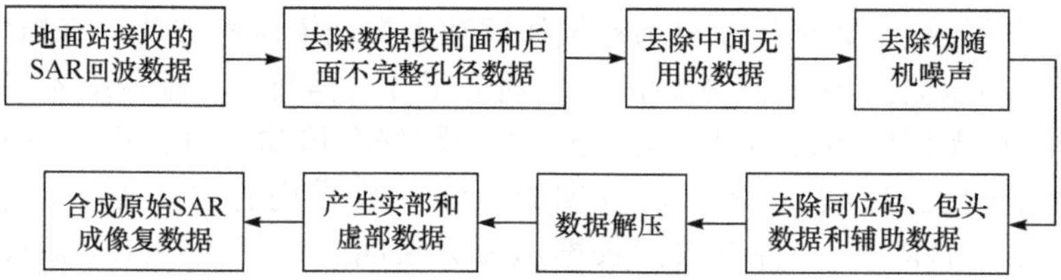

图 3.33 数据预处理流程图

下面以欧空局的 ERS-2 卫星为例阐述数据的预处理过程。ERS-2 卫星参数和数据存放格式的说明分别如表 3.1 和表 3.2 所示。ERS 的数据编码由 5bit 实部和 5bit 虚部组成，但在传输过程中使用的是 8bit，即按 1B 传输。因此，在地面接收到数据后，必须还原成 5bit，并进行实部和虚部分开，并补成 8bit，这就形成了实部和虚部数据。采用值为 5bit 量化的偏移码(0～31)，故需要转换。如果直接把偏移码转换为原码，则信号中会存在直流分量。为了得到有效的图像动态范围，把所用的全部数据求平均，然后每个数据减去均值作为其原值，这就去除了该数据段信号中的全部直流分量。数据的存储结构如图 3.34 所示，处理结果如图 3.36 和图 3.37 所示。其中，图 3.35 是没作任何处理的数据，图 3.36 是一个回波数据包的一部分，图 3.37 是数据预处理最终结果。不同的卫星采用的数据编码是不相同的，例如，Radarsat-1 采用 4bit 实部和 4bit 虚部组成。

表 3.1 ERS-2 部分主要参数

载频 5.3GHz (C 波段)	波长 5.66 cm	天线尺寸 10m×1m
线性调频率 4.17788×10^{11}	入射角 23°	极化方式 VV
图像大小 100km×100km	脉冲持续时间 37.12ms	地球半径 6371.746km
带宽 15.55MHz	回波采样频率 18.96MHz	最近距离 829.924km
脉冲重复频率 1680Hz	A/D 变换器量化位数 5bit	卫星高度 787.955km
每条距离采样数 5616	星地面轨迹速度 7.125km/s	数据传输率 105Mbit/s

表 3.2 ERS-2 接收的回波数据结构

帧头信息			数据包头信息			辅助数据					测量数据
帧同步	帧计数器	卫星识别码	包同步	包长	包计数器	星历数据	平台参数	数据获取起始时间	脉冲重复周期	…	回波和噪声

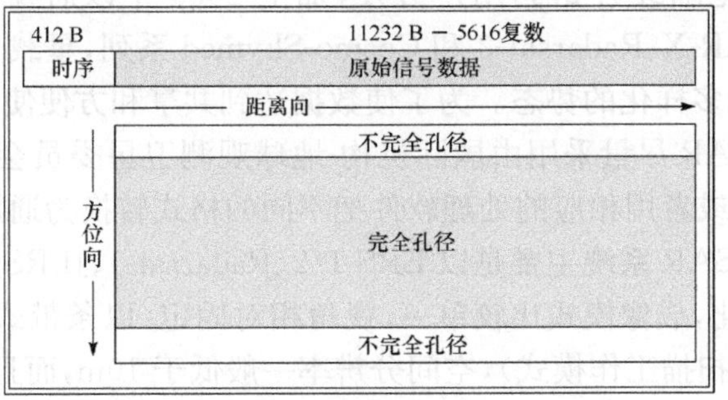

图 3.34 接收初始信号数据结构

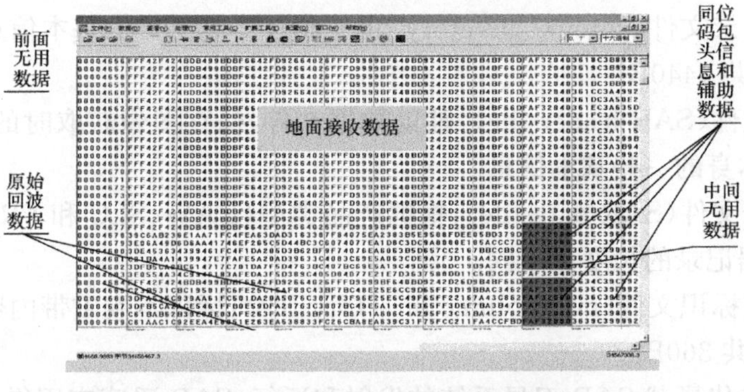

图 3.35 地面接收的初始信号数据

图 3.36 初始的回波数据

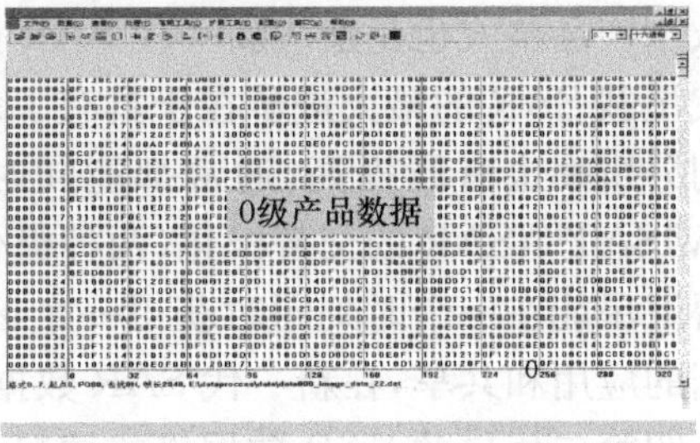

图 3.37 SAR 的原始数据

3.5 SAR 数据格式与数据产品

3.5.1 SAR 数据格式

由于每个 SAR 成像系统功能和任务有所区别，所以数据的格式不完全相同，尤其是原始数据。自 2013 年以来相继发射了 KOMPSAT-5、Sentinel-1a 和 ALOS-2，其数据也陆续开始向用户分发，加上 2000 年以后发射的第二代星载 SAR，如 TerraSAR-X、Radarsat-2 和 Cosmo-Skymed 系列，星载 SAR 数据日益丰富，其格式也呈现多样化的势态。为了使数据达到共享和方便使用的目的，一般情况下，各种星载 SAR 尽量采用由国际机构-地球观测卫星委员会统一规范使用的 CEOS 数据格式，或者用相应的处理软件把不同的格式转换为通用的格式。

第一代星载 SAR 系统主要是以 ERS-1/2、Radarsat-1、JERS-1 为代表，它们的主要特点是单极化，成像模式比较单一，视角相对固定，以条带式为主要成像模式(Radarsat-1 具有扫描工作模式)，空间分辨率一般低于 10m，而且每次成像获得的数据集一般只有一个。在这种情况下，它们均采用了 CEOS 的 SAR 数据存储标准格式，拿到的数据产品一般包括 4 个文件。

(1) 卷目录文件(volume directory file)：描述本卷磁带的基本信息。文件由 4 个记录组成，共 1440B。

(2) 头文件(SAR leader file)：辅助数据文件，保存图像获取时的卫星姿态参数以及图像本身的一些基本信息。

(3) 数据文件(SAR data file)：根据产品类型(RAW、SLC 和 PRI)的不同，文件中图像数据记录的长度也不同。

(4) 卷尾标识文件(null volume directory file)：标识本卷磁带内容结束。由 1 个记录组成，共 360B。

随着第二代星载 SAR 卫星系统的发射和运行，SAR 遥感应用得越来越广泛，用户越来越多，能更方便地供用户使用的数据产品格式越来越迫切，因此，定义新的数据产品格式也是适应新一代 SAR 系统的要求。与第一代星载 SAR 相比，第二代星载 SAR 的最大进步在于具有了多极化、多模式和多视角的工作方式，同时空间分辨率也有所提高，通常都能同时获得几个数据集(极化方式)的采集。从 ENVISAT-ASAR 的交替极化(两种极化数据的获取)到后来的全极化数据获取，使得卫星能在一个时刻同时获得一个区域的至少两组的数据集。为了便于 SAR 数据的应用和共享，在新一代 SAR 数据产品格式中强调了格式的通用性，下面简要介绍第二代星载 SAR 数据格式情况。

(1) ENVISAT-ASAR 卫星：它是继 ERS-1/2 后的卫星，采用了一种以.N1 为后缀的文件格式，它将文件的属性信息与数据合为一体，主要包括头文件 MPH、针对各个产品的特殊信息头文件 SPH 和数据集文件 data。

(2) ALOS-PALSAR 卫星：该卫星依然采用了 CEOS 的文件格式，但是对于多(全)极化的情况，采用将各极化数据分别存为一个数据文件的策略来保存。

(3) TerraSAR-X 卫星：其头文件采用了网络上普遍使用的 xml 格式，使得用户能够不在其他特殊软件的支持下，就可以用 IE 阅读获取卫星成像的参数等信息。而对于图像数据的存储，依据不同的数据等级而有所不同。对于 SLC 数据，它采用了 cos 的文件方式存储，需要编写程序进行转换，而对于其他等级的图像，它采用了 tiff 这一通用的图像格式。

(4) Radarsat-2 卫星：此卫星的头文件采用了 xml 的格式，而对于数据文件也采用通用的 tiff 方式。

(5) Cosmo-Skymed 卫星：其采用了专门针对遥感科学的 hdf5 存储方式，它已将分组(group)和数据集(data set)为单元，其中 group 中记录元数据，而将多极化数据存储在 data set 中，而且 data set 中还考虑了对缩略图的存储。

从第二代星载 SAR 数据格式来看，通用的格式如 xml 和 tiff 将会逐步成为 SAR 遥感数据的标准之一，而针对遥感科学研究的 hdf5 也将在 SAR 数据格式中占有一席之地。

3.5.2　SAR 数据类型

1. 原始数据

SAR 传感器采集到的地物目标场反射回波数据，经过预处理后就成为了 SAR 成像的原始数据。但是，对于原始数据，还不能称为图像数据。尽管原始数据是二维表格形式，其方向与接收器的物理方向(波的发射方向、卫星移动方向)一致，然而在这类数据中的信息不是那么直观，因为相应的接收器，其分辨率不论是距离向还是方位向都是几公里，相当于几百行或者几百列，很难获得有用信息，如图 3.27(a)所示。

2. 单视复数据

用成像算法对原始数据进行成像处理，即对原始数据进行距离向处理(脉冲压缩)和方位向处理(孔径合成)之后，就可以得到一个复数据的二维表，其方向和接收器的物理方向始终保持一致(电磁波发射方向和卫星运动方向)，此时的数据就能称为 SAR 图像数据。这样的单视复数据通常也称为 SLC(single look complex)，包含实部和虚部，如图 3.38 所示。其中，图 3.38(a)是单视复数据的幅度图像，图 3.38(b)和图 3.38(c)分别为实部和虚部的图像。SLC 中还包含相位信息，这对于干涉 SAR 成像和差分干涉 SAR 成像非常重要，因为没有相位信息无法进行干涉处理，所以进行干涉 SAR 成像处理必须用 SLC 图像对。同时，在 SLC 图像数据中包含大量的斑点(speckle)噪声,如图 3.39(a)所示,这给 SAR 图像的应用和判读带来一定的困难,图 3.39(b)为相应的相位图像。

(a) 幅度图像　(b) SAR图像实部　(c) SAR图像虚部

图 3.38　幅度图像的实部和虚部

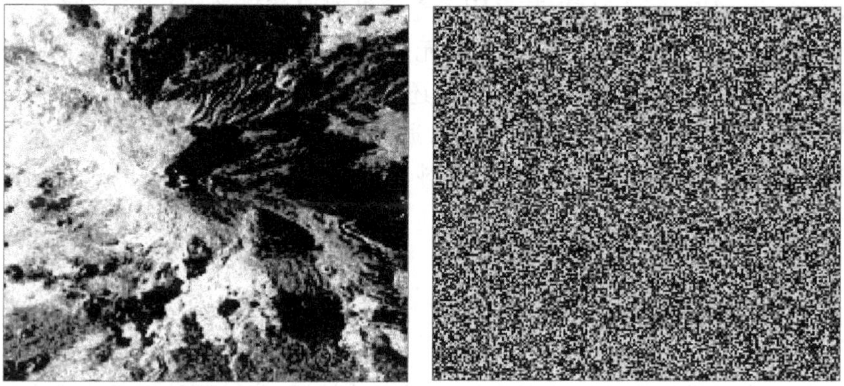

(a) 幅度图像　(b) 相位图像

图 3.39　幅度与相位图像

3. *多视数据*

单视复图像是利用地面目标的所有回波信号产生一幅图像,即斜距图像,图像中包含斑点噪声,但可获得最高空间分辨率。在 SAR 数据的数字处理中,使用回波信号的子集可以形成同一地区相互独立的图像,然后将这些图像平均生成一幅多视图像,所得到的多视图像空间分辨率降低了,但是斑点减少了,辐射分辨率提高了。进行多视处理的另一原因是,SLC 图像的距离向分辨率和方位向分辨率往往不一致,通过多视处理可以把两者的分辨率调整到相近的值。例如,假设一幅 SLC 图像的距离向分辨率为 19.8m,而方位向分辨率为 11.6m,通过设置 5 视处理,可以把方位向分辨率调整为 20.2m。这样使图像不会在哪个方向被拉得很长,而是方位向和距离向差不多,图 3.40 是多视处理结果图。其中,图 3.40(a)是单视幅度图像,图 3.40(b)是距离向进行了 3 视处理后的结果图,图 3.40(c)是距离向和方位向分别进行 2 视和 6 视处理后的结果图。

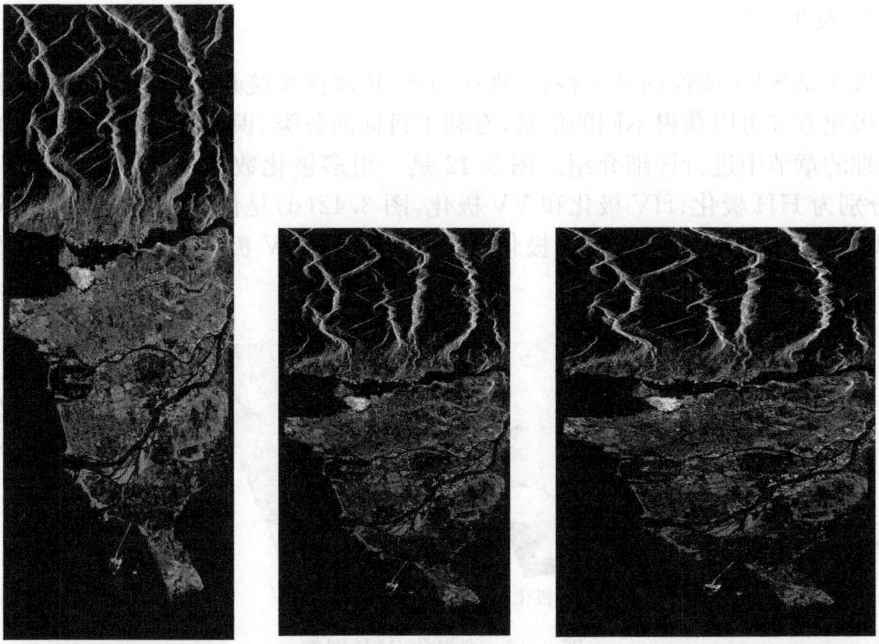

(a) 单视图像　(b) 距离向3视图像　(c) 方位向2视距离向6视图像

图 3.40　多视处理图像

4. 数字高程(DEM)数据

通过对同一地区两幅 SAR 影像所提供的相位信息进行干涉处理，来获取地表的三维信息，可以建立目标地区的数字高程模型数据，如图 3.41 所示。其中，图 3.41(a)是主图像，图 3.41(b)辅助图像，而图 3.41(c)由它们获得的数字高程数据，但它经过了地理编码。

(a) 主SAR图像　(b) 辅SAR图像　(c) DEM图像

图 3.41　DEM 图像

5. 极化数据

极化是 SAR 成像的又一特点，现在的 SAR 成像系统几乎都是多极化成像，不同的极化方式可以获得不同的信息，有利于目标的分类、识别，将在极化 SAR 成像及处理的章节中进行详细介绍。图 3.42 是一组多极化数据，其中，图 3.42(a)～(c)分别为 HH 极化、HV 极化和 VV 极化，图 3.42(d)是伪彩色图像，红色(R)表示 HH 极化，绿色(G)表示 HV 极化，蓝色(B)表示 VV 极化，它们都进行了地理编码校正。

(a) HH极化　(b) HV极化　(c) VV极化　(d) HH红+HV绿+VV蓝

图 3.42　多极化 SAR 图像

6. 其他类型数据

SAR 图像处理中，除了上述数据类型，还有振幅(amplitude)图像数据、强度(intensity)图像数据、功率图像数据、指数图像数据、对数图像数据和相干系数图像数据等特征数据。

3.5.3　SAR 数据产品

根据 SAR 图像应用的不同目的和任务目标，SAR 图像产品又分为多个类别，具体如表 3.3 所示。

表 3.3　SAR 数据产品分类表

产品级别	产品特征
Level 0	RAW 数据：包括回波相位资料，在解密和解压缩之后获得(如从 BAQ 编码数据转化到 8B 均一的量化数据)，并且在进行内定标和误差补偿之后；该产品应当包括所有的辅助资料(如成像时系统参数、载体参数、传输单位、标定资料等)，用于产生其他基础或中间产品。0 级产品是原始信号，一般不提供商业应用
Level 1A	又称为单视复斜距(single look complex slant range，SCS)产品，单视复数据(SLC)，由经过内部辐射定标的 SAR 聚焦数据组成，采用零多普勒斜距方位向几何投影，为相关的辅助数据保留了自然的几何空间

续表

产品级别	产品特征
Level 1B	又称为幅度地面多视图(detected,ground projected,multi-look,DGM)产品,进行了检波处理(幅度检波,可以理解为求复数的模)和多视处理(为了使像元的地距向和方位向分辨率相同及噪声抑制),地距向、方位向投影椭球体(ellipsoid ground projection)坐标或 DEM 上,利用辅助数据重采样到规则的地面间距
Level 1C	又称为地理编码椭球体纠正 GEC(geo-coded ellipsoid corrected)产品,由输入数据定义到一个相应的从预先设定系列中选取的椭球体上,并采用从预先设定的某一地图相关系统获取的规则栅格。实质上进行了地理编码,椭球改正(ellipsoid map projection)
Level 1D	又称为地理编码地形纠正 GTC(geo-coded terrain corrected)产品,由输入数据定义到相应的高程表面,采用从预先设定的某一地图系统中获取的规则栅格。进行了地理编码,地形改正,与所使用的 DEM 相一致的地图投影坐标(与生成 1C 级别的 GEC 相比,需要使用 DEM)

思　考　题

1. SAR 成像与光学成像有什么不同?
2. 什么是合成孔径?
3. 什么是方位向和方位分辨率?
4. 什么是距离向和距离分辨率?
5. SAR 成像中包括哪些距离概念?
6. 简述入射角的概念以及与局部入射角的关系。
7. 方位角和视角的定义是什么?
8. 简述 SAR 图像分辨率和分辨单元的关系。
9. SAR 图像距离向分辨率由哪些因素决定?
10. 用合成孔径和多普勒历程解释 SAR 和真实孔径雷达之间的区别。
11. 线性调频信号能解决雷达成像中的什么问题?
12. 线性调频信号具有哪些特点?
13. 简述线性调频信号的脉冲压缩原理。
14. 简述 SAR 回波信号模型和处理过程。
15. 简述 SAR 初始数据的获取原理。
16. SAR 成像原始数据指是什么?
17. SAR 数据的格式有哪些?
18. SAR 数据类型有哪些?
19. SAR 数据产品有哪些?

第 4 章　SAR 成像算法与多普勒参数估计

4.1　SAR 成像处理过程

SAR 成像处理的目的就是从接收的 SAR 回波信号中重建目标后向散射特性，以便获取地物目标的相关特征信息。SAR 成像处理的过程就是把原始数据转换为影像数据，实现从数据空间到图像空间的映射。从第 3 章对 SAR 回波信号数学模型的分析中可知，地物目标的后向散射系数 $\sigma(x,r)$ 是距离向位置 r 和方位向位置 x 的二元函数，很直观看就是一个二维信号处理。因此，在 SAR 成像处理过程处理，最直接的方法就是根据其原理直接进行二维处理，采用一个二维匹配滤波器直接对回波信号进行匹配处理，即可完成 SAR 成像处理，如图 4.1 所示。这种直接二维处理的优点是：对目标的后向散射系数有最佳的恢复能力，在准确的多普勒参数情况下，能够获得最佳的距离分辨率和方位分辨率。但是，其缺点是计算量太大，相对于要取得的分辨率，计算效率过低，很难实现实时或准实时处理。这种直接的二维匹配滤波处理，早期是通过光学处理来实现的，后来采用高速数字信号系统上的二维移变滤波来处理，但是随着分辨率的提高，该方法的计算效率会变得很低，不适合高分辨率 SAR 成像处理。

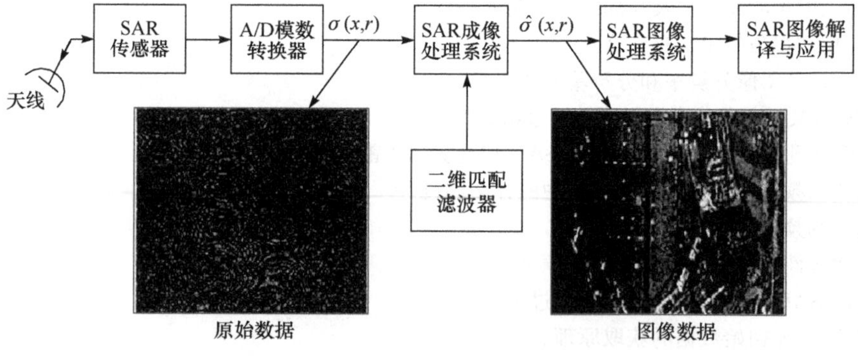

图 4.1　SAR 成像二维处理过程示意图

由于这种直接的二维处理存在很多缺点，应用也受到很大的限制，于是导致了一种新的思路，能否避开直接的二维处理呢？答案是肯定的。在第 3 章中，我们阐述 SAR 回波信号处理模型时，SAR 在采集回波数据的过程中，假设 SAR 是 go-stop-go 模式，即走-停-走模式，这表明距离向和方位向可以分开处理。事实上，回波信号里包含两个时间参数，一个是电磁波传播的快时间参数，另一个是载体向前运动的慢时间参数，所以，依据该理论，距离向和方位向可以分开处理。因此，我们对 SAR 成像处理的基本思路是：将二维匹配滤波处理分解成两个一维匹配滤波处理，如图 4.2 所示，这样就可以简化处理过程并降低运算量。由此可知 SAR 成像过程一般包括距离向压缩处理和方位向压缩处理两个过程，距离向采用脉冲压缩技术实现高分辨率；方位向采用合成孔径技术实现高分辨率，实际上也是通过匹配滤波来实现的。所以，距离向和方位向的处理都是通过脉冲压缩来实现的，脉冲压缩的本质就是匹配滤波。在 SAR 成像中，利用匹配滤波可以获得最大输出信噪比，得到最优的检测性能、最优的目标参数估计和最佳的目标分辨率，同时信号的相位也都校正到同相位，这对 SAR 信号处理非常有益。由数字信号处理理论可知，匹配滤波器的响应实际上是输入信号自相关运算的结果，因此，匹配滤波处理等价于输入信号的自相关运算。

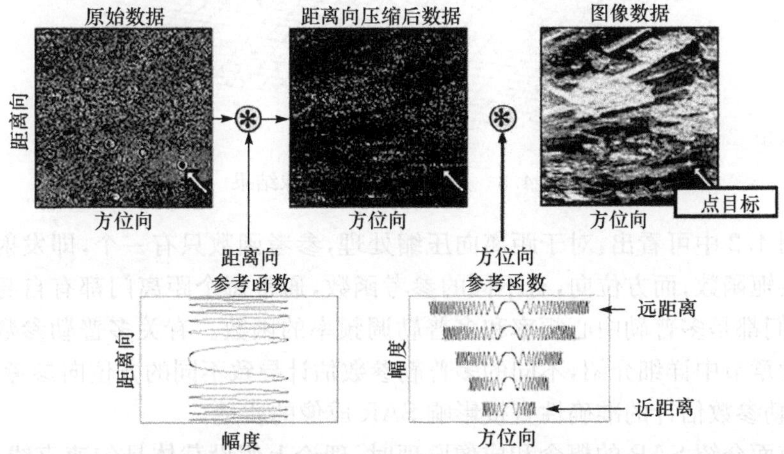

图 4.2 SAR 成像两个一维处理过程示意图

在图 4.2 中，距离向和方位向压缩处理时，分别与各自的参考函数进行相关处理。而这里的参考函数指的是匹配滤波器的系统响应函数，即线性处理系统中的冲击响应函数。假设 SAR 发射的脉冲信号为 $s(t)$，即

$$s(t)=\exp\left[\mathrm{j}2\pi\left(f_c t+\frac{1}{2}Kt^2\right)\right] \tag{4.1}$$

根据匹配滤波器的性质，有 $h(t)=s^*(-t)$，可得距离向的参考函数为

$$f_r(t)=\exp\left[\mathrm{j}2\pi\left(f_c t-\frac{1}{2}Kt^2\right)\right],\quad t\in\left(-\frac{T}{2}<t<\frac{T}{2}\right) \tag{4.2}$$

其中，T 为脉冲宽度；f_c 为载频；K 为线性调频信号的调频率。同样，可以得到方位向的参考函数为

$$f_a(t)=\exp\left[\mathrm{j}2\pi\left(f_{dc}t-\frac{1}{2}f_{dr}t^2\right)\right],\quad t\in\left(-\frac{T_s}{2}<t<\frac{T_s}{2}\right) \tag{4.3}$$

其中，T_s 为合成孔径时间；f_{dc}为多普勒中心频率；f_{dr}为多普勒调频率。f_{dc}和 f_{dr}通常是从回波数据中得到它们的估计值。根据第 3 章中对脉冲信号压缩的分析，可知方位向和距离向脉冲压缩的输出均为 sinc 形式的函数，所以 SAR 回波信号处理的最终结果也是一个二维 sinc 函数，如图 4.3 所示。

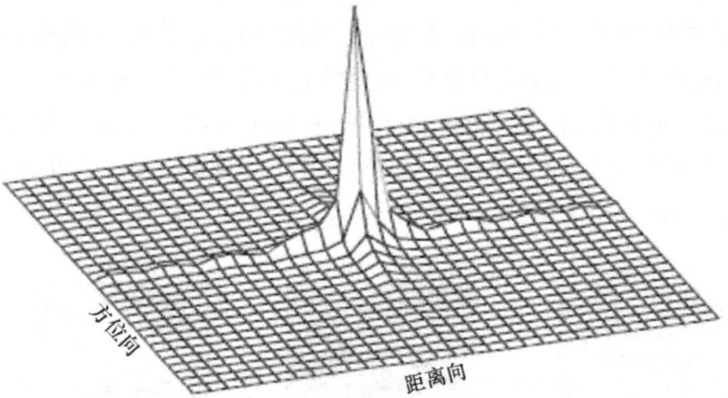

图 4.3　点目标回波的成像结果

从图 4.2 中可看出，对于距离向压缩处理，参考函数只有一个，即发射信号脉冲的负共轭函数；而方位向，有不同的参考函数，通常每个距离门都有自身的参考函数，它们都是多普勒中心频率和多普勒调频率的函数。有关多普勒参数的估计将在后续章节中详细介绍，不同的多普勒参数估计导致不同的方位向参考函数，因此，多普勒参数估计的准确性直接影响 SAR 成像的质量。

在前面介绍 SAR 的概念和成像原理时，理论上假设载体是匀速直线运动，但实际上这种情况很难，这给 SAR 成像质量带来较大的挑战。此外，雷达与目标之间的相对运动，使回波信号中存在距离徙动现象，导致方位向和距离向的耦合。为提高 SAR 成像质量，必须进行运动补偿和距离徙动校正。对距离徙动现象进行校正或消除是将二维处理分解成距离向和方位向两个一维级联处理的前提。因此，距离徙动校正(range migration correction，RMC)是 SAR 成像处理中的又一个关键问题，将直接影响运算量和成像质量。可以这么说，SAR 成像处理过程实质上是先通过对距离徙动进行校正，再将距离向和方位向分开进行压缩处理的过程。虽然 SAR 成像算法类型和种类非常多，但是所有的算法都依据上述思路，不同点就在于采用不同的方法或不同的顺序来实现这三个步骤，它们需要的运算量不同，当然得到成像结果的图像质量也不同。成像质量与运算时间及运算量之间是矛盾的，大多数算法通常是取折中的办法。本章主要介绍最基本最典型的三种成像算法：距离多普勒(range-Doppler，RD)算法、Chirp Scaling(CS)算法和波数域(ω-k)算法。RD 算法是传统的经典成像算法，主要广泛应用于正侧式 SAR 成像中，也经常用来衡量或检测新方法成像质量的有效性和可靠性。RD 算法的距离徙动校正是在距离向压缩后的距离-多普勒域(R-D)中进行的，利用插值运算实现距离徙动迁移校正，因此，运算量比较大。CS 算法是利用在频域里乘上相位校正因子来完成距离徙动校正，避免了插值运算，适合于大斜视角、宽测绘带情况下的 SAR 成像。ω-k 算法将信号变换到二维频域，利用 STOLT 变换完成距离徙动校正和方位向聚焦，是 SAR 二维移变滤波器的最优实现方法。

4.2　距离徙动及校正

SAR 成像实质就是对回波信号进行二维脉冲压缩，但是在 SAR 回波信号中不同位置的目标的距离徙动曲线相互交叉，回波也相互叠加，并且不同斜距的目标的信号多普勒特性也不同，这些因素的存在使得成像处理不仅是简单的二维脉冲压缩，必须考虑目标的距离徙动与方位的相关性。所以，如何消除距离徙动是区分各种成像算法的关键，并导致了各种成像算法在成像质量以及成像效率上的差异。距离徙动使点目标的系统响应在快时间和慢时间里呈现为曲线，如图 4.4 所示，二维间产生了耦合，使匹配滤波的压缩处理计算变得复杂。简化该计算的直接方法是进行距离徙动迁移校正，校正的过程相当于将二维平面的系统响应曲线补偿成直线，或者说是将系统响应的二维耦合进行解耦，从而使二维匹配滤波可分解成两个相互独立的一维匹配滤波。

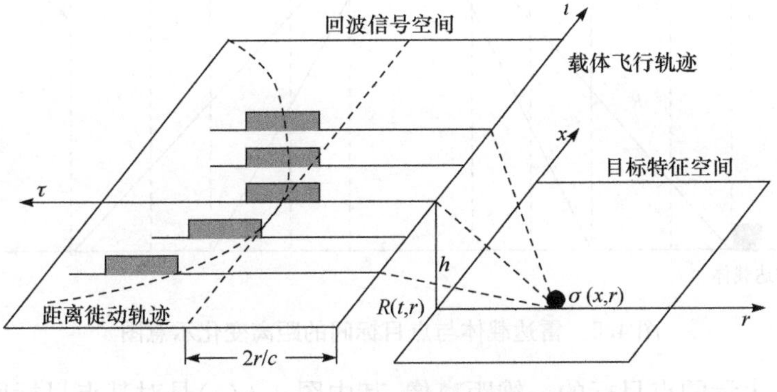

图 4.4　点目标回波与徙动示意图

雷达载体与照射区域地面目标之间的距离变化称为距离徙动(RCM)，其产生的原因是载体与照射目标之间的相对运动。随着载体向前的运动，地面上某一静止的点目标 P，其与载体之间的距离不断变化，如图 4.5 所示。在图 4.5 中，实线表示目标在雷达波束照射的时间里，雷达载体运动过程中与某一点目标 P 间相对于目标的距离变化，即斜距 R；虚线表示相对于雷达，目标位置的变化。空心圆点表示雷达接收机里此点目标的对应位置，它们的连线就是距离徙动轨迹曲线。在雷达回波信息获取中，对距离信息进行采样时通常将其量化为距离门，如图 4.5 中横的虚点线。当雷达载体向前运动时，不断接收回波信号，而且同一点目标在雷达接收机中位于不同的距离门。由于雷达在每一个位置都会发射并接收一个 LFM 脉冲信号，故接收信号按照时间排列会呈现一种曲线变化，如图 4.4 和图 4.5 中的曲线轨迹。曲线轨迹表明，随着雷达载体的移动，雷达与目标之间距离的变化会超过一个或多个距离门（即距离单元），因此，目标的回波会分布于相邻的几个距离门内，这种现象就称为距离徙动。由于距离徙动的存在，方位向和距离向存在着耦合的特征，回波信号在方位处理成为一个二维处理。成像处理的基本思路是将二维处理分解为两个级联的一维处理。在进行距离向处理时，可直接将接收到的 LFM 信号进行脉冲压缩，但是对于方位向处理，由于距离徙动现象的存在，使同一点目标的回波位于不同的距离门里，不能直接进行压缩处理，必须先进行距离徙动校正处理。

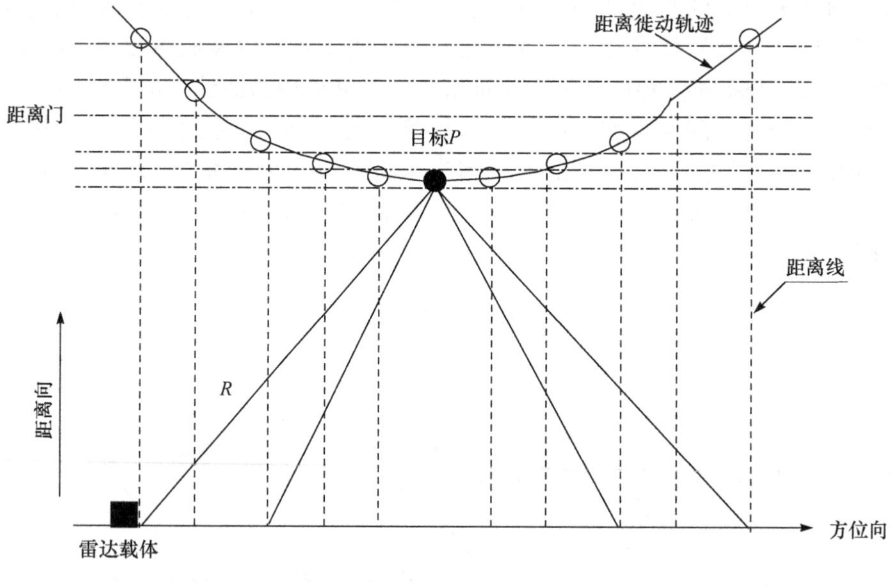

图 4.5　雷达载体与点目标间的距离变化示意图

图 4.6 表示的点目标的一维距离像，其中图 4.6(a)是对某点目标回波进行仿真时所成的一维距离像，即进行距离压缩之后而方位压缩之前的图像。从图上可以看出，不同方位向的信号是按照距离徙动曲线排列的，它们跨越了多个距离门。为了使方位向压缩成为一维处理，距离向压缩后信号应该照图 4.6(b)所示的方式排列，图 4.6(b)是理想的距离向压缩处理后的一维像。也就是说，图 4.6(a)必须进行距离徙动校正，变成图 4.6(b)的形式，否则成像后的图像质量非常差。图 4.7

是真实数据成像情况，其中图 4.7(b)中圆圈部分就发生了距离徙动现象。

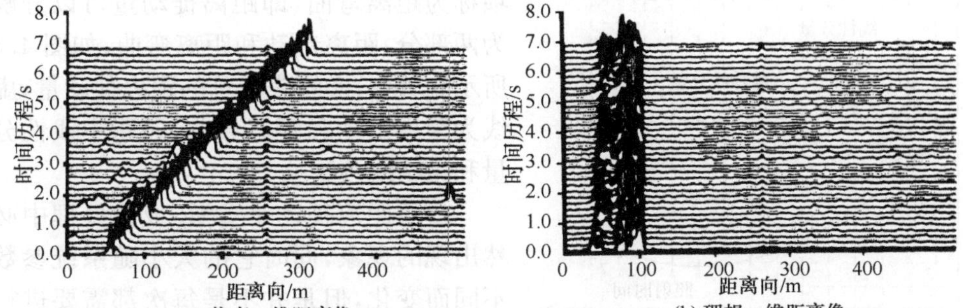

(a) 仿真一维距离像　　(b) 理想一维距离像

图 4.6　点目标的一维距离像

(a) SAR原始数据　　(b) 距离向压缩后的二维图像　　(c) 方位压缩后的SAR图像

图 4.7　距离迁移校正对比图像

下面对距离徙动有关的理论进行推导，推导过程中的 SAR 成像几何关系模型设为正侧视成像。假设合成孔径时间的中点时刻为 t_0，即此时 $t=t_0$，则有

$$R(t)=\sqrt{[R(t_0)]^2+[(x-x_0)]^2}=\sqrt{[R(t_0)]^2+[(t-t_0)v]^2} \tag{4.4}$$

其中，v 为载体速度，由于 $R(t_0)\gg|x-x_0|$，所以式(4.4)可以近似表示为

$$R(t)\approx R(t_0)+\frac{[v(t-t_0)]^2}{R(t_0)} \tag{4.5}$$

将 $R(t)$ 在 t_0 处按泰勒公式展开，并取前三项，即

$$R(t)\approx R(t_0)+\dot{R}(t_0)(t-t_0)+\frac{1}{2}\ddot{R}(t_0)(t-t_0)^2 \tag{4.6}$$

其中，$\dot{R}$ 和 $\ddot{R}$ 分别表示第一阶和第二阶导数。$R(t)$引起的回波相位变化为

$$\phi(t)=-4\pi R(t)/\lambda \tag{4.7}$$

相位 $\phi(t)$就称为多普勒相位，它的一阶导数为多普勒中心频率 f_{dc}，二阶导数为多普勒调频率 f_{dr}，则式(4.6)可以改写为

$$R(t)\approx R(t_0)-\frac{\lambda f_{dc}}{2}(t-t_0)-\frac{\lambda f_{dr}}{4}(t-t_0)^2 \tag{4.8}$$

时刻 t_0 到时刻 t 的距离变化量，就是距离徙动量，即

$$\Delta R=R(t)-R(t_0)=-\frac{\lambda f_{dc}}{2}(t-t_0)-\frac{\lambda f_{dr}}{4}(t-t_0)^2 \tag{4.9}$$

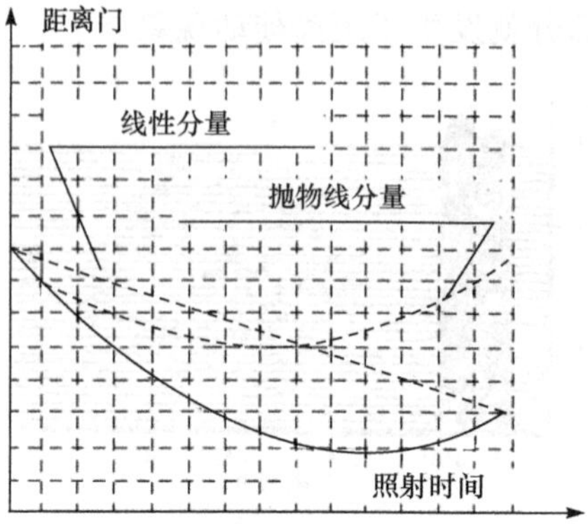

图 4.8　距离徙动分解示意图

式(4.9)右边的线性项称为距离走动，二次项称为距离弯曲，即距离徙动量可以分解为两部分：距离走动和距离弯曲，如图 4.8 所示。其中，实线表示总的距离徙动量，虚线为距离走动和距离弯曲，即图中线性分量和抛物线分量。

虽然距离徙动是 SAR 成像处理中必然出现的现象，同时它的大小随系统参数不同而变化，但是并不是每次都需要进行距离徙动补偿校正，可以用下面的准则来判断距离徙动是否需要补偿。

由式(4.8)和式(4.9)可知，当 $t-t_0=\pm T_a/2$ 时，这里的 T_a 为合成孔径时间，距离徙动有最大值

$$\Delta R=-\frac{\lambda f_{\mathrm{dc}}}{2}\cdot\left(\pm\frac{T_a}{2}\right)-\frac{\lambda f_{\mathrm{dr}}}{4}\left(\frac{T_a}{2}\right)^2=\pm\frac{\lambda f_{\mathrm{dc}}T_a}{4}-\frac{\lambda f_{\mathrm{dr}}T_a^2}{16} \tag{4.10}$$

而多普勒中心频率和调频率分别为

$$\begin{cases} f_{\mathrm{dc}}=-\dfrac{2\dot{R}(t_0)}{\lambda}=\dfrac{2v}{\lambda}\sin\theta_s \\ f_{\mathrm{dr}}=-\dfrac{2\ddot{R}(t_0)}{\lambda}=-\dfrac{2v^2}{\lambda R(t_0)} \end{cases} \tag{4.11}$$

其中，θ_s 表示斜视角，对于正侧视 SAR 成像，$\theta_s=0$，此时多普勒中心频率 $f_{\mathrm{dc}}=0$；$R(t_0)=R_0$，R_0 为雷达到目标的最短距离；多普勒调频率 $f_{\mathrm{dr}}=-2v^2/(\lambda R_0)$。最大距离徙动量表达式为

$$\Delta R=\pm\frac{vT_a}{2}\sin\theta_s+\frac{(vT_a)^2}{8R(t_0)}\leqslant\frac{vT_a}{2}\left(|\sin\theta_s|+\frac{vT_a}{4R(t_0)}\right) \tag{4.12}$$

通常认为，只要最大距离徙动量 ΔR 不大于 1/4 个距离分辨单元，就不需要进行距离徙动补偿校正。

经上述讨论可知，当 SAR 成像为正侧视成像时，多普勒中心频率 $f_{\mathrm{dc}}=0$，因此，距离徙动的线性项为零，即不存在距离走动问题，而其余情况都会产生距离走动。对于距离弯曲现象，在任何情况下都存在，而且与系统参数有关。

如果不是正侧视成像，距离走动肯定存在，而且与斜视角有关，偏离越大距离走动越大，补偿的要求也越高。由于地球的自转使 $f_{\mathrm{dc}}=0$ 不为零，这就引起了距离走动，同时它也与卫星所在位置有关，在赤道附近，地球自转线速度大，因而距离走动量大，反之，在两极距离走动量较小。距离走动变化的范围较大，可以跨越几个到几十，甚至数百个距离单元。距离弯曲虽然是一个二次项，但是它是一个相对

稳定量,其大小通常约为几个距离单元。

距离走动与多普勒中心频率成正比,是严格的时域线性,故在时域对它进行校正补偿,一般实现起来比较简单、方便。而距离弯曲量虽然很小,但是每次成像都存在,当然对成像的图像质量会产生相应的影响。如果要获得高质量的 SAR 图像,必须对距离弯曲进行校正补偿。距离弯曲的补偿,可以在时域完成也可以在频域完成,通常是在频域进行弯曲补偿。因为在时域中,弯曲量是一个二次项,而且不同距离的目标的弯曲曲线不同,如图 4.9 所示。

从图 4.9 中可以看出,曲线 A、B 和 C 都处于同样的距离门 r_1,但是它们分别处于三个不同的方位向 x_0、x_1 和 x_2。这说明,对位于相同距离单元的散射点,经过距离压缩后,其距离徙动的轨迹形状相同,但在方位向时间上存在平移关系。B 和 D 是位于相同方位向(x_1 处)和不同距离单元(分别为 r_1 和 r_2)的散射点距离弯曲曲线,同时,它们的曲线弯曲率不同,因此,要在时域内进行距离弯曲校正比较困难。如果把它们转换到频域内进行校正补偿,相对容易些。对信号沿方位向进行快速傅里叶变换(FFT),得到距离多普勒域的距离弯曲曲线,如图 4.10 所示。在图 4.10中,可知相同距离而不同方位的目标有相同的频率特性,它们的徙动曲线在频域上是重合的,如图 4.10 中的曲线 A、B 和 C,它们完全重合。因此,对同一距离门内所有目标的距离弯曲校正可以在频域一次性完成。对于不同距离处的目标,弯曲曲线的曲率是一致的,如图中的曲线 A、B、C 与曲线 D,它们在距离方向是平移关系。所以,对于距离弯曲的补偿校正,一般在频域内进行,这相对于在时域内进行补偿校正,要容易得多。

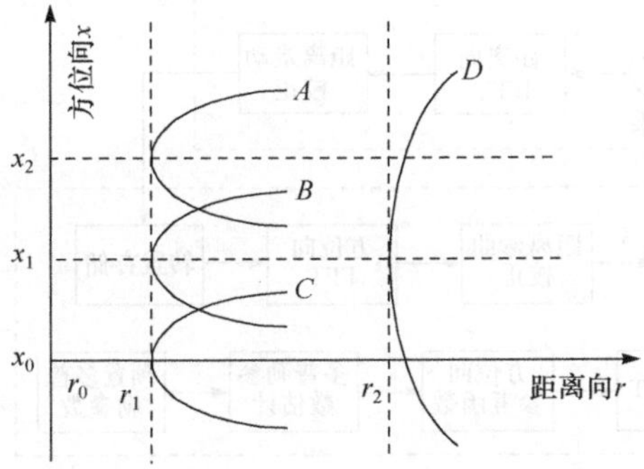

图 4.9 时域距离弯曲示意图

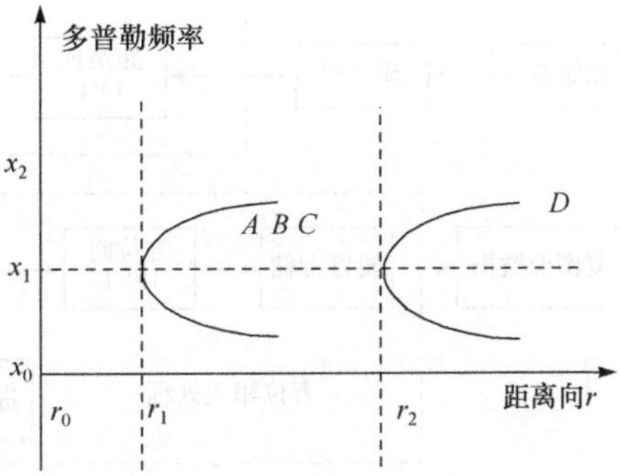

图 4.10 频域距离弯曲示意图

4.3 距离多普勒(RD)成像算法

距离多普勒(range Doppler,RD)成像算法是 SAR 成像处理中最基本的经典成像算法。在众多的成像处理算法中，RD 算法以其最直观、最容易理解而著称，其处理过程可视为回波接收的逆过程。在许多的 SAR 成像模式中，特别是正侧视 SAR 成像，不论过去还是现在，RD 算法被广为使用。

RD 算法的基本思想是将二维处理分解为两个一维处理的级联形式。其特点是把二维移变滤波器分解成两个一维处理的级联，先对每个回波脉冲进行距离向压缩，然后在 RD 域中通过插值处理来完成信号方位谱的搬移，使得点目标的方位信号位于同一距离门内，最后进行方位向的匹配滤波。由于方位向的频率就是多普勒频率，通常把此时信号所处的域称为距离-多普勒域，而距离徙动补偿校正恰好在此域中完成，故把此成像方法称为 RD 算法。图 4.11 是 RD 算法的流程框图。从图中可知，RD 算法主要包含两部分：距离向相关处理和方位向相关处理。距离向的相关处理比较简单，把原始数据在距离向进行快速傅里叶变换，同时参考函数也进行傅里叶变换，然后相应数据进行相乘处理。需注意的是数据采用的长度要一致，按每个方位向进行相乘处理。方位向相关处理相对比较复杂，涉及距离徙动补偿校正和方位向参考函数的获得，而方位参考函数又与多普勒参数估计有关。不管多么复杂，方位向处理思路跟距离向处理一样。有关多普勒参数估计理论和算法将在后续相应内容中详细介绍。由于距离徙动校正是 RD 算法的一个重要关键环节，把这部分内容单独处理，所以 RD 算法主要包括三个步骤：①距离向压缩处理；②距离徙动校正；③方位向压缩处理。

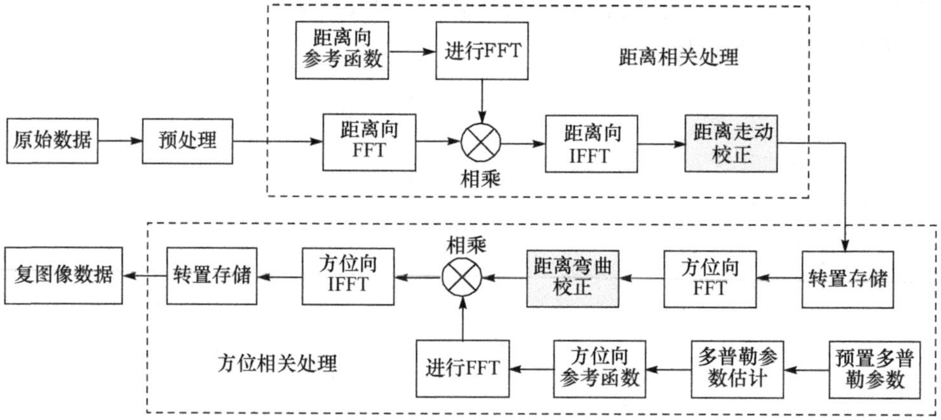

图 4.11　RD 算法流程图

4.3.1　距离向压缩处理

RD 算法的距离向压缩处理实质上是一个匹配滤波的过程，跟其他采用脉冲压缩体制的雷达没什么区别，非常简单，在时域是一个卷积过程，在频域是一个相乘过程。为减少计算量,节省运算时间,RD 算法采用在频域进行相关处理,先将信号 $s(t)$ 与参考函数 $f_r(t)$(参考函数的表达式(4.2))都进行 FFT 处理,变换到频域,接着是相乘处理,处理完后再进行快速傅里叶逆变换(IFFT),回到时域,这就完成了距离向压缩处理。这种利用 FFT 来完成卷积的方法在 SAR 的各种成像算法中广泛采用。

距离压缩沿方位线进行,每条方位线上的信号分别进行压缩处理,而且采用同样的参考函数。注意:参考函数的数据个数要与每条方位线上数据个数(即距离向的数据采样个数)相同。

距离压缩后的结果为 sinc 函数形式,其峰值沿距离徙动曲线分布,如图 4.12 所示。其中,图 4.12(a)是点目标信号压缩前的波形图,图 4.12(b)为信号压缩后的波形图,图 4.12(c)是整个距离向压缩后的结果,发生了距离徙动现象,两虚线之间的距离就是发生徙动的距离单元数目,为 6.92 个距离门数。

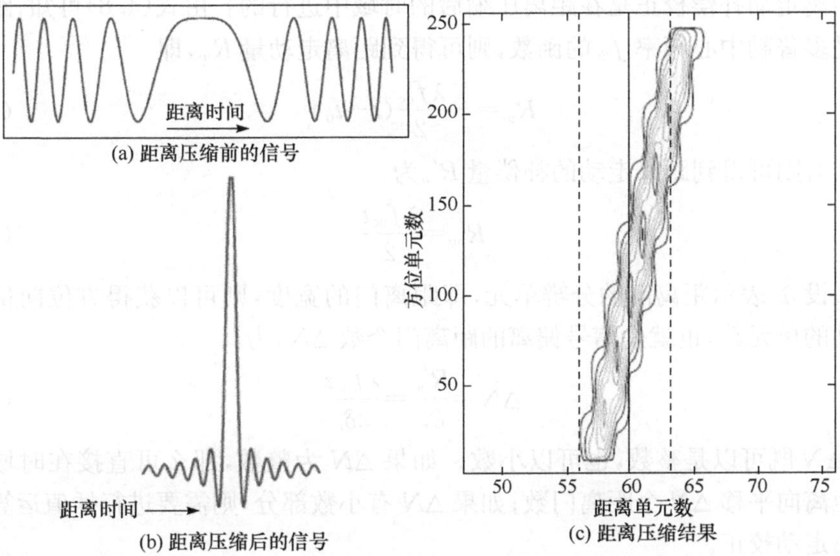

图 4.12　点目标距离向压缩示意图

4.3.2　距离徙动补偿

距离徙动效应的存在,使得同一点目标的回波分布在不同的距离门内,如图 4.12(c)所示,这使方位向压缩成为了一个二维处理过程。所以,在方位压缩之前要进行距离徙动补偿校正,使同一点目标的回波信号位于同一个距离门,从而使方位向也成为一个一维处理过程。在理论上,可以直接计算出雷达载体在每一个位置上时相对目标的距离,然后在时域平移每个方位向的信号,使它们处于一条

"直线"上,即在同一个距离门上。但是,在实际处理中,雷达接收机把距离离散化为距离门,要得到雷达在每个方位上的精确距离,需要通过大量的插值运算,同时因地球曲率等因素的影响,想要直接计算距离有一定的难度。由前面的距离徙动理论分析可知,距离徙动包含距离走动和距离弯曲两部分,因此,在实际应用处理中,一般是把距离走动和距离弯曲两部分分开分别进行补偿校正。在距离向压缩后,在时域完成距离走动校正;然后在 RD 域中完成距离弯曲校正。

对于机载 SAR,由于其飞行范围较小,距离弯曲量通常很小,在达到一定图像质量的要求下,为减小运算量,可以考虑忽略距离弯曲校正,只进行距离走动校正。但是,对于星载 SAR,由于其照射范围较宽,受地球曲率影响,距离弯曲明显存在,一般不能忽略。

1. 距离走动校正

距离走动补偿校正是在距离压缩后的时域中进行的。由式(4.8)可知,距离走动量是多普勒中心频率 f_{dc} 的函数,则可得到距离走动量 R_w,即

$$R_w=-\frac{\lambda f_{dc}}{2}(t-t_0) \tag{4.13}$$

令 $t_0=0$,则可得到距离走动的补偿量 R'_w 为

$$R'_w=\frac{\lambda f_{dc}t}{2} \tag{4.14}$$

假设 δ_r 表示距离向的分辨单元,即距离门的宽度,则可以获得方位向信号距离走动的单元数,也就是信号偏离的距离门个数 ΔN,为

$$\Delta N=\frac{R'_w}{\delta_r}=\frac{\lambda f_{dc}t}{2\delta_r} \tag{4.15}$$

其中,ΔN 既可以是整数,也可以小数。如果 ΔN 为整数,那么可直接在时域将信号沿距离向平移 ΔN 个距离门数;如果 ΔN 有小数部分,则需要进行插值运算来完成距离走动校正。

由于距离走动量是多普勒中心频率的函数,所以,在实际处理中,对距离走动校正通常与对多普勒中心频率的估计相结合。通过利用距离走动校正后的数据来估计多普勒中心频率,再利用估计的多普勒中心频率来计算距离走动量,采用迭代的方式,以提高对多普勒中心频率的估计精度,当然也提高了距离走动校正的精度,获得更高质量的图像。

2. 距离弯曲校正

根据前面对距离弯曲情况的分析可知,在频域内同一距离门上所有点的距离弯曲曲线是重合的,不同距离门上的点的距离弯曲曲线的曲率是相同的,沿距离向

呈平移关系。因此,对于距离弯曲补偿校正,一般是在 RD 域进行的。这样既简化了计算又容易实现,同时,对于完成场景中心点距离弯曲校正,就等于校正了该距离上所有目标的距离弯曲。因为采用同样的方法,在距离向上作相应平移,就可以完成对所有点的距离弯曲校正。

跟距离走动一样,根据式(4.8)可得距离弯曲量的计算公式,并令 $t_0=0$,则 R_c 为

$$R_c=-\frac{\lambda f_{\mathrm{dr}}t^2}{4} \tag{4.16}$$

其中,f_{dr} 为多普勒调频率,那么距离弯曲量为

$$R_c'=\left|\frac{\lambda f_{\mathrm{dr}}t^2}{4}\right| \tag{4.17}$$

类似于距离走动校正方法,可以在频域内计算出距离弯曲量(式(4.17)是时域表达式),然后将信号沿距离向作相应平移。平移量的大小由平移点所处的方位向决定,最终使距离弯曲轨迹上的点出现在同一距离线上。

在实际处理中,通常采用频域搬移的方法,即在频域利用直线对点目标的距离弯曲频域曲线进行分段拟合,然后将这些拟合的直线搬移到一条直线上。虽然这样得到的是一个近似值,但是,运算量小并容易实现,在满足一定成像质量前提下,该思路常采用,过程如图 4.13 所示。

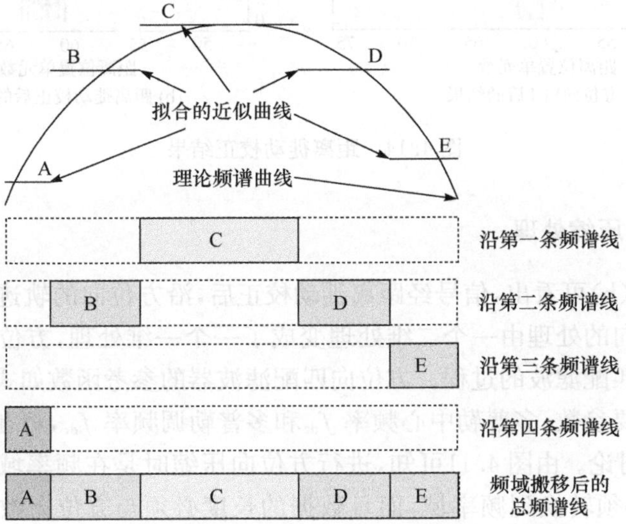

图 4.13　距离弯曲校正示意图

无论距离走动校正还是距离弯曲校正,最后的结果都是将曲线校正为直线,但是,它们分别采用了不同的方法。走动校正采用了插值方法,而弯曲校正采用了直

线拟合方法。这样做的原因是:一方面距离走动的影响较大,偏离的距离单元数较多,需要得到较为精确的校正,而距离弯曲的影响较小,尤其是在机载 SAR 系统中,通常可以忽略;另一方面是相对于时域的平移,频谱搬移更容易实现。图 4.14 是点目标信号距离徙动校正前后结果示意图。在图 4.14(a)中,由于进行了方位向 FFT 处理,对信号能量进行了重新排序,低频成分在中间,高频成分在四周。图 4.14(b)是距离徙动校正后的结果,经过距离向压缩后,信号在某个距离门的一条直线上,符合理想的成像要求。

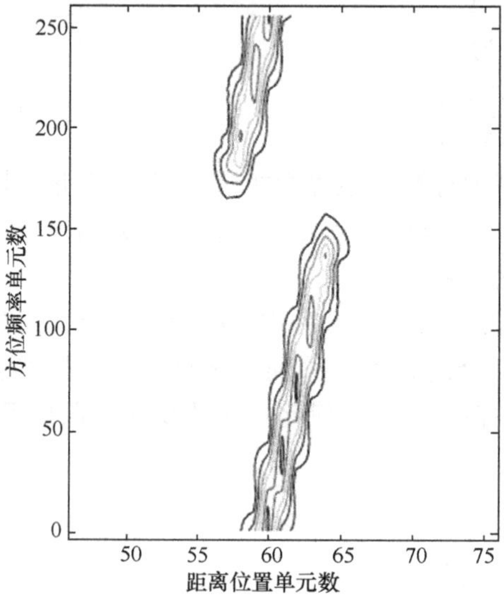

(a) 方位向FFT后的结果

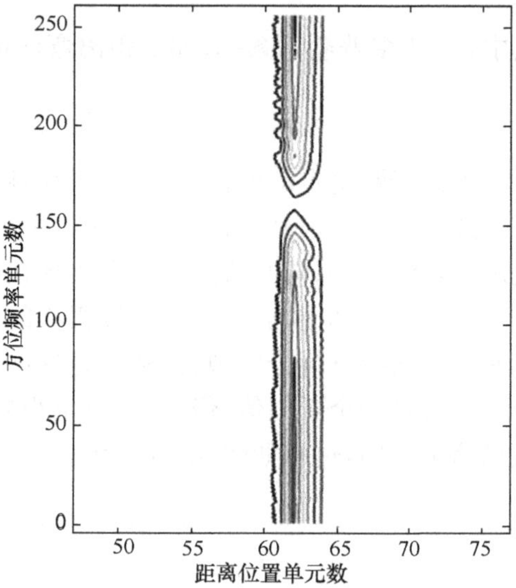

(b) 距离徙动校正后的结果

图 4.14 距离徙动校正结果

4.3.3 方位向压缩处理

由图 4.14(b)可看出,信号经距离徙动校正后,沿方位向的轨迹由曲线变为直线,因此,方位向的处理由一个二维处理变成了一个一维处理,方位向的压缩处理就是一个一维匹配滤波的过程。方位向匹配滤波器的参考函数如式(4.3)所示,其中涉及两个重要参数:多普勒中心频率 f_{dc}和多普勒调频率 f_{dr},将在多普勒参数估计中进行详细讨论。由图 4.11可知,进行方位向压缩时是在频率域,因此,方位参考函数 $f_a(t)$必须转换到频率域,而且数据的长度必须与方位向数据采样个数相同,然后进行相乘处理。处理完后,还需进行转置和 IFFT 处理。方位向压缩后输出信号的幅度是一个二维的 sinc 函数,结果如图 4.15 所示。图 4.15中没有加窗,有许多旁瓣存在,它实际上是图 4.3 的平面图。SAR 回波信号经过 RD 算法处理后便得到了复图像数据,根据数据的幅度就可以得到 SAR 图像,如图 4.16 所示。

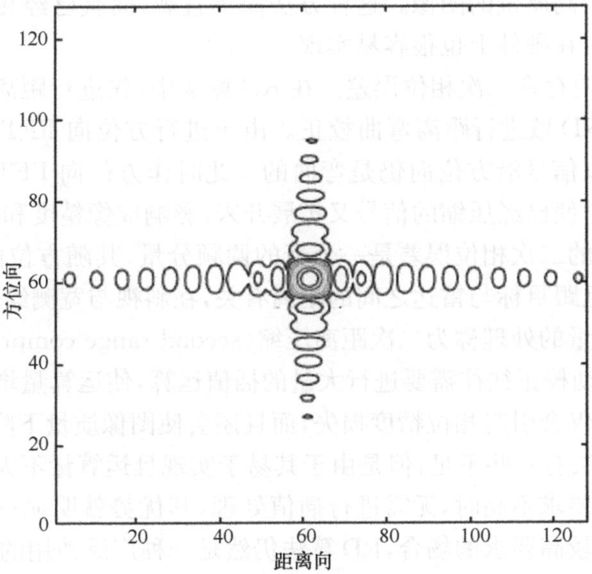

图 4.15　点目标 RD 算法处理结果

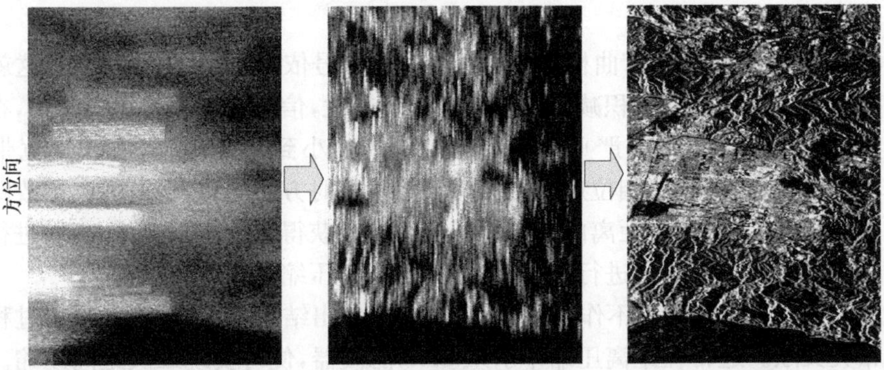

(a) 原始回波数据，方位向分辨率5km，距离向分辨率5km　(b) 距离压缩后数据，方位向分辨率5km，距离向分辨率20m　(c) 方位压缩后数据，方位向分辨率5m，距离向分辨率20m

图 4.16　实际数据成像图

4.3.4　RD 算法的特点

RD 算法是一种基本的 SAR 成像方法，对于正侧视 SAR 成像，其是一种典型的成熟算法。具有以下优点。

(1) 原理简单，容易实现，运算量较小。RD 算法通过距离徙动校正把二维成像处理分解为两个级联的一维处理，因此，相比二维处理，两个一维减少了许多计算量,并能得到较高质量的图像。这种方法简单直观,而且已经相当成熟,特别是正侧视成像,同时在硬件上也很容易实现。

(2) 在距离向存在二次相位误差。在 RD 算法中,先进行距离压缩,然后通过方位向 FFT 到 RD 域进行距离弯曲校正。由于进行方位向 FFT 时,还未进行距离弯曲校正,所以信号沿方位向仍是弯曲的。此时作方位向 FFT,会在距离向产生二次相位误差,使已经压缩的信号又扩展开来,影响成像精度和图像质量。

距离向信号的二次相位误差是一个新的调频分量,其随方位向多普勒频率的增加而增大,而且跟目标与雷达之间的距离有关,在斜视与宽测绘带情况下尤为严重。对该调频分量的处理称为二次距离压缩(second range compression,SRC)。

(3) 距离徙动校正往往需要进行大量的插值运算,使运算量增大,处理效率下降。插值处理不仅会引起相位精度损失,而且还会使图像质量下降。

尽管 RD 算法有一些不足,但是由于其易于实现且运算量不大,特别在许多情况下对成像精度要求不高时,无需进行插值处理,其优势就明显;在距离分辨率不高并且对速度有较高要求的场合,RD 算法仍然是一种广泛使用的算法。

4.4 二次距离压缩(SRC)算法

在 RD 算法中,距离弯曲校正前目标的回波信号依然跨越多个距离门,这就使得方位向信号的时宽带宽积减小。距离弯曲量越大,信号的时宽带宽积越小,在大斜视角成像时这种情况更严重。当时宽带宽积减小到一定程度(尤其是宽带宽积$\ll$1)时,不再满足驻定相位定理的条件,因此,此时方位向作 FFT 后会导致距离向已压缩信号的展宽,使距离向分辨率下降。为了获得高分辨率图像,必须进行对展宽的信号在距离向再次进行压缩,称为二次距离压缩。

对于 SRC 算法,这里不作详细介绍,只直接给出结果,具体原理和分析过程可参阅相关文献。通常在距离压缩中引入 SRC 滤波器,便可实现二次距离压缩。实质上是将距离匹配滤波器和 SRC 滤波器"并联",即适当调整距离向参考函数的调频斜率,从而实现二次距离压缩。设 SRC 滤波器的调频斜率为 K_{SRC},其近似表达式为

$$K_{SRC}=-\frac{1}{f_{dr}}\left(\frac{c}{\lambda f_{dc}}\right)^2 \tag{4.18}$$

则调整后的参考函数的调频率 K_0,它与原发射信号的调频率 K 以及 SRC 滤波器的调频斜率为 K_{SRC}之间存在如下关系

$$\frac{1}{K_0}=\frac{1}{K}+\frac{1}{K_{SRC}} \tag{4.19}$$

所以,在 RD 算法中,只要用 K_0 代替 K 作为距离压缩的调频率参数,就能有

效消除方位向 FFT 带来的距离向调频分量,实现二次距离压缩。其他的步骤与 RD 算法完全相同,因此,SRC 算法也可以认为是 RD 算法的一种改进型。

4.5　CS 成像算法

RD 算法最大的优点在于易于理解和实现,但其最大的缺点在于距离徙动校正时的插值运算,它将消耗大量的计算资源,因此,在高分辨率与大斜视角条件下,RD 算法在处理效率上并无优势。为解决 RD 算法的不足,出现了其他成像算法,其中最具代表性的是多变换域处理算法中的线性变标(chirp scaling,CS)算法。CS 算法的主要贡献在于避免了 RD 算法中的插值操作,通过对 chirp 信号进行频率调制,实现信号的尺度变化和平移,从而利用复数相乘和快速傅里叶变换即可完成回波信号的处理,大大提高了数据处理的效率。

在 RD 算法中,最关键的一个环节是进行距离徙动校正,因为只有进行距离徙动补偿校正后,二维处理才能转化为两个级联的一维处理。而距离徙动校正就是把弯曲的回波轨迹搬移成直线轨迹。在时域中它是一个平移过程,而且平移量随方位向而改变。根据信号处理中傅里叶变换的特性,时域的平移可以通过在频域中乘以一个线性相位项来完成,其数学模型为

$$F[s(t-t_0)]=S(\mathrm{j}\omega)\exp(-\mathrm{j}\omega t_0) \tag{4.20}$$

其中,$F[\cdot]$表示傅里叶变换;t_0 为时域的平移量;$\exp(-\mathrm{j}\omega t_0)$为频域的线性相位项。在距离徙动校正理论中,我们知道由于距离弯曲曲线的空间移变特性,不同距离上点目标回波的弯曲曲线的弯曲程度也不同,并且距离载体中心距离越大的点,其距离徙动曲线弯曲幅度越小,如图 4.9 所示,但在频域内所有点是一致的,如图 4.10所示。而距离徙动曲线却没有这个性质,因为距离徙动包括距离走动和距离弯曲两项,因此,在不同距离上的点的距离徙动曲线在频域上也是不一样的,这就给距离徙动校正带来了困难。

采用 LFM 信号能很好地解决这个,让回波信号乘上一个相位因子,使得位于不同距离上的信号具有相同的距离徙动曲线,而且在同一方位上的平移量相同,即可通过同一个线性相位项把所有点的距离徙动进行校正。这是 LFM 信号的一个性质,具体推导和证明过程可参阅相关文献,下面仅简单说明。

假设一个 LFM 信号的调频率为 K,相位中心位于 t_0,则该信号的表达式为

$$f(t)=\exp[-\mathrm{j}\pi K(t-t_0)] \tag{4.21}$$

如果将上述线性调频信号乘以一个调频率为 KC_s 且相位中心为 t_1 的线性调频信号,其中 C_s 称为弯曲因子,则其相位特性会有所改变。相乘的结果为

$$f_n(t)=\exp\{-\mathrm{j}\pi K[(1+C_s)^2t^2-2t_0t+t_0^2]\} \tag{4.22}$$

新的调频信号与原来的调频信号相类似,但是它有新的相位中心 t_{new} 和调频率 K_{new},分别为

$$\begin{cases} t_{\text{new}} = \dfrac{t_0}{1+C_s} \\ K_{\text{new}} = K(1+C_s) \end{cases} \tag{4.23}$$

可以看出,新的相位中心与 t_0 有关,并且呈线性比例关系。另外,还有一个剩余相位项 Θ,其表达式为

$$\Theta = \pi K \frac{C_s (t_0 - t_1)^2}{1+C_s} \tag{4.24}$$

由于调频率已知,通过选取适当的参数,就可以实现对徙动的比例变换,这种处理称为 chirp-scaling 方法。

从上面的简单分析可知,CS 算法的基本思想是:利用一个相位因子来改变了 LFM 信号的相位特性,从而实现对点目标距离徙动曲线的尺度变换(scaling),到达简化距离徙动校正处理的目的。实际上,CS 算法是 RD 算法的改进型。RD 算法的距离徙动校正是通过插值运算来实现的,这样不仅成像计算效率低,而且还会引起 SAR 图像的振幅和相位产生误差。CS 算法利用一个相位因子改变了距离徙动的空间移变特性,使距离徙动校正无需进行插值运算,不仅避免了复杂的运算过程,而且还很好地保持了图像的相位精度,获得很好的成像效果。CS 算法的流程图如图 4.17 所示,从图中可知 CS 算法与 RD 算法有很大的不同。RD 算法是先距离压缩后方位压缩,而 CS 算法是先通过方位向 FFT,将回波信号变换到距离信号-多普勒域(方位频域),然后与 CS 因子相乘,将所有距离门的距离徙动曲线校正到相同形状。再通过距离向 FFT,将信号变换到二维频谱域,与距离补偿因子相乘,完成距离徙动校正和距离向压缩处理。然后对距离向进行 IFFT,将信号变回到距离图像-多普勒域,与方位补偿因子相乘,完成方位向压缩,同时校正了 CS 变换时引入的相位误差。最后对方位向进行 IFFT,将信号转换到时域,便是复 SAR 图像数据。从图 4.17 中可看出,CS 算法主要包括三个步骤:chirp-scaling 处理;距离徙动校正与距离向压缩处理;方位向压缩处理与相位补偿。

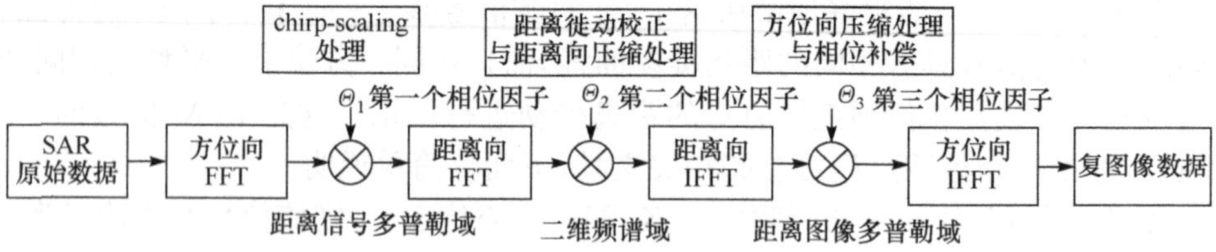

图 4.17　CS 算法流程框图

4.5.1　chirp-scaling 处理

chirp-scaling 处理包含两个过程:回波信号的方位向 FFT 处理,与第一相位因子即 chirp-scaling 因子相乘。

1. 方位向进行 FFT 处理

假设在距离向位于 r 处，在方位向位于 $v\tau$ 处的点目标的回波信号为

$$s(\tau,t,r)=A\exp\left\{-\mathrm{j}\pi K\left[t-\frac{2R(\tau,r)}{c}\right]^2\right\}\exp\left\{-\mathrm{j}\frac{4\pi}{\lambda}R(\tau,r)\right\} \tag{4.25}$$

其中，$R(\tau,r)$是点目标到雷达间的瞬时距离，且 $R(\tau,r)=\sqrt{r^2+(vt)^2}$；$K$ 为 LFM 信号的调频率；τ 为方位向时间；t 为距离向时间；v 为载体沿航向的飞行速度；c 为电磁波传播速度；λ 为波长；A 为振幅。式中右边第一个指数项表示距离向信号调制，即电磁波反射所需的时延，指数表示距离向信号的相位；第二个指数项表示方位向调制，即由载体运动所产生的多普勒相位项。

把信号按方位向 FFT 后，信号在距离信号-多普勒域中的表达式为

$$S(f,t,r)=A_1\exp\left\{-\mathrm{j}\pi K_s(f,r)\left[t-\frac{2R_f(f,r)}{c}\right]^2\right\}\exp\left\{-\mathrm{j}\frac{4\pi}{\lambda}r\left[1-\left(\frac{\lambda f}{2v}\right)^2\right]^{1/2}\right\} \tag{4.26}$$

其中

$$R_f(f,r)=\frac{r}{\sqrt{1-\left(\frac{\lambda f}{2v}\right)^2}}=r[1+C_s(f)] \tag{4.27}$$

$$C_s(f)=\frac{1}{\sqrt{1-\left(\frac{\lambda f}{2v}\right)^2}}-1 \tag{4.28}$$

$$K_s(f,r)=\frac{K}{\sqrt{1+Kr\frac{2\lambda}{c^2}\frac{\left(\frac{\lambda f}{2v}\right)^2}{\left[1-\left(\frac{\lambda f}{2v}\right)^2\right]^{3/2}}}} \tag{4.29}$$

式中，$R_f(f,r)$是雷达与点目标间的距离 $R(\tau,r)$在距离信号-多普勒域中的表现形式；$C_s(\tau,r)$为弯曲因子，表示信号轨迹与多普勒频率间的关系；$K_s(f,r)$为等效的距离向调频常数，与时域中的 K 相对应，它们之间的关系为

$$\frac{1}{K_s(f,r)}=\frac{1}{K}+r\alpha(f,r) \tag{4.30}$$

式中，$\alpha(f,r)$为距离失真因子，是方位向频率 f(多普勒频率)的函数，与距离 r 无关，其表达式为

$$\alpha(f,r)=\frac{2\lambda}{c^2}\cdot\frac{\left(\frac{\lambda f}{2v}\right)^2}{\left[1-\left(\frac{\lambda f}{2v}\right)^2\right]^{3/2}} \tag{4.31}$$

$\alpha(f,r)$的存在导致了距离向的散焦，因此，在 CS 算法中需要进行二次距离压缩。

2. chirp-scaling 相位因子相乘

与 chirp-scaling 相位因子相乘的目的是使所有点的回波信号的距离徙动相位项都等于参考距离的距离徙动相位，即在距离信号-多普勒域，使所有点的距离徙动曲线都具有相同的曲率。

假设参考距离用 r_{ref} 表示，那么在距离信号-多普勒域内，根据式(4.27)，参考距离处的距离曲线表达式为

$$R_{\text{ref}}(f,r_{\text{ref}})=r_{\text{ref}}[1+C_s(f)] \tag{4.32}$$

则参考距离的相位中心为

$$\tau_{\text{ref}}(f)=\frac{2}{c}r_{\text{ref}}[1+C_s(f,r)] \tag{4.33}$$

设所需要相乘的 chirp-scaling 相位因子为

$$\Theta_1(f,t,r_{\text{ref}})=\exp\left\{-\mathrm{j}\pi K_s(f,r_{\text{ref}})C_s(f)\left[t-\frac{2R(f,r_{\text{ref}})}{c}\right]^2\right\} \tag{4.34}$$

把它与 $S(f,t)$ 相乘，即式(4.34)与式(4.26)相乘，同时 $K_s(f,r_{\text{ref}})$ 取其近似值，即 $K_s(f,r_{\text{ref}})\approx K_s(f,r)$，那么相乘的结果为

$$S(f,t)\cdot\Theta_1(f,t,r_{\text{ref}})=\exp\{-\mathrm{j}\pi K_s(f,r_{\text{ref}})[1+C_s(f)][t-\tau(f)]^2+\theta\} \tag{4.35}$$

其中，$\tau(f)=2[r+r_{\text{ref}}C_s(f)]/c$ 为信号新的相位中心。

信号的距离曲线表达式为

$$R(f,r)=r+r_{\text{ref}}C_s(f) \tag{4.36}$$

它与参考距离曲线的形式完全一致，即不同距离上的点的距离徙动曲线轨迹形状相同，如图 4.18 所示。这样就可以像 RD 算法中的距离弯曲校正一样，采用

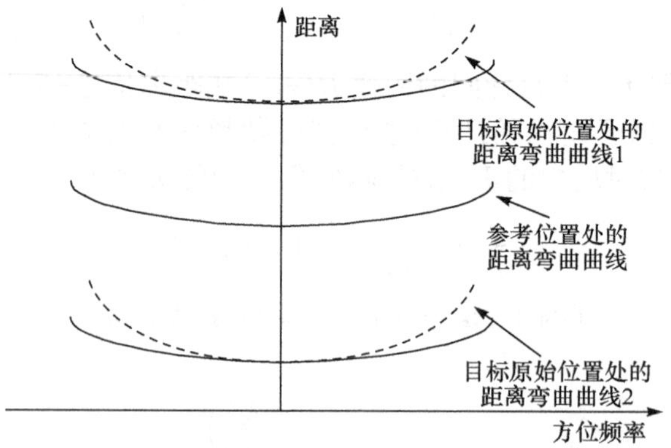

图 4.18　chirp-scaling 处理后不同距离上距离徙动曲线的变化

频域校正的方法。式(4.35)中的 θ 为相乘时引入的残余相位,可以在方位压缩得到补偿,不会损失精度。

4.5.2　距离徙动校正与距离向压缩处理

这部分主要包括三个过程:①距离向进行 FFT;②距离压缩和距离徙动校正;③距离向进行 IFFT。

1. 距离向 FFT

对式(4.35)进行距离向 FFT,则得到二维频谱域的表达式为

$$S(f_r,f)=C_2\exp\left\{-\mathrm{j}\frac{4\pi}{\lambda}r\left[1-\left(\frac{\lambda f}{2v_g}\right)^2\right]^{1/2}-\mathrm{j}\theta_\Delta(f,r)\right\}\cdot\exp\left\{\mathrm{j}\pi\frac{f_r^2}{K_s(f,r_{\mathrm{ref}})[1+C_s(f)]}\right\}\cdot\exp\left\{-\mathrm{j}\frac{4\pi}{c}f_r[r+r_{\mathrm{ref}}C_s(f)]\right\} \tag{4.37}$$

其中

$$\theta_\Delta(f,r)=\frac{4\pi}{c^2}K_s(f,r_{\mathrm{ref}})[1+C_s(f)]C_s(f)(r-r_{\mathrm{ref}})^2 \tag{4.38}$$

是一个残余相位,将在后面的方位压缩中得到补偿。在式(4.37)中,右边第一个指数项表示方位向频率调制,它与距离向频率 f_r 无关,而是一个关于 r 的函数,这一项与距离压缩无关。第二个指数项表示距离向调制,指数是 f_r 的二次函数。它是等效的距离向线性调频项,与上面的 $K_s(f,r)$ 相似,都与时域的 K 对应,其等效调频率满足如下关系

$$\frac{1}{K_s(f,pr_{\mathrm{ref}})[1+C_s(f)]}=\frac{1}{K[1+C_s(f)]}+\frac{\alpha(f,r_{\mathrm{ref}})r_{\mathrm{ref}}}{1+C_s(f)} \tag{4.39}$$

其中,右边第一项表示 Chirp-Scaling 相位相乘后的调频斜率,在整个二维频谱域中,它是一个已知值,并且值是单一的;右边第二项表示距离相位的失真,其值与目标距离成正比。如果不同距离上有目标存在,那么在频谱域它有多个值,而且它们随距离的变化要比调频斜率随距离的变化小得多,所以,通常采用常数 r_{ref} 来计算就可以了。

在式(4.37)中右边的第三个指数项的指数与 f_r 呈线性关系,其中中括号内的项表示目标的实际距离,即点目标信号的距离徙动。式(4.37)中右边的第二和第三个指数项都与距离向压缩有关。由于上一步中与 chirp-scaling 相位因子的相乘,使得所有距离信号的距离徙动项 $R(f,r_{\mathrm{ref}})$ 都具有相同的轨迹,所以,在二维频谱域中我们可以用一个参考函数来补偿所有距离上的距离徙动。

2. 距离向压缩与距离徙动校正

将式(4.37)乘以下面的参考函数(相位因子),就可以同时完成距离向压缩(包括二次距离压缩)和距离徙动校正。

$$\Theta_2(f_r,f,r_{\mathrm{ref}})=\exp\left\{-\mathrm{j}\pi\frac{f_r^2}{K_s(f,r_{\mathrm{ref}})[1+C_s(f)]}\right\}\exp\left[\mathrm{j}\frac{4\pi}{c}f_r r_{\mathrm{ref}}C_s(f)\right] \tag{4.40}$$

式(4.40)中右边的第一项完成距离压缩处理,包括二次距离压缩;第二项完成距离徙动校正。与式(4.37)的后两项相乘的结果为

$$S_r(f_r,f)=\exp\left(-\mathrm{j}\frac{4\pi}{c}f_r r\right) \tag{4.41}$$

3. 距离向 IFFT

式(4.37)与式(4.40)相乘后并进行 IFFT,得到的结果为

$$S(\tau,f)=A\cdot\left(-\mathrm{j}\frac{\lambda rf}{2v^2}\right)\cdot S_0\left(\tau-\frac{2r}{c}\right)\cdot\exp\left\{-\mathrm{j}\frac{4\pi}{\lambda}r\left[1-\left(\frac{\lambda f}{2v}\right)^2\right]^{1/2}-\mathrm{j}\theta_\Delta(f,r)\right\} \tag{4.42}$$

其中,等号右边第一项表示天线调制;第二项表示距离向压缩后信号的包络;指数项是信号的相位项;$\theta_\Delta(f,r)$为残余相位,即式(4.38),在接下来的方位压缩中将被消除。

4.5.3 方位向压缩处理与相位补偿

回波信号经过距离向压缩处理和距离徙动校正后,变换到了距离图像-多普勒域,因此方位向压缩只需直接与方位向参考函数相乘就可以了,然后再作IFFT,就获得了 SAR 图像数据。在这一步中,主要包含两个过程,一是方位向的压缩处理和残余相位的补偿;二是进行方位向 IFFT。

1. 方位向压缩和相位补偿

式(4.42)中指数项的第一项为方位多普勒调制,第二项是由信号与 chirp-scaling 因子相乘时引入的残余相位误差。把式(4.42)与下面的相位因子相乘,可同时完成方位的压缩和残余相位误差的补偿。

$$\Theta_3(t,f)=\exp\left\{\mathrm{j}\frac{4\pi}{\lambda}r\left[1-\left(\frac{\lambda f}{2v}\right)^2\right]^{1/2}\right\}\cdot\exp[-\mathrm{j}\theta_\Delta(f,r)]\cdot\exp\left(-\mathrm{j}\frac{2\pi}{\lambda}ct\right) \tag{4.43}$$

其中,右边的第一和第三个指数项用来实现方位向匹配滤波,即压缩处理;第二个

指数项是用来残余相位误差。

2. 方位向 IFFT

把式(4.42)和式(4.43)相乘的结果进行方位向 IFFT,就获得了复图像数据,完成了整个成像处理过程。需说明的是,CS 算法的距离向和方位向压缩后的结果都是一个 sinc 函数,所以,CS 算法处理的结果与 RD 算法一样,也是一个二维的 sinc 函数。

4.5.4 CS 算法的特点

从 CS 算法实现过程中可以看出,它是通过相位补偿来实现距离徙动校正的,从而避免了烦琐的插值运算,并相应地提高了图像的质量。与 RD 算法相比,CS 算法具有如下几个方面的特点。

(1)无需插值运算,减少了计算量。RD 算法是先完成距离向压缩处理,然后再进行方位压缩处理,在方位向匹配滤波前完成距离徙动校正,通常要进行插值运算。而 CS 算法是先进行方位向 FFT,然后相继在距离信号-多普勒域、二维频谱域和距离图像-多普勒域进行相位补偿,完成距离压缩、方位压缩和距离徙动校正。在距离徙动校正过程中,只进行了 FFT 和相位因子相乘,就完成了成像处理,避免了插值运算,不仅减少了运算量,还保持了相位精度,减少了图像失真。

(2) 有较宽的应用范围。CS 算法在进行距离压缩时,结合了二次距离压缩的参数,一次性完成,而且能较好地处理大斜视角和宽测绘带的情况,尤其发射大的时宽积 LFM 信号。

(3) 要求有较大的存储空间。CS 算法从方位向进行 FFT 开始,总共经历三次矩阵转置,因此,需要很大的存储空间,对硬件有较高要求,而 RD 算法只进行两次转置存储。

(4) 会产生一定的频谱混叠现象。用 chirp-scaling 处理时,会引起距离频谱的展宽和偏移,也许有可能会超出处理器的带宽,引起频谱混叠和失配。

4.6　波数域(ω-k)成像算法

波数域算法的原型是地球物理勘探中的“地震波偏移技术”,经过一些重大修正后,应用到 SAR 成像领域。在这种方法中,SAR 原始数据被认为是在合成孔径轨迹上对成像地域散射场进行的一组两维采样。只要天线飞行轨迹和成像区域位置被确定,就可以利用获得的样本重建整个散射场的场强分布,从而实现成像的目的。

RD 算法与 CS 算法虽然在信号的具体处理环节上有所不同,但归根结底它们都是将合成孔径雷达的信号处理等效为两个一维处理的级联，二者都是用匹配滤波的方法实现方位向脉冲压缩。而波数域算法则是一种完全不同的成像方法，它保留了 SAR 成像处理的二维本质，直接在二维频域进行处理，完成对信号相位信息的精确补偿。

在距离向压缩处理，ω-k 算法与 RD 算法一样，对回波数据进行匹配滤波实现距离向压缩，但在方位向处理就不同了。ω-k 算法直接对距离向压缩后的信号进行二维傅里叶变换，进入二维波数域。在波数域中，利用 Stolt 变换完成距离徙动校正和方位向压缩处理。从理论上讲，Stolt 变换可以完成随距离而变的徙动校正和二次距离压缩以及更高阶数的相位补偿，无需近似，是 SAR 二维移变滤波器的最优实现。所以，ω-k 算法也是常用一种高分辨率 SAR 成像算法，其流程图如图 4.19所示。

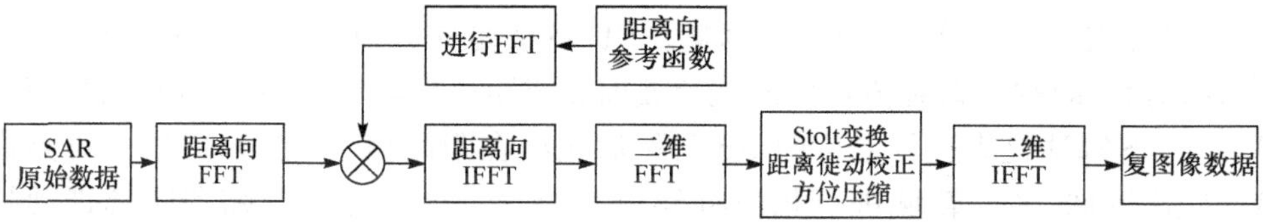

图 4.19　ω-k 算法流程图

在波数域中，设方位向波数为 k_x，方位向角频率为 $2\pi f_d$（f_d 为多普勒频率），它们有如下对应关系，即

$$k_x=\frac{2\pi f_d}{v} \tag{4.44}$$

其中，v 为雷达载体的运动速度。

在波数域中，角频率定义为单位时间内信号变化的相位，而波数则定义为单位长度内信号变化的相位。我们把距离向角频率 $2\pi f_d$ 记作 ω，由于存在距离徙动，它与距离向波数 k_r 不能用简单的关系来对应。然而，通过波动理论可知，k_r 和 ω 以及 k_x 存在如下关系，即

$$k_r=\sqrt{\left(\frac{\omega_0+\omega}{c/2}\right)^2-k_x^2}-\frac{2\omega_0}{c} \tag{4.45}$$

或者

$$\omega=\frac{c}{2}\sqrt{\left(k_r+\frac{2\omega_0}{c}\right)^2+k_x^2}-\omega_0 \tag{4.46}$$

其中，$\omega_0=2\pi f_0$，f_0 为信号的载频。式(4.46)称为 Stolt 变换，记作 ST(·)。k_r 和 ω 以及 k_x 之间的关系如图 4.20 所示。

在波数域中各种变量变换是波数域算法的关键，通常称为 Stolt 插值。由式(4.46)可知，它是把 ω 等于常数的直线弯曲成中心位于($k_x=0,k_r=-2\omega_0/c$)的圆弧，从而完成距离徙动的校正。

波数域算法主要包含以下几个步骤。

(1) 对原始数据完成距离向压缩处理，这一步与 RD 算法相同。

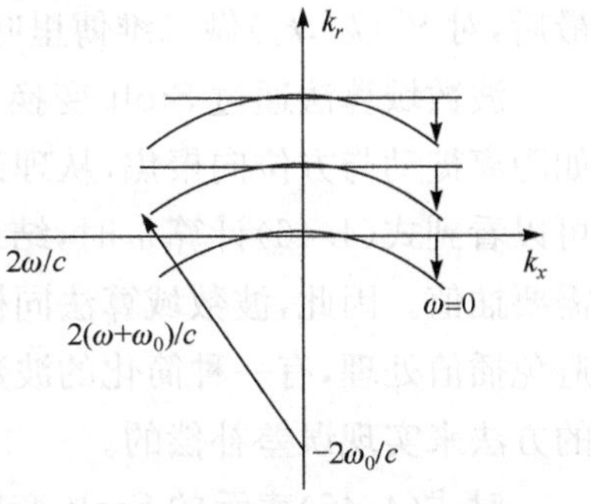

图 4.20　波数域算法中各变量关系图

(2) 对距离向压缩后的信号直接进行二维 FFT，进入波数域。设距离压缩后的信号为 $s_1(x,\tau,r)$，作二维 FFT 后，记为 $S_1(k_x,\omega,r)$。

(3) 进行 Stolt 插值处理。

在信号空间中，由于距离徙动的影响，ω 与 k_x 之间不是正交关系，但是进行 Stolt 变换后中，k_x 和 k_r 却是正交的。因此，以其为变量进行傅里叶变换，就可得到目标空间的散射分布。对 $S_1(k_x,\omega,r)$ 做 Stolt 变换，即

$$S_2(k_x,k_r)=\mathrm{ST}[S_1(k_x,\omega)]=S_1\left[k_x,\frac{c}{2}\sqrt{\left(k_r+\frac{2\omega_0}{c}\right)^2+k_x^2}-\omega_0\right] \tag{4.47}$$

(4) 进行二维 IFFT。

只要得到了式(4.47)，即 $S_2(k_x,k_r)$，那么就很容易得到目标分布，即

$$s_2(x,r)=F^{-1}\{S_2(k_x,k_r)\} \tag{4.48}$$

在实际应用处理中，常把距离向的原点选在测绘带中心 r_0 处，此时就需要对距离压缩后的信号进行平移处理，则有

$$\begin{cases} S'_1(k_x,\omega)=S_1(k_x,\omega)\cdot\exp\left\{\mathrm{j}r_0\dfrac{2\omega}{c}\right\} \\ S'_2(k_x,k_r)=S_2(k_x,k_r)\cdot\exp\{\mathrm{j}r_0k_r\} \end{cases} \tag{4.49}$$

则 $S'_2(k_x,k_r)$ 与 $S'_1(k_x,\omega)$ 的关系为

$$\begin{aligned} S'_2(k_x,k_r)&=\mathrm{ST}\{S'_1(k_x,\omega)\}\cdot\exp\{\mathrm{j}r_0k_r\} \\ &=\mathrm{ST}\left\{S_1(k_x,\omega)\cdot\exp\left[\mathrm{j}r_0\frac{2\omega}{c}\right]\right\}\cdot\exp\{\mathrm{j}r_0k_r\} \\ &=\mathrm{ST}\left\{S_1(k_x,\omega)\cdot\exp\left[\mathrm{j}r_0\frac{2\omega}{c}\right]\right\}\cdot\exp\left\{\mathrm{j}r_0\sqrt{\left(\frac{\omega_0+\omega}{c/2}\right)^2-k_x^2}-\frac{2\omega_0}{c}\right\} \\ &=\mathrm{ST}\left\{S_1(k_x,\omega)\cdot\exp\left[\mathrm{j}r_0\sqrt{\left(\frac{\omega_0+\omega}{c/2}\right)^2-k_x^2}-\frac{\omega+\omega_0}{c/2}\right]\right\} \end{aligned} \tag{4.50}$$

最后，对 $S'_2(k_x,k_r)$ 做二维傅里叶逆变换，就得到了 r_0 为中心的目标分布。

波数域算法通过 Stolt 变换校正了成像处理中所有沿距离向的空间移变性，如距离徙动与方位向聚焦，从理论上讲，它是对 SAR 回波信号的最优处理。然而，可以看到式(4.46)计算 ω 时，结果一般也不在采样点上，也就是说 Stolt 变换同样需要插值。因此，波数域算法同样具有计算量大、并容易引起相位失真的缺点。为避免插值处理，有一种简化的波数域算法，它是对 Stolt 变换进行多项式近似展开的方法来实现误差补偿的。

对式(4.46)表示的 Stolt 变换进行多项式展开，则有

$$\omega=\frac{c}{2}\sqrt{\left(k_r+\frac{2\omega_0}{c}\right)^2+k_x^2}-\omega_0\approx\frac{c}{2}\left(k_r+\frac{1}{2}\cdot\frac{k_x^2}{k_r+2\omega_0/c}\right) \tag{4.51}$$

因为 $k_x\ll 2\omega_0/c$，故有式(4.51)的近似成立，对其进一步展开并整理后，得

$$\frac{2}{c}\omega=k_r+\frac{1}{2}\cdot\frac{k_x^2}{k_r+2\omega_0/c}=k_r+\frac{ck_x^2 1}{4\omega_0}\cdot\frac{1}{1+\dfrac{ck_r}{2\omega_0}}=k_r+\frac{ck_x^2}{4\omega_0}-\frac{c^2k_x^2}{8\omega_0^2}k_r+\frac{c^3k_x^2}{16\omega_0^3}k_r^2-\cdots \tag{4.52}$$

令 $2\omega/c=k_c$，则有

$$k_c=k_r+\frac{ck_x^2}{4\omega_0}-\frac{c^2k_x^2}{8\omega_0^2}k_r+\frac{c^3k_x^2}{16\omega_0^3}k_r^2-\cdots \tag{4.53}$$

其中，后两项实际上对应了与距离有关的徙动和 SRC，如果忽略了它们，则 Stolt 变换仅相当于作了一次频移处理。这就简化了波数域算法。

4.7　成像算法的比较与仿真

前面已从成像原理上对三种典型算法，即 RD 算法、CS 算法和波数域算法进行了较深入的介绍。CS 算法在二次距离压缩时忽略了其随距离时间的变化，且在二维频谱域上采用了近似的表达形式，因此无法适用于超高分辨率、超大斜视角的回波信号处理。RD 算法是最精确的处理算法，虽然能满足处理精度的要求，但是在高分辨率、大斜视角条件下，其二维插值核函数的长度急剧增加，消耗的计算资源难以接受。所以，上述两种处理算法在处理高分辨率、大斜视角的数据时均具有局限性。ω-k 算法在二维频域通过 Stolt 变换操作，校正方位/距离的耦合，且在推导过程中采用了精确的表达形式，因此，ω-k 具备处理高分辨率、大斜视角回波数据的能力。但是，ω-k 算法也存在一些缺陷。例如，第一，在推导过程中假设等效速度不随距离发生变化，这将限制其对宽测绘带 SAR 数据的处理能力；第二，在处

理过程需要插值，所以 ω-k 算法的处理效率不如 CS 算法；第三，现有的 ω-k 算法均假设卫星飞行轨迹为直线，在高分辨率条件下上述假设存在误差，所以现有 ω-k 算法难以满足超高分辨率 SAR 信号的处理。

RD 算法是传统的 SAR 成像算法，它将 SAR 信号的处理分成两个一维处理的级联。先对距离向进行处理，然后对方位向进行处理，通过插值的方法进行由于距离徙动效应带来的方位向和距离向的耦合。这种方法已经相当成熟，基于 RD 算法的实时成像处理器已经投入使用。它的主要缺点是：在处理斜视情况时，会出现二次距离压缩问题。此外，RD 算法所需的插值运算量很大，尤其是在所需插值精度较高时。

CS 算法是对 RD 算法的改进。它利用频域的复数乘法取代了时域的插值运算，这样就避免了相位失真和大的计算量。而且，在其距离向压缩的过程中，可以很好地把随方位频率而变的 SRC 参数结合进去，能够处理大斜视角的情况。但是，由于它没有考虑 SRC 参数随距离变化，当测绘带加宽时会使成像质量下降。另外，CS 算法处理会造成回波信号距离向频谱增加和偏移，同时它需要进行 3 次转置存储，需要大量的存储空间。

ω-k 算法是基于 SAR 信号的二维本质，可以对信号相位信息进行精确补偿，从理论上讲是 SAR 二维移变滤波器的最优实现。但它也需要进行插值运算，运算的复杂性也很明显，通常认为波数域算法是以付出更多的计算量来获取更高的图像质量。它的主要缺点是：运算量大，二维频域的 Stolt 变换需要有随目标距离而变的距离徙动校正系数，同时，其插值运算也带来了相位误差。

综上所述，在一般正侧视情况下，RD 算法仍然具有较大的生命力。改进的 RD 算法加上了对 SRC 问题的处理，而且能与现有的设备相兼容，在现有的实时成像处理器的基础上，加上插值的距离迁移校正模块，就可以实现高分辨率的 SAR 成像要求。实时成像处理器的发展方向是全数字处理、高分辨率和宽测绘带，要求有很高的成像质量，但是成像质量和成像速度是矛盾的，除了特殊成像处理一般是两者进行折中。图 4.21～图 4.23 分别为 RD 算法、CS 算法和 ω-k 算法的仿真结果图。从仿真图像的实现过程中，可以看出它们的相

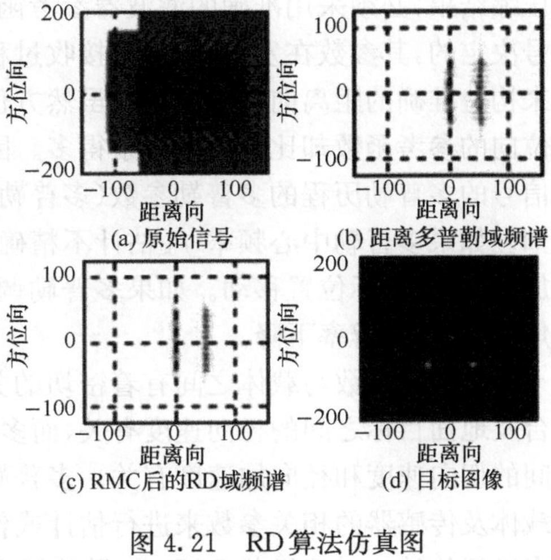

图 4.21　RD 算法仿真图

同和不同的地方。

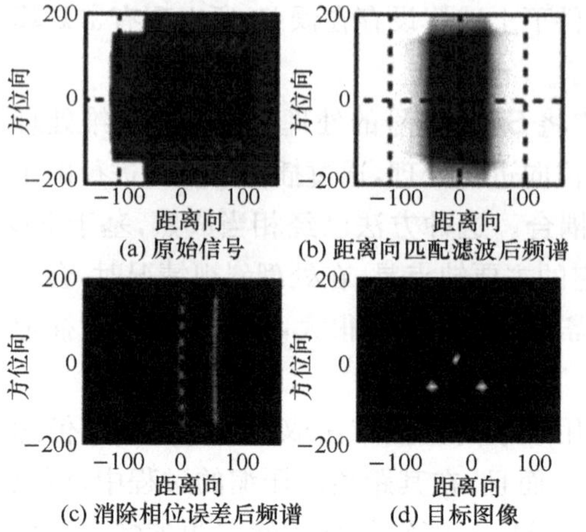

图 4.22　CS 算法仿真图

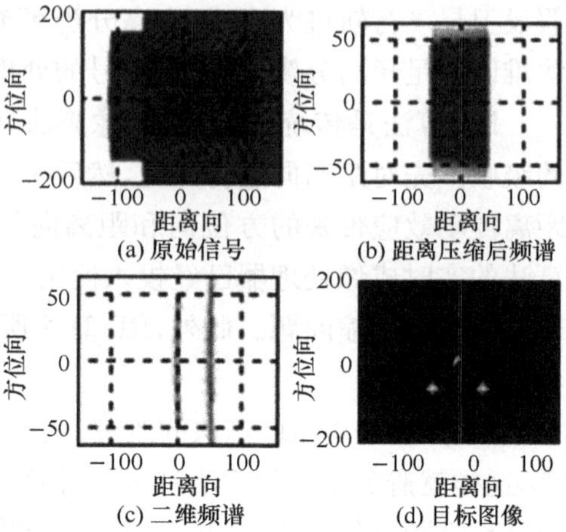

图 4.23　ω-k 算法仿真图

4.8　多普勒参数估计

SAR 是一种高分辨率二维成像雷达，距离向通过发射大带宽的线性调频信号并对回波信号采用脉冲压缩技术来获取高分辨率；方位向通过对回波信号的多普勒历程进行匹配滤波处理来得到高分辨率。由于方位向信号也近似为线性调频信号，所以，同样可以采用脉冲压缩技术来获得方位向高分辨率。

脉冲压缩处理实质上是通过匹配滤波器来实现的，因此，为了获得比较精确的压缩结果，必须采用准确的滤波器参考函数。距离向参考函数是由发射的脉冲信号决定的，其参数在发射、传播和接收过程中变化很小，故可利用已知的发射信号来构造准确的距离向参考函数。虽然方位向处理类似于距离向的匹配滤波，但方位向的参考函数却比距离向复杂得多。因为方位向匹配滤波器的构成要求对回波信号的多普勒历程的多普勒参数(多普勒中心频率 f_{dc}和多普勒调频率 f_{dr})精确已知。如果多普勒中心频率 f_{dc}估计不精确，将会使成像的信噪比降低，方位模糊增加，并产生目标位置移动。如果多普勒调频率 f_{dr}估计不精确，那么图像将出现散焦，像元的分辨率下降。

多普勒参数与载体之间有着密切的关系，例如，多普勒中心频率 f_{dc}与载体平台及地面目标之间的径向速度有关，而多普勒调频率 f_{dr}与载体平台与地面目标之间的切向速度和径向加速度有关。多普勒参数的估计通常有两种途径：一是通过载体及传感器的相关参数来进行估计或作运动补偿；二是通过对回波数据的分析来进行估计。对于机载 SAR，如果载机平台运动比较稳定，可以通过惯性导航系统(inertial navigation system,INS)测量的航迹数据来估计多普勒中心频率与多普勒调频率。但是载机平台往往在速度、姿态等方面存在一定的不确定性。例如，姿态的不确定性(运动误差)将导致回波信号中产生相位误差。其中，低频相位误差会导致图像的几何弯曲和分辨率下降，而高频相位误差会导致图像信噪比的下降和虚假目标的出现，严重时则完全不能成像。因此，有效消除回波中的相位误差是形成高质量 SAR 图像的一个关键技术，而精确的多普勒参数就能消除相位误差(即运动补偿)。对于星载 SAR，可以利用卫星的轨道参数及高度数据来计算多普勒参数。但是，如果要准确知道卫星参数，那么就必须考虑卫星的位置、速度、姿态、姿态变化率、轨道倾角、高度值等参数的精度，以及这些参数在传输过程中所引起的比特错误率等。由此可见，想利用轨道参数获得高精度的多普勒参数是相当困难的。因此，在实际应用中，通常采用回波数据来精确估计多普勒参数 f_{dc} 和 f_{dr}。下面主要介绍常用而典型的多普勒参数估计算法。

4.8.1　多普勒中心频率估计

通常把从回波数据中对多普勒中心频率 f_{dc} 进行估计的算法称为杂波锁定，这类方法的基本思想是基于均匀场景回波的方位功率谱与天线方向图形状的一致性。多普勒中心频率的估计方法包括频域估计法和时域估计法两种。其中，频域估计法主要是利用方位向回波的某个多普勒频率上的能量必然来自于雷达波束中某个特定方向上的目标，而多普勒中心频率的值恰好对应于雷达波束的中心照射在点目标时的位置，以此来估计多普勒中心频率。时域估计法主要是利用相关函数和功率谱之间的傅里叶变换关系来进行估计的。

1. 谱峰值测量法

SAR 回波信号的方位功率谱受天线方位向方向图的调制，由于方位图的峰值为天线的指向中心，所以，功率谱峰值的位置就是多普勒中心频率的位置。谱峰值测量法就是通过寻找方位向回波信号的功率谱密度的峰值而得到多普勒质中心频率的估计值。

假设目标场景是均匀区域，那么其回波信号的方位谱函数为

$$S_a(f,r)=\sigma_0^2\,|H_a(f,r)|^2 \tag{4.54}$$

其中，σ_0 为目标场景的后向散射系数；$H_a(f,r)$ 为方位向传输函数。

而系统的方位向冲击响应函数为

$$h_a(x,r)=W_a(x)\exp\left[\mathrm{j}\frac{4\pi}{\lambda}r(x)\right]\delta[r-r(x)] \tag{4.55}$$

所以

$$|H_a(f,r)|^2=|W_a(f)|^2 \tag{4.56}$$

由式(4.54)和式(4.56)可得

$$S_a(f,r)=\sigma_0^2\ |W_a(f)|^2 \tag{4.57}$$

由此可见,在均匀目标场景下,方位向功率谱密度和天线方向性函数的功率密度 $W_a(f)$ 是一致的,因此,方位功率谱的中心频率就是多普勒中心频率。因天线方向函数的频谱中心位置就是其峰值所在处,所以方位功率谱的峰值位置对应的频率即多普勒中心频率 f_{dc}。

在实际应用中,大多数目标场景区域是不均匀的,此时其回波信号的方位谱函数为

$$S_a(f,r)=|G(f,r)|^2\cdot|H_a(f,r)|^2 \tag{4.58}$$

其中,$G(f,r)$ 是后向散射系数 $\sigma(t,r)$ 的功率谱密度,表达式为

$$G(f,r)=\int_{-\infty}^{\infty}\sigma(t,r)\mathrm{e}^{-\mathrm{j}2\pi ft}\,\mathrm{d}t \tag{4.59}$$

此时,方位功率谱密度函数和天线方向功率谱密度函数不一致,是一种加权关系,不满足式(4.55)。如果还利用最大峰值测量法估计多普勒中心频率,将会产生较大的误差,会使成像的质量下降。虽然寻找方位谱峰值的方法比较简单,计算量也很小,但是在大多数情况下,由于目标场景区域是非均匀的,用这种方法估计多普勒中心频率会带来较大的误差,严重影响图像的质量。所以,在实际处理中,谱峰值测量法的应用会受到地形影响而带来其局限性。

2. 杂波锁定法

杂波锁定法的基本思想是:因方位向回波信号近似为线性调频信号,所以,其功率谱近似为一个菲涅耳谱,多普勒中心频率恰为其功率谱的对称中心;同时,地杂波的信号幅度呈对称性分布,其功率谱也是对称分布,其对称中心也是多普勒中心频率。以上两种功率谱都以多普勒中心频率为对称中心,所以只要通过寻求回波方位谱能量中心就可以得到多普勒中心频率的估计值。

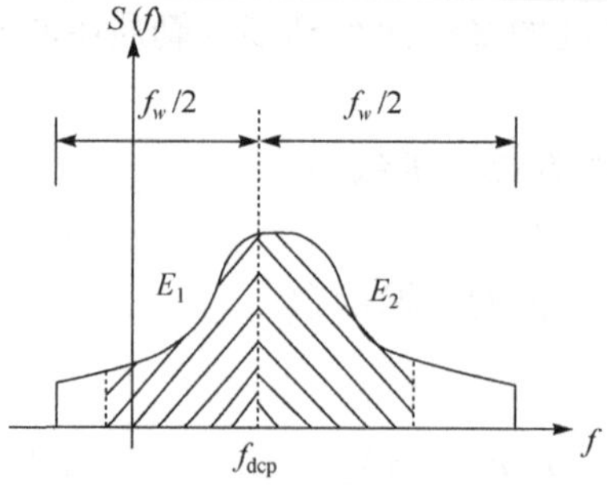

图 4.24 杂波锁定法示意图

图 4.24 为杂波锁定法的示意图,其中,E_1 和 E_2 分别为 f_{dcp} 两边频谱的能量,如果 E_1 和 E_2 相等,即 $E_1=E_2$,那么就有 $f_{dc}=f_{dcp}$,即 f_{dcp} 值就是多普勒中心频率。此方法跟谱峰值法一样,看起来很简单,就是寻找能量中心的位置,根据两边能量相等就可确定对称位置的中心频率,即多普勒中心频率。但是,在实际实现过程中,并不是一步就能实现,要经过多次的反复调整,即一个迭代寻找的过程。定义一个归一化能量差 ΔE,表达式为

$$\Delta E=\frac{E_2-E_1}{E_2+E_1} \tag{4.60}$$

由图 4.24 可知，当 $f_{dc}=f_{dcp}$ 时，有 $E_1=E_2$，则有 $\Delta E=0$。在 $\Delta E=0$ 的附近，能量差 ΔE 和多普勒频率 f 之间近似为线性关系，且直线的斜率为

$$k=\left|\frac{\partial \Delta E}{\partial \Delta f_{dcp}}\right|_{\Delta E=0} \tag{4.61}$$

则可以得到多普勒中心频率的迭代表达式为

$$f_{dcp}^{(i+1)}=f_{dcp}^{(i)}-\frac{\Delta E^{(i)}}{k} \tag{4.62}$$

根据式(4.62)，则回波频谱域杂波锁定法的具体实现步骤如下。

(1) 预设初始值。对回波信号的方位向作 FFT，初步估计回波信号方位谱的能量中心位置，即为初始的多普勒中心频率，其值记为 $f_{dcp}^{(1)}$。

(2) 对中心频率 $f_{dcp}^{(1)}$ 左右两边的能量差进行归一化处理。

(3) 按式(4.62)计算下一个能量中心位置的估计值。

(4) 重复步骤(2)和步骤(3)，直到 $\Delta E=0$，或者前后两次估计值的差值小于某一预设的阈值，此时所获得的频率 f_{dcp} 即为多普勒中心频率的估计值。

3. 图像域法

上面分析的杂波锁定法是直接用于回波数据分析，当目标区域只有一个点目标或均匀目标场景时，估计精度还可以。事实上，大多数情况不满足这个条件，也就是说，这种方法不能克服非均匀场景所引起的方位谱畸变，当然此时估计的精度也会差些。为了进一步提高多普勒中心频率的估计精度，可利用复图像的方位向能量谱估计其值。为了区别前面的回波频谱域杂波锁定法，把这种思想或方法称为图像域杂波锁定法，或者图像域法。

图像域法是回波频谱域杂波锁定法的发展和完善，它克服了回波频谱域杂波锁定法的不足，即因目标场景的不均匀带来的估计精度下降，从而提高了多普勒中心频率的估计精度。图 4.25 为雷达波束照射目标的示意图，当雷达载体飞过一个合成孔径距离 EF 时，收到 AC 段的回波，除 B 点外，其余部分都只经历部分照射，没有一个完整的孔径照射。但当雷达载体飞过两个合成孔径距离 EG，BC 段各点都经历了全孔径的照射，而此时的 AB 段和 CD 段只经部分孔径照射，可是它们的回波也混进了 BC 段，如果仍然用回波频谱域杂波锁定方法估计多普勒中心频率，就会存在失真。但如果通过方位向压缩处理，并只提取出 BC 段信息，形成复图像，

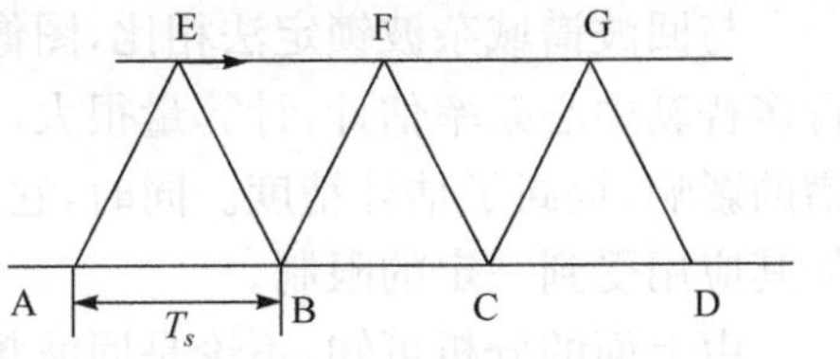

图 4.25　波束目标示意图

就可以消除 AB 段和 CD 段的影响。把获得的复图像进行变换，可以得到方位向能量谱。由于此时的能量谱是利用经历整个孔径照射的各点回波得到的，所获得所有方位向能量谱不会存在失真。再利用方位压缩后的方位向能量谱来估计多普勒中心频率，可以提高估计精度。

当 SAR 进行单视成像处理时，可采用跟回波频谱域杂波锁定法一样，通过寻找能量谱的中心位置来估计多普勒中心频率的值，不同之处就是增加了一步成像处理，计算要复杂一些，但此时图像方位像能量差 ΔE 和多普勒频率 f 之间仍满足一定的线性关系。具体实现步骤如下。

(1) 利用预设的多普勒参数构造方位参考函数。

(2) 取两个孔径的数据作单视方位向压缩，得到具有完整多普勒历程的一个孔径目标的图像。

(3) 在图像方位维作 FFT，求出能量差 ΔE。

(4) 按式(4.62)计算下一个估计值。

(5) 更改多普勒中心频率值，重复步骤(2)到步骤(4)，直至 $\Delta E=0$ 或者前后两次估计值的差值小于某一预设的阈值。

当 SAR 进行的是多视成像处理时，与单视成像类似，只是计算能量差不同而已。进行多视处理，如果想要方位向压缩的多普勒中心频率准确，那么两视成像处理时，第一视和第二视的子图像能量相等，而且它们的差为零；四视成像处理时，第一视与第四视的子图像能量相等、第二视与第三视的子图像能量相等，这时一、二视与三、四视子图像的能量差为零；以此类推，当 N 视成像处理时，前 $N/2$ 个子视图的能量和与后 $N/2$ 个子视图的能量和是相等的，且差为零。假如前 $N/2$ 个子视图的能量和与后 $N/2$ 个子视图的能量和之间会有一个能量差，那么估计的多普勒中心频率值肯定存在误差。跟前面一样，定义各子视图归一化能量差，定义为

$$\Delta E=\frac{\sum_{i=1}^{N/2}E_i(k)-\sum_{i=N/2+1}^{N}E_i(k)}{\sum_{i=1}^{N}E_i(k)} \tag{4.63}$$

同样，这个能量差和频率差之间也存在线性关系，比例系数 k 可以通过理论或实验得到，其他步骤与回波谱域杂波锁定法类似。

与回波谱域杂波锁定法相比，图像域方法较为复杂，必须先成像，然后才能进行多普勒中心频率估计，计算量很大，但是它能消除多普勒历程不完整的点对方位谱的影响，提高了估计精度。同时，它还要求预先知道多普勒调频率的准确值，这使其应用受到一定的限制。

由上面的分析可知，不论是回波频谱域杂波锁定法还是图像域法，都需利用能量差和频率差之间的线性关系。

4. 能量均衡法

能量均衡法是杂波锁定法的一种改进方法，该方法没有利用杂波锁定法中能量差和频率差之间的近似线性关系来逼近方位谱的能量中心，而是以直接求方位谱能量中心的方式直接逼近多普勒中心频率。这种方法减少了迭代次数，节省了运算量。下面给出基于单视方位处理的能量均衡法实现步骤。

(1) 利用预设的多普勒参数构造方位参考函数。

(2) 取两个孔径的数据作单视方位压缩，得到具有完整多普勒历程的一个孔径目标的图像。

(3) 在图像方位向作 FFT，为了提高信噪比，可以平均多条方位谱线。

(4) 找出方位谱线的能量中心，得到方位谱的中心频率 $f_0^{(i)}$。

(5) 修改多普勒中心频率，使 $f_{dc}^{(i)}=f_0^{(i)}$，重复上述运算直到图像方位谱中心频率误差满足要求，即 $\Delta f_0=f_{dc}^{(i-1)}-f_0^{(i)}$ 接近零，或小于预先设置的阈值。

5. 自相关函数法

前面介绍的四种方法都是从频域来估计多普勒中心频率，下面将要介绍的两种方法都是从时域角度对多普勒中心频谱进行估计的。众所周知，平稳随机信号功率谱和自相关函数是一对傅里叶变换。假设 $h_0(n)=h_0(nT)$ 是随机过程，那么它的相关函数可以表示为

$$R_0(k)=E\{h_0(k+m)h_0^*(m)\} \tag{4.64}$$

则功率谱可表示为

$$S_0(f)=F\{R_0(k)\}=\sum_{k=-\infty}^{\infty}R_0(k)\mathrm{e}^{-\mathrm{j}2\pi kTf} \tag{4.65}$$

对式(4.65)进行平移处理，表达式为

$$S_h(f)=S_0(f-f_{dc}) \tag{4.66}$$

由频移特性，自相关函数表达式可改为

$$R_h(k)=\mathrm{e}^{\mathrm{j}2\pi kTf_{dc}}R_0(k) \tag{4.67}$$

从式(4.67)中可以看出，从原始回波的自相关函数中可以估计出多普勒中心频率 f_{dc}。

雷达回波数据经方位压缩后，其频谱可以表示为

$$S(f)=S_e(f-f_{dc})S_c(f-f_{dp}) \tag{4.68}$$

其中，$S_e(f)$表示距离向压缩后受多普勒调制效应调制的信号的频谱；$S_c(f)$表示方位向压缩滤波器的频率特性；f_{dp}为方位压缩匹配滤波器的频率中心。由傅里叶变换可得到 $S(f)$相对应的自相关函数，即

$$R(k)=T\int_{-1/2T}^{1/2T}S_e(f-f_{dc})S_c(f-f_{dp})e^{j2\pi kTf}df$$
$$=e^{j2\pi kTf_{dc}}\int_{-1/2T}^{1/2T}S_e(f)S_c(f-\Delta f)e^{j2\pi kTf}df \tag{4.69}$$

其中，$\Delta f=f_{dp}-f_{dc}$；T 为脉冲重复周期。式(4.69)表明，回波信号数据经方位压缩后的数据的相关函数的辐角中包含着多普勒中心频率的信息，可以通过求相关函数的辐角来得到多普勒中心频率值。由于 $S_e(f)$ 和 $S_c(f)$ 都是对称的，当 $\Delta f=0$ 时，右边积分部分的辐角为零；当 Δf 比较小时，右边积分部分的辐角与 Δf 呈线性关系。所以，估计多普勒中心频率的方法有两种：一是画出 $f'_{dc}=(2\pi kT)^{-1}\arg\{R(k)\}$ 与 f_{dp} 的函数关系，那么多普勒中心频率的值可下述关系得出，即 $f'_{dc}=f_{dp}=f_{dc}$；二是利用积分辐角和 Δf 的线性关系可获得多普勒中心频率值，即

$$f'_{dc}=\frac{1}{2\pi kT}\arg\{R(k)\}\approx f_{dc}+\alpha\Delta f \tag{4.70}$$

由式(4.70)可得出多普勒中心频率的计算公式为

$$f_{dc}=\frac{f'_{dc}-\alpha f_{dp}}{1-\alpha} \tag{4.71}$$

式(4.71)中比例系数 α 可以通过理论计算或实验得到，它的计算方法与频域估计中比例系数的计算方法类似，而 k 通常情况下的值设为 1。这样我们可以通过求解经方位向处理后数据的自相关函数来得到多普勒中心频率。在实际的应用中，多普勒中心频率的估计不是一步计算就能得到的，往往需要进行迭代计算，直到前后两次估计值的差值小于某个预设的阈值。

6. 符号相关估计法

符号相关估计法也是利用信号相关函数的辐角信息来获得多普勒中心频率的估计值，与自相关函数估计法不同的是，符号估计法只需要利用信号的符号信息就能够获得信号的相关函数。

设 $x(t)$ 和 $y(t)$ 是具有零均值且标准偏差为 σ 的实高斯随机信号，它们的归一化相关系数为

$$\rho_{xy}(\tau)=\frac{E[x(t+\tau)y(t)]}{\sqrt{E[x(t+\tau)^2]\cdot E[y(t)^2]}}=\frac{R_{xy}(\tau)}{\sigma^2} \tag{4.72}$$

定义 x 和 y 的符号函数，即

$$s_v=\begin{cases}1, & v(t)\geqslant 0\\ -1, & v(t)<0\end{cases} \tag{4.73}$$

其中，$v=x$ 或 $v=y$。如果把符号函数看作一个系统，那么经符号函数作用后，输出随机过程的符号相关函数和原随机过程的归一化相关系数存在如下关系，即

$$\begin{cases} R_{sxsy}(\tau)=\dfrac{2}{\pi}\arcsin\{\rho_{xy}(\tau)\} \\ \rho_{xy}(\tau)=\sin\left\{\dfrac{\pi}{2}R_{sxsy}(\tau)\right\} \end{cases} \tag{4.74}$$

其中,R_{sxsy} 表示信号的符号相关函数。

如果把复随机序列表示为

$$h(k)=I(k)+\mathrm{j}Q(k) \tag{4.75}$$

则复随机序列的归一化相关系数为

$$\hat{\rho}_h(k)=\frac{1}{2}[\hat{\rho}_{\mathrm{II}}(k)+\hat{\rho}_{\mathrm{QQ}}(k)]+\mathrm{j}\,\frac{1}{2}[\hat{\rho}_{\mathrm{QI}}(k)-\hat{\rho}_{\mathrm{IQ}}(k)] \tag{4.76}$$

由于归一化相关系数的辐角和相关函数的辐角是相同的,所以,可以通过归一化相关系数的辐角来估计多普勒中心频率。我们知道雷达信号也是用 I 和 Q 两路来处理的,根据上面的内容,可以先分别求得 I 路和 Q 路信号的符号相关函数,然后得到其相应的归一化相关系数,再得到最终的归一化相关系数,最后求得多普勒中心频率。

由于符号估计法只是利用信号的符号进行相关函数的计算,没有对亮目标赋予大的权重,所以对于不均匀场景也有较好的估计能力;同时,符号相关运算相当于只进行简单的逻辑运算,所以运算量相对小,实时性较高。

4.8.2　多普勒调频率估计

在 SAR 成像处理中,方位向的压缩处理与距离向处理一样,只是距离向的参考函数由雷达发射的线性调频信号本身获得,而方位向的参考函数由多普勒参数决定。4.8.1 节已经介绍了多普勒中心频率的估计方法,本节将介绍多普勒调频率的相关估计方法。

在 SAR 的方位向压缩处理中,多普勒调频率 f_{dr} 是一个非常重要的参数,它的准确程度直接决定 SAR 图像的聚焦效果和成像质量。回波信号中的二次相位误差是 SAR 图像散焦的主要原因,准确的多普勒调频率 f_{dr} 的估计能有效地对相位误差进行补偿,从而避免图像散焦。通过从 SAR 回波信号、雷达参数和飞行数据来估计多普勒频率 f_{dr} 的过程或方法称为自聚焦。所谓“自”是指从回波信号本身出发消除相位误差,因此下面讨论的估计方法都是基于回波信号;而“聚焦”指的就是压缩处理。

多普勒调频率 f_{dr} 对于 SAR 成像处理非常重要,无论正侧视成像还是其他形式成像,对于方位向压缩处理,多普勒调频率是不可缺少的参数。所以,目前有许多关于多普勒调频率的估计方法,尽管每种方法的出发点不同,但是它们目的都一样,尽量获得精确的多普勒调频率估计值,当然这些估计值还要与相应的成像算法结合。虽然多普勒调频率估计算法种类很多,但是大体上可以归纳为以下两类。

第一类是基于相位误差函数的自聚焦算法。它们的共同点是从相位误差函数出发,目的是获得比较精确的相位误差估计值。它们的优点是有较快的收敛速度和较高的估计精度。主要算法有:子图相关(map drift,MD)法、相位差分(phase difference,PD)法和相位梯度自聚焦(phase gradient autofocus,PGA)法等。其中,MD法是基于有限阶的相位误差模型,适用于二阶相位误差的估计,而PGA法没有采用相位误差模型而是直接对回波中的误差进行估计,理论上可以补偿任意阶的相位误差。

第二类是基于雷达成像质量的自聚焦算法,主要包括对比度最优自聚焦法、最大峰值能量法、最小点目标宽度法和时频分析法等。

1. MD自聚焦算法

SAR成像中导致图像散焦的一个重要原因是二次相位误差的存在,而子图相关(map drift,MD)法是一种能对二次相位误差进行有效的估计的方法。MD算法通过估计回波信号的多普勒调频斜率 f_{dr},调整方位的参考函数,实现匹配滤波。由于MD算法能够有效消除方位向二次相位误差的影响,达到改善图像质量的目的,所以,该方法已在SAR成像处理中获得了广泛应用。

MD算法针对SAR回波数据,而这些数据的线性相位误差仅引起图像在方位向的整体平移,没有几何失真,即所有点目标回波的线性相位误差是一样的。

在MD算法中,将全孔径分为几个子孔径,对子孔径分别成像,并单独获得子图像,与全孔径图像相比,子孔径图像的空间分辨率下降了,这实际上就是多视处理原理。然后,对子孔径强度图像(map)进行互相关处理,并估计它们相对的偏移(drift),因此称为map drift算法。子孔径图像之间的偏移量与二次相位误差系数成正比,只要得到了偏移量,那么就可得出二次相位误差系数。下面对MD算法原理进行简单推导。

由于SAR成像系统中点目标的方位向回波近似为线性调频信号,目标在天线波束中的位置与其对应回波的瞬时频率 f 和多普勒调频率 f_{dr} 之间有如下关系,即

$$x-x_0=v(t-t_0)=\frac{(f-f_{dc})v}{f_{dr}} \tag{4.77}$$

其中,v 表示载体的飞行速度;x 和 t 分别表示载体的位置及其所对应的时刻;x_0 和 t_0 分别表示点目标位于波束中心时载体的位置与其所对应的时刻;f_{dc} 为多普勒中心频率。设 $x_0=0$,$t_0=0$,为简化运算,忽略 f_{dc},即 $f_{dc}=0$(如正侧视成像,并不影响成像结果),有

$$x=\frac{f}{f_{dr}}v \tag{4.78}$$

MD 算法就利用式(4.78)中 x 与 f_{dr} 的关系来消除相位误差。下面讨论一种情况，当对点目标回波进行方位向匹配滤波时，如果有二次相位误差的存在，即在没有完全消除二次相位误差的情况下，也就是使用有误差的多普勒调频率 f_{dr} 来进行成像处理，看有什么样的影响。假设以 4 视成像处理为例，就是把距离压缩后的信号分成 4 个子孔径。如果用正确的多普勒调频率 f_{dr}，则对第一和第四个子孔径的数据进行匹配处理，得到两幅图像，称为第一子视图像和第四子视图像。如果没有任何误差或者误差接近于零，那么它们将完全重合。但是，如果用带有误差的多普勒调频率 f'_{dr} 进行匹配处理，则两幅子视图之间肯定会存在一定的位置差，如图 4.26所示。选取第一和第四子视图像是因为位于两端的两个子孔径中心频率的差别最大，相应的时间差也最大，有利于提高估计精度。

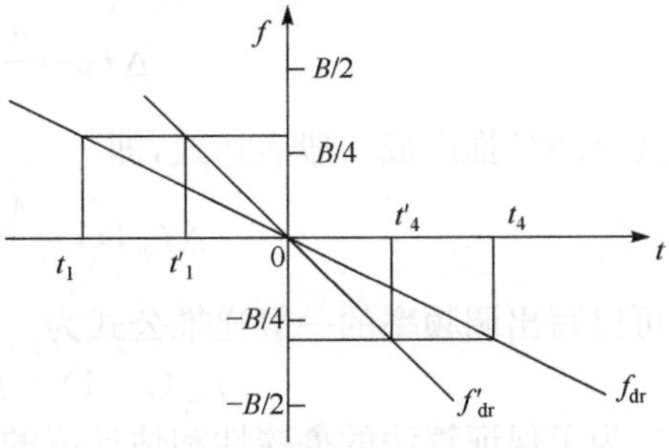

图 4.26　MD 算法示意图

在图 4.26 中，f_{dr} 为无误差的多普勒调频率，而 f'_{dr} 为有误差的多普勒调频率，B 为多普勒带宽，一个合成孔径时间为 T_s。第一孔径对应的多普勒带宽为 $(B/4\sim B/2)$，第四孔径对应的多普勒带宽为 $(-B/2\sim -B/4)$。用无误差的多普勒调频率对两个子孔径进行匹配滤波处理，得到第一子孔径的多普勒带宽的中心，即第一子视图像的中心位于 $t_1=-(3/8)T_s$ 处，第四子视图像的中心位于 $t_4=(3/8)T_s$。把第一子视图向后延时 $T_s/4$，第四子视图向前移 $T_s/4$，两幅图像将完全重合。

如果多普勒调频率存在误差，即用有误差的多普勒调频率 f'_{dr} 去进行成像处理，那么获得第一子视图像的中心时刻将滞后到 t'_1，而第四子视图像的中心时刻将提前到 t'_4，滞后时刻和提前时刻的变化量都为

$$\Delta t=t'_1-t_1=t_4-t'_4=\frac{\frac{3}{8}T_s\cdot f_{dr}}{f'_{dr}}-\frac{3}{8}T_s=\frac{3}{8}T_s\cdot\frac{f_{dr}-f'_{dr}}{f'_{dr}} \tag{4.79}$$

由于多普勒调频率存在误差，导致第一和第四子视图像不再重合，而且出现了方向相反的位移，对应时间的位移量为

$$\Delta t_{1,4}=(t'_1-t_1)+(t_4-t'_4)=\frac{3}{4}T_s\cdot\frac{f_{dr}-f'_{dr}}{f'_{dr}}=\frac{3T_s\Delta f_{dr}}{4f'_{dr}} \tag{4.80}$$

其中，Δf_{dr} 为多普勒调频率的误差值。由式(4.78)和式(4.80)，可获得两子视图对应的位置差 $\Delta x_{1,4}$，其定义为

$$\Delta x_{1,4}=v\cdot\Delta t_{1,4}=\frac{3vT_s\Delta f_{dr}}{4f'_{dr}} \tag{4.81}$$

由式(4.81)可知,只要求出第一和第四子视图像之间的位移量 $\Delta x_{1,4}$,就可以确定多普勒调频率的误差值 Δf_{dr}。假设用 $I_1(t)$和 $I_4(t)$分别表示第一和第四子视图像,则两个子视图像的相关函数为

$$P(\tau)=E[I_1(t)I_2(t+\tau)] \tag{4.82}$$

其中,$E[\cdot]$表示数学期望。根据互相关函数的性质,当两幅图像完全重合时,相关函数 $P(\tau)$将会出现最大值,而此时的 τ 就是两幅子视图的时间差。实际中得到的两幅子视图,它们在方位向偏离了一定的单元数。假设 $\Delta W_{1,4}$表示两幅子视图像之间在方位向偏离的单元数,δ_a 表示方位向的分辨率,其值通常等于方位向单元的大小,则两子视图像间的位移量 $\Delta x_{1,4}$为

$$\Delta x_{1,4}=\Delta W_{1,4}\cdot\delta_a \tag{4.83}$$

把式(4.83)代入式(4.81)中,并整理可得

$$\Delta f_{dr}=\frac{4f'_{dr}\Delta W_{1,4}\delta_a}{3vT_s} \tag{4.84}$$

把式(4.84)推广成一般表达式,即

$$\Delta f_{dr}(i)=\frac{4f'_{dr}(i)\Delta W_{1,4}\delta_a}{3vT_s} \tag{4.85}$$

则可以写出调频率的一般递推公式为

$$f'_{dr}(i+1)=f'_{dr}(i)+\Delta f_{dr}(i) \tag{4.86}$$

为了保证算法的鲁棒性和估计值的精确性,一般要进行多次闭环迭代才能接近预定的值。在每一次迭代过程中,估计出两幅子视图出现相关峰值时对应的位置,即新的多普勒调频率 f_{dr},再用新的 f_{dr}值重新构造方位参考函数,然后再对子视图进行成像。如此循环,直到 Δf_{dr}为零时,或者小于某个预先设置的阈值。

图 4.27 为 MD 算法流程图。在实现的过程中,有几点需说明。

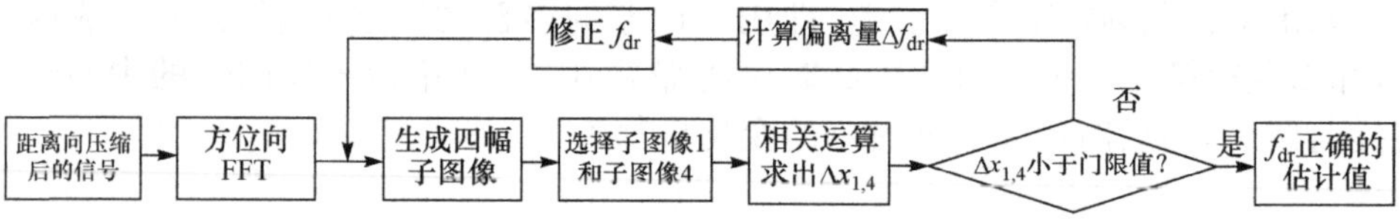

图 4.27　MD 算法流程框图

(1) 处理的数据不是原始数据,而是进行距离向压缩后的数据。

(2) 把一个全孔径划分成多个子孔径是在频域进行的,而不是在时域完成。数据进行距离压缩与矩阵转置后,按距离单元进行 FFT 到频域,然后从方位向进行划分。

(3) 匹配压缩生成的子视图像是二维数据矩阵,其相关运算以行为单位进行,所得到的相关函数也是一个二维矩阵。通常按列相加,得到一个一维数组,其峰值就是两幅子视图像的偏移单元数。

MD 算法的一个明显缺陷是受地形影响大,因为相关的过程要求高对比度地

形特征，所以它的应用受到一定的局限性。当场景中存在若干强反射点，且这些反射点的能量在整幅图像中占有显著比例，则这些强反射点位置的移动反映到相关结果中，使相关结果出现明显的峰值。当地面地形没有强反射点，但有明显的特征，如海岸线、河流、湖泊等，此算法仍然有效。如果地面的反射分布是完全均匀的，那么两幅图像的位置移动不能反映到相关的结果中，此时 MD 算法失效。MD 算法的另一个不足的地方是运算量非常大。

2. 相位梯度自聚焦(PGA)算法

早期的自聚焦算法只对低阶相位误差进行补偿，忽略了高阶相位误差的影响。为了得到较高阶相位误差的估计，通常的做法是把全孔径分成更多的子孔径。这样做不仅会降低多普勒调频率的估计精度，而且还会带来运算量的大幅度增加，显然不能满足高分辨率和实时 SAR 成像的要求。于是出现了一系列的改进算法，其中有代表性的算法是相位梯度自聚焦(phase gradient autofocus，PGA)算法。由于该算法直接对相位误差进行估计，没有采用有限阶相位误差模型，所以能同时补偿低阶和高阶相位误差，具有较高的估计精度，在成像方法中被广泛采用。PGA 算法最初是基于聚束式 SAR 成像模式提出的，下面简要介绍其原理。

设某个点目标的复回波信号为 $s(t)$，其表达式为

$$s(t)=A\exp\{\mathrm{j}[\phi(t)+\phi_\varepsilon(t)]\} \tag{4.87}$$

其中，A 是信号的幅度；$\phi(t)$表示相位；$\phi_\varepsilon(t)$是信号中的相位误差。根据信号估计理论，可以利用已检测到的信号样本来估计相位误差项 $\phi_\varepsilon(t)$。利用线性无偏最小方差(LUMV)估计准则，可以得到相位误差的一阶导数 $\dot{\phi}_\varepsilon(t)$的估计值，即

$$\hat{\dot{\phi}}_\varepsilon(t)=\frac{\sum_n \mathrm{Im}[s^*(t)s(t)]}{\sum_n |A|^2} \tag{4.88}$$

其中，$s^*(t)$为 $s(t)$的共轭复数；n 表示采用的信号样本数目；Im 表示取其虚部。

可得相位误差为

$$\phi_\varepsilon(t)=\int\dot{\phi}_\varepsilon(t)\mathrm{d}t \tag{4.89}$$

PGA 算法的基本思想是从时域信号出发来估计相位误差。但必须注意的是，用来估计的信号是方位向信号，而不是距离信号，因此表达式里的时间 t 为方位向的“慢”时间，而且是使用一个点目标的回波信号进行估计。因为 PGA 算法是基于一个假设，即所有散射点的相位误差都是相同的，只要求出一个点目标的相位误差，那么就可以对所有数据进行校正。但是，在实际处理中上述相位误差估计方法往往效果不理想。其原因在于以下两个方面：①为了确保相位误差估计的准确性并易于实现性，需要利用强点目标来估计其值。然而，对于一幅散焦的图像，难以找到一个强点目标；②因背景杂波及相邻目标的干扰，完全孤立的目标几乎是不存在的，因为点目标的回波是弥散的，邻近目标的信息有重叠，因此，要想完全分离出

一个目标的回波信号是很难的。

PGA 算法的优势在于解决了上述难题，它以迭代方式，经过圆周移位和加窗两个步骤的处理，提取到孤立的点目标，然后利用最优估计理论对多个目标上的相位误差信息进行平均，以获得准确的估计值。

PGA 算法当初主要用于聚束式 SAR 成像处理。在聚束式 SAR 成像系统中，回波数据距离向压缩后的域称为距离压缩相位历史域，并且在距离向压缩前，就对方位向进行了去调频处理以减小点目标回波的多普勒带宽，所以距离向压缩之后直接沿方位向作 FFT 就完成了方位向压缩，结果是复图像数据。这表明距离向压缩后的相位历史域数据 $P(n)$ 与图像域数据 $I(k)$ 是一对傅里叶变换与逆变换关系。

$$P(n)=\frac{1}{N}\sum_{k=0}^{N}I(k)\exp\left\{\mathrm{j}\,\frac{2\pi}{N}nk\right\}\tag{4.90}$$

$$I(k)=\sum_{n=0}^{N}P(n)\exp\left\{-\mathrm{j}\,\frac{2\pi}{N}nk\right\}\tag{4.91}$$

PGA 算法是基于散焦的图像，即从复图像域出发，这就意味着与采取哪种成像算法来获得散焦图像无关，也无需知道原始的回波数据，并与实际场景无关。PGA 算法的实现过程主要包括四个关键步骤：圆周移位、加窗、相位梯度估计和迭代运算，其流程图如图 4.28 所示。其中，圆周移位和加窗处理是针对图像域数据，而相位梯度估计则需要通过 IFFT 回到时域来处理。

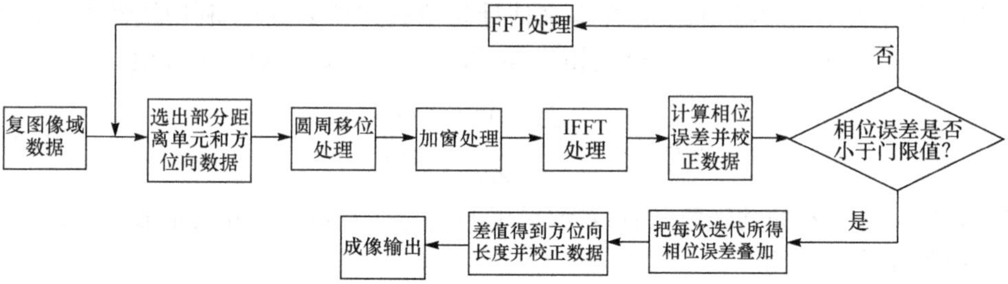

图 4.28　PGA 算法流程图

1) 圆周移位

为了降低运算量，通常只选取一定数量的能量最大的距离单元进行处理，虽然这种处理会带来误差，但是可以忽略不计，不影响多普勒调频率的估计。

先从复图像域数据中选出一些能量最大的距离单元，大约占整个距离单元数的 5%。然后分别选出每个距离门中的幅度最大的散射点，即强散射点，因为这些强散射点能够提供更多有利于相位误差估计的信息；接着把它们用圆周移位到图像的中心，也就是频域中零频位置。所谓圆周移位，指的是将某个距离门中所有方位向上的散射点的值跟这个最强散射点一起移动，从一侧溢出的点则从数组另一侧移入。

圆周移位处理的目的是通过圆周移位使每个距离门的强散射点对齐，一方面可以去掉目标的多普勒频移，即线性相位分量，另一方面有利于确定窗宽，改善信噪比；同时，通过圆周移位还可以使对比度较低的区域对齐。

2）加窗

圆周移位处理之后的步骤是加窗处理，也就是对每个距离门的数据进行加窗。其目的是保留最强散射点，去掉那些对相位误差估计无用的数据，以减少邻近目标和背景杂波的影响，达到提高处理区域内信噪比的目的。

对圆周移位之后的数据，通常只需加一个简单的矩形窗，就可完全消除窗外的影响。而且圆周移位后每个距离单元中除了目标点以外的其余点都可以用高斯白噪声来模拟，依据这个理论，其余点在变换到距离压缩相位域时，都会在强散射点的信号相位里产生噪声，并且离目标点越远，产生噪声的频率就越高。如果加上一个窗，就可以去掉部分高频噪声，提高处理的信噪比。当窗逐渐减小时，高频分量的噪声也越来越少，而相位误差的估计却越来越精确。所以，矩形窗宽度的确定非常重要，如果宽度太窄，则无法包含足够的散焦信息，从而影响估计的精度；但是如果宽度太宽，则会引入较多的噪声，带来较大的估计误差。

根据不同的成像场景及不同类型的相位误差，PGA 算法一般会采用不同的方法来确定窗的宽度。常用的方法有自动估计窗宽法和固定变化窗宽法。

1）自动估计窗宽法

如果成像场景中包含有建筑物、汽车和金属物等强散射点，即使是散焦图像，信噪比也比较高。这种情况可以采用自动估计窗宽法来确定窗的宽度。所谓的自动估计窗宽法是指利用信号本身的情况来确定窗宽。由于相位误差在距离向是冗余的，所以各个距离门的强散射点受同一模糊函数的影响，可以通过平均所有距离门的强模糊区域来估计窗的宽度。

沿方位向将每个距离门的信号进行非相干叠加，得到方位向能量分布的一维函数 $\mathrm{sum}(x)$，其定义为

$$\mathrm{sum}(x)=\sum_{n}|f_n(x)|^2 \tag{4.92}$$

其中，n 表示第 n 个距离门；$f_n(x)$是圆周移位之后的图像。

经过圆周移位后，图像中的强散射点已对准，此时 $\mathrm{sum}(0)$处，即多普勒频率为零处，具有最大值，而在两侧迅速下降，并在左右一定时间内趋于平稳状态，如图 4.29所示。只要对 $\mathrm{sum}(x)$设置一个阈值，就可确定窗宽。通常地做法是以 $\mathrm{sum}(0)$为中心，然后向左向右下降 10dB 的宽度记为 W，再将这两点所确定的宽度 W 增加 50%作为窗宽。一般情况下，随着迭代校正的不断进行，图像也会随之慢慢聚焦，窗的宽度也会越来越小。等到算法收敛时，窗宽的大小一般只有几像素。自动估计窗宽法比较适合低阶相位误差的估计。因为这类误差使点目标响应的主瓣展宽，经非相干叠加处理易出现散焦程度，便于确定窗宽。

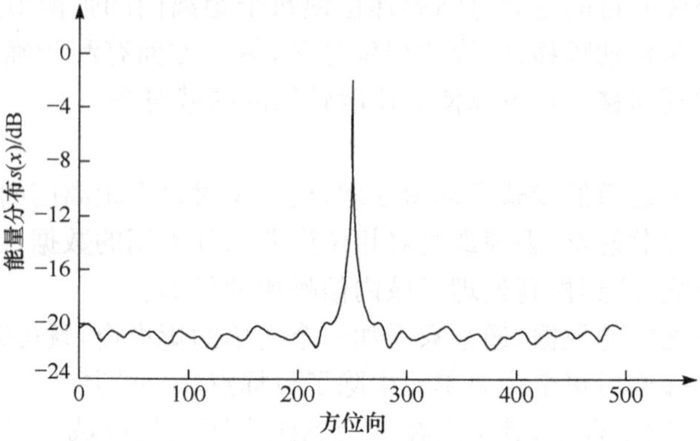

图 4.29 方位向能量分布图

2) 固定变化窗宽法

如果成像场景由海洋、沙漠、森林和农田等几乎完全缺乏明显特征的目标组成,类似背景杂波,没有明显对比度,即较低的对比度,此时强散射点难以与背景杂波区别。如果继续采用上述的自动选择窗宽度的方法,那么在迭代过程中窗的宽度并不能呈现出收敛的趋势。另外,如果相位误差属于高阶误差,它将主要影响旁瓣,对主瓣几乎无影响,那么此时自动估计窗宽法也不适用。针对上述情况,可以采用一种递减窗宽的办法,即将矩形窗的起始宽度设置为最可能的模糊宽度,一般有数百个单元,每迭代一次,窗的宽度就按预先设置的比例下降,如 10%或 20%等,由此来消除相位误差影响,获得聚焦的图像。

3) 相位梯度估计

经过前面的圆周移位和加窗处理之后,此时可对信号作 IFFT,变换到距离压缩相位域来估计相位误差的梯度值。理论上应该估计一阶导数,但实际上为了简化计算,通常用差分来替代。

设有 m 个距离单元,则相位梯度的线性无偏最小方差估计为

$$\Delta\hat{\phi}_\varepsilon(n)=\frac{\sum\limits_m \mathrm{Im}[d(n)s_w^*(n)]}{\sum\limits_m |s_w(n)|^2} \tag{4.93}$$

其中,$s_w(n)$是经圆周移位和加窗后的信号,即为距离压缩相位域信号;$d(n)$为$s_w(n)$的一阶差分,表达式为

$$d(n)=s_w(n+1)-s_w(n) \tag{4.94}$$

对 $\Delta\hat{\phi}_\varepsilon(n)$进行累加就得到相位误差 $\hat{\phi}_\varepsilon(n)$

$$\hat{\phi}_\varepsilon(n)=\sum_{i=0}^{n-1}\Delta\hat{\phi}_\varepsilon(i) \tag{4.95}$$

推导式(4.93)的假设条件是高信噪比，这是一种理论情况。实际情况并非完全这样，需利用该式进行多次迭代运算。

4）迭代相位校正

PGA 算法的最后一步工作是对图像数据在距离压缩相位域进行相位补偿。通过用图像作 IFFT 后的数据与相位项 $\exp\{-\mathrm{j}\hat{\phi}_\varepsilon(n)\}$ 相乘，再作 FFT，得到新的图像，作为下一次迭代用的初始图像。如此重复上述步骤，直到 $\hat{\phi}_\varepsilon(n)$ 小于一个预先设置的标准值，就认为图像已经聚焦，达到所需质量的图像，然后直接作 FFT，即获得最终高质量图像。

3. 对比度最优自聚焦(COA)算法

对比度最优自聚焦(contrast optimization autofocus，COA)算法也是一种基于相位误差的有限阶模型的自聚焦算法，不仅其原理简单、计算量小、易于实现，而且具有较快的收敛速度和强的稳健性。

MD 自聚焦算法的最大缺陷在于聚焦效果过分依赖于雷达数据，仅适用于成像场景中具有强反射点的情况。对于那些对比度不强或者不包含明显强散射点目标的地形数据来说，MD 算法很难达到收敛状态。但是，对于 COA 算法，没有明显对比度的场景，也能获得较好的收敛效果，故其比 MD 算法具有更强的适应性。

由于 COA 算法是基于有限阶相位误差模型的一种算法，所以，可以假设雷达回波数据中的误差模型为二次相位误差，则该模型的离散形式为

$$\phi_\varepsilon(n)=\gamma\cdot n^2,\quad 0\leqslant n\leqslant N \tag{4.96}$$

其中，γ 表示二次相位误差函数的系数。如果用 $\hat{\gamma}$ 表示对 γ 的一个估计值，那么对比度最优自聚焦算法就是通过迭代搜索运算，使估计值 $\hat{\gamma}$ 逐渐逼近真实值 γ。

图像的对比度与聚焦程度之间存在着这样一种关系，图像聚焦程度越好，那么图像的对比度就越大，当图像完全聚焦时，对比度达到最大值。实际上，图像对比度与聚焦程度的关系，也就是对比度与相位误差系数的关系。图像对比度函数 $C(\hat{\gamma})$ 的定义为

$$C(\hat{\gamma})=\frac{\sqrt{E\{[I^2(n,\hat{\gamma})-E(I^2(n,\hat{\gamma}))]^2\}}}{E[I^2(n,\hat{\gamma})]},\quad 1\leqslant n\leqslant N \tag{4.97}$$

其中，$I(n,\hat{\gamma})$ 表示方位向一维图像的幅度，且 $n=1,\cdots,N$，而 N 为方位向采样点数。式(4.97)中的分子表示图像幅度的标准差，分母表示图像幅度的均值。该式表明，对比度随相位误差系数的变化而变化，即不同的 $\hat{\gamma}$ 值，就有不同的对比度。

为什么不直接估计多普勒调频率 f_{dr}，而是估计二次相位误差系数 $\hat{\gamma}$ 呢？按一般的做法是在 f_{dr} 的可能范围内，依次用不同的 f_{dr} 值进行聚焦成像，然后计算图像的对比度，最后选择对比度最大时的 f_{dr} 值作为最终的估计值。但是，问题在于如

果用所有 f_{dr} 逐个成像，不仅计算量非常大，运算时间很长，运算效率很低，而且没有实用价值，很难满足高分辨率、宽测绘带和实时成像需求。为了提高运算效率，减少计算量，采用变化的误差系数 $\hat{\gamma}$ 来修正相位误差，达到调整 f_{dr} 的目的。

COA 算法流程图如图 4.30 所示，具体的实现步骤如下。

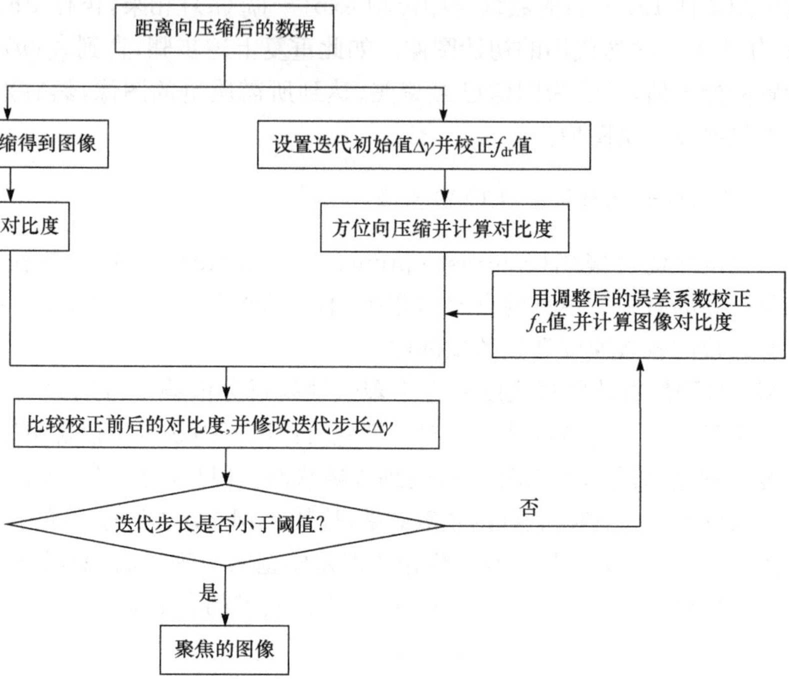

图 4.30 COA 算法流程图

(1) 对回波数据进行距离向压缩后，利用 f_{dr} 的理论值或预先设置的初始值进行方位压缩，并计算所得图像的对比度函数 $C(\hat{\gamma})$。此时还未校正误差，可以认为相位误差系数 $\hat{\gamma}$ 的值为零。

(2) 设置相位误差系数迭代步长 $\Delta\gamma$ 的初始值。由于雷达回波数据中的相位误差值并不很大，所以迭代步长初值可以设置为一个较小的值，计算公式为

$$\Delta\gamma=\alpha\cdot\frac{2\pi}{\lambda R}\Delta x^2,\quad \alpha<0.01 \tag{4.98}$$

用 $\Delta\gamma$ 对 $\hat{\gamma}$ 进行调整，定义为

$$\hat{\gamma}_{调整前}=\hat{\gamma}_{调整后}+\Delta\gamma \tag{4.99}$$

用调整后的 $\hat{\gamma}$ 修正 f_{dr} 值，然后进行方位压缩并成像，计算所得图像的对比度函数。

(3) 比较相位误差校正前后图像的对比度函数，修改迭代步长 $\Delta\gamma$ 值。比较的

结果有以下三种情况。

① 如果校正后的图像对比度函数大于校正前的对比度函数，那么迭代步长 $\Delta\gamma$ 不变，并且继续用该步长调整误差系数 $\hat{\gamma}$。

② 如果校正后图像对比度函数小于校正前的对比度函数，那么将迭代步长 $\Delta\gamma$ 减半，并改变它的符号。

③ 如果校正后的图像对比度函数等于校正前的对比度函数，那么将迭代步长 $\Delta\gamma$ 减半。

(4) 用调整后的相位误差系数 $\hat{\gamma}$ 修正 f_{dr}，然后成像并计算校正后图像的对比度。

(5) 重复步骤(3)和步骤(4)，直至迭代步长 $\Delta\gamma$ 小于一个预设的门限时才停止迭代，此时的图像可认为就是聚焦后的图像。

在实际应用中，用 COA 算法处理 SAR 成像数据时，要注意两个问题。

第一个问题是计算量问题。为了尽量减少运算量，节省运行时间，实际处理时，可以只选择一部分距离单元。对选择的距离单元进行成像处理并计算所得图像的对比度，用迭代的方法得到最终的多普勒调频率 f_{dr}，然后构造方位参考函数对所有数据进行方位压缩处理。此外，算法的总体运算量由估计初值和误差系数步长的门限决定。

第二个问题是强散射点问题。尽管 COA 算法不要求成像场景具有强散射点或强对比度，但是对完全均匀的场景会，COA 算法也会失效，因为此时的对比度函数为一定值。

4.9　均值频移相关成像算法

前面已经介绍了 SAR 成像原理的基本概念和成像处理算法以及多普勒参数估计方法等，下面以星载 SAR 成像为例介绍一种改进的 SAR 成像算法和实验结果，作为前面所学知识应用的一个实例。

星载 SAR 成像系统一般采用正侧视成像模式，这种模式下的成像算法通常采用 RD 算法，因此，其主要参数估计是多普勒调频率 f_{dr}。常用的 f_{dr} 估计算法有子孔径相关法(即 MD 算法)、PGA 算法、图像对比度法(即 COA 算法)、时频分析法和最小熵法等，虽然这些算法简单易实现，但是它们共同的不足是计算复杂，运算量大，不适合实时和高分辨率成像。于是有人提出直接从原始数据中对多普勒调频率进行估计的方法，如反射率偏移法和频移相关(shift and correlation，SAC)法，但是这两种方法只适用于机载 SAR 的多普勒调频率估计，不能直接用于星载 SAR 成像。在实时成像中，需要一种既能满足一定精度要求又有较少计算量的算法。因此，我们提出了一种新的多普勒调频率估计算法，即均值频移相关(mean frequency shift correlation,MFSC)算法。MFSC算法在某种程度上类似于频移相关算法，它直接从回波数据中估计多普勒调频率，无需成像，因此计算效率高。MFSC算法与子孔径相关法有一定的相似之处，但子孔径相关法是把方位向频谱高低段对应的图像作方位向相关，以得到多普勒调频斜率的误差，它是一种图像域自动聚焦算法，运算量大，而且需要迭代完成，故不宜实时成像处理。而MFSC算法不需迭代，可大大减少运算量，同时可获得对多普勒调频斜率较为准确的估计，使其适合于实时处理，且其适用范围较广，优于子孔径相关法。

MFSC算法主要由两部分组成：一是计算某一方位时刻所有距离门的平均多普勒调频率；二是计算每个距离门的多普勒调频率。平均调频率是利用星载SAR的几何关系来计算的，即用卫星的地面轨迹速度v、电磁波长λ以及卫星与目标的最短距离R_0来估计多普勒调频率，然后求它们的均值，以其作为每个距离门多普勒调频率的基值。由于SAC算法只适用于机载SAR成像，所以直接用于星载SAR成像，无法得到图像，从后面的实验结果可以看出。然而我们可以利用SAC算法来计算每个距离门的多普勒调频率，把它作为f_{dr}估计的调节值，这样就可得到比较精确的f_{dr}估计。MFSC算法流程如图4.31所示。

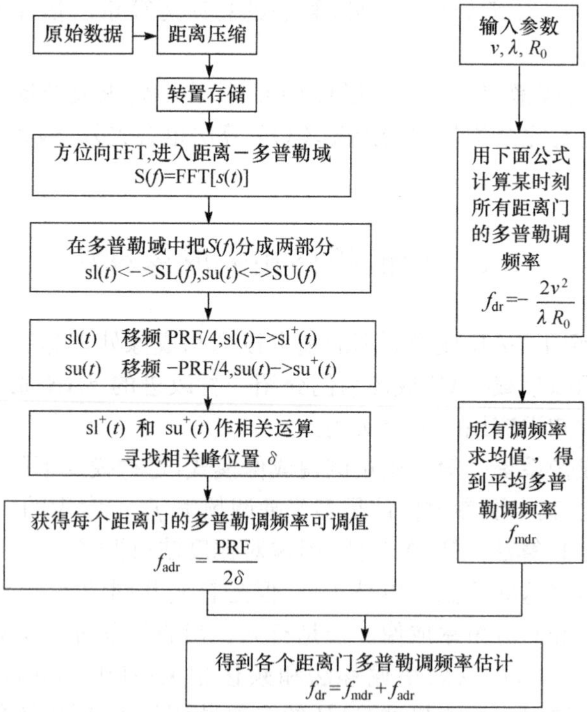

图4.31　MFSC算法流程图

4.9.1　MFSC 算法的均值估计

假设雷达发射一个线性调频脉冲信号 $s(t)$，接收并经距离向压缩后为

$$g_n(t)=\exp\left(-\frac{\mathrm{j}4\pi R_n}{\lambda}\right)\mathrm{sinc}(u) \tag{4.100}$$

则 $|g_n(t)|$ 出现最大值的时间为 $t_n=2R_n/c$，此时 $|g_n(t)|$ 的值为

$$g_n(t)=\exp\left(-\frac{\mathrm{j}4\pi R_n}{\lambda}\right) \tag{4.101}$$

观测时间内的所有脉冲重复上述过程，实质上是对慢时间 t 域内的采样，即

$$g_n(t|x_c,R_c)=\exp\left\{-\frac{\mathrm{j}4\pi R(t_n)}{\lambda}\right\} \tag{4.102}$$

其中，$R_n=R(t_n)$。正侧视星载 SAR 成像的简单空间几何关系图如图 4.32 所示。t 是沿卫星运动方向的慢时间，x 是地面轨迹位置，v 是地面轨迹的速度，t_0 是当目标位于雷达波束中心时的时间，H 是卫星的海拔高度，R_g 是地面距离，$R(t)$是卫星到目标的距离，R_0 是目标到卫星航迹的距离，其计算公式为

$$R_0=\sqrt{H^2+R_g^2}=R_{\text{near}}+\frac{c}{F_s}\cdot N \tag{4.103}$$

其中，c 是光速；F_s 是距离向采样频率；N 是距离向的采样点数，即距离门的个数。

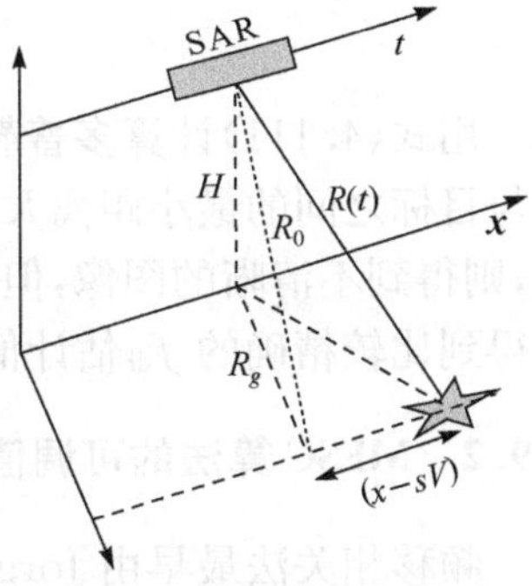

图 4.32　星载 SAR 正侧视成像的空间几何关系间图

由式(4.102)可知回波的相位为

$$C(s)=\exp\left\{-\mathrm{j}\frac{4\pi}{\lambda}R(t)\right\} \tag{4.104}$$

其中，$R^2(t)=H^2+R_g^2+(x-tv)^2$。在 $t_0=x_0/v$ 附近展开 $R(t)$，得

$$R(t)=R_0+\dot{R}_0(t-t_0)+\frac{\ddot{R}_0(t-t_0)^2}{2}+\cdots \tag{4.105}$$

式中，$\dot{R}$ 和 $\ddot{R}$ 分别表示第一和第二阶导数，下面根据系统参数计算 $\dot{R}$ 和 $\ddot{R}$，通过 $R^2(t)$对 t 求导数，则

$$\frac{\partial R^2}{\partial t}=2R\dot{R}\Rightarrow \dot{R}=\frac{1}{2R}\frac{\partial R^2}{\partial t} \tag{4.106}$$

看到 $\dot{R}_0$ 是在距离向时间 t_0 的速度，当目标在雷达波束中心时可测得多普勒平移。

$$\dot{R}_0=-v\frac{(x-t_0v)}{R_0} \tag{4.107}$$

距离加速度 $\ddot{R}$ 是距离速率 $\dot{R}$ 的导数，即

$$\ddot{R}=\frac{v^2}{R}+\frac{-v^2(x-sv)^2}{R^3}=\frac{v^2}{R}\left[1-\frac{(x-sv)^2}{R^2}\right] \tag{4.108}$$

式(4.108)中的第二项相对于第一项比较小，可以去掉，这样 $\ddot{R}_0 \cong v^2/R_0$。现在可以用速度和几何关系表示回波相位

$$C(s)=\exp\left\{\mathrm{j}\,\frac{4\pi R_0^2}{\lambda}\right\}\exp\left\{\mathrm{j}2\pi\left[\frac{-2v}{\lambda}\frac{(x-s_0 v)}{R_0}(s-s_0)+\frac{2v^2}{\lambda R_0}\frac{(s-s_0)^2}{2}\right]\right\} \tag{4.109}$$

这是一个调频函数，两个重要的参数是多普勒中心频率

$$f_{\mathrm{dc}}=\frac{-2v}{\lambda}\frac{(x-s_0 v)}{R_0} \tag{4.110}$$

和多普勒调频率

$$f_{\mathrm{dr}}=-\frac{2v^2}{\lambda R_0} \tag{4.111}$$

用式(4.111)计算多普勒调频率，它由卫星的地面轨迹速度 v、波长 λ 以及卫星与目标之间的最小距离 R_0 确定。如果直接用式(4.111)计算的值作为 f_{dr} 估计值，则得到不清晰的图像，但是如果把计算的结果作为 MFSC 算法的平均值，最后能得到比较精确的 f_{dr} 估计值。

4.9.2 MFSC 算法的可调值估计

频移相关法最早由 Jorgen 于 1991 年提出。它利用多普勒信号自身的相关特性，以很高的效率估算多普勒调频率 f_{dr}。下面是一个点目标的回波信号

$$s(t)=\exp[\mathrm{j}\pi f_{\mathrm{dr}}(t-t_0)^2],\quad t_0-\frac{T}{2}\leqslant t\leqslant t_0+\frac{T}{2} \tag{4.112}$$

把 $s(t)$ 从频域中分成两部分 SL(f)和 SU(f)，分别对应多普勒频谱的下半部分和上半部分，SAC 是指 SL 和 SU 相对的移频，然后进行互相关，其原理如图 4.33所示。

因 $s(t)$ 具有大的时间带宽积性质，SL(f)和 SU(f)对应的时域信号 sl(t)和 su(t)分别为

$$\begin{cases}\mathrm{sl}(t)=\exp[\mathrm{j}\pi f_{\mathrm{dr}}(t-t_0)^2], & t_0-T/2\leqslant t\leqslant t_0\\ \mathrm{su}(t)=\exp[\mathrm{j}\pi f_{\mathrm{dr}}(t-t_0)^2], & t_0\leqslant t\leqslant t_0+T/2\end{cases} \tag{4.113}$$

接着把 sl(t)和 su(t)作移频处理。SL(f)向频谱的高端频移 PRF/4，SU(f)向频谱低端频移 PRF/4，即

$$\begin{cases}\mathrm{SL}^{+}(f)=\mathrm{SL}\left(f+\dfrac{\mathrm{PRF}}{4}\right)\\ \mathrm{SU}^{+}(f)=\mathrm{SU}\left(f-\dfrac{\mathrm{PRF}}{4}\right)\end{cases} \tag{4.114}$$

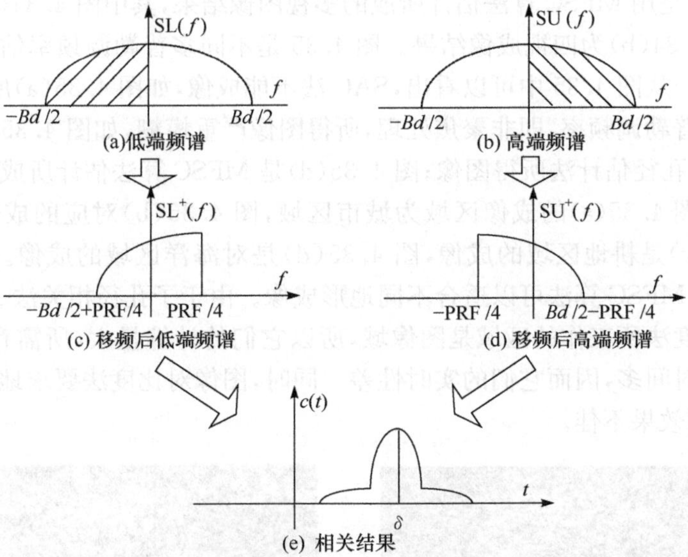

图 4.33　频移相关示意图

则对应的时域信号 $\mathrm{sl}^+(t)$和 $\mathrm{su}^+(t)$有

$$\begin{aligned}\mathrm{sl}^+(t)&=\mathrm{sl}(t)\exp\left(\mathrm{j}2\pi\frac{\mathrm{PRF}}{4}t\right)\\&=\exp\left[-\mathrm{j}\pi f_{\mathrm{dr}}\left(\frac{\delta}{2}\right)^2+\mathrm{j}\pi f_{\mathrm{dr}}t_0\delta\right]\exp\left[\mathrm{j}\pi f_{\mathrm{dr}}\left(t-t_0+\frac{\delta}{2}\right)^2\right],\quad t_0-\frac{T}{2}\leqslant t\leqslant t_0\end{aligned}\tag{4.115}$$

$$\begin{aligned}\mathrm{su}^+(t)&=\mathrm{su}(t)\exp\left(-\mathrm{j}2\pi\frac{\mathrm{PRF}}{4}t\right)\\&=\exp\left[-\mathrm{j}\pi f_{\mathrm{dr}}\left(\frac{\delta}{2}\right)^2-\mathrm{j}\pi f_{\mathrm{dr}}t_0\delta\right]\exp\left[\mathrm{j}\pi f_{\mathrm{dr}}\left(t-t_0-\frac{\delta}{2}\right)^2\right],\quad t_0\leqslant t\leqslant t_0+\frac{T}{2}\end{aligned}\tag{4.116}$$

其中，$\delta=\mathrm{PRF}/2f_{\mathrm{dr}}$。把 $\mathrm{sl}^+(t)$和 $\mathrm{su}^+(t)$作相关，则相关峰值出现在 δ 处，如图 4.33(e)所示。已知相关峰值位置 δ 和脉冲重复频率 PRF，就可得到 f_{dr}，这就是频移相关法，即

$$f_{\mathrm{dr}}=\frac{\mathrm{PRF}}{2\delta}\tag{4.117}$$

用式(4.117)计算 MFSC 算法的可调值。

4.9.3　实测数据成像处理结果

我们用 ERS-2 的实测数据进行了成像处理，实验结果如图 4.34 和图 4.35 所

示。图 4.34 是用 MFSC 算法估计所成的多视图像结果，其中图 4.34(a)为两视成像结果，图 4.34(b)为四视成像结果。图 4.35 是不同多普勒调频率估计算法获得的成像结果。从图 4.35 中可以看出，SAC 法不能成像，如图 4.35(a)所示；由几何关系估计多普勒调频率，即非聚焦处理，所得图像严重模糊，如图 4.35(b)所示；图 4.35(c)是子孔径估计法所得图像；图 4.35(d)是 MFSC 算法估计所成的图像。在图 4.35 中，图 4.35(a)的成像区域为城市区域，图 4.35(b)对应的成像区域是山区，图 4.35(c)是耕地区域的成像，图 4.35(d)是对海洋区域的成像。图 4.34 和图 4.35表明 MFSC 算法可以适合不同地形成像。由于子孔径相关法、时频分析法和图像对比度法所工作的区域是图像域，所以它们的计算量大，所需存储量也大，且计算所耗时间多，因而它们的实时性差。同时，图像对比度法要求地形有明显的对比度，否则效果不佳。

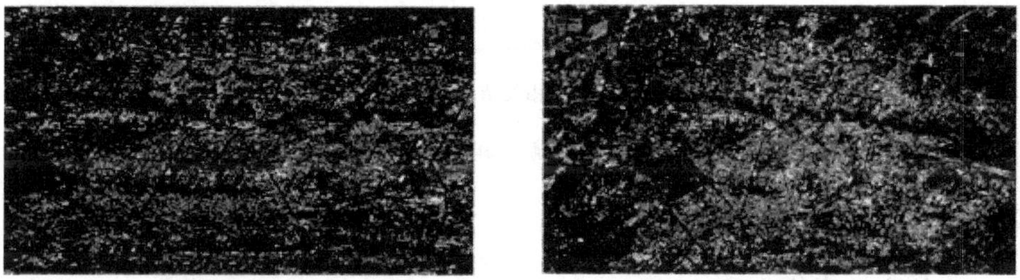

(a)两视SAR图像　　(b)四视SAR图像

图 4.34　MFSC 算法多视成像

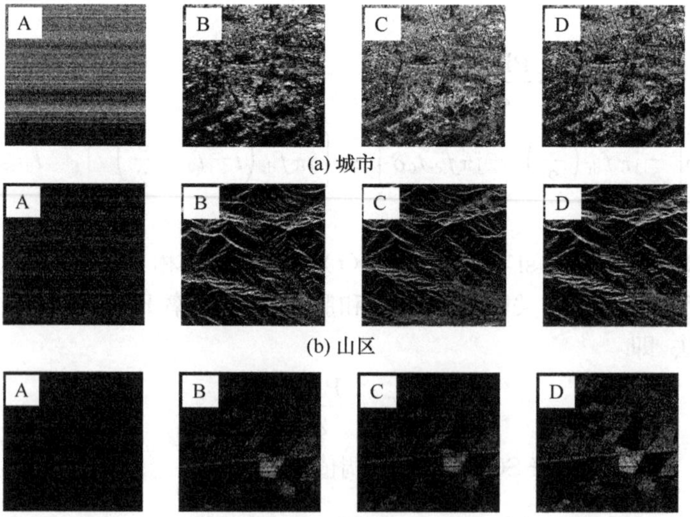

(a) 城市

(b) 山区

(c) 耕地

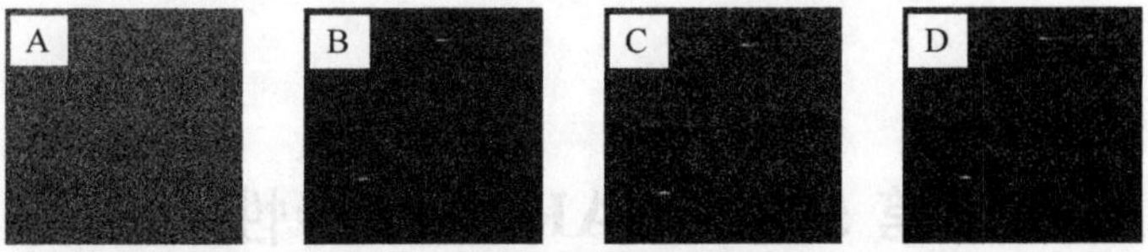

(d) 海洋

图 4.35　不同多普勒调频率估计成像结果

思　考　题

1. SAR 成像过程主要包括哪两个步骤？它们之间有什么区别？
2. SAR 回波数据距离向压缩和方位向压缩后的结果具有什么形式？
3. 简述 SAR 回波数据发生距离徙动的原因。
4. 距离徙动包括哪两个部分？
5. 简述距离走动如何校正？
6. 简述距离弯曲如何校正？
7. 简述距离多普勒(RD)成像算法的基本原理。
8. 简述 chirp scaling(CS)成像算法的基本原理。
9. 简述波数域(ω-k)成像算法的基本原理。
10. 简单比较典型三种成像算法之间的不同与相同。
11. 为什么要进行多普勒参数估计？
12. 多普勒中心频率估计的常用方法有哪些？
13. 多普勒调频率估计的常用方法有哪些？

第 5 章 SAR 图像特性

由 SAR 成像原理可知，它是斜距成像，而且是相干成像雷达，通过测量地物目标的后向散射特性来获得其相关信息。不论是成像机理，还是对接收数据的成像处理，以及测量数据所携带的信息，都与光学和红外成像有着极大区别，所以形成的 SAR 图像必然有自己独特的特点，例如，SAR 图像的几何特性、极化特性、散射特性、穿透性以及斑点噪声等。如果要正确解译、分析和判读 SAR 图像，必须先了解和掌握 SAR 图像的特性，才能更好地理解和应用 SAR 图像。

SAR 接收的回波数据中除了散射强度还包含着丰富的相位信息，对于多极化成像，还有极化信息。单视复 SAR 图像数据中的每一个像素不仅包含反映地表微波散射强度的幅度值(即灰度值)，而且还包含与雷达斜距有关的相位值。对于 SAR 幅度图像，其振幅越大，表明地物散射强度越大，SAR 图像的色泽越亮。散射强度的大小不仅取决于雷达系统参数，如入射角、雷达波长(频率)、雷达极化方式，而且还与地物目标的材料和表面结构有关，如表面粗糙度、介电常数等。例如，平静的湖面、机场跑道、海洋油污等在雷达灰度图像中呈暗色，而城市或粗糙的地面则呈现为亮色。

从像素信息量来看，SAR 图像要比可见光和红外遥感影像丰富，可见光遥感影像的每一像素仅包含灰度信息，在高光谱遥感中还包含光谱信息，但降低了空间分辨率。从视觉效果来看，SAR 灰度影像远没有可见光遥感影像那么清晰，这主要是由于雷达相干成像机理所产生而又无法避免的斑点噪声带来的影响，同时 SAR 图像的空间分辨率远没达到雷达传感器的物理极限。因此，本章主要讨论 SAR 图像的特点、系统参数对 SAR 图像的影响以及对散射特性的分析。

5.1 SAR 图像的视觉特性

SAR 成像遥感与光学遥感的主要区别如表 5.1 所示。从表 5.1 中可知，SAR 成像遥感和可见光遥感之间有着许多不同方面，例如，从成像原理到所携带的信息，从工作条件到具体的应用领域，从图像处理到图像解译和判读等。图 5.1 是相同目标的光学图像和 SAR 图像。其中，图 5.1(a)是 SAR 图像，目标区域为一系列坦克目标，图 5.1(b)是图 5.1(a)对应的光学图像；图 5.1(c)是单个 T-72 坦克光学图像，而图 5.1(d)是图 5.1(c)对应的 SAR 图像，这里是四幅不同方位向的 SAR 图像。从视觉效果来看，光学图像与 SAR 图像存在如下不同。

(a) SAR图像　(b) (a)对应的光学图像　(c) 单个T-72坦克光学图像　(d) (c)对应的SAR图像

图 5.1　同一目标的光学图像和 SAR 图像

表 5.1　SAR 成像遥感和光学成像遥感的比较

序号	SAR 成像遥感	光学成像遥感
1	白天和黑夜都能工作(不依赖于太阳光照)	只能白天工作(可见光波段)
2	全天候获取数据能力(能穿透云雨)	受到天气条件限制
3	不受大气成分影响(用于多时相分析)	受大气成分影响(需进行大气校正)
4	敏感于物质介电常数(受水含量、土壤湿度、生物量和冰等影响)	敏感于物质的化学成分(叶绿素,土壤成分)
5	敏感于地物表面粗糙度(波浪和地形)	对地物表面粗糙度几乎不敏感(无阴影)
6	敏感于地物目标外形结构(可用于极化)	无极化应用
7	精确的距离测量(干涉成像)	不能测量距离(可摄影测量)
8	具有一定的穿透能力	无穿透性
9	地物目标的高度信息(极化干涉)	无极化干涉
10	地表细微沉降信息(差分干涉)	无法获得
11	SAR 图像空间分辨率与高度、距离无关	空间分辨率跟高度和距离有关
12	侧视成像	星下点成像
13	大量斑点噪声(相干性成像原理)	无斑点噪声(非相干性成像)
14	接收的回波不是图像数据,包含幅度和相位信息	接收反射能量后直接成像
15	成像机理复杂(需专门的成像算法)	成像机理简单(无需专门成像算法)

(1) 一般情况下,光学图像远比 SAR 图像清晰。

(2) SAR 图像中包含着大量的斑点噪声,而光学图像没有。

(3) SAR 图像中的目标物成像结果呈比较离散的形式,边缘一般不连续,尤其是背离雷达的那侧。

(4) 光学图像有立体感,而二维的 SAR 图像没有立体感。

(5) SAR 成像对方位向特敏感,而光学图像对方位向不敏感。

(6) 人造目标反射强的电磁信号回波，在 SAR 图像中呈亮的色泽，而背景杂波反射比较弱的回波，呈暗的色泽；光学图像中人造目标和自然背景的反射没什么区别。

(7) SAR 图像有阴影，而光学图像没有阴影。

(8) 在 SAR 图像中，背景杂波通常占整幅图像较大的比例，目标区域通常只占较小区域比例，并且目标区域和背景区域灰度均值和方差一般有明显的差异。光学图像没有这个性质。

(9) SAR 成像对目标结构比较敏感，如二面角、三面角等结构，在 SAR 图像中呈亮色泽，而光学图像对结构不敏感。

(10) 光学图像层次感强，而 SAR 所成图像层次感较差。

5.2　SAR 图像的几何特性

5.2.1　斜距显示的近距离压缩

SAR 成像原理不同于光学图像，在前面的章节中已详细地进行了介绍，图 5.2 是 SAR 成像与光学成像的简单几何模型。从图 5.2 中可知，光学成像是通过焦平面来获取，并且是以角度来辨别的，但是 SAR 成像是斜距成像，是以距离来辨别的。这是它们成像的不同的根本原因。这必然导致雷达图像与光学图像之间有许多差别，在 5.1 节中已经进行初步介绍，本节主要从图像的几何关系方面详细介绍 SAR 图像固有的几何特点，只有了解了 SAR 图像的几何特性，才能做到正确地分析和判读 SAR 图像。

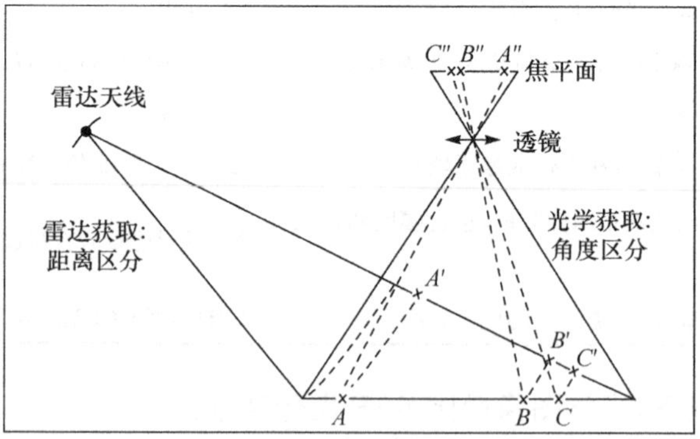

图 5.2　SAR 成像与光学成像简单几何模型

当雷达随载体向前飞行时，不断地以一定的重复频率向照射区域发射电磁波，然后接收从地物目标散射回来的回波，呈弥散的形式记录在存储器上。由于 SAR 是斜距成像，所以在距离向有两种显示方式。在斜距显示的图像上，地物目标的位置是由该目标到雷达的斜距离所决定的，而不是水平距离决定的，所以图像上两个地物目标之间的距离为其斜距之差乘以距离向比例因子，即

$$r_1 - r_2 = a(R_1 - R_2) \tag{5.1}$$

其中，r_1 和 r_2 是两目标在图像上的横坐标，纵坐标通常以载体的航向作为图像坐标，以 x 表示，a 是距离向比例因子。这里的距离向比例因子是相应于所说的两个目标。当俯角为 β 时，有

$$\Delta R = \Delta G \cos\beta \tag{5.2}$$

其中，$\Delta R = R_1 - R_2$，即两目标之间的斜距差，而且

$$\Delta G = G_1 - G_2 \tag{5.3}$$

式中，G_1 和 G_2 分别为两目标到雷达天线的水平距离，即地面距离。于是两目标的图上距离为

$$r_1 - r_2 = a\Delta R = a\Delta G\cos\beta = \frac{a}{\sec\beta}(G_1 - G_2) \tag{5.4}$$

图 5.3 为斜距图像近距压缩示意图，表示地面上相同大小的地块 A，B 和 C 在斜距图像和地距图像上的投影。其中，A 是距离雷达较近的地块，但在斜距图像上却被压缩了，可见比例因子是变化的，这样就造成了图像的几何失真，而且这一失真的方向恰好航空摄影所得到的影像的形变方向相反，航空影像中是远距离地物被压缩。为了得到在距离向无几何失真的图像，就要采取地距显示的形式，通常在雷达显示器的扫描电路中，加延时电路补偿或在光学处理器中加几何校正，以得到地距显示的图像。图 5.3 中表示的是平地图像在距离向没有形变，可以做到距离无失真现象看待，但是对于山地，即便地距显示也不能保证图像无几何形变。

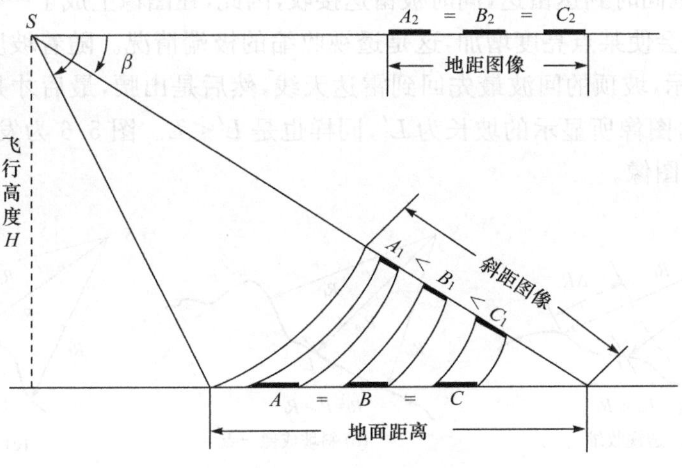

图 5.3　斜距图像近距离压缩示意图

5.2.2 SAR 图像的透视收缩与叠掩

在 SAR 成像过程中，地物目标的位置在方位向是按载体平台的时序记录成像的，几何畸变比较小；在距离向上是按照地物目标反射信息的先后时间记录成像的，在高程上即使微小变化都可造成相当大范围的扭曲，几何畸变比较大。SAR 图像中典型的几何畸变有透视收缩、叠掩和阴影。5.2.3 节主要介绍透视收缩和叠掩，在 5.2.3 节介绍 SAR 图像的阴影。

透视收缩(foreshortening)是指 SAR 斜距成像导致面向雷达倾斜的地物在距离上出现压缩的现象，即面向雷达的斜坡比较明亮，斜坡与雷达入射波垂直时，透视收缩最强烈。

叠掩(layover)是指当雷达波与地面法线方向的夹角很小时，会出现高的物体的顶部散射回波要比其底部散射的回波先到达雷达天线，在 SAR 图像上表现为顶底倒置的现象，这就是叠掩。

设雷达面向山坡成像时，雷达波束到山坡顶部、中部和底部的斜距分别为 R_t、R_m 和 R_b，而坡的长度为 L，如图 5.4 所示。在图 5.4(a)所示的示意图中，SAR 图像中测量山坡的长度并按比例尺计算后总比实际长度要短。这是因为雷达波束先到达坡底，最后才到达坡顶，于是坡底先成像，坡顶后成像，山坡在斜距显示的图像上显示其长度为 L'，但是 $L'<L$。在图 5.5 显示的 SAR 图像中，图 5.5(a)发生了透视收缩现象，而图 5.5(b)用 DEM 数据进行了几何校正，消除了透视收缩的影响。在图 5.4(b)中，由于 $R_t=R_m=R_b$，即雷达到坡底、坡腰和坡顶斜距相等，它们反射的回波也同时到达雷达，同时被雷达接收，因此，在图像上成了一个点，更无所谓坡长，但是会使某点亮度增加，这是透视收缩的极端情况。随着坡度的增大，如图 5.4(c)所示，坡顶的回波最先回到雷达天线，然后是山腰，最后才是坡底，此时 $R_t<R_m<R_b$，图像所显示的坡长为 L'，同样也是 $L'<L$。图 5.6 为发生严重叠掩现象的 SAR 图像。

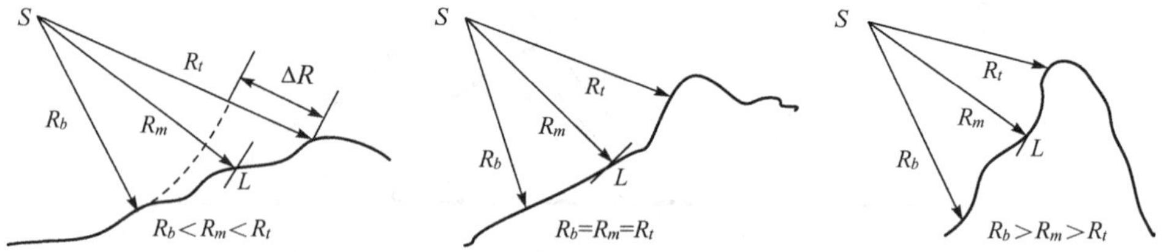

(a) 透视收缩　(b) 斜坡成像一点　(c) 叠掩现象

图 5.4　斜坡的成像示意图

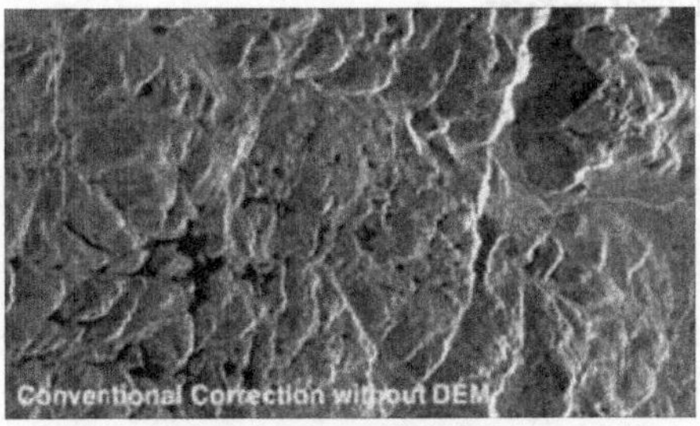

(a) 没有用DEM进行校正

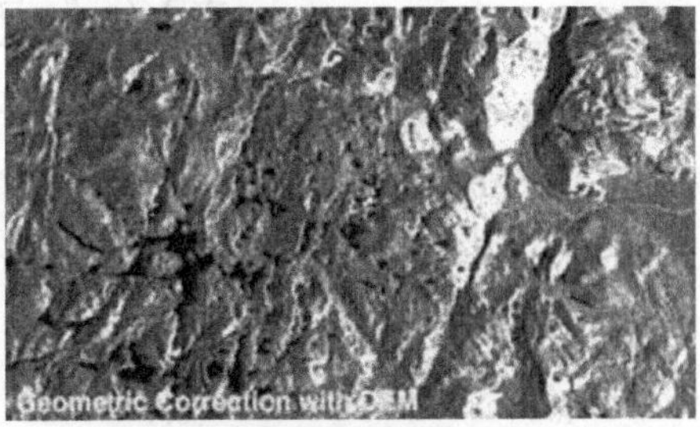

(b) 用DEM进行校正

图 5.5 透视收缩对 SAR 图像的影响

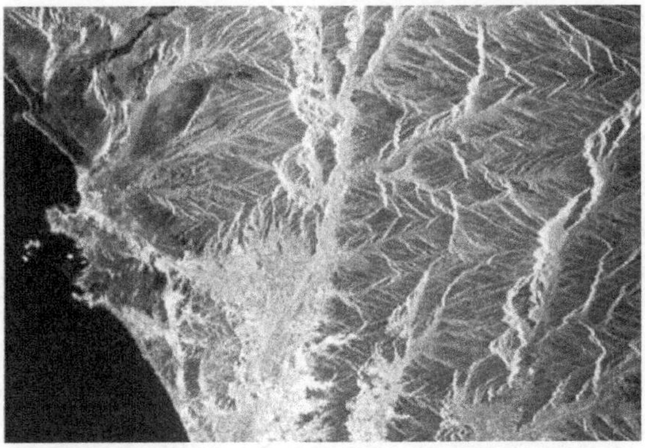

图 5.6 发生叠掩的 SAR 图像

如果用 L_r 表示雷达图像显示的坡长，则有

$$L_r = L\sin\theta \tag{5.5}$$

其中，θ 为雷达波束入射角，当 $\theta=90°$ 时，有 $L_r=L$，由于波束贴着斜坡入射，斜距等于地距，所以此时的 SAR 图像没有几何变形，其他情况下均会发生一定的形变，因为 $L_r<L$。入射角 θ 还可以用式(5.6)来进行表示

$$\theta = 90° - (\beta + \alpha) \tag{5.6}$$

式中，β 为俯角，α 为山坡坡度，它们之间的关系如图 5.7 所示。从图 5.7 中可知入射角 θ 的符号定义通常是与山坡坡度有关。对于某个 SAR 成像系统，它的俯角 β 通常是一个常数或在一定的范围内可选择。由式(5.6)可知，如果山坡的坡度 α 不变，俯角 β 越大，则 θ 的值越小。由式(5.5)表明，θ 越小，则近距离时图像透射收缩越大。式(5.7)为 SAR 图像透射收缩比的定义。

$$F_p = (1 - \sin\theta)\% \tag{5.7}$$

它与入射角 θ 的关系如表 5.2 所示。

表 5.2　F_p 与 θ 的变化关系表

θ	F_p	θ	F_p
0	100.0	50	23.4
10	82.6	60	13.4
20	65.8	70	6.0
30	50.0	80	1.5
40	35.7	90	0.0

上面考虑的是前坡的情况，即朝向雷达波束的坡面。背向雷达波束的坡面，称为后坡。对于同一方向的雷达波束，后坡的入射角与前坡不一样。当后坡坡度与前坡相同时，图像的收缩情况不一样，如图 5.7 所示。由于透视收缩的原理，使得图像正对波束的一面较窄，而背对波束的一面较宽。表 5.3 列出了不同俯角时的地面入射角和雷达坡度长度之间对应关系。从表 5.3 中可知，当前后坡均为 15°时，图像上的后坡总是比前坡长，前坡的透视收缩严重。由于透视收缩本身表明回波能量相对集中，最集中的情况是山顶、山腰和山底的回波集中到一点，如图 5.4(b)所示。收缩意味着有更强的回波信号，因此，在雷达图像中，前坡一般比后坡亮。

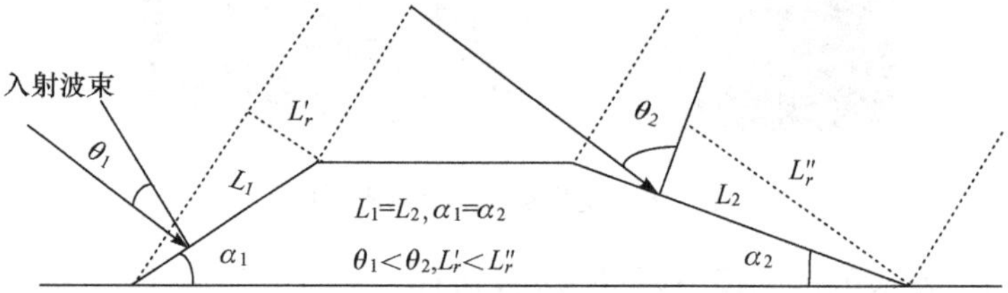

图 5.7　图像前后坡收缩对比情况示意图

表 5.3　不同俯角时地面入射角与雷达坡度长度间的关系

俯角/(°)	雷达坡度长度		坡长比(后/前)
	前坡	后坡	
15	0.87	1.00	1.15
25	0.77	0.98	1.28
35	0.64	0.94	1.47
45	0.50	0.87	1.74
55	0.34	0.77	2.26
65	0.17	0.64	3.76
75	0.00	0.50	∞

图 5.8 是雷达图像叠掩形成过程的示意图，山顶 F 点与山下 B 点在图像上成像于同一点 F'，山底成像晚于山顶，这种成像与航摄像片中的成像正好相反。在雷达成像过程中，高层建筑物的成像也类似这种情况。通常情况下，只要雷达波束的俯角 β 与山坡坡度角 α 之和大于 90°，就会出现叠掩现象。表 5.4 给出了不同坡度产生叠掩的必要条件，由该表可知当波束入射角为负值时才产生叠掩。图 5.9 为俯角与叠掩的关系图，表明俯角越大，则产生叠掩的可能性越大，且叠掩多是近距离的现象。

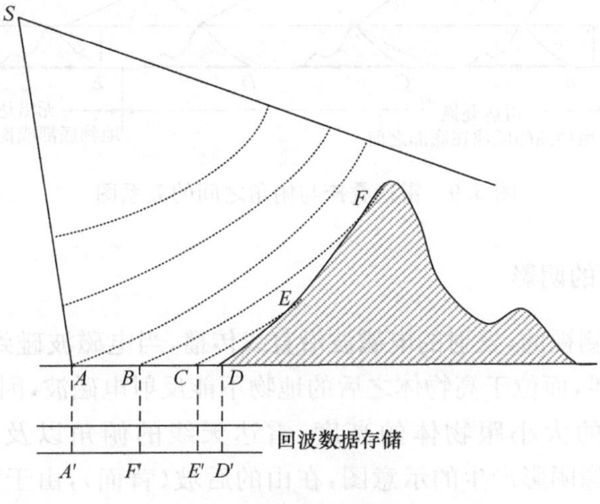

图 5.8　图像叠掩形成示意图

表 5.4　雷达图像产生叠掩的必要条件

地形坡度角 α/(°)	雷达波束俯角 β/(°)	雷达波束入射角 θ/(°)
>80	10	<0
>70	20	<0
>60	30	<0
>50	40	<0
>40	50	<0
>30	60	<0
>20	70	<0
>10	80	<0

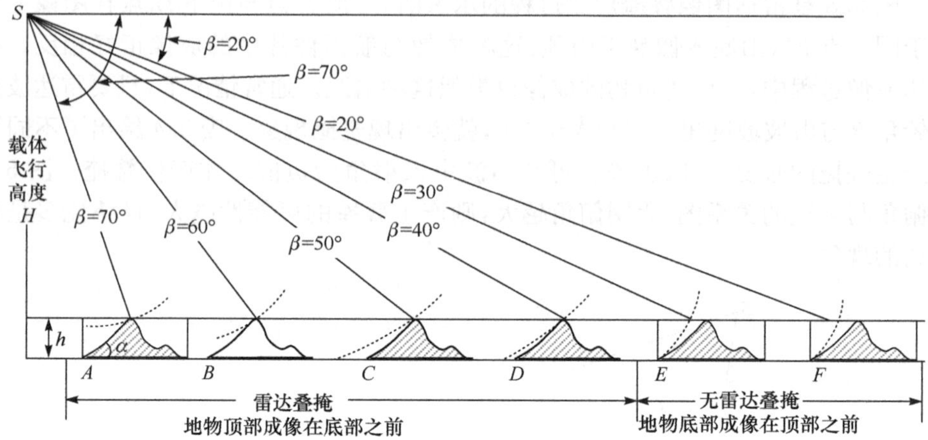

图 5.9 雷达叠掩与俯角之间的关系图

5.2.3 SAR 图像的阴影

SAR 成像是侧视的，发射的电磁波沿直线传播，当电磁波碰到高的物体时，会阻挡电磁波的传播，而位于高物体之后的地物不能反射电磁波，因此不能成像从而形成阴影。阴影的大小跟物体的高度、雷达天线的俯角以及背坡坡角有关。图 5.10为雷达图像阴影产生的示意图，在山的后坡(背面)，由于雷达发射的电磁波不能到达，不可能有雷达回波信号，在所获得的雷达图像上的相应位置出现暗区，即阴影，一般没有信息。雷达图像阴影的形成与俯角和坡度的大小有关。图 5.11为雷达阴影产生的条件示意图。当背坡坡度角 α_b 小于俯角 β 时，整个背坡面都能被雷达波束照射，都会产生雷达回波，因此不会产生阴影。当背坡角等于俯角时，即 $\alpha_b=\beta$，电磁波束正好擦过背坡，这时就要看背坡坡面的粗糙度如何，如果坡面为平滑表面，则不可能接收到雷达回波，如果坡面有起伏，则有的地段会产生回波，有的地段不会产生回波，就会产生阴影。当 $\alpha_b>\beta$ 时，即背坡坡度比较大时，此时必然会出现阴影。而且雷达阴影的大小与俯角 β 有关，在背坡坡度角 α_b 一定的情况下，β 值越小，阴影区越大。这表明远距离地物产生阴影的可能性大，恰好与产生叠掩的情况正好相反。这说明对于侧视雷达成像，对山区或高大建筑物成像时，获得的雷达图像要么有叠掩现象要么有阴影现象，或者两者都存在。SAR 图像阴影的存在，对 SAR 图像的解读和判译会带来一定的影响，图 5.12 为有阴影现象的 SAR 图像。

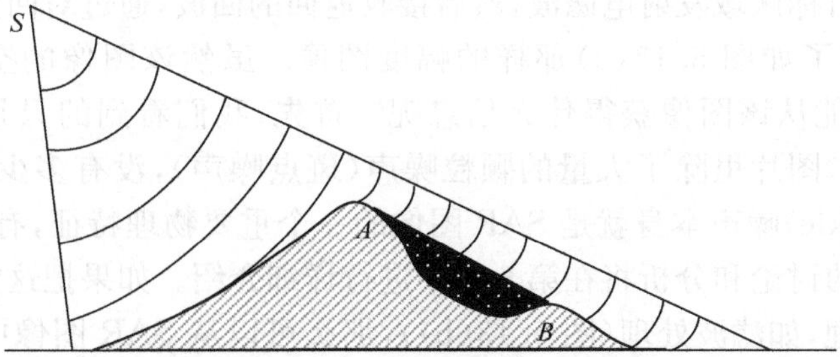

图 5.10　SAR 图像阴影产生示意图

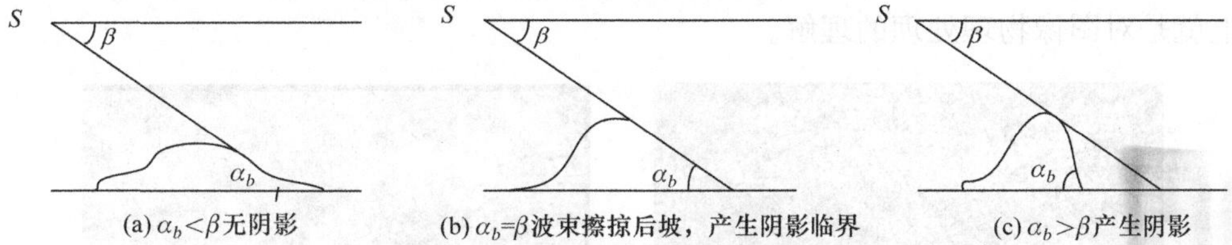

图 5.11　背坡角对雷达图像的影响

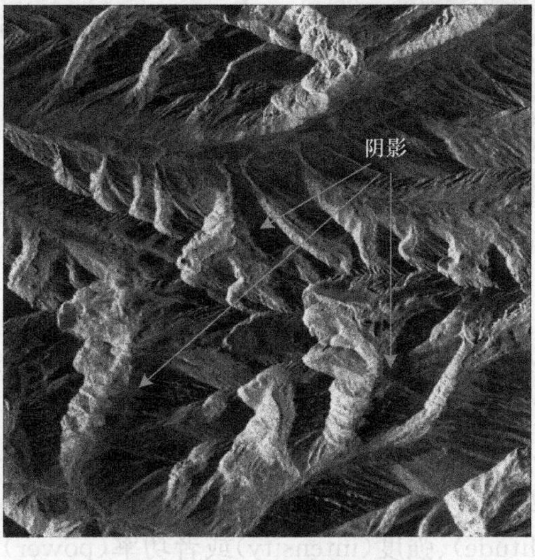

图 5.12　SAR 图像的阴影

5.3　SAR 图像的物理特性

5.3.1　SAR 数据的内涵

SAR 成像的本质是地物目标的特征空间到图像的影像空间的映射，目的是测量地物目标的各种特性，如散射特性、极化特性、高程信息、地形数据和地表沉降信息等。雷达向目标区域发射电磁波，然后接收返回的回波，通过对回波数据进行成像处理，就获得了如图 5.13(a)那样的幅度图像。虽然该图像的空间分辨率是 12.5m，但我们能从该图像获得什么信息呢？首先，我们看到的只是一幅数字图像，即一幅图片，图片里除了大量的颗粒噪声（斑点噪声），没有多少可用的信息。但是斑点(speckle)噪声本身就是 SAR 图像的一个重要物理特征，有关 SAR 图像斑点噪声特征的讨论和分析将在第 6 章中进行详细介绍。如果把这幅图像经过一系列的物理处理，如滤波处理(图 5.13(b))，那么可以从 SAR 图像中提取出许多物理内容，例如，可以看到非常清晰的纹理特征以及路的形状等。每个像素灰度的强弱反映地物目标散射强弱和散射类型以及空间结构等，图像的解译和应用实质上就是对图像物理处理的理解。

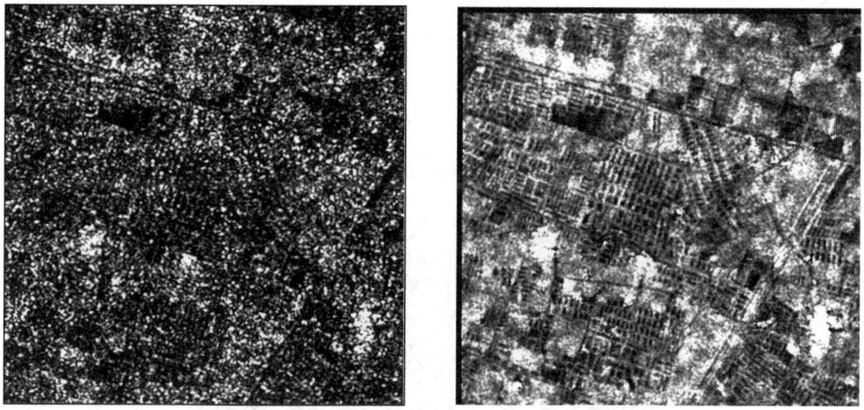

(a) 滤波前的SAR图像　　(b) 滤波后的SAR图像

图 5.13　SAR 强度图像

单视 SAR 复图像的每个像素不仅包含反映地表对雷达电磁波的反射强度，而且还包含与雷达斜距有关的相位值。SAR 回波数据通常包含两部分，即实部(real)和虚部(imaginary)，也称为同相(in-phase)和正交通道(quadrature channels)数据，它们构成了复数据。SAR 测量获得的基本数据是地物目标的后向散射强度，一般用振幅(amplitude)、强度(intensity)或者功率(power)来表示。SAR 测量获得的另外一个基本数据是相位信息，主要用于 InSAR、D-InSAR、PolSAR 和 PolInSAR等方面来提取数字高程和地表沉降等信息。所以，对于单通道 SAR 成像系统的相位没有提供有用信息，而振幅(或强度)是唯一有用的信息。

5.3.2　SAR 图像与后向散射系数

SAR 是测量地物目标后向散射系数的技术手段，对于点目标，测量的是雷达散射截面(radar cross section，RCS)，对于面目标（即分布目标），测量的是单位面

积的后向散射系数 σ^0。雷达散射截面是度量雷达目标对照射电磁波散射能力的一个物理量，是地物目标散射的主要特征信号，直接反映了目标对电磁波散射的强弱，是雷达探测目标、研究隐身技术和伪装的重要参数。下面介绍 RCS 的定义和意义。

RCS 是定量表征目标散射强弱的物理量，即目标对入射雷达波的有效散射截面，简称雷达截面。对于 RCS 的定义有两种解释：一是基于电磁散射理论的观点，二是基于雷达测量的观点。虽然它们的表示形式有所不同，但是它们的基本概念是统一的，都定义为单位立体角内目标朝接收方向散射的功率与从给定方向入射到该目标的平面波功率密度之比的 4π 倍。

假设目标在平面波照射下，目标散射具有各向同性，那么雷达目标散射的电磁能量可以表示为目标的等效面积与入射功率密度的乘积。入射平面波的能量密度为

$$w_i=\frac{1}{2}E_iH_i^*=\frac{1}{2Z_0}|E_i|^2 \tag{5.8}$$

其中，E_i 和 H_i 分别表示入射电场和磁场的强度；$Z_0=\sqrt{\mu_0/\varepsilon_0}=377\Omega$ 为自由空间的波阻抗。RCS 通常用 σ 符合来表示，因此雷达截面为 σ 的目标所截获的总功率为

$$P=\sigma w_i=\frac{1}{2Z_0}\sigma|E_i|^2 \tag{5.9}$$

如果目标把这些功率按各向同性地散射出去，那么在距离为 R 的远处，它的散射功率密度为

$$w_s=\frac{P}{4\pi R^2}=\frac{1}{8\pi R^2 Z_0}\sigma|E_i|^2 \tag{5.10}$$

同时，散射功率密度又可用散射场 E_s 来表示

$$w_s=\frac{Z_0}{2}|E_s|^2 \tag{5.11}$$

由式(5.10)和式(5.11)可以获得雷达散射截面 σ 的定义，即

$$\sigma=4\pi R^2\frac{|E_s|^2}{|E_i|^2} \tag{5.12}$$

假定地物目标为点散射体，且入射波为平面波，那么距离 R 应趋于无穷大，所以式(5.12)的严格表达式为

$$\sigma=\lim_{R\to\infty}4\pi R^2\frac{|E_s|^2}{|E_i|^2}=\lim_{R\to\infty}4\pi R^2\frac{|H_s|^2}{|H_i|^2} \tag{5.13}$$

这就是基于散射理论的 RCS 的定义表达式。

RCS 定义的另一种解释是基于雷达测量的观点，它是由雷达方程式推导出来

的，可参阅前面关于雷达方程部分的内容。

对于分布目标（即面目标），令 A_0 为电磁波照射面积，则由式（5.12）可得其后向散射系数 σ^0，即

$$\sigma^0=\frac{4\pi R^2}{A_0}\frac{|E_s|^2}{|E_i|^2} \tag{5.14}$$

RCS 的量纲是面积单位，可是它与实际目标的物理面积几乎没有什么关系。RCS 常用单位是 m^2，用符号 σ^0 表示。由于目标 RCS 的动态范围很大，常用以对数的形式给出，即用分贝表示。

$$\sigma^0(\text{dB})=10\cdot \lg\sigma^0(\text{m}^2\cdot\text{m}^{-2}) \tag{5.15}$$

SAR 的振幅、强度或功率图像都是一个二维分布的数字数值（digital numerical-value，DN），即灰度图像，灰度值为 0～255，很直观地反映了地物目标后向散射的强弱。所以，严格地说，雷达功率图像与地物目标后向散射系数 σ^0 之间存在着某种对应关系。

SAR 图像的二维像元矩阵与地表后向散射系数之间的对应关系可以用图 5.14表示。

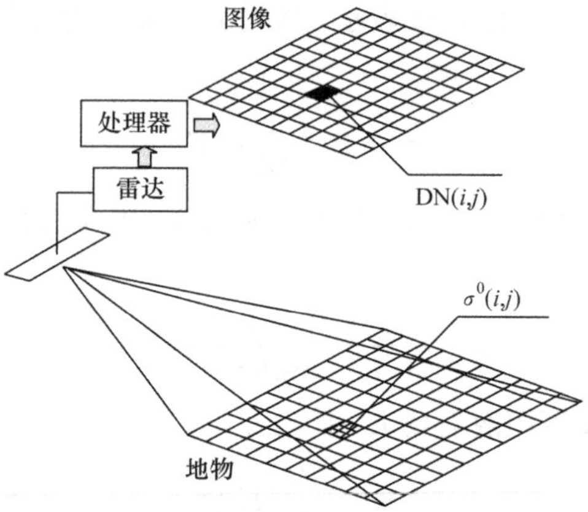

图 5.14　地物后向散射系数 σ^0 与 SAR 图像数值间的关系示意图

像元 $I(i,j)$ 的强度或数字值与相应地面单元后向散射的能量 P_r 有关，其关系模型为

$$I(i,j)=\text{DN}(i,j)=a\sqrt{P_r(i,j)}+b \tag{5.16}$$

其中，a 和 b 为比例常数，上述关系假设接收机采用线性检测，例如，像 Seasat、SIR-A/B/C 均采用这种方法。故雷达所接收的能量 $P_r(i,j)$ 与地物目标表面单元的后向散射系数 $\sigma^0(i,j)$ 有直接的比例关系，即

$$P_r(i,j)=k(i,j)\sigma^0(i,j) \tag{5.17}$$

对于分布目标，根据其雷达方程，并结合式（5.17），则可得

$$P_r(i,j)=\frac{P_tG^2\lambda^2}{(4\pi)^3R^4}A_0\sigma^0(i,j)=k(i,j)\sigma^0(i,j) \tag{5.18}$$

把式(5.18)进行整理，可得

$$k(i,j)=\frac{P_tG^2\lambda^2}{(4\pi)^3R^4}A_0 \tag{5.19}$$

从式(5.19)可以看出，$k(i,j)$是一个与目标距离 R 有关的因子，而且它还与发射功率 P_t、地面单元 A_0 的大小、发射电磁波的波长 λ 以及天线的增益函数 G 有关。当雷达系统参数确定后，它只与电磁波照射面积及目标的远近有关。如果在绝对尺度上已知 $k(i,j)$，就可以把 $I(i,j)$ 直接地与 $\sigma^0(i,j)$ 联系起来，产生一幅在绝对尺度上强度和后向散射系数有直接联系的雷达图像。如果只知道 $k(i,j)$ 的相对变化，就可以生成一幅相对的雷达回波图像。

5.4　SAR 图像的参数特性

SAR 测量的是地物目标后向散射系数，因此 SAR 图像上的信息是地物目标对于雷达电磁波的反应，而且主要是由地物目标表面后向散射形成的图像信息，即朝向雷达天线方向所散射的那部分电磁波所形成的图像信息。获得图像信息量的多少及强度大小受到地物参数的影响，例如，地物目标所处的位置、表面结构、表面形态以及介电性能的不同，均会对雷达发射的电磁波产生不同的反应效果。同时，雷达成像系统参数也会影响图像信息的获取，例如，不同雷达波段(频率)、极化方式、入射角和方位角都会使地物产生不同的反应，因而在图像上会产生不同的色调和纹理。

SAR 是一种主动的微波遥感成像雷达，在随载体的运动过程中，不断向目标区域发射电磁脉冲，然后接收反射回来的回波。由于电磁脉冲是电磁波，其具有振幅、频率、初相以及极化四个要素，所以，只要有一个要素不同，就会形成不同的电磁波。所谓地物目标对雷达波的不同反应指的就是回波振幅、初相或极化方式的不同。一般在散射过程中，初相会发生变化，但电磁波的频率不会改变，只是当雷达波束穿透地物目标时波长会发生变化。当回波振幅不同时，在图像上的表现为不同的灰度值，它是回波强度不同所致。不同的极化则以同极化图像或交叉极化图像的形式表现出来，它们通常会反映不同的结构信息。雷达图像通常不直接记录相位信息，而是隐含于复图像数据中，但其变化也会通过间接的方式(即通过回波强度的变化)影响图像信息。

SAR 测量的散射系数 σ^0 是地物目标综合参数影响的体现。地物目标的表面结构会决定散射类型，即散射机理，而地面目标的表面粗糙度和介电常数决定散射的强弱。它们的变化同样会引起 SAR 图像的色调和纹理发生变化。本节主要讨论雷达系统参数和地物参数等要素对地物目标影像特征的影响，这对于 SAR 图像的正确解译和目标判读是十分重要的。

从单极化或多极化的单幅 SAR 图像中测量的是强度信息，同样不同波段的单幅 SAR 图像测量中所提取的信息也是强度信息，因此，对于单幅 SAR 图像，图像灰度及灰度空间变化所构成的纹理就是从雷达图像中提取信息的主要内容。SAR 图像的灰度是地物目标后向散射回波强度的表现形式，而地物后向散射系数一般是以雷达后向散射截面 σ 或后向散射系数 σ^0 来表示。

一般认为，后向散射系数 σ^0 是雷达系统的参数波长 λ，入射角 θ，极化方式 P 和地物目标的参数方位角 φ，复介电常数 ε，表面粗糙度 Γ 以及不均匀介质中的体散射系数 V 的函数，即

$$\sigma^0 = f(\lambda, \theta, P, \varphi, \varepsilon, \Gamma, V) \tag{5.20}$$

目前，还没有得到式(5.20)的具体解析形式，只能给出部分参数与 σ^0 的定量或定性关系。

5.4.1 波长/频率

雷达的波长和频率是相互对应的，它们之间存在如下关系

$$c = f\lambda \text{ 或 } \lambda = \frac{c}{f} \tag{5.21}$$

其中，c 是光速(3×10^8m/s)；f 是频率；λ 是波长。在 SAR 成像系统中，波长/频率是一个非常重要的系统参数。短波长系统的空间分辨率高，能量要求也高，同时穿透能力低；长波长系统的空间分辨率低，但对能量的要求也低一些，并且穿透能力强。所以，星载 SAR 成像系统通常选择波长较长的电磁波，而机载 SAR 系统一般选择波长较短的电磁波。此外，波长的长短还影响目标表面的粗糙度，这些参数的变化引起后向散射的变化。

波长对后向散射系数的影响主要是通过两个方面来影响回波信号的，第一是用波长去衡量地物表面有效粗糙度，对于同一地物表面粗糙度，波长不同，其有效粗糙度不同，即对于雷达波束的作用不同，将在 5.4.5 节进行详细介绍。第二是波长不同，导致电磁波的穿透能力不同，那么目标的复介电常数不同。从上面的讨论可知，有效表面粗糙度直接影响地物目标对电磁波的散射方向分布，从而影响到回波能量的大小。复介电常数不同直接影响地物目标反射能力的强弱和电磁波穿透力能力的大小。

实际情况表明，当波长为 1cm 时，大多数表面都被认为是粗糙面，而当波长接近 1m 时，则很少有显得粗糙的表面。当波长为 1cm 时，穿透能力可以忽略不计，但是当波长为 1m 时，对潮湿土壤的穿透能力为 0.3m，而对干燥土壤的穿透可达 1m 以上。

一般情况下，波长与后向散射系数 σ^0 之间的关系比较难确定，特别是海面。对于陆地目标，根据对大量实验数据的分析，它们之间的关系通常可以用 λ^{-n} 来表

示，其中 $0<n<1$。

5.4.2　极化

电磁波的极化（电磁物理学也叫偏振）描述的是电磁波的电场矢量端点随时间变化形成的空间轨迹的形状和旋向。电磁波的极化与振幅、相位、频率一样是雷达发射和接收电磁波的重要信息。不同极化的不同回波是相应的电场方向与地物目标相互作用的结果，因此，目标的性质影响极化。电磁波经过传播、反射、散射和绕射后会发生电场矢量的改变，即发生去极化现象。

假设 SAR 成像系统发射的电磁波为水平极化波，当这种电磁波与地表相互作用时，会使电磁波的极化方向产生不同程度的旋转，形成水平和垂直两个分量，可用不同极化的天线去接收。这样就有了 HH 和 HV 两种极化方式的图像，同样，如果发射的电磁波为垂直极化波，就会有 VV 和 VH 两种极化方式的图像，这样就构成了四种极化方式的 SAR 图像，如图 5.15 所示。不同极化方式会获得不同的信息，因为它们对地物目标的不同结构的敏感性不一样，如果地物目标是对称的，则两种交叉极化方式 HV 和 VH 获得的信息相同，如图 5.16 所示。

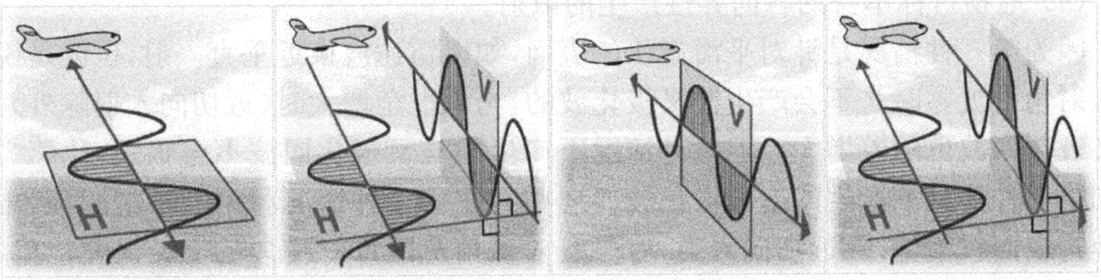

(a) HH极化　　(b) HV极化　　(c) VV极化　　(d) VH极化

图 5.15　极化示意图

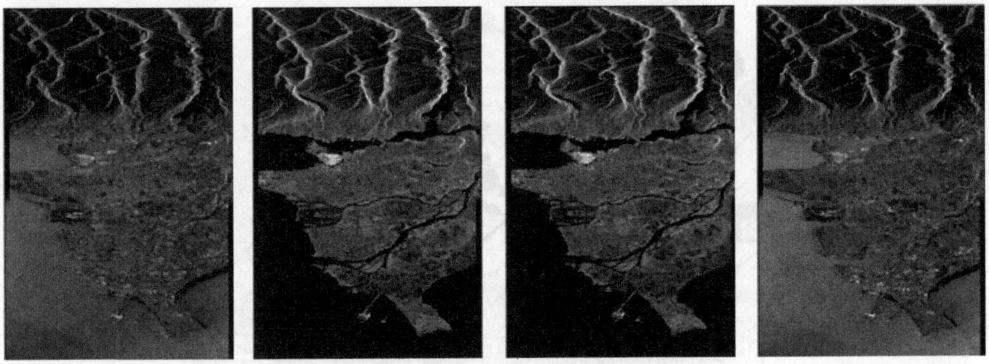

(a) HH极化SAR图像　　(b) HV极化SAR图像　　(c) VH极化SAR图像　　(d) VV极化SAR图像

图 5.16　不同极化 SAR 图像获取不同信息

当地物目标表面非常粗糙时，回波与入射角无关，因为地表散射各向同性，故水平 HH 和垂直 VV 两种同极化信号的量测之间基本上没有什么差别。但是在地表比较平滑的情况下，回波就与极化有一定程度的相关关系。对水平极化测量，比相同表面的垂直极化回波测量结果要小，可以低到 15dB。在近垂直入射时，两种极化的电场矢量都在水平面内，HH 和 VV 的差别趋于消失。水面也是类似于这种情况。在城区情况有所不同，对于房屋建筑，HH 的回波通常比 VV 回波大，有时高出 10dB，这些都是对同极化而言的。对于交叉极化，通常回波比同极化低 8～25dB，故用以接收交叉极化的雷达接收机的增益要高些。所以，在比较同极化图像和交叉极化图像时应注意灰度值的差异，因为不同的目标和地形在同极化和交叉极化图上会产生很大的差异。

一般情况下，产生交叉极化(如 HV 或 VH)的过程称为去极化。目前的研究表明有四种去极化机理。

(1) 由均匀的平滑起伏表面上反射系数的差别引起的准镜面反射。

(2) 非常粗糙的表面引起的多次散射。

(3) 地表趋肤深度层内的非均匀物体引起的散射。

(4) 地物目标本身的各向异性产生的散射。

因为第一种情况是针对平滑起伏的表面，如果雷达波束近垂直入射，也就是说当入射角接近零时是不会产生交叉极化波的，当入射角增大时(近切向入射除外)，交叉极化回波也随着增大。但此种情况下产生的交叉极化回波不会很强，比第二种和第三种情况下产生的交叉极化波要弱些。在第二种情况和第三种情况下，由于地物表面较粗糙，除近切向入射，对所有入射角范围都有均匀的交叉极化产生，而且第三种情况造成的交叉回波信号最强，因它是体散射和多路径散射造成的结果。当电磁波穿透地物目标时，形成体散射，如图 5.17 中 d 所示。多路径散射

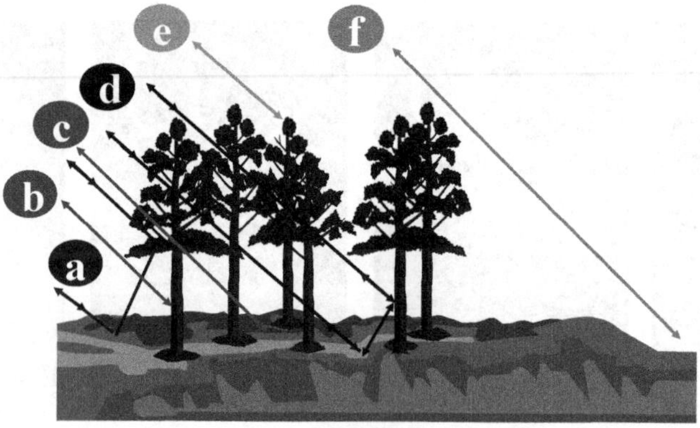

图 5.17　森林散射类型示意图

如植被内叶面、细枝、树干等几条路径的散射，如图 5.17 中的 a、b 和 e 所示。由于叶面、枝干取向的随机性，植被从整体上可起到某种各向同性散射的作用。图 5.17 中 b 和 e 为森林植被的散射，c 和 f 为土壤的表面散射，a 和 d 为多次散射。

图 5.18 为不同极化方式和不同散射的回波功率图。从图 5.18 中可以看到，对于体散射，不论入射角有多大，交叉极化的回波功率都比同极化大，也就是说，为了获得更多的信息，对于探测植被覆盖下地物目标，通常选择交叉极化 SAR 图像来提取信息。对于面散射，当入射角小于 30°时，主要是同极化，而此后交叉极化逐渐增强，多面散射的交叉回波功率几乎不变。

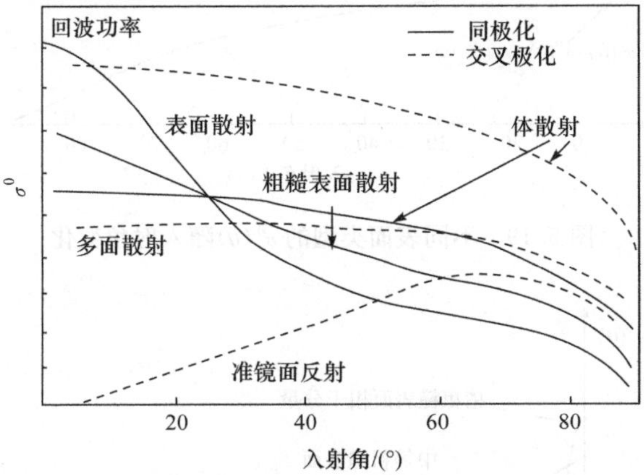

图 5.18　不同情况下的回波功率

5.4.3　入射角

入射角定义为雷达入射波束与当地大地水准面垂线间的夹角，是影响雷达图像上目标物因叠掩或透射收缩而产生位移的主要因素。根据瑞利准则，当入射角减小时，即俯角的增大，目标表面有效粗糙度将增加，会使目标散射能量分布的范围增加。一般说来，这时散射回波面积的大小也随之增大。但是，对于非常粗糙的表面，散射回波面积就与入射角无关，因为这时的粗糙程度无论对怎样的波长和入射角都是同一性质。

对于理想的光滑表面，平均散射系数的定义为

$$\sigma^0=\begin{cases}\delta, & \text{镜面散射}\\ 0, & \text{其他}\end{cases} \tag{5.22}$$

理想的粗糙表面即朗伯面，其平均散射系数的定义为

$$\sigma^0=\sigma^0(0)\cos\theta \tag{5.23}$$

图 5.19 为两种理想情况下的 $\sigma^0(\theta)$ 曲线。一般而言，对于光滑面，入射角变化

可能造成 25dB 以上的回波强度变化。对于粗糙表面，随粗糙度的不同，$\sigma^0(\theta)$曲线还不尽一致，如图 5.20 所示。实际情况下，光滑表面和粗糙面的$\sigma^0(\theta)$曲线并非如此，它们与理想情况下的曲线是有一些差异的。

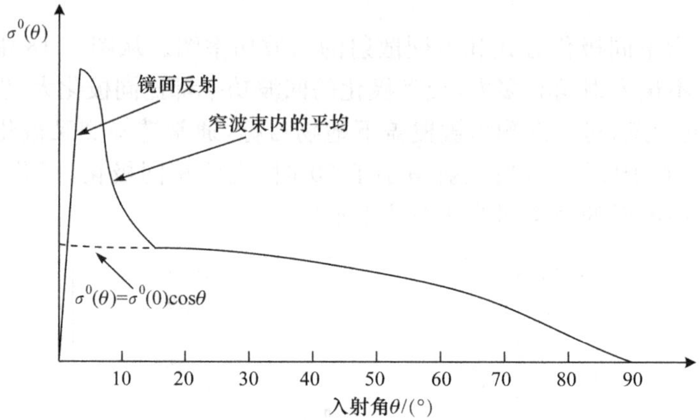

图 5.19　不同表面类型的$\sigma^0(\theta)$随入射角变化

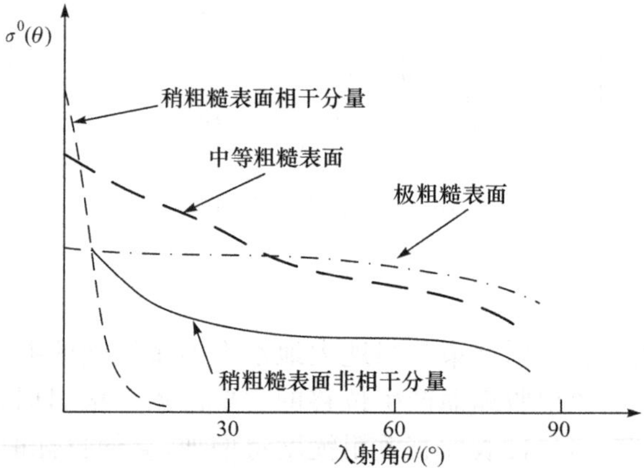

图 5.20　不同表面粗糙度$\sigma^0(\theta)$随入射角变化

一般说来，$\sigma^0(\theta)$曲线可按入射角的大小可分为三个部分，如图 5.21 所示，即近垂直入射区、平直区和近切向入射区。确定三个区域的阈值θ_v和θ_t因粗糙度而异，这样的划分便于对回波散射系数的描述。一般在陆地上空，雷达波束的入射角都在平直区范围内，这时$\sigma^0(\theta)$的曲率变化不大，所以，同一类地物目标无论在图像的近距离端，还是在远距离端，回波强度变化都不大，相应的图像灰度也不会有很大变化，有利于目标解译。在这种情况下，入射角不是影响雷达回波的主要因素。

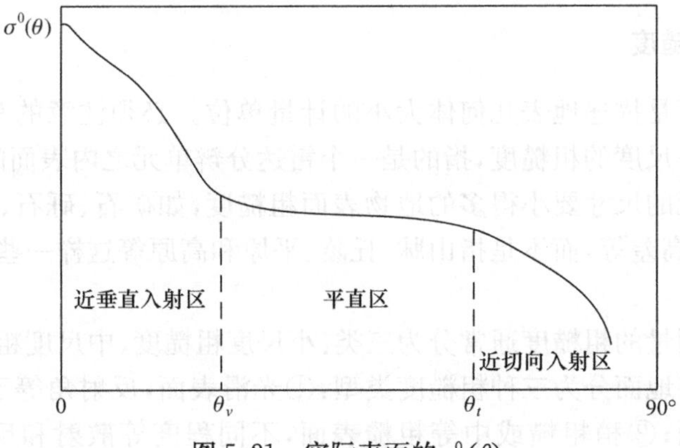

图 5.21 实际表面的 $\sigma^0(\theta)$

5.4.4 雷达视向

雷达视向以及地物走向的不同对后向散射回波有很大的影响。人工地物、铁路、电力线、桥梁以及成行成垄的农作物，尤为明显。当地物不对称且飞行平行于构造主轴线时，回波很强，当雷达照射方向与地物走向平行时，回波较弱，如图 5.22 所示。

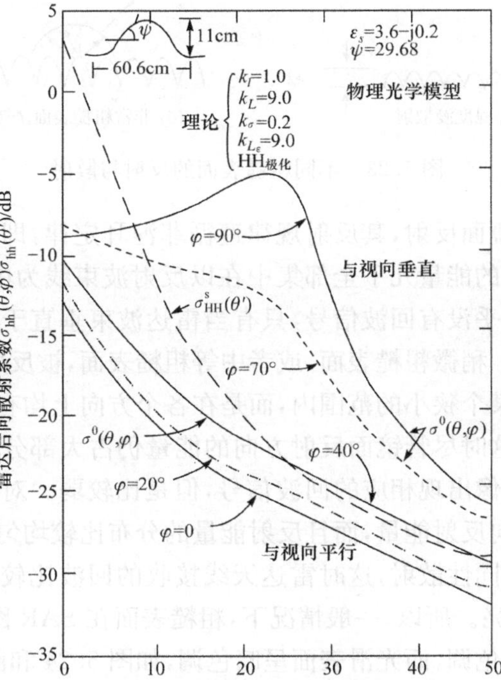

图 5.22 雷达后向散射系数随农作物垄向的变化

5.4.5　表面粗糙度

表面粗糙度是描述地表几何体大小的计量单位。必须注意的是，这里的表面粗糙度指的是小尺度的粗糙度，指的是一个雷达分辨单元之内表面的粗糙程度，即尺度比分辨单元的尺寸要小得多的地物表面粗糙度，如矿石、砾石、植被枝叶的大小、细微地形的高差等，而不是指山脉、丘陵、平原和高原等这样一些大起伏的地形单元。

成像雷达测量的粗糙度通常分为三类：小尺度粗糙度、中尺度粗糙度和大尺度粗糙度。一般将地面分为三种粗糙度类型：①光滑表面，反射角等于入射角，即呈镜面反射的表面；②稍粗糙或中等粗糙表面，不同程度等散射和反射入射能量；③非常粗糙表面，各向散射入射能量。如图 5.23 所示。粗糙度是决定回波振幅的一个主要因素。

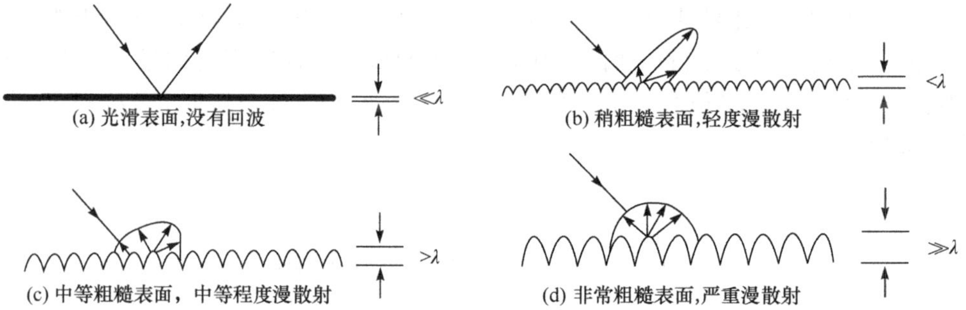

图 5.23　不同粗糙表面的反射与散射

光滑表面产生镜面反射，其反射规律遵循非涅耳定律，即反射角等于入射角。这种情况下，所反射的能量几乎全部集中在以反射波束线为中心的一个很小的立体角角度范围内，几乎没有回波信号，只有当雷达波束垂直于这类地物表面时，才能收到很强的回波。稍微粗糙表面，或者中等粗糙表面，被反射的能量不再完全集中在反射线方向的某个狭小的范围内，而是在各个方向上均有反射能量的分布，常称漫反射或散射。这时尽管镜面反射方向的能量仍占大部分，雷达天线已可以接收到少部分能量，图像出现相应的回波信号，但是比较弱。对于非常粗糙的表面，不仅可以向所有方向反射能量，而且反射能量的分布比较均匀。此时，没有镜面反射，而是所谓的各向同性散射，这时雷达天线接收的回波比较强。回波强度越大，SAR 图像的色调越亮。所以，一般情况下，粗糙表面在 SAR 图像上的色调是亮色调，稍粗糙表面是灰色调，而光滑表面呈暗色调，如图 5.24 和图 5.25 所示。其中，图 5.24 是典型地物表面在雷达图像中对应的色调的示意图，不同的表面在雷达图像中的亮度是不同的。图 5.25 是 SAR 图像中的典型地物表面及其色调情况。

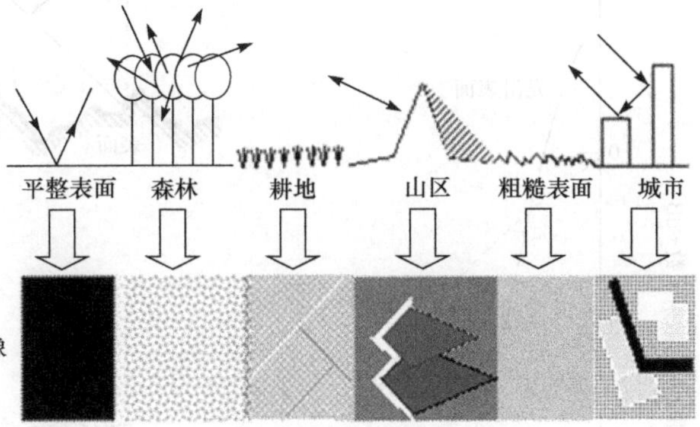

图 5.24　地物表面与雷达图像对应示意图

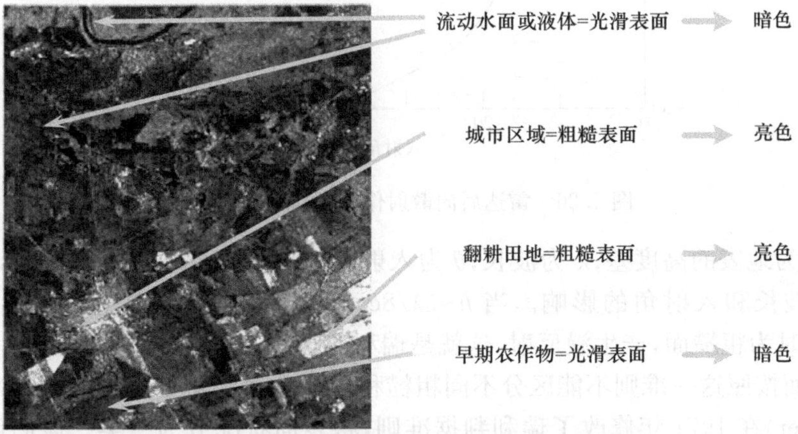

图 5.25　SAR 图像色调与典型地物

从上面的分析可知，不同表面在 SAR 图像中的亮度是不同的，即色调不同，因为一个分辨单元的粗糙度，决定了图像灰度大小。地物是否粗糙，与地物的平均高度变化 h_{rms}、入射波长 λ 以及入射角 θ 密切相关。平滑地物产生镜面散射，只有当入射角 θ 小于 10°时，才能接收到大量后向散射回波，如图 5.26 所示，并且随入射角增大，回波强度迅速减少。极粗糙的地物产生漫散射，各个方向上的回波强度相等。

瑞利判据定量地划分了粗糙度的界限，根据瑞利判据，式(5.24)是判定光滑面和粗糙表面的界限。

$$h=\frac{\lambda}{8\cos\theta} \tag{5.24}$$

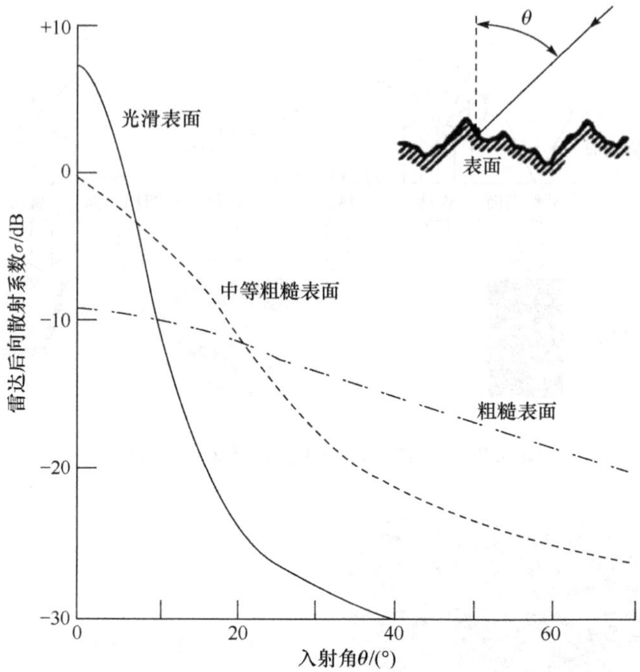

图 5.26　雷达后向散射作为不同表面的函数

其中，h 为地表的高度差；λ 为波长；θ 为入射角。从式(5.24)中可以看出，粗糙度直接受波长和入射角的影响。当 $h<\lambda/8\cos\theta$ 时为光滑面，产生镜面反射；$h>\lambda/8\cos\theta$时为粗糙面，产生漫反射，这就是瑞利准则。

然而按照这一准则不能区分不同粗糙程度的表面。于是皮克(Peake)和奥立佛(Oliver)在 1971 年修改了瑞利判据准则，将表面状况分为三类。他们认为，如果满足

$$h<\frac{\lambda}{25\cos\theta} \tag{5.25}$$

则地物表面为光滑面。若满足

$$h>\frac{\lambda}{4.4\cos\theta} \tag{5.26}$$

则地物表面是粗糙面。

介于上述两者之间时，则认为是中等粗糙面或稍粗糙面，这时有

$$\frac{\lambda}{25\cos\theta}<h<\frac{\lambda}{4.4\cos\theta} \tag{5.27}$$

从以上准则可见，粗糙度不仅取决于 h，而且还与波长 λ 和入射角 θ 有关。同一地表面，在波长较长时显得光滑，在波长较短时就被认为是粗糙面。波长通过相

应的有效表面粗糙度影响雷达回波的道理即在于此。另外，当入射角很大时，即波束接近掠射时，地物表面常常被认为是光滑的。在实际的地物目标中，像静止水面、机场跑道、平坦的道路和平屋顶等，一般都认为是光滑表面，在通常情况下它们几乎没有雷达回波，除非雷达波束入射角很小，接近垂直投射，才可能有回波信号。如草地、森林、裸地和农作物等，一般被认为是属于粗糙面，其中森林是典型的各向同性散射体。

5.4.6　复介电常数

复介电常数是地物目标非常重要的物理特性之一，对雷达回波有着非常重要的影响。复介电常数由表示介电常数的实部和表示损耗因子的虚部组成。所谓损耗因子是指电磁波在传输过程中的损耗或衰减，它与物质的传导率有关。考虑到复介电常数实部在进行物体的介电特性分析时具有代表性，故这里涉及的数据均为其实部，并用 ε 表示。大量的试验结果表明，在其他因素不变的条件下，介电常数越大，回波强度越强，电磁波的穿透能力越小，反之回波越弱，穿透作用强。因此，在某种意义上，介电常数决定后向散射的强弱。

复介电常数相对于单位体积的液态水含量呈近似线性变化。水分含量低时，雷达波束穿透力大，反射能量小，当地物含水量很高时，穿透力就大大减小，反射能量大。在整个微波波段内，水的复介电常数量值变化范围非常大，从 20～80，而大多数自然物质（如植被、土壤、岩石和雪等）的介电常数变化范围只有 3～8。由此可见水的介电常数之高，它对于各种含水物质的影响甚大。地物目标含水量的多少决定其复介电常数的大小，影响雷达回波的变化，图 5.27 为郭华东等于 1981 年在陕西武功雷达试验区测得的土壤、沙和植物样品的介电常数和含水量的关系，实验使用的工作频率为 9370MHz。

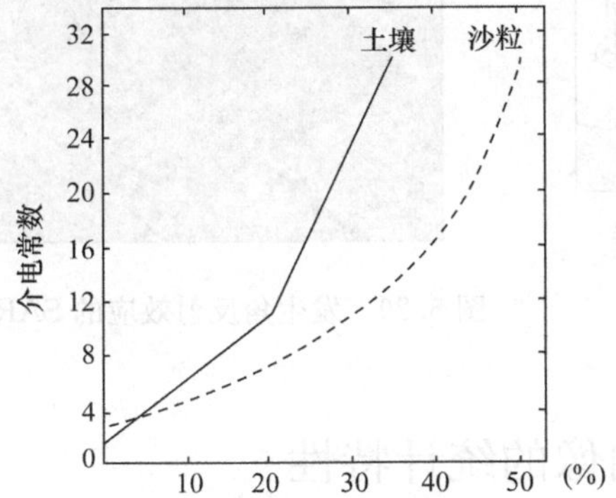

(a) 土壤、沙粒含水量(质量百分比)

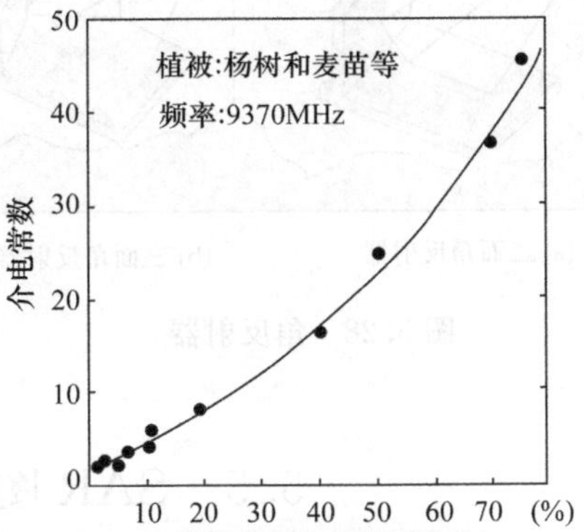

(b) 植被含水量(质量百分比)

图 5.27　地物目标含水量与介电常数的关系

在雷达图像解译中，含水量经常是复介电常数的代名词，因为这对植被和土壤湿度的分析十分重要。例如，植被随季节不同，其含水量不同，对雷达波束的反射强度也不同，导致雷达图像中色调不同。

另外，微波能量的损失或衰减是物质传导率和辐射频率的函数。一般说来，频率越高，物质的衰减作用越大，有效穿透越低。这对于植被的回波影响较大，频率高时，因为穿透能力差，回波主要来自植被上部，而频率低时，由于穿透力强，回波主要来自植被下面的地表面。

5.4.7　角反射器效应

当地物目标具有两个互相垂直的光滑表面(如城市中的街道和建筑物的墙)或有三个互相垂直的光滑表面(如建筑物的凹部与地表面)时就是所谓角反射器，它有二面角反射器和三面角反射器之分，如图 5.28 所示。

当雷达波束遇到这种目标时，由于角反射器的每个表面几乎是镜面反射，使波束最后反转 180°向来波方向传播(图 5.28)。这样就产生各条射线在反射回去的时候方向相同，相位也相同，有使信号互相增强的现象，这种现象致使回波信号极强，在 SAR 图像中表现为灰度值大，呈亮色。对于二面角，雷达图像上就出现相应于二面角两平面交线(轴线)的一条亮线，如图 5.29 所示。在图 5.29 的中央，原是一片森林，被砍伐后森林与裸露的地面形成二面角，产生强的反射回波。对于三面角，就在图像上形成相应于三个面交点的一个亮点，亮点尺寸和亮线宽度均为一个分辨单元。

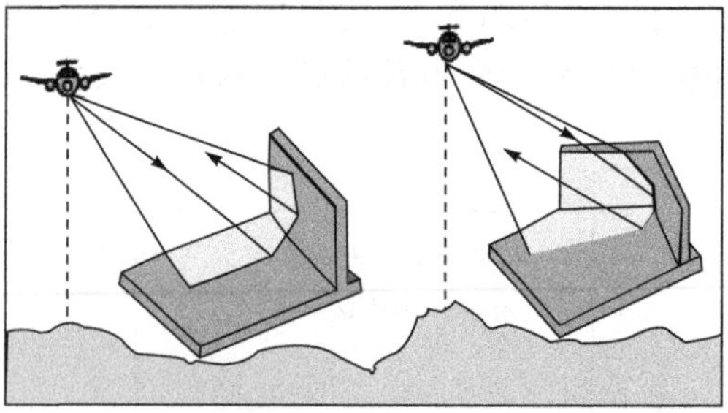

(a) 二面角反射器　　(b) 三面角反射器

图 5.28　角反射器

图 5.29　发生角反射效应的 SAR 图像

5.5　SAR 图像的统计特性

SAR 通过不断地向目标区域发射电磁波信号，然后接收从目标区域反射回来的回波信号，再对回波信号进行一系列复杂处理，即可获得地物目标的后向散射特性，还可以反演地物目标的物理特性（介电常数、湿度等）和几何特性（目标大小、形状、结构、粗糙度等）等多种有用信息。接收的后向散射回波信息中，除了幅度信息还有相位信息，而幅度信息反映地物目标的散射强弱和散射类型，相位信息主要用于高程数据、地形数据以及地表形变数据的获取。所以，一般情况下，我们所见到的单幅 SAR 图像往往是幅度图像或强度图像和功率图像，而后两者的灰度值是前者的平方。不论是幅度图像还是强度或功率图像，它们的像素灰度值都具有某个统计分布模型。SAR 图像幅度的密度分布函数主要有：对数正态（Log-normal）分布、瑞利（Rayleigh）分布、韦布尔（Weibull）分布、K 分布、Gamma 分布、皮尔逊（Pearson）分布等，其中瑞利分布是韦布尔分布的特例。从前面对 SAR 图像参数特性的分析可知，SAR 成像受到各种参数的影响，而且不同地物目标其物理参数是不同的，即使同种目标，在不同的时间和状态下，它们的物理参量也是不同的。下面针对具体的 SAR 图像讨论常见的几种 SAR 图像的背景杂波分布模型。

1. 瑞利分布

瑞利分布的概率密度函数（PDF）$p(x)$为

$$p(x)=\begin{cases}\dfrac{x}{\sigma^2}\exp\left\{-\dfrac{1}{2}(x/\sigma)^2\right\}, & x>0\\ 0, & x\leqslant 0\end{cases} \tag{5.28}$$

其中，σ 为瑞利参数。瑞利分布的期望 $E(x)$和方差 $\mathrm{VAR}(x)$分别为

$$\begin{cases}E(x)=\sqrt{(\pi/2)}\sigma\\ \mathrm{VAR}(x)=((4-\pi)/2)\sigma^2\end{cases} \tag{5.29}$$

对式(5.28)进行积分，就可得到瑞利分布的概率分布函数 $F(x)$为

$$F(x)=\int_0^x \frac{t}{\sigma^2}\exp\left\{-\frac{1}{2}(t/\sigma)^2\right\}\mathrm{d}t=1-\exp\left\{-\frac{1}{2}(x/\sigma)^2\right\} \tag{5.30}$$

当瑞利参数 σ 取不同值时，瑞利分布情况如图 5.30 所示。瑞利分布可用于描述低分辨率均匀区域的幅度图像数据。

2. 韦布尔分布

韦布尔分布是一种常用的统计模型，瑞利分布是其分布的特例，它在很宽的条件范围内能很好地与实验数据相匹配，其概率密度函数 $p(x)$为

$$p(x)=\begin{cases}\dfrac{c}{b}\left(\dfrac{x}{b}\right)^{c-1}\exp\left\{-\left(\dfrac{x}{b}\right)^{c}\right\}, & x\geqslant 0\\ 0, & x<0\end{cases} \tag{5.31}$$

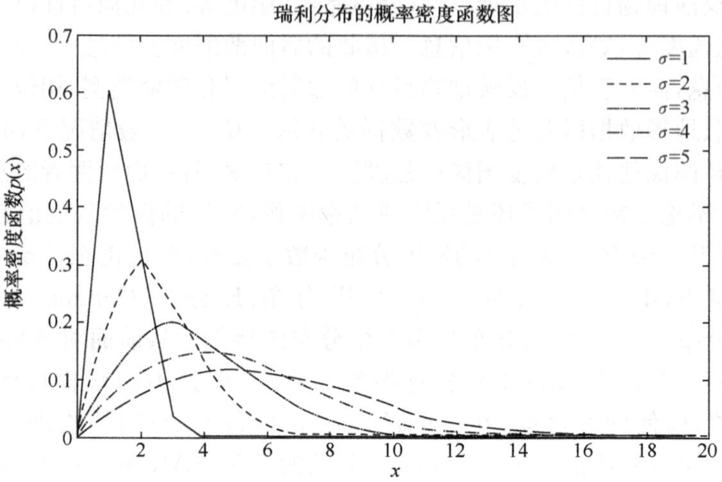

图 5.30　瑞利分布曲线

其中,b 为尺度参数;c 为形状参数。当 c 分别取 1 和 2 时,式(5.31)分别退化为负指数分布和瑞利分布。图 5.31 为韦布尔分布的曲线图,其可准确地描述均匀区域的单视 SAR 图像幅度或强度数据,但是不能准确描述多视 SAR 图像数据。

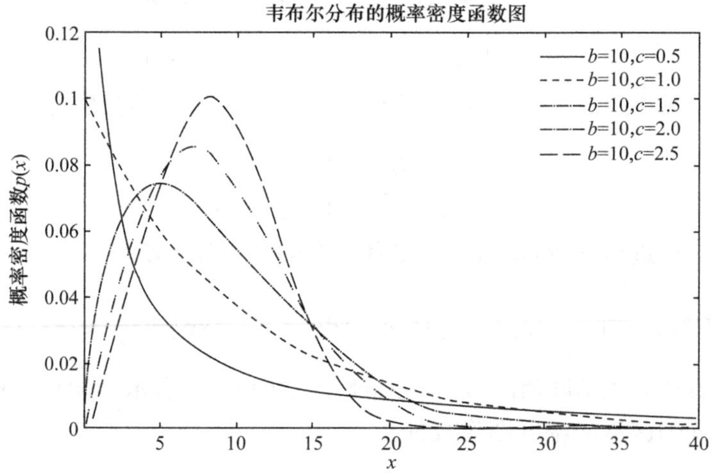

图 5.31　韦布尔分布曲线

3. 对数正态分布

对数正态分布的概率密度函数 $p(x)$ 为

$$p(x)=\begin{cases}\dfrac{1}{\sqrt{2\pi(\sigma x)^2}}\exp\left\{-\dfrac{(\ln x-\mu)^2}{2\sigma^2}\right\}, & x>0\\ 0, & x\leqslant 0\end{cases} \tag{5.32}$$

其中，x 为像素的灰度值；μ 为 $\ln(x)$ 的均值(尺度参数)；σ 为 $\ln(x)$ 的标准差(形状参数)。图 5.32 为对数正态分布曲线图，其可用于描述较高分辨率的幅度图像数据和有建筑物区域的陆地杂波。

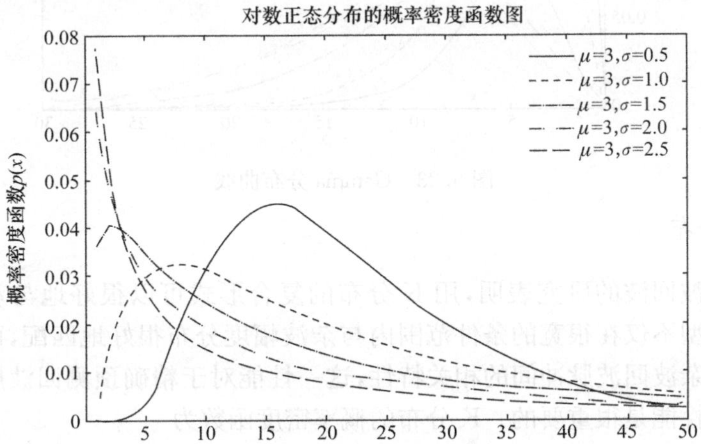

图 5.32　对数正态分布曲线

4. Gamma 分布

Gamma 分布的概率密度函数 $p(x)$ 表示为

$$p(x)=\begin{cases}\dfrac{\beta^\alpha}{\Gamma(\alpha)}x^{\alpha-1}\exp(-\beta x), & x>0\\ 0, & x\leqslant 0\end{cases} \tag{5.33}$$

其中，α 为形状参数；β 为尺度参数；$\Gamma(\cdot)$ 为 Gamma 函数。

对式(5.33)进行积分可得其概率分布函数，即

$$F(x)=\int_0^x \frac{\beta^\alpha}{\Gamma(\alpha)}t^{\alpha-1}\exp(-\beta t)\,\mathrm{d}t=\frac{1}{\Gamma(\alpha)}\int_0^{\beta x}s^{\alpha-1}(-s)\,\mathrm{d}s \tag{5.34}$$

图 5.33 是 Gamma 分布曲线图，其可用于描述高分辨 SAR 图像非均匀区的强度数据。

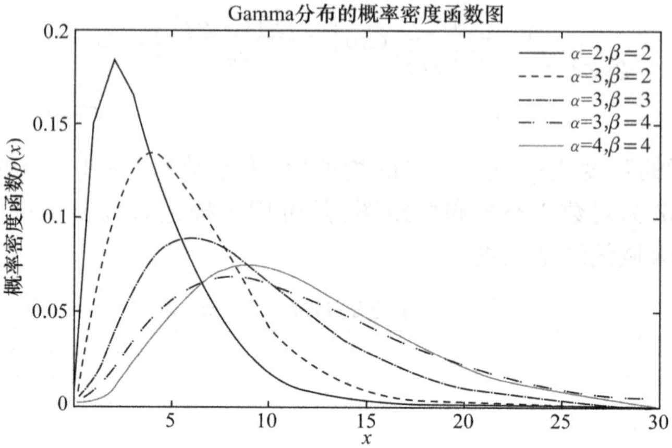

图 5.33 Gamma 分布曲线

5. K 分布

对海杂波回波的研究表明,用 K 分布的复合形式可以很好地与观测数据匹配。这个模型不仅在很宽的条件范围内与杂波幅度分布很好地匹配,而且还可以正确地模拟杂波回波脉冲间的相关特性,这一性能对于精确预测回波脉冲积累后的目标检测性能是很重要的。K 分布的概率密度函数为

$$p(x)=\begin{cases}\dfrac{2}{\Gamma(v)\Gamma(L)}\left(\dfrac{Lv}{\mu}\right)^{(L+v)/2}x^{(L+v-2)/2}K_{v-L}\left\{2\left(\dfrac{vLx}{\mu}\right)^{1/2}\right\}, & x>0\\ 0, & x\leqslant 0\end{cases} \tag{5.35}$$

其中,v 为阶数;L 为视数;$\Gamma(\cdot)$为 Gamma 函数;$K_{v-L}(\cdot)$为 $v-L$ 阶的第二类修正贝塞尔函数。图 5.34 为 K 分布曲线图,其可用于描述高分辨 SAR 图像非均匀区的强度数据。

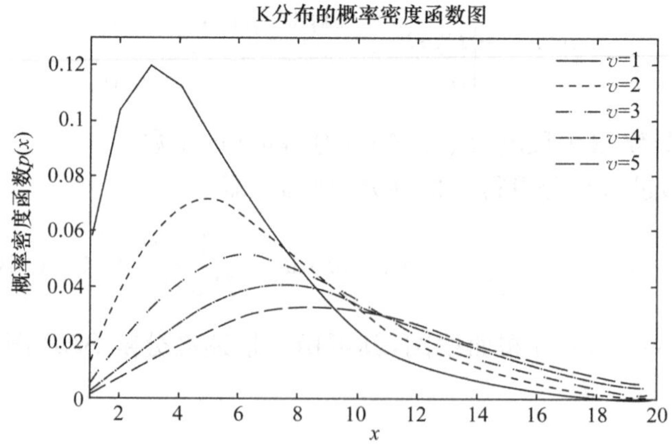

图 5.34 K 分布曲线($L=1,\mu=v$)

6. 皮尔逊分布

皮尔逊(Pearson)分布的概率密度函数为

$$p(x)=\begin{cases}\dfrac{\gamma}{\sqrt{2\pi}}x^{-3/2}\exp(-\gamma^2/2x), & x>0\\ 0, & x\leqslant 0\end{cases} \tag{5.36}$$

其中,γ为尺度参数。

对式(5.36)进行积分可得皮尔逊的概率分布函数为

$$F(x)=2\left\{1-\Phi\left(\frac{\gamma}{\sqrt{x}}\right)\right\},\quad x>0 \tag{5.37}$$

其中,$\Phi(x)=\int_{-\infty}^{x}\frac{1}{\sqrt{2\pi}}\exp(-y^2/2)\mathrm{d}y$。图5.35为皮尔逊分布曲线图,其可用于描述低分辨率均匀区域的强度数据。

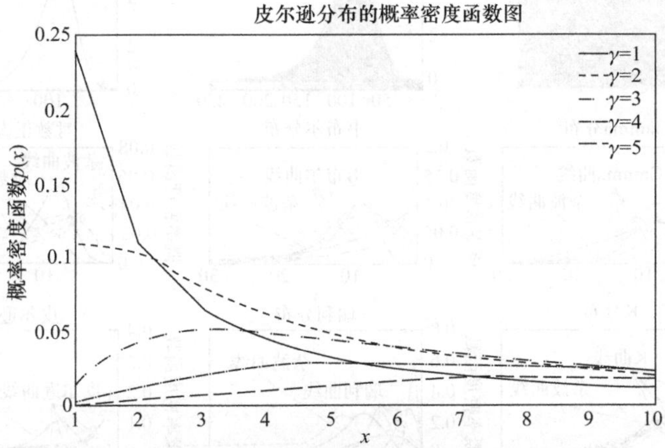

图5.35　皮尔逊分布曲线

上面介绍了几种典型的杂波背景分布模型,但是地物目标时刻在发生变化,导致散射特性也在不停地发生变化,所以没有哪种模型能适合所有的杂波背景。因为雷达回波强度受到诸多因素的影响,如雷达遥感系统参数(波长、俯角、极化方式等)和地表特性(复介电常数、坡度、表面粗糙度、不均匀介质中的体散射系数等),这些因素的变化使得散射回波也将发生相应的变化。这给SAR图像目标的分类与识别带来较多的困难,因此尽可能选择合适的统计分布模型,非常有利于SAR目标的检测和识别。分布统计模型的选择是指确定分布模型表征数据本身所服从的真正的分布的可信度。如果上述分布都可以表征,那么我们应该选择那个更适合数据的真正的分布模型。实际上,匹配分布是一个近似的统计分布,通常很难得到一个完全正确的分布,但是,可以尽量选择一个十分近似的分布模型或对于我们所使用的分布模型的应用目的是相当精确的。

选择杂波分布模型通常有两种方法，即直观推断法和匹配度假设检验法，前者是对分布模型适合度的定性分析，而后者则是定量分析。直观推断法包括密度函数和直方图的重叠图法、分布函数的差值图法等。匹配度假设检验是一种统计上的假设检验，用来评估观测值是否具有分布函数这一特定分布的独立样本。主要方法有 χ^2 假设检验法、K-S 假设检验法、A-D 假设检验法等。假设检验虽然能定量分析，但是计算比较复杂，而且计算量比较大，所以，我们选择密度函数和直方图的重叠图法来确定 SAR 图像的背景杂波分布模型。针对不同典型地形背景杂波进行了相应的实验，实验数据来源于 ERS-2 数据，结果如图 5.36～图 5.39 所示。其中，图 5.36 为海洋杂波分布模型重叠图，图 5.37 是耕地杂波分布模型重叠图，图 5.38 是城市杂波分布模型重叠图，图 5.39 是山地杂波分布模型重叠图。

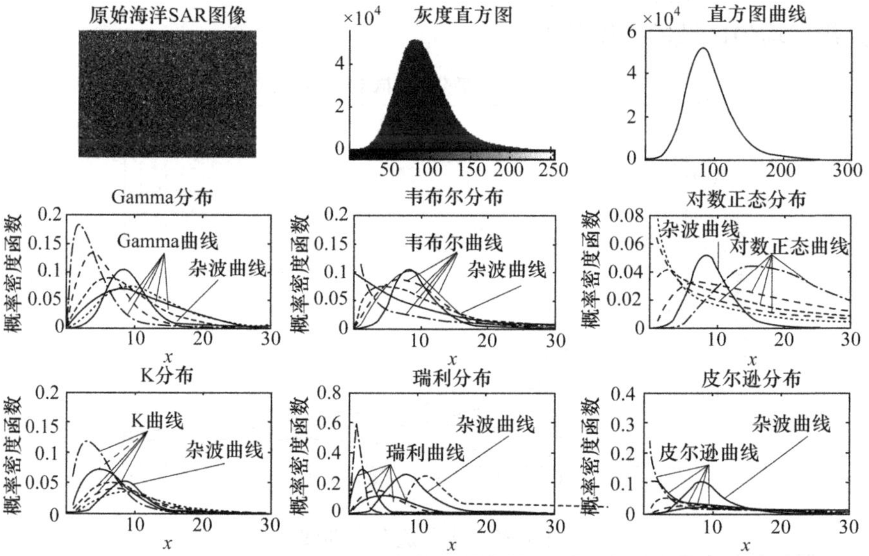

图 5.36　海洋杂波分布模型重叠图

从图 5.36 中，可得出海洋杂波分布与 K 分布模型比较吻合。图 5.37 显示耕地杂波分布模型与 Gamma 分布、瑞利分布、K 分布、皮尔逊分布相接近。在图 5.38中，可以看到城市杂波分布模型与 Gamma 分布、瑞利分布、K 分布、皮尔逊分布接近。山地杂波的分布与城市的分布差不多，属于 Gamma 分布、瑞利分布、K 分布、皮尔逊分布，如图 5.39 所示。如果每种地形有几种分布都可以选择，那么我们需要根据实际应用目的和计算量及计算复杂度来选择统计分布模型。陆地杂波一般为韦布尔分布，海杂波一般为 K 分布，有时为了简化计算，采用高斯(Gaussian)分布模型。

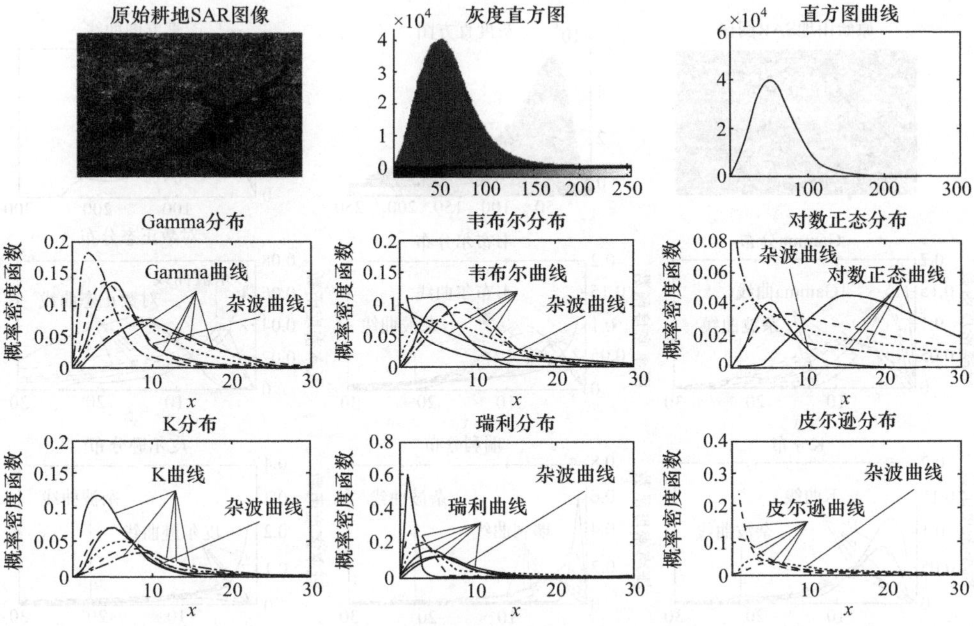

图 5.37 耕地杂波分布模型重叠图

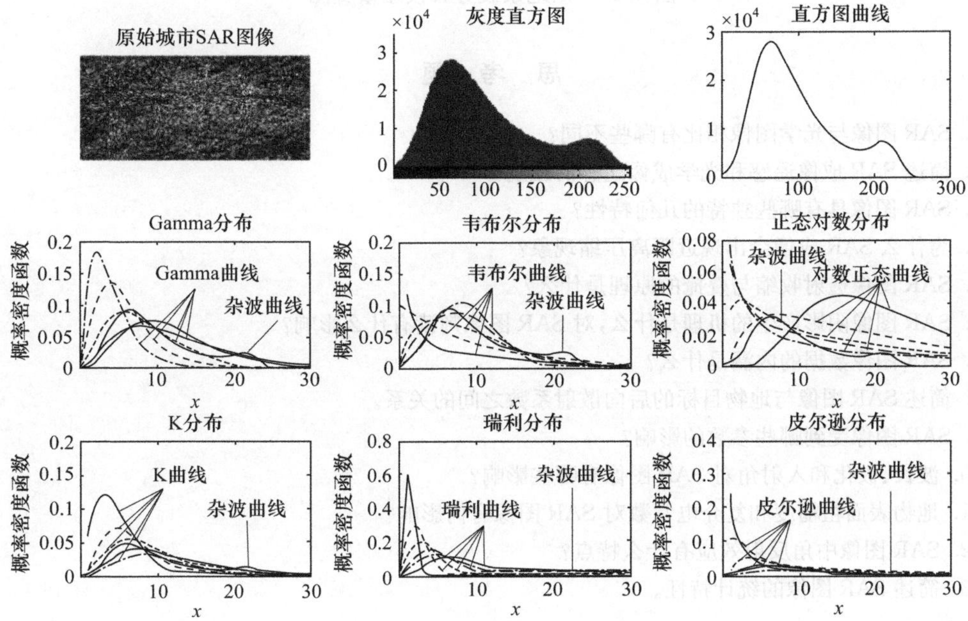

图 5.38 城市杂波分布模型重叠图

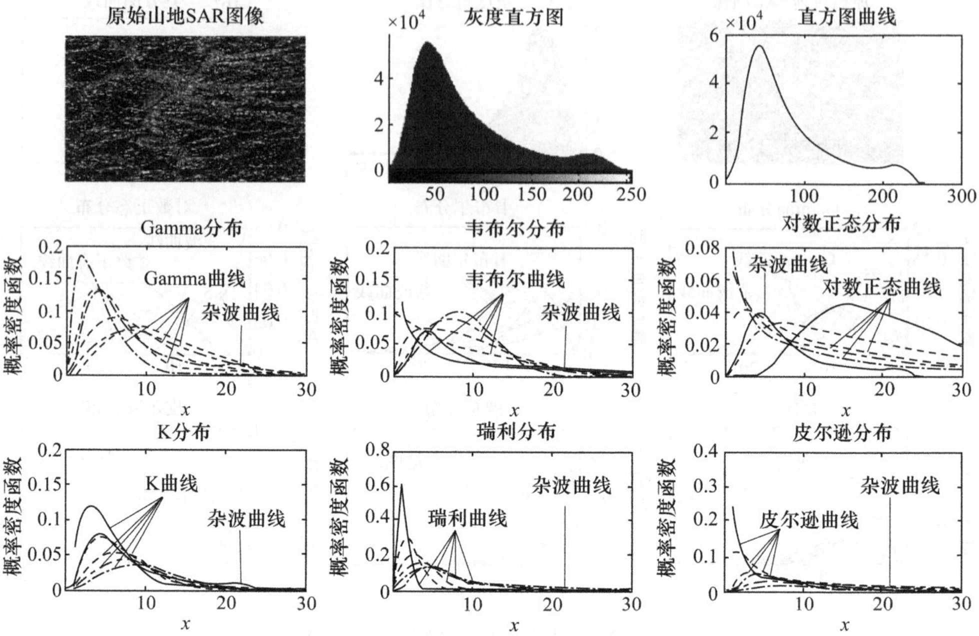

图 5.39　山地杂波分布模型重叠图

思　考　题

1. SAR 图像与光学图像相比有哪些不同？
2. 简述 SAR 成像遥感和光学成像遥感的区别。
3. SAR 图像具有哪些独特的几何特性？
4. 为什么 SAR 成像会出现近距离压缩现象？
5. SAR 图像透射收缩与叠掩的原理是什么？
6. SAR 图像阴影产生的机理是什么，对 SAR 图像判读有什么影响？
7. SAR 图像数据的内涵是什么？
8. 简述 SAR 图像与地物目标的后向散射系数之间的关系。
9. SAR 图像受到哪些参数的影响？
10. 波长、极化和入射角对 SAR 图像有哪些影响？
11. 地物表面粗糙度和复介电常数对 SAR 图像有何影响？
12. SAR 图像中角反射效应有什么特点？
13. 简述 SAR 图像的统计特性。

第 6 章　SAR 图像斑点噪声与滤波

SAR 成像机理是相干成像，故 SAR 图像中包含着其固有的斑点(speckle)噪声。由于斑点噪声是由 SAR 成像过程中产生的，而且是不可避免的，在不同的应用环境和条件下，斑点有时是有用的信息，有时又是无用的信息，所以斑点噪声与普通光学图像中包含的颗粒噪声是有本质区别的，实质上是类似噪声。除了相干性的斑点噪声，SAR 图像跟其他图像一样，在其产生、处理和传输过程中都会受到其他因素的干扰和影响，这些因素产生的噪声通常属于非相干性的高斯噪声。对于 SAR 图像，其最主要的噪声还是斑点噪声，尤其是单视幅度 SAR 图像，其对 SAR 图像的正确解译和应用带来极大的困难，因此抑制斑点噪声始终是 SAR 图像处理和应用的基本内容，除非改变 SAR 相干成像的机理。本章主要介绍斑点噪声的产生机理和性质以及相应的滤波方法。

SAR 图像的滤波方法非常多，每种方法的滤波效果也不完全一样，一般要根据具体的应用情况来选择相应的滤波方法。在这里不是介绍最先进的理论和方法，后面的几章有关 SAR 图像处理的章节都一样。因为本书主要面对的对象是本科高年级和工程师以及初学者，作为他们在 SAR 图像处理领域的一门入门基本教程，而且前修课程是《数字图像处理》和《数字信号处理》，所以在介绍 SAR 图像处理时，紧靠《数字图像处理》中的基本原理和方法，当然还要结合 SAR 图像的特点和原理，适当拓宽相应的内容。

6.1　斑点产生机理及其统计特性

SAR 图像是地物对雷达波的散射特性的反映，由于成像雷达发射的是纯相干波，这种相干信号照射目标时，目标物的随机散射面与散射信号之间的干涉作用会使图像产生不可避免的斑点噪声。SAR 图像的斑点除了能够提供少量信息，大部分类似噪声，给 SAR 图像的判读和应用带来了许多不确定性，如图 6.1 所示。图 6.1(a)中含有大量的斑点噪声，无法获得需要的信息，而图 6.1(b)是滤波后的 SAR 图像，提供了非常明确的信息，滤除了斑点噪声所带来的不确定性。斑点噪声给 SAR 图像带来的不确定性主要体现在以下几个方面。

(1) 使 SAR 图像解译产生不确定性。斑点噪声的存在给地物目标的判读带来了许多困难，如图 6.1 所示，尤其是孤立的点目标和人工建筑物，产生大量的虚警概率。

(a) 含斑点噪声的SAR图像　　(b) 滤波后的SAR图像

图 6.1　SAR 图像斑点噪声带来的影响

(2) 使 SAR 图像分类产生不确定性。SAR 图像的目标分类是合成孔径雷达的一个重要应用领域，可是斑点的存在使 SAR 图像进行边缘提取、图像分割、目标识别以及分类变得困难。

(3) 使地表参数反演产生不确定性。从 SAR 图像反演地表参数，特别是在定量反演中需要雷达图像的精度，但斑点的存在使得估计雷达图像的精度变得很困难。

从上面的分析可知，斑点噪声给 SAR 图像的应用和理解带来了许多不确定性，对后续工作，如边缘检测、图像分割、地物分类、目标检测与识别等，都会产生一定的影响。所以，抑制斑点噪声、重构图像的雷达散射截面或后向散射系数，是对 SAR 图像进一步解译和应用的基础工作。SAR 图像斑点噪声是 SAR 成像机理产生的，要想有效地抑制斑点噪声，必须先了解其产生机理及其特性。

SAR 图像中的斑点噪声不同于数字图像处理中所遇到的噪声，它们形成的物理过程有本质的差别。SAR 图像中的斑点噪声是在雷达回波信号中产生的，是所有基于相干原理的成像系统所固有的，如 SAR、声呐、激光等。数字图像处理中的椒盐噪声和高斯噪声等是在对照片进行采样、量化、压缩、传输和解码等数字化过程中以及照片本身在保存过程中的退化所引起的，是直接作用到图像上的。所以，相干斑严格地讲不是噪声，而是类似噪声。

雷达波束照射的分布目标，每个分辨单元内包含大量的离散散射点，如图 6.2 所示。由于电磁波与地面目标的相互作用，每个散射贡献一个后向散射波，其相位和幅度是变的。总的回波是各个散射体回波的矢量叠加，其表达式为

$$Ae^{j\phi} = \sum_{k=1}^{N} A_k e^{j\phi_k} \tag{6.1}$$

单个散射幅度 A_k 和相位 ϕ_k 不能被观察到，因为单个的散射比 SAR 分辨单元小得多，而且每个分辨单元内包含大量的这样的散射体。从式(6.1)可以看出，观测的信号是散射体之间不同的相位干涉的结果。事实上，斑点可以作为相干现象理解，这种现象中观测的类噪声数据主要来源于相位 ϕ_k 的分布。在每个分辨单元

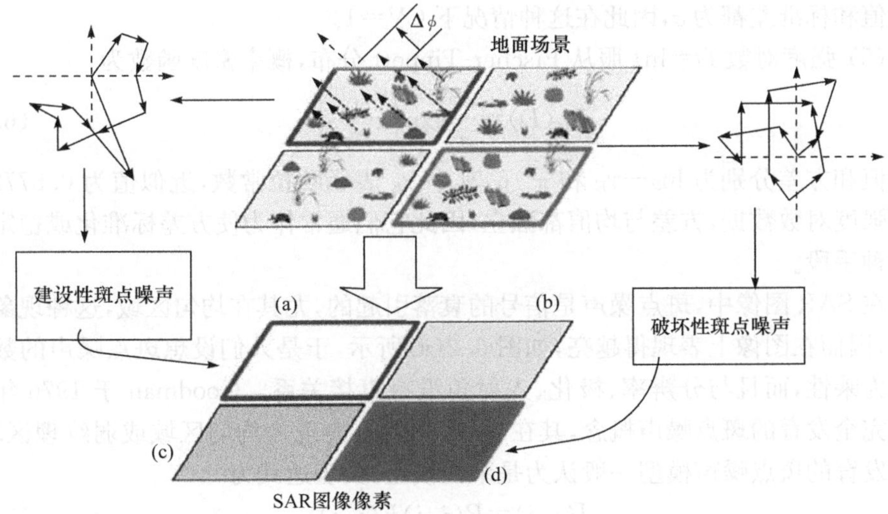

图 6.2　斑点噪声产生机理示意图

中，不同部位的散射贡献不同的相位，它们是随机的。它们的相互作用，有时会产生一个建设性的结果，即良性的相干结果，使整个散射单元的信息更加清晰、明朗；但有时它们会产生一个破坏性的结果，即不良的相干结果，使整个分辨单元无法反映真实的信息。

通过对大量统计特性相同的散射体的分析表明如下内容。

(1) 同相分量 $z_1=A\cos\phi$ 和正交分量 $z_2=A\sin\phi$ 是独立同分布的高斯随机变量，均值为零，方差 $\sigma/2$ 由散射幅度 A_k 决定，它们的联合概率密度函数为

$$P_{z_1,z_2}(z_1,z_2)=\frac{1}{\pi\sigma}\exp\left(-\frac{z_1^2+z_2^2}{\sigma}\right) \tag{6.2}$$

(2) 相位 ϕ_k 服从 $[-\pi,\pi]$ 之间的均匀分布。

(3) 幅度 A 服从瑞利分布，密度分布函数为

$$P_A(A)=\frac{2A}{\sigma}\exp\left(-\frac{A^2}{\sigma}\right),\quad A\geqslant 0 \tag{6.3}$$

其均值为 $\frac{\sqrt{\pi\sigma}}{2}$，标准差为 $\sqrt{\left(1-\frac{\pi}{4}\right)\sigma}$。另外一个常用统计参量变差系数（coefficient of variation，CV），它定义为标准差除以均值，所以，对于幅度数据，变差系数为 $\sqrt{\frac{4}{\pi}-1}$。

(4) 强度或功率 $I=A^2$ 服从负指数分布，概率密度函数为

$$P_I(I)=\frac{1}{\sigma}\exp\left(-\frac{I}{\sigma}\right),\quad I\geqslant 0 \tag{6.4}$$

其均值和标准差都为 σ,因此在这种情况下 CV=1。

(5) 强度对数 $D=\ln I$ 服从 Fischer-Tippett 分布,概率密度函数为

$$P_D(D)=\frac{e^D}{\sigma}\exp\left(-\frac{e^D}{\sigma}\right) \tag{6.5}$$

其均值和方差分别为 $\ln\sigma-\gamma_E$ 和 $\pi^2/6$,其中 γ_E 表示欧拉常数,近似值为 0.57722。对于强度对数数据,方差与均值都独立,因此它们通常作为使方差标准化或稳定化的一种手段。

在 SAR 图像中,斑点噪声是信号的衰落引起的,尤其在均匀区域,这种现象更明显,因而在图像上表现得越亮,如图 6.2(a)所示,于是人们设想斑点噪声的数学模型为乘性,而且与分辨率、极化、入射角没有直接关系。Goodman 于 1976 年提出了完全发育的斑点噪声概念,其在 SAR 图像上表现为均匀区域或弱纹理区域。完全发育的斑点噪声模型一般认为是乘性模型,其表达式为

$$I(i,j)=R(i,j)F(i,j) \tag{6.6}$$

其中,(i,j)是分辨单元中心像素方位向和距离向的坐标;$I(i,j)$是观察到的图像;$R(i,j)$是随机地面目标的雷达散射特性;$F(i,j)$是衰落过程所引起的斑点噪声过程,并且随机过程 $R(i,j)$和 $F(i,j)$是互相独立的。斑点噪声不完全发育的区域,如布满建筑物的区域,或是存在边缘的区域,或是纹理区域,此时的噪声模型将采用 Ulaby 于 1986 年建立的噪声模型,定义为

$$I(i,j)=\mu T(i,j)F(i,j) \tag{6.7}$$

其中,μ 表示图像的均值;$T(i,j)$表示在(i,j)处的纹理函数值,它是一个随机变量,通过它的变化,可以描述地面场景的随机起伏状况,并且在任意一点处,有 $T(i,j)\geqslant 0$,且满足 $\mu_T=E\{T\}=1$;$F(i,j)$是由于信号衰落产生的斑点噪声,且对于所有的(i,j),都有 $F(i,j)\geqslant 0$,$\mu_F=E\{F\}=1$,并且 $T(i,j)$和 $F(i,j)$是互相独立的。

假设相干斑的强度为 A,且

$$A=\alpha^2+\beta^2 \tag{6.8}$$

其中,α,β 分别为相干斑噪声的实部和虚部,并且它们都服从均值为零,方差为 σ^2 的正态分布。那么可以证得,A 服从指数分布,其概率密度函数为

$$P(A)=\begin{cases}\dfrac{1}{2\sigma^2}\exp\left(-\dfrac{A}{2\sigma^2}\right), & A>0\\ 0, & \text{其他}\end{cases} \tag{6.9}$$

其统计特征为 $E(A)=2\sigma^2$,$\mathrm{var}(A)=4\sigma^4$。由乘性相干斑模型可知 $E(A)=1$,所以,$\sigma^2=0.5$。由此可得

$$P(A)=\begin{cases}\exp(-A), & A>0\\ 0, & \text{其他}\end{cases} \tag{6.10}$$

相干斑的幅度 $I=\sqrt{A}$,I 的概率密度分布为

$$P(I)=\begin{cases}2I\cdot\exp(-I^2), & I>0\\0, & \text{其他}\end{cases}\tag{6.11}$$

服从瑞利分布，其统计特征为：$E(I)=\sqrt{\pi}/2$，$\mathrm{var}(I)=(4-\pi)/4$。

6.2　基于空间域的 SAR 图像滤波

斑点噪声的存在，给 SAR 图像的应用和解译带来不少困难，所以滤除斑点噪声一直是 SAR 图像预处理的重要内容。在过去的几十年中，发展了许多种抑制 SAR 图像斑点噪声的方法和理论，这些方法的归类大概如图 6.3 所示。特别要指出的是：每种方法都有其优缺点，在实际应用中应根据不同的目标和用途选择不同的滤波算法，充分发挥每种算法的优点。以往的算法都是在抑制斑点噪声与边缘、细节信息保持两方面进行折中。通过详细分析这些算法，可以得出这样的认识：多视处理能有效地抑制噪声，但是降低了空间分辨率；基于空间域滤波算法能有效地平滑斑点噪声，但不同程度地损失了边缘和细节信息；基于变换域的小波多尺度滤波可以较好地保持边缘信息，然而其滤波效果不理想；单一的算法很难在去噪的同时保持良好的边缘特性。但是，可以把两种或两种以上单个滤波方法进行融合，取其长，补其短，达到好的滤波和视觉效果，即在有效去除斑点噪声时，能够较好地保持边缘、细节和纹理信息。

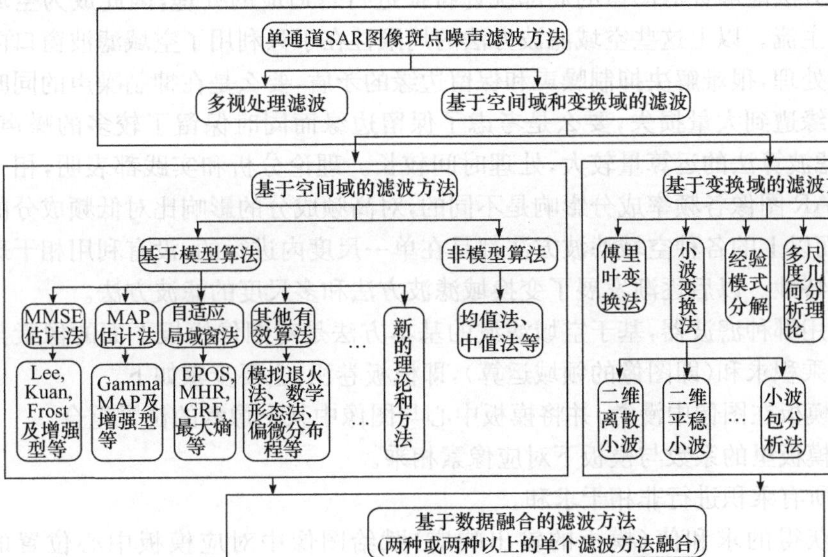

图 6.3　SAR 图像斑点噪声抑制方法分类图

基于空间域滤波的方法，实质上就是指直接以图像为处理对象，不做任何变换，利用各种图像平滑模板对图像进行卷积处理，以达到压抑或消除噪声的目的。这种方法分为基于统计模型的算法和非统计模型的。常见的均值滤波和中值滤波属于非统计模型，虽然它们能有效地平滑斑点噪声，但是，由于 SAR 的斑点噪声是乘性噪声，而中值滤波和均值滤波是非自适应性的，因此其纹理保持和滤波效果并不理想。

统计模型法是首先假定静态的噪声模型(加性、乘性、信号独立)，然后采用相应的滤波器对图像进行处理。如 Lee 滤波算法、Kuan 滤波算法、Frost 滤波算法、Sigma 滤波算法等，因为对噪声的静态假设往往不能与信号的实际情况相符，所以这样的滤波器有时效果并不好。针对它们的不足，产生了一系列的改进算法，即局域统计自适应滤波方法。局域统计自适应滤波方法是目前最常用的方法，考虑了图像的不均匀性，以局域的灰度统计特性为基础来决定参与滤波的邻域像素点及其权值，这样的滤波器有典型增强 Lee 滤波算法、增强 Frost 滤波算法、增强 Kuan 滤波算法以及 Gamma MAP 滤波器等。局域统计自适应滤波能在平滑噪声的同时较有效地保持明显的边缘，而且能通过参数控制来调整平滑效果和边缘保持效果之间的权衡。

空域滤波方法的共同之处在于都是在图像上取一个滑动窗口，根据窗口内像素的统计特性，如均值、方差、变差系数等，进行自适应滤波处理得到窗口中心像素的值。这类方法能够针对图像的局部统计特征进行自适应的处理，因此成为空域滤波方法的主流。以上这些空域滤波方法的局限性在于只利用了空域滤波窗口内的信息进行处理，很难解决抑制噪声和保留边缘的矛盾，要么是在抑制噪声的同时导致图像边缘遭到大量损失，要么是考虑了保留边缘而同时保留了较多的噪声。而且，空域滤波算法的运算量较大，处理时间较长。理论分析和实践都表明，相干斑噪声对 SAR 图像各频率成分影响是不同的，对高频成分的影响比对低频成分的影响严重，而以上的各种空域滤波方法都是在单一尺度内进行的，没有利用相干斑噪声的这个特性。以后逐渐发展了变换域滤波方法和多尺度的滤波方法。

不论使用哪种滤波器，基于空域滤波的基本方法是对图像模板下面的像素与模板系数的乘积求和(即图像的领域运算)，即模板卷积，主要步骤如下。

(1) 使模板在图像中漫游，并将模板中心与图像中某个像素的位置重合。

(2) 把模板里的系数与模板下对应像素相乘。

(3) 将所有乘积进行非相干求和。

(4) 把获得的求和值(模板的输出响应)赋给图像中对应模板中心位置的像素。

模板运算的数学模型为式(6.12)，其实现过程如图 6.4 所示。

$$f_1(n) * f_2(n) = \sum_{m=-\infty}^{\infty} f_1(m) * f_2(n-m) \tag{6.12}$$

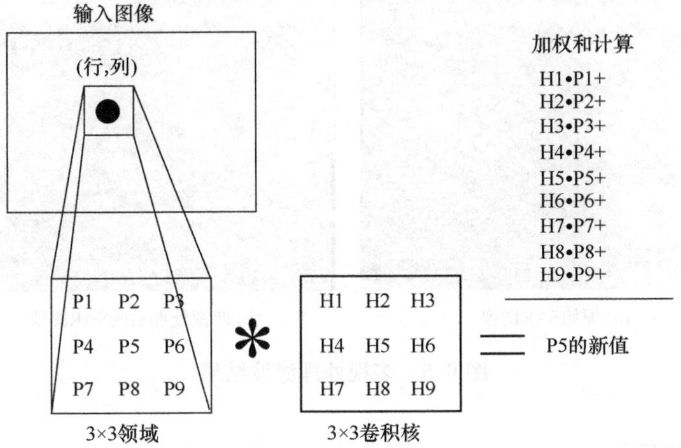

图 6.4　模板卷积运算示意图

6.2.1　多视处理滤波

多视处理滤波原理实质上就是数字图像处理中的图像运算中的加法运算，然后除以图像的个数，就得到滤波后的图像。如果看作模板卷积运算，那么权值系数都是 1，模板大小就是图像的大小。

多视处理可以是成像前处理，也可以是成像后对单视复图像进行处理。早期的多视处理是成像前获得多视图像，现在一般是对单视复图像进行处理来获得多视图像。多视滤波处理是通过降低方位向或距离向的带宽，当然方位向和距离向也可同时降低，并形成 N 幅多视子图像，然后对获得的 N 幅多视子图像进行非相干求和，并除以子图像个数，即起到了平滑作用，达到了滤波的效果。多视处理是把"单视"图像分成多"视"，再进行平均处理，由于"多视"处理只用到整个带宽的一部分，降低了空间分辨率的同时也减少了斑点，但是多视处理增加了辐射分辨率，也就是灰度级分辨率。多视处理可通过频谱分割法来实现，也可以先进行完全的高分辨率成像处理，再进行图像滤波处理来实现。多视处理方法实现起来比较简单，不用考虑斑点噪声的统计特性。

虽然多视处理降低了空间分辨率，但是对于大面积的分布目标，例如，海洋油污监测、洪灾与火灾监视、大片森林与农作物监测等，不需要高的分辨率图像，多视处理能有效地平滑相干斑点噪声。图 6.5 为多视处理结果，其中图 6.5(a)为原始 SAR 图像，图 6.5(b)是图 6.5(a)在方位向进行四视处理后的结果，可以看到虽然方位向分辨率降低了，但是抑制了斑点噪声，图像反而显得清晰多了。

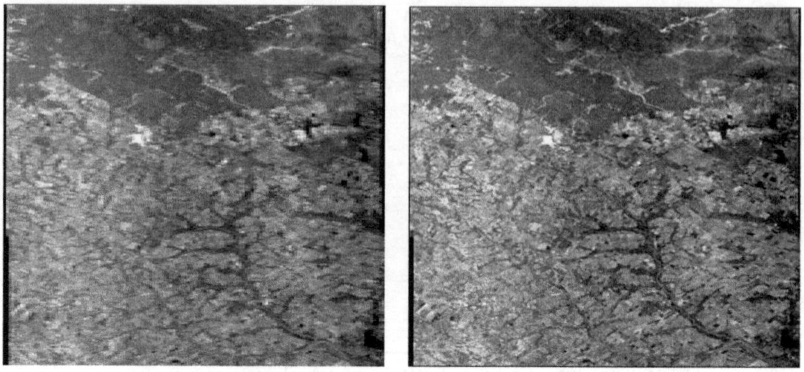

(a) 原始SAR图像　　(b) 四视处理后的SAR图像

图 6.5　多视处理滤波结果

6.2.2　邻域均值法

均值滤波是一种很简单的滤波方法，用滤波窗在图像上滑动，滤波窗内所有像元值的均值代替滤波窗中心的像元值。这种方法能够有效地平滑噪声，可是边缘较模糊，细节信息丢失较多。为尽量避免这个问题，通常用较小的滤波窗(如 3×3 或 5×5)对图像进行滤波，其数学模型为

$$R_{ij}=\frac{\sum_{k=1}^{M}\sum_{l=1}^{N}P_{kl}}{M\times N} \tag{6.13}$$

其中，R_{ij} 是滤波处理后的像元灰度值；P_{kl} 是滤波窗口中各像元的原始灰度值；$M\times N$ 是窗口大小。均值滤波中的模板中的所有系数都是正值，而且权系数相等，整个模板的平均数为 1。均值滤波的优点是能有效滤波噪声，同时，缺点也很明显，会使图像变得模糊，原因是它对所有的点都是同等对待，在将噪声点分摊的同时，将景物的边界点也分摊了。

6.2.3　邻域中值法

中值法的基本思想是以某个含奇数个像素点的滑动窗在图像上滑动，以窗口内各点的中值代替窗口正中的那个像素的灰度值。中值滤波是一种非线性平滑滤波，在一定条件下，可以克服线性滤波器所带来的图像细节模糊，特别对脉冲干扰及图像扫描中的噪声最有效。实际运算过程中不需要图像的统计特性，很方便，但是对一些细节多，尤其是点、线、尖顶细节多的图像不宜采用中值滤波，会造成很多细节信息的丢失。

设滤波窗口中包含 m 个像素点，且 m 为奇数，把 m 个像素点按灰度值的大小

进行排序，把在正中间位置的灰度值作为窗口中心位置的像素的值，其数学表达式为

$$R_i=\text{Mid}\{f_{i-v},\cdots,f_i,\cdots,f_{i+v}\},\quad i\in Z,v=\frac{m-1}{2} \tag{6.14}$$

6.2.4 Lee 滤波及增强型

假设图像的噪声为加性噪声，则滤波器为

$$R=I+K\times(\text{CP}-I) \tag{6.15}$$

其中，$K=\text{QVAR}$——$(\text{QVAR}+\text{AVAR})$。如果图像中的噪声为乘性噪声，则滤波器的数学模型为

$$R=I+K\times(\text{CP}-U\times I) \tag{6.16}$$

其中，$K=1-\dfrac{\text{MVAR}/U^2}{\text{QVAR}/I^2}$。如果图像中同时包含乘性和加性噪声，则

$$R=I+K\times(\text{CP}-U\times I-W) \tag{6.17}$$

其中，$K=(U\times\text{QVAR})$——$(\text{QVAR}\times U^2+I^2\times\text{MVAR}+\text{AVAR})$。

在式(6.15)～式(6.17)中，相关参数的定义如下：R 为滤波后中心像元的灰度值；QVAR 为滤波窗口内像素灰度值方差；I 为滤波窗口内像素灰度值的均值；U 为乘性噪声的均值，一般为 1；W 为加性噪声的均值，一般为 0；CP 为滤波窗口中心像元的灰度值；MVAR 为乘性噪声的方差；AVAR 为加性噪声的方差；SD 为滤波窗口内像素灰度值的标准差。

乘性噪声的方差可由滤波窗口内的灰度统计获得，计算公式为

$$\text{MVAR}=(\text{SD}/I)^2 \tag{6.18}$$

也可以利用成像处理时的视数获得，定义为

$$\text{MVAR}=1/\text{Nlook} \tag{6.19}$$

这里假设乘性噪声的均值为 1，Nlook 为视数。

增强 Lee 滤波器的定义为

$$\begin{cases}R=I, & C_i\leqslant C_u\\ R=I\times W+\text{CP}\times(1-W), & C_u<C_i<C_{\max}\\ R=\text{CP}, & C_i\geqslant C_{\max}\end{cases} \tag{6.20}$$

其中，R 为滤波后中心像元的灰度值；VAR 为滤波窗口内像素灰度值方差；I 为滤波窗口内像素灰度值的均值；Nlook 为视数；CP 为滤波窗口中心像元的灰度值；$C_u=1/\sqrt{\text{Nlook}}$；$C_{\max}=\sqrt{1+2/\text{Nlook}}$；$C_i=\text{VAR}/I$；$W=\exp\{-D(C_i-C_u)/(C_{\max}-C_i)\}$。参数 D 为微调因子，D 的值越大，边缘保持效果越好，而噪声平滑效果差，D 的值越小，边缘保持效果不好，而噪声平滑效果好。

6.2.5 Frost 滤波及增强型

Frost 滤波算法假定斑点噪声是乘性的，并且假设 SAR 图像是平稳过程，依据最小均方误差(MMSE)准则来估计 x，其表示式为

$$\hat{x}=\frac{z_1w_1+z_2w_2+\cdots+z_nw_n}{w_1+w_2+\cdots+w_n} \tag{6.21}$$

其中，$z_1,z_2,\cdots,z_n$ 为滤波窗口内各像元的灰度值；$w_1,w_2,\cdots,w_n$ 为滤波窗口内各像元的权重值。

$$w_i=\exp(-A\cdot T_i),\quad i=1,2,\cdots,n \tag{6.22}$$

其中，T_i 是滤波窗口内该像元到中心像元的绝对距离。

$$A=\mathrm{MP}\cdot\left|\frac{\mathrm{VAR}}{\mu^2}\right| \tag{6.23}$$

其中，MP 是指数衰减因子，可以通过调节它来改善滤波效果，其值越大，边缘保持效果越好，但平滑效果较差；反之值越小，平滑效果好，但边缘保持差。在实验中，其值取 2 效果较好。VAR 为滤波窗口中像元的方差，μ 为滤波窗口中像元的均值。

对于异质区域，上述算法的假设不适应，边缘保持能力下降。因此对其进行改进，这就是增强 Frost 滤波，其原理与 Frost 滤波相同，只在权重值上有所改进。表达式为

$$\begin{cases}\hat{x}=I, & C_i\leqslant C_u\\ \hat{x}=\mathrm{MP}\times(C_i-C_u)/(C_{\max}-C_u), & C_u<C_i<C_{\max}\\ \hat{x}=x, & C_i\geqslant C_{\max}\end{cases} \tag{6.24}$$

其中，C_i 为区域变差系数；$C_u=1/\sqrt{\mathrm{Nlook}}$，Nlook 为视数。

6.2.6 Gamma MAP 滤波及增强型

假设地面目标雷达散射特性和相干斑噪声都服从 Γ 分布，则 Gamma MAP 滤波器可表示为

$$R=(I\times B+\sqrt{D})/(2\alpha) \tag{6.25}$$

增强 Gamma MAP 滤波器公式为

$$\begin{cases}R=I, & C_i\leqslant C_u\\ R=(I\times B+\sqrt{D})/2\alpha, & C_u<C_i<C_{\max}\\ R=\mathrm{CP}, & C_i\geqslant C_{\max}\end{cases} \tag{6.26}$$

式(6.25)和式(6.26)中，$D=I^2\times B^2+4\times\alpha\times\mathrm{Nlook}\times I\times\mathrm{CP}$，$B=\alpha-\mathrm{Nlook}-1$，$\alpha=(1+C_u^2)/(C_i^2-C_u^2)$，$C_i=\sqrt{\mathrm{VAR}/I}$，$R$ 为滤波后中心像元的灰度值，CP 为滤波

窗中心像元的原始灰度值，α 为异质参数。Gamma MAP 滤波对于功率图像可以直接处理，对于幅度图像，需先对滤波窗口内每一像元灰度值取平方，滤波后的结果取平方根。

6.3　基于变换域的 SAR 图像滤波

变换域滤波就是把原始图像进行变换，从图像域变换到其他域，如频率域，在变换域内进行滤波处理，然后再变回到图像域。变换域内容非常丰富，如傅里叶变换、小波变换、多尺度几何变换理论、经验模式分解、独立分量分析等，在《数字图像处理》中主要介绍了典型的傅里叶变换和小波变换，所以本节主要以这两部分内容为基础，对 SAR 图像斑点噪声进行滤波处理。

6.3.1　基于傅里叶变换的滤波

基于傅里叶变换原理去噪的依据是图像经傅里叶变换后，在频域内，整个图像的频谱分布在一个有限的频带，而且噪声的频谱主要集中于高频区域，利用这一特点，设计一个低通滤波器，就可以把噪声进行滤除。低通滤波与时域中的平滑滤波器一样可以消除图像中的随机噪声，减弱边缘效应，起到平滑图像的作用。

假设原图像为 $f(x,y)$，经傅里叶变换为 $F(u,v)$，频域滤波就是选择合适的滤波器函数 $H(u,v)$，用其对 $F(u,v)$ 的频谱成分进行调整，即降低噪声部分的成分，然后经逆傅里叶变换得到图像域，得到滤波后的图像 $g(x,y)$。由时域的卷积理论可得

$$g(x,y)=f(x,y)*h(x,y) \tag{6.27}$$

其中，$h(x,y)$ 为滤波器的冲击响应函数。经傅里叶变换后，时域的卷积变成了频域的乘积，所以式(6.27)可以写成

$$G(u,v)=F(u,v)\cdot H(u,v) \tag{6.28}$$

只有确定传递函数 $H(u,v)$ 后，就可获得 $G(u,v)$，进行傅里叶逆变换，即

$$g(x,y)=F^{-1}\{H(u,v)\cdot F(u,v)\} \tag{6.29}$$

1. 理想低通滤波器

一个二维的理想低通滤波器的传递函数为

$$H(u,v)=\begin{cases}1, & D(u,v)\leqslant D_0\\ 0, & D(u,v)>D_0\end{cases} \tag{6.30}$$

其中，D_0 是一个非负整数，是从点 (u,v) 到频率平面原点的距离，即

$$D(u,v)=\sqrt{u^2+v^2} \tag{6.31}$$

理想低通滤波器的含义是指小于 D_0 的频率，即以 D_0 为半径的圆内的所有频率分量可以完全无损地通过，而圆外的频率，即大于 D_0 的频率分量则完全被除掉。图 6.6 为理想低通滤波器示意图，图 6.7 为 SAR 图像滤波结果图。

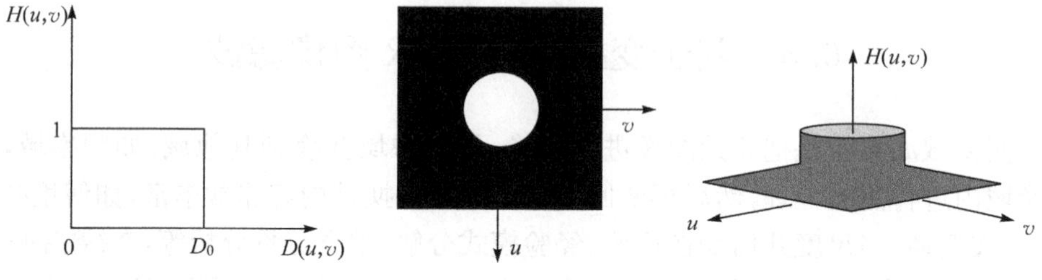

(a) 剖面图　(b) 灰度图　(c) 三维透射图

图 6.6　理想低通滤波器示意图

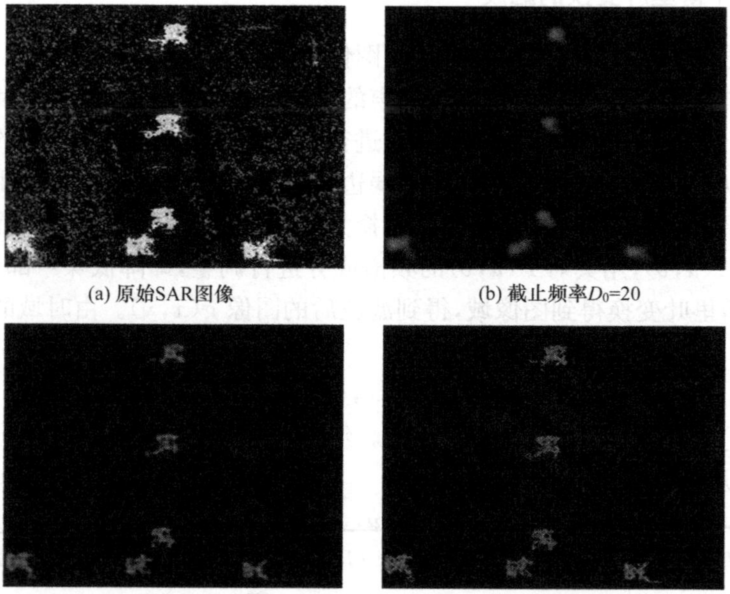

(a) 原始SAR图像　(b) 截止频率 D_0=20

(c) 截止频率 D_0=50　(d) 截止频率 D_0=80

图 6.7　理想低通滤波结果

理想低通滤波器平滑处理的概率清晰，但在处理过程中会产生较严重的模糊和振铃现象，而且 D_0 越小，这种现象越严重，从图 6.7 中可以看到。

2. 巴特沃思(Butterworth)低通滤波器

一个 n 阶的巴特沃思低通滤波器的传递函数 $H(u,v)$ 为

$$H(u,v)=\frac{1}{1+[D(u,v)/D_0]^{2n}} \tag{6.32}$$

其中，D_0 为截止频率；n 为函数的阶。一般取使 $H(u,v)$ 最大值下降至原来的 1/2 时的 $D(u,v)$ 为截止频率 D_0。

巴特沃思低通滤波器又称为最大平坦滤波器。它与理想低通滤波器不同，它的通带和阻带之间没有明显的不连续性。也就是说，在通带和阻带之间有一个平滑的过渡带。与理想低通滤波器相比，巴特沃思滤波器处理的图像模糊程度减少，因为它的 $H(u,v)$ 不是陡峭的截止特性，它的尾部会包含大量的高频成分。另外，经巴特沃思低通滤波器处理的图像将不会有振铃现象，因为在滤波器的通带和阻带之间有一个平滑过渡。图 6.8 为巴特沃思低通滤波器原理示意图，图 6.9 为滤波结果。

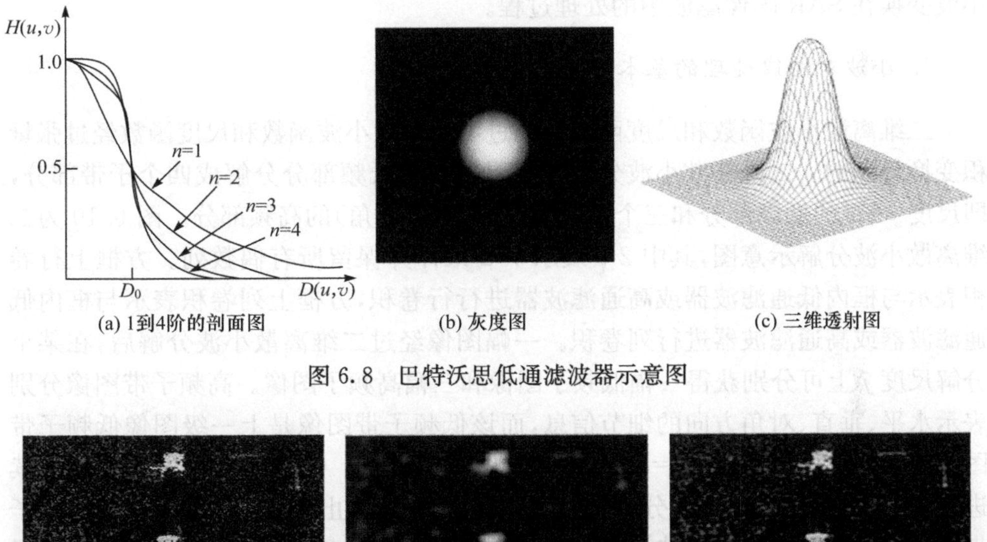

(a) 1到4阶的剖面图　(b) 灰度图　(c) 三维透射图

图 6.8　巴特沃思低通滤波器示意图

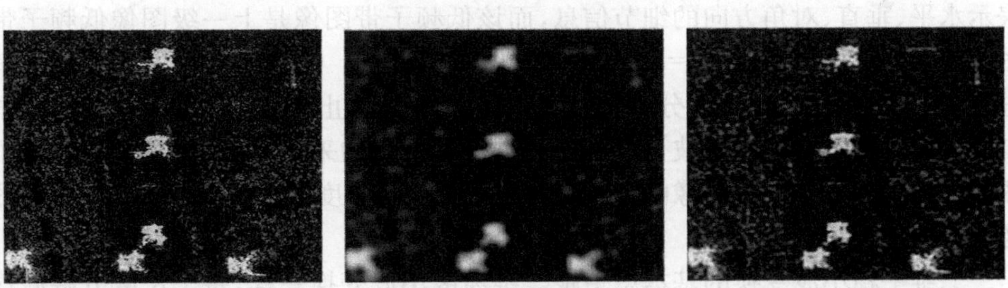

(a) 原始SAR图像　(b) n=5,D_0=20时的结果　(c) n=5,D_0=60时的结果

图 6.9　巴特沃思低通滤波结果

低通滤波器的性能主要依赖于截止频率的选择，因此这类滤波器虽然能够有效地去除高频噪声但同时也模糊了图像的边缘和细节。对于 SAR 图像的斑点噪声，频域中主要存在高频部分，但同时目标的边缘和细节部分也在高频里面，去除斑点噪声的同时也滤除了几何细节信息。

6.3.2 基于小波变换滤波

小波变换是 20 世纪 80 年代中后期逐渐发展起来的一种新的数学和信号处理工具，小波变换的基本思想是通过一个母函数在时间上的平移和在尺度上的伸缩来得到一个函数族，然后利用该族函数去表示或逼近信号或函数，获得一种能自动适应各种频变成分的有效信号分析手段。小波变换弥补了傅里叶变换不能描述随时间变化的频率特性的不足，特别适合于那些在不同时间窗内，具有不同频率特性，而且其应用目的是得到信号或图像的局部频谱信息，而非整体信息的信号或图像处理问题。

有关小波变换理论及其特性在《数字信号处理》或《数字图像处理》中进行了介绍，这里不再重述，请参阅相关文献。这里着重讨论二维离散小波变换和二维平稳小波变换在 SAR 图像滤波中的处理过程。

1. 小波对图像处理的基本原理

二维离散小波函数和尺度函数是通过一维离散小波函数和尺度函数经过张量积变换得到的。二维离散小波分解是把尺度 j 的低频部分分解成四个子带部分，即尺度 $j+1$ 的低频部分和三个方向(水平、垂直、对角)的高频部分。图 6.10 为二维离散小波分解示意图，其中 $2\downarrow$ 表示下 2 采样并保留所有偶数列。方框上行卷积表示与框内低通滤波器或高通滤波器进行行卷积，方框上列卷积表示与框内低通滤波器或高通滤波器进行列卷积。一幅图像经过二维离散小波分解后，在某个分解尺度 j 上可分别获得一幅低频子图像和三幅高频子图像。高频子带图像分别表示水平、垂直、对角方向的细节信息，而该低频子带图像是上一级图像低频子带图像的一个近似值，如果 $j=1$，则是原始图像的近似。低频子带图像还可以继续进行分解，直到预先设置的分解层数 M 被完全分解为止，最终可获得 $3M+1$ 个子带图像。因为二维离散小波分解过程中进行了下 2 的采样，所以分解后的每个子图像的大小为上一尺度图像的一半，图 6.11 为分解尺度为 3 的二维离散小波对图像进行分解的系数示意图。

二维平稳小波变换的基本思想跟二维离散小波变换一样，每个尺度分解后均可获得一幅低频子图像和三幅高频子图像，高频子图像分别描述水平、垂直和对角方向的细节信息。它们间的唯一区别在于平稳小波变换先经下采样后又经上采样，所以分解后的子图像的尺寸大小与原图像相同。在实际应用过程中，平稳小波比离散小波更方便、更灵活，因为每幅图像的尺寸大小都相同，因此有时对图像特征进行提取时无需进行反变换，但是二维离散小波必须进行反变换。

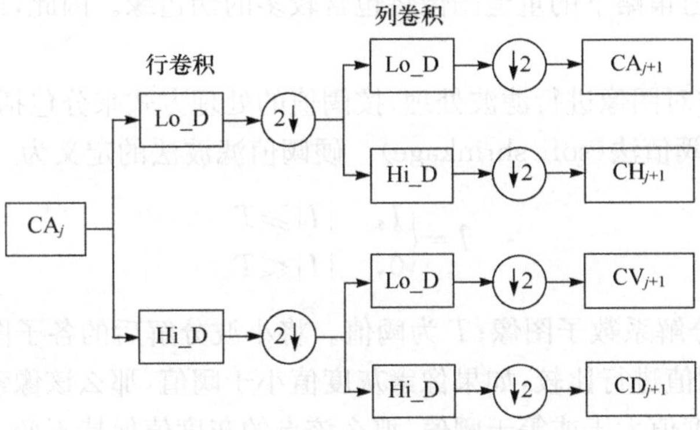

图 6.10　二维离散小波分解示意图

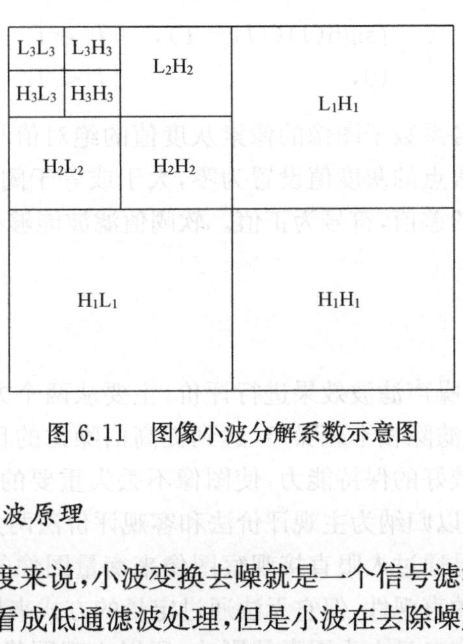

图 6.11　图像小波分解系数示意图

2. 小波对图像滤波原理

从信号处理的角度来说，小波变换去噪就是一个信号滤波的问题，而且小波去噪在很大程度上可以看成低通滤波处理，但是小波在去除噪声后，还能成功地保留图像特征，所以在这一点上它又优于传统的低通滤波器。由此这么认为，小波变换滤波实际上是特征提取和低通滤波功能的结合。

不论二维离散小波还是二维平稳小波，它们对图像进行滤波处理的过程相似。首先确定小波分解尺度，一般为 3～5 个尺度，然后进行小波分解，再逐层对各分解尺度的子图像进行滤波处理，等到所有分解尺度的全部子图像均进行完滤波处理后，进行小波逆变换，就获得了滤波后的图像。用小波变换对图像进行滤波处理，最关键的技术就是如何确定各子图像滤波的阈值，不同的滤波阈值将产生不同的滤波结果。如果阈值较小，则去噪效果不明显，残留的噪声成分较多。如果阈值较大，则会丢失许多边缘和几何细节信息，而且对于软阈值策略重建的图像会变得模糊，而对于硬阈值策略下的重建图像将包含较多的伪边缘。因此，选择合适的滤波阈值非常重要。

用二维小波对图像进行滤波处理，按阈值的处理方式来分包括硬阈值法(hard shrinkage)和软阈值法(soft shrinkage)。硬阈值滤波法的定义为

$$\hat{I}=\begin{cases}I, & |I|\geqslant T\\ 0, & |I|<T\end{cases} \tag{6.33}$$

其中，I 为小波分解系数子图像；T 为阈值。将小波分解后的各子图像的像素灰度值的绝对值跟阈值进行比较，如果像素灰度值小于阈值，那么该像素点的灰度值设置为零；如果灰度值大于或等于阈值，那么该点的灰度值保持不变。硬阈值滤波能够有效保持边缘，但去噪效果不理想。软阈值滤波法的定义为

$$\hat{I}=\begin{cases}\operatorname{sign}(I)(|I|-T), & |I|\geqslant T\\ 0, & |I|<T\end{cases} \tag{6.34}$$

将小波分解后的各系数子图像的像素灰度值的绝对值与阈值进行比较，灰度绝对值小于阈值的像素点的灰度值设置为零，大于或等于阈值的像素点的灰度值为该点灰度值与阈值的差值，符号为正值。软阈值滤波能够有效去除噪声，但边缘保持能力较差。

3. 滤波效果评价

对 SAR 图像斑点噪声滤波效果进行评价，主要从两个方面来考虑：一方面是滤波效果要好，能有效滤除相干斑噪声，达到提高信噪比的目的；另一方面是边缘和几何细节信息要有较好的保持能力，使图像不丢失重要的细节信息。滤波效果评价的方法有许多，可以归纳为主观评价法和客观评价法两大类。

主观评价法主要是通过人眼直接观察图像来衡量图像的去噪效果的优劣，这种评价方法带有很强的直观性，但它无法通过定量的方式来描述，而且它还受到环境条件和情绪等外部和自身人为因素的影响，所以主观图像质量评价法带有不确定性和随意性。但是人眼有非常高的辨别能力，尤其是彩色图像，所以通常情况下，首先会先用视觉判断。

客观评价法就是利用一些客观指标对图像滤波效果进行评价。在 SAR 图像滤波中，常用的指标有均值 μ、标准差 σ、等效视数 ENL 和边缘保持指数 ESI 等。均值反映图像信息的平均灰度，即所含目标的后向散射系数。标准差反映图像信息的偏离强度。通常认为，均值越大，标准差越小，反映图像信息量越大，滤波后越平滑。等效视数是衡量一幅图像相干斑点噪声相对强度的指标，反映滤波器的斑点抑制能力，等效视数越大，表明图像上的相干斑噪声越少，即降噪效果越好。等

效视数(equivalent number of looks,ENL)定义为

$$\mathrm{ENL}=\frac{\mu^2}{\sigma^2} \tag{6.35}$$

边缘保持指数(edge saved index,ESI)表示处理后滤波器对边缘的保持能力，分为水平边缘保持指数和垂直边缘保持指数。边缘保持指数值越高，边缘保持能力越强，其定义为

$$\mathrm{ESI}=\frac{\sum_{i=1}^{m}\left|I_{\text{filter1}}-I_{\text{filter2}}\right|}{\sum_{i=1}^{m}\left|I_{\text{original1}}-I_{\text{original2}}\right|} \tag{6.36}$$

其中，m 表示图像像元的个数；I_{filter1} 和 I_{filter2} 表示沿滤波后图像边缘交接处左右或上下互邻像元灰度值；$I_{\text{original1}}$ 和 $I_{\text{original2}}$ 表示沿原始图像边缘交接处左右或上下互邻像元的灰度值。

4. 滤波实验分析

实验图像数据来源于机载 SAR，图像大小为 256×256。实验方法有二维离散小波硬阈值法、二维离散小波软阈值法、二维平稳小波硬阈值法、二维平稳小波软阈值法、均值滤波法、中值滤波法和增强 Frost 法，实验结果图 6.12 和表 6.1 所示。

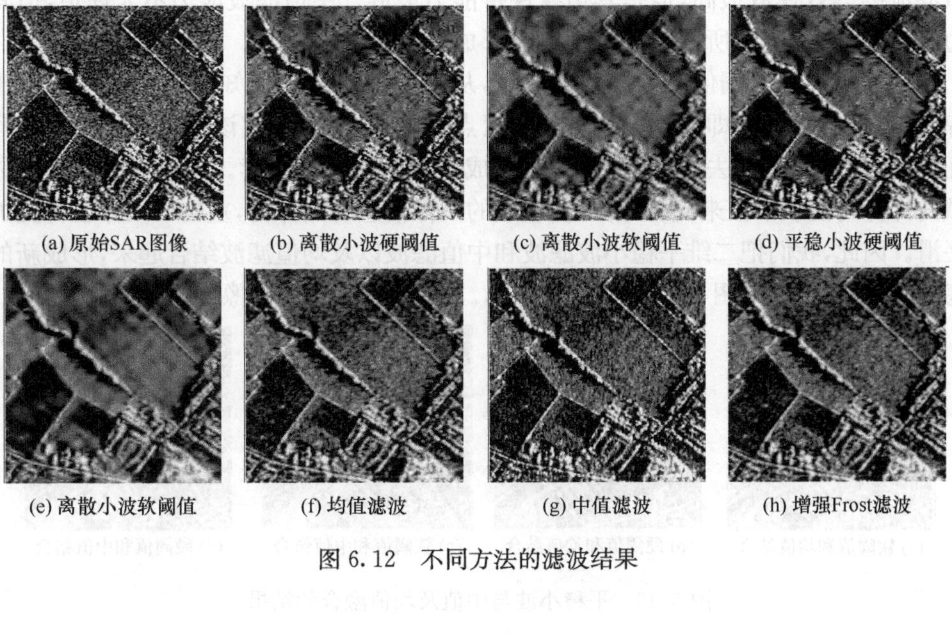

(a) 原始SAR图像　(b) 离散小波硬阈值　(c) 离散小波软阈值　(d) 平稳小波硬阈值

(e) 离散小波软阈值　(f) 均值滤波　(g) 中值滤波　(h) 增强Frost滤波

图 6.12　不同方法的滤波结果

表 6.1　不同方法的评价指标比较表

	原始 SAR 图像	离散小波硬阈值	离散小波软阈值	平稳小波硬阈值	平稳小波软阈值	均值滤波	中值滤波	增强 Frost
μ	106.6952	106.6008	106.7095	106.6508	106.7021	106.6905	105.1974	106.6952
σ	53.7497	45.2557	34.6736	42.6736	32.9250	38.3196	47.1970	38.3269
ENL	3.9404	5.5485	9.4713	6.3104	10.5025	7.7519	4.9680	7.7497
ESI	1	0.6406	0.3176	0.5118	0.2623	0.4547	0.7784	0.4549

从图 6.12 和表 6.1 中可以看出，软阈值法的滤波效果比硬阈值法好，但是硬阈值法的边缘保持能力比软阈值法强许多。平稳小波的滤波性能比离散小波好，但是其边缘和细节信息的保持能力比较差。均值滤波的能力比中值滤波强，但是其细节和边缘保持能力差。增强 Frost 的滤波效果和边缘细节保持能力均处于中间水平。上述实验结果表明，每种方法都无法做到既能有效滤除斑点噪声，又能有效保持边缘纹理等细节信息。降噪效果好的方法，其边缘保持能力差；边缘保持好的算法，其降噪效果又一般。所以，如果能把两个或两个以上滤波器进行融合，可以获得各自的优势而舍弃不足，达到既能取得较好滤波效果又能有效保持边缘和细节。

5. *融合滤波*

从前面的实验中可看到，平稳小波滤波效果相对比较好，特别是平稳小波软阈值滤波的等效视数最高，但是其边缘保持能力最低。中值滤波能力不太理想，但其边缘保持能力最好，所以它们进行组合形成新的滤波器。

前面在分析硬阈值和软阈值方法时，从它们的原理上可知原始阈值方法属于“高通”滤波的思路，即将小于阈值的像素点灰度值归零，致使该像素点位置不包含任何信息，人眼看上去是一个“空穴”，造成重构后图像不连续。如果在该像素点邻域内计算均值或中值来代替零值，使该点的图像信息得到保持，重构后图像也将更加平滑。因此，我们把二维平稳小波滤波和中值滤波以及均值滤波结合起来，形成新的滤波器，实验结果如图 6.13 和表 6.2 所示。实验原始 SAR 图像如图 6.12(a)所示。

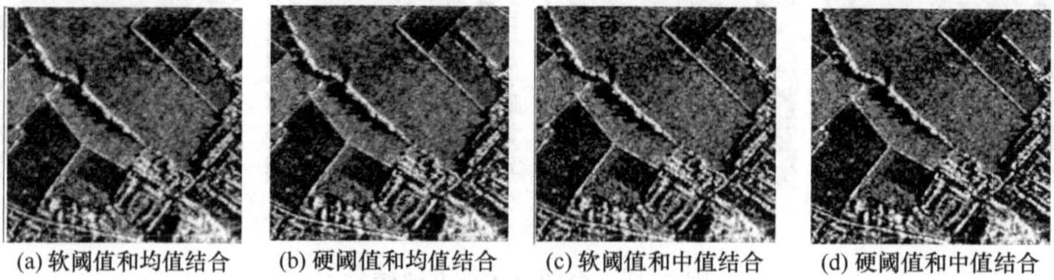

(a) 软阈值和均值结合　(b) 硬阈值和均值结合　(c) 软阈值和中值结合　(d) 硬阈值和中值结合

图 6.13　平稳小波与中值及均值融合的结果

表 6.2　平稳小波与均值及中值结合的评价指标比较表

	原始 SAR 图像	均值与软阈值	均值与硬阈值	中值与软阈值	中值与硬阈值
μ	106.6952	106.6008	106.7095	106.6508	106.7021
σ	53.7497	45.2557	34.6736	42.6736	32.9250
ENL	3.9404	5.5485	9.4713	6.3104	10.5025
ESI	1	0.6406	0.3176	0.5118	0.2623

6.4　一种相干性的 SAR 图像滤波方法

6.4.1　算法描述

以往的去噪方法几乎都是从图像的角度平滑斑点噪声，很少考虑 SAR 成像机理和斑点噪声的物理描述。由人造目标和自然地物的散射特性可知，人造目标在很大的方位角度匹配范围内都具有强的相干性，而自然地物需要亚像元级的配准才能形成强相干。所以，本节从 SAR 成像的机理和 SAR 图像目标相干性原理出发，提出了一种新的 SAR 图像斑点噪声滤波算法，即相干性滤波（coherence reduction speckle noise，CRSN）算法，其流程如图 6.14 所示。

CRSN 算法是一种 SAR 图像目标几何信息丢失较小的方法。这种方法首先对相干图像对进行相干处理，获得相干图像后，采用一个高通滤波器对相干图进行滤波，抽取图像的边缘和几何细节信息，即地物目标的形状特征图，也就是对相干图像进行目标检测和分割。然后，把相干图像与原始图像进行相减运算，获得低频图像。最后将这些地物特征图按像元叠加到低频图像数据中，这样就获得了去噪后的 SAR 图像。由于相干处理得到的结果不仅保留了与空间信息有关的高频成分，而且高频成分得到了相干加强，这有利于目标检测。将高通滤波的结果加到低频图像数据中后，可以有效地把高频数据的空间信息与基本的低频信息融合到一起，达到了既抑制斑点噪声又增强几何细节信息的目的。

对于单视 SAR 复图像，首先对该图像在距离向进行傅里叶变换，在频域里分成低频部分和高频部分，然后傅里叶逆变换，得到两幅子图像。把所获得的两幅子图像进行相干处理，就得到了相干图像。同理，在方位向也可以获得一幅相干图像。把在距离向和方位向分别获得的相干图像进行坐标变换，恢复原来图像的大小，然后依像素进行叠加，就获得了最终的相干图像。对相干图像进行目标检测和分割，就获得了经过相干加强的地物目标形状特征图。相干图像与原始图像进行相减运算，就获得了低频信息图像。最后把高频滤波后的地物目标形状特征图依像素叠加到低频图像，输出的结果就是滤波后的 SAR 图像。

图像对 $I_1(x,y)$ 和 $I_2(x,y)$ 的相干性可用式(6.37)计算

$$\rho=\frac{I_1(i,j)I_2^*(i,j)}{\sqrt{|I_1(i,j)|^2|I_2(i,j)|^2}} \tag{6.37}$$

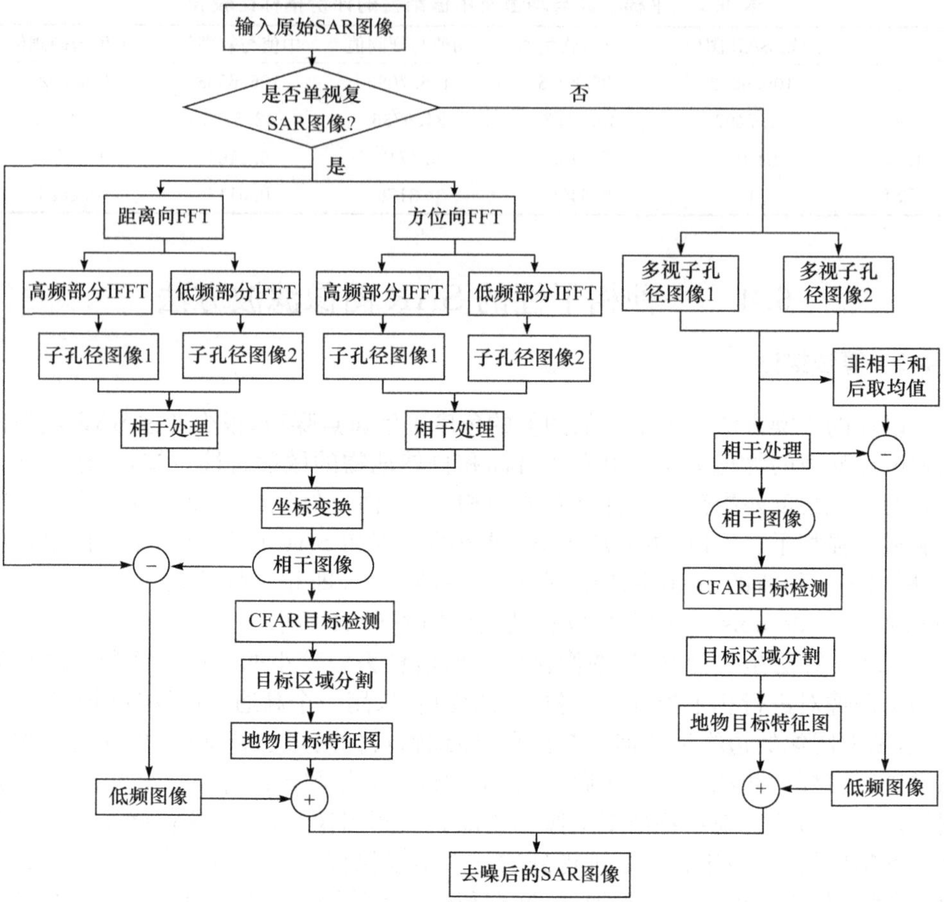

图 6.14　CRSN 算法流程图

在实际计算中，式(6.37)可用式(6.38)代替

$$\rho=\langle I_1 \cdot I_2 \rangle = I_1(i,j)I_2^*(i,j) \tag{6.38}$$

如果输入的是多视图像对，则直接按式(6.37)进行相干处理，不必进行傅里叶变换和逆变换，以及坐标变换，只是在相减时，对输入图像对进行非相干叠加后取均值。后面的运算过程跟单视复图像处理一样。在对目标进行检测和分割时，采用恒虚警率(CFAR)检测法，这种方法简单、实用，而且通过对杂波分布模型和恒虚警率的控制，能有效地检测目标。

6.4.2　实验结果分析

为了验证 CRSN 算法的正确性和可靠性，用不同的滤波方法对不同的区域进行了比较实验，滤波结果如图 6.15 所示。其中，测量数据图 6.15(A)～(C)、图 6.15(E)～(G)来源于 ERS-2，测量数据图 6.15(D)来源于圣地亚国家实验室

(Sandia National Laboratories),测量数据图 6.15(H)来源于 Radarsat-1,测量数据图 6.15(I)来源于 ERS-1。图 6.15(C)是近海区域图像,图 6.15(G)是海洋区域图像,图 6.15(D)是 M47 坦克图像,其他是农用区域图像。针对每幅 SAR 图像,采用的滤波方法分别是 CRSN 滤波、增强 Frost 滤波、增强 MAP 滤波、均值滤波、小波滤波。

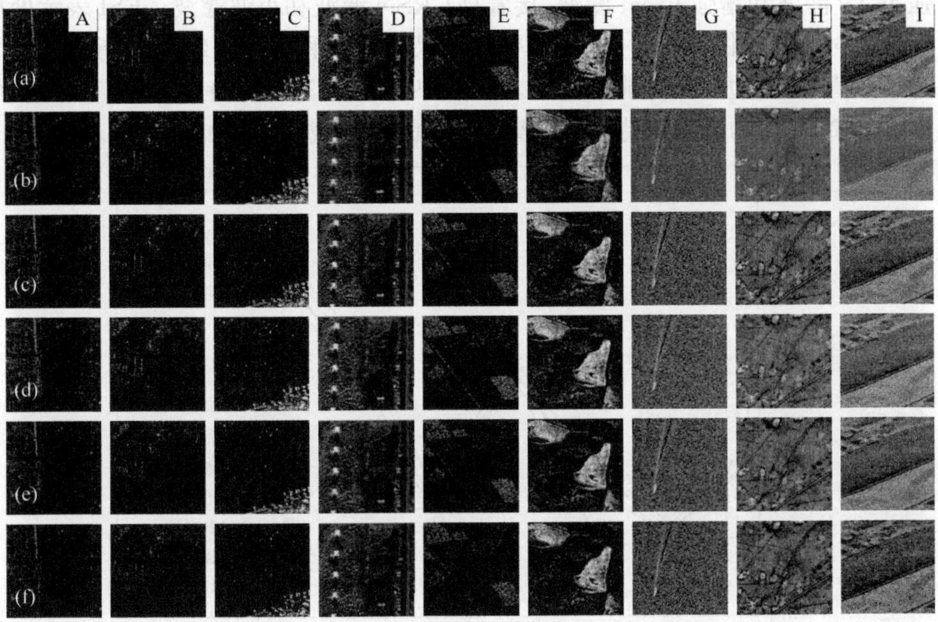

图 6.15　不同滤波算法对不同图像的滤波结果

(a) 原始图像;(b) CRSN 滤波;(c) 增强 Frost 滤波;(d) 增强 MAP 滤波;(e) 均值滤波;(f) 小波滤波

对于各种算法的评价标准,通常从以下五个方面进行衡量:①降低斑点噪声的大小;②点目标的保持情况;③保持边缘细节信息的多少;④能否保持图像的平均后向散射系数;⑤是否产生伪目标、伪边缘。降低斑点与保持边缘细节是一对矛盾。绝大多数算法都不能很好地满足这五方面的要求,存在着不同程度上的缺点。图像的边缘、细小特征、点目标和纹理特征的保持主要通过目视检验来评价。图像滤波效果比较主要采用以下指标:均值、标准差、等效视数、边缘保持指数等。下面针对图 6.15 中的不同滤波算法所得的实验结果,分别考察了上述指标并进行了比较,在图 6.16~图 6.19 中的横坐标图像序列 A~I 分别是图 6.15(A)~(I)。

均值反映图像的平均灰度,即所含目标的平均后向散射系数,图 6.16 显示了各图像的均值。其中,原始图像与增强 Frost 滤波及 Mean 滤波后的图像的均值几乎一样,增强 MAP 滤波的均值较高,其次是 CRSN 滤波,最低的是小波滤波。除了小波滤波,其他的滤波方法变化不是很大。标准差的大小表示图像信息的偏离程度,图 6.17 反映了各图像的标准差。从图中可以看出,原始图像的标准差最大,说明所含偏离最大,其次是 CRSN 滤波和小波滤波,均值滤波最低,说明均值滤波后的信息偏离多,CRSN 滤波偏离最小。ENL 是衡量一幅图像相干斑点噪声相对强度的指标,反映滤波器的斑点抑制能力,ENL 的值越大,表明图像上的相干斑越弱,其解译性越好。图 6.18 表示的各算法的等效视数,均值滤波最高,其次是增强 MAP 滤波和增强 Frost 滤波,接着是 CRSN 滤波和小波滤波。ESI 表示处理后滤波器对边界的保持能力,分为水平边缘保持指数和垂直边缘保持指数。边缘保持指数值越高,边缘保持能力越好。图 6.19 是水平边缘保持指数图。从图中可看出,CRSN 滤波的边缘保持指数最高,其次是小波滤波,均值滤波最低。

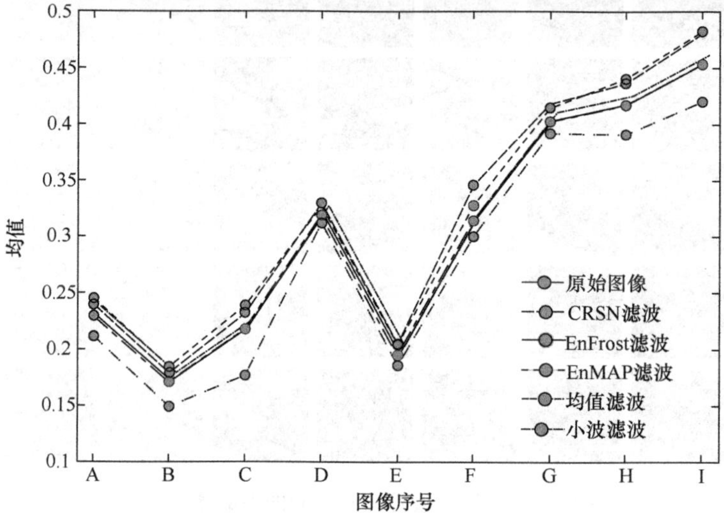

图 6.16　不同方法滤波后多幅图像的均值

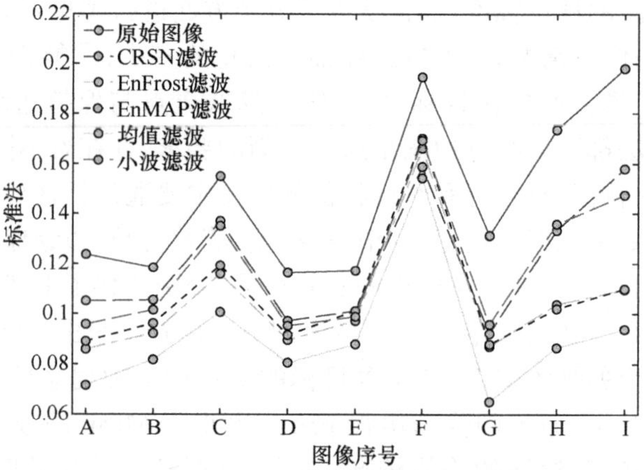

图 6.17　不同方法滤波后多幅图像的标准差

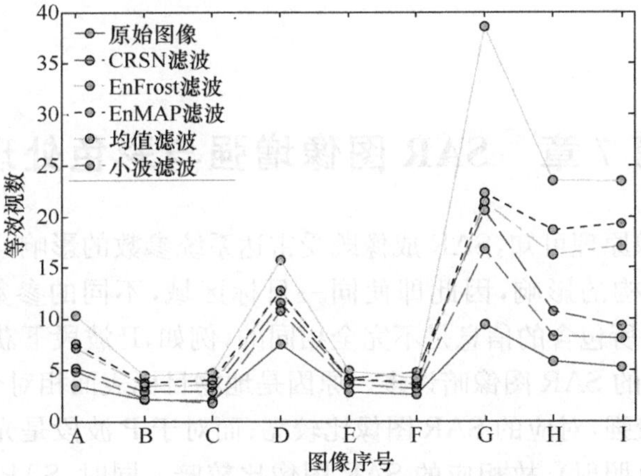

图 6.18　不同方法滤波后多幅图像的等效视数

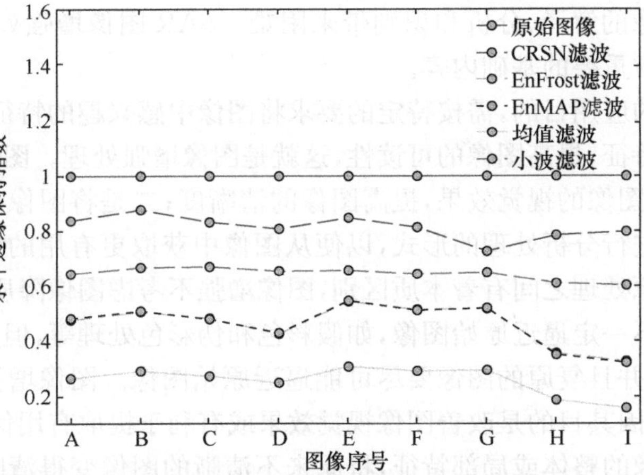

图 6.19　不同方法滤波后多幅图像的水平边缘保持指数

思　考　题

1. 简述斑点噪声产生的机理。
2. 斑点噪声具有什么样的统计特性？
3. 空间域滤波方法有哪些，其各自原理及特点是什么？
4. 多视处理滤波的原理是什么？
5. 均值滤波和中值滤波有什么区别？
6. Lee、Frost 和 Gamma 滤波的特点是什么？
7. 基于变换域的 SAR 图像滤波思想是什么？
8. 频率域滤波通常有哪些方法？
9. 小波变换滤波的原理是什么？
10. SAR 图像滤波效果评价常用的指标因子有哪些？

第 7 章　SAR 图像增强与彩色处理

由 SAR 成像原理可知，SAR 成像既受雷达系统参数的影响，又受地物目标物理参数和表面结构的影响，因此即使同一目标区域，不同的参数条件下获得的 SAR 图像质量和所包含的信息是不完全相同的，例如，P 波段下获得 SAR 图像要比 X 波段下获得的 SAR 图像暗许多。原因是地物目标表面相对于 X 波段是粗糙面，后向散射比较强，对应的 SAR 图像比较亮；而对于 P 波段是光滑面，后向散射比较弱(除了垂直照射)，故相应的 SAR 图像比较暗。同时，SAR 图像在传输、处理和加工过程中还会受到其他因素的影响，导致图像质量下降、图像模糊和特征淹没，给 SAR 图像的解译、分析和识别带来困难。SAR 图像增强处理是 SAR 图像处理的一个非常重要的基础内容。

针对不同的应用目的，需按特定的要求将图像中感兴趣的特征进行突出处理，衰减不需要的特征，提高图像的可读性，这就是图像增强处理。图像增强的目的有两个：一是改善图像的视觉效果，提高图像的清晰度；二是将图像变换成一种更适合人类或机器进行分析处理的形式，以便从图像中获取更有用的信息。图像增强处理与图像复原处理之间有着本质区别，图像增强不考虑图像降质的原因，而且改善后的图像也不一定逼近原始图像，如假彩色和伪彩色处理等，但是图像复原必须考虑降质原因，并且复原的图像要尽可能逼近原始图像。图像增强过程实质上是一个失真过程，因其目的是改善图像视觉效果或有利于提取有用信息，因此会有针对性地强调图像的整体或局部特征，将原来不清晰的图像变得清晰或强调某些感兴趣的局部特征，扩大图像中不同物体特征之间的差别，并抑制不感兴趣的特征，达到改善图像质量和丰富图像信息量，加强图像可读性和识别效果，满足某些特性分析的需要。

SAR 图像增强方法大致包含以下几类：空间域处理法、变换域处理法、相干性处理法和彩色处理法。空间域处理法是直接对图像的像素进行处理，基本上是以灰度映射变换为基础，所用的映射变换取决于图像的特点和增强的目的，主要包括灰度修正、图像平滑和锐化等。变换域处理法是在图像的某种变换域内，对变换后的系数进行运算，然后再求其反变换到原来的空间域得到增强的图像，对于频率域增强方法主要包括低通滤波、高通滤波和带阻滤波等，其他变换域方法有小波系列变换、多尺度几何分析理论、经验模式分解、独立分量分析等。相干性处理方法是针对 SAR 特殊成像机理提出的，经过相干性处理可以使明显特征增强或显露出来，以便于提取和分析。彩色处理可以适合人眼对彩色的高分辨特性，尤其是不同波段、不同时间和不同极化方式的 SAR 图像进行彩色处理，使其可读性明显提高。

变换域增强的方法在第 6 章已进行了讨论，即 SAR 图像的滤波，本章主要讨论基于对比度的 SAR 图像增强，基于统计直方图特性的 SAR 图像增强，基于相干性的 SAR 图像增强以及基于色度学基础的彩色 SAR 图像增强。

7.1　基于点运算的增强

点运算可以按照预定的方式改变一幅图像的灰度直方图特性。它是根据某种特定的灰度变换函数来改变图像的灰度级，即可使图像灰度动态范围增大，对比度得到扩展，从而使图像清晰、特征明显，是图像增强的重要手段之一。它主要利用点运算来修正像素灰度，由输入像素点的灰度值确定相应输出点的灰度值，是一种基于图像变换的操作。灰度变换不改变图像内的空间关系，除了灰度级的改变是根据某种特定的灰度变换函数进行，可以看成“从像素到像素”的复制操作。

如果 $f(x,y)$ 为输入的图像，$g(x,y)$ 为处理后输出的图像，则点运算可以表示为

$$g(x,y)=T[f(x,y)] \tag{7.1}$$

其中，$T(\cdot)$表示灰度变换函数，其描述了输入灰度值和输出灰度值之间的转换关系，一旦这个转换关系确定了，那么点运算也被确定下来了，即灰度变换被确定了。灰度变换的方法有许多种，如逆反处理、阈值变换、灰度拉伸、灰度切分、灰度级修正、动态范围调整等。虽然它们对图像的处理效果不同，但处理过程中都运用了点运算，故它们通常被划分成以下三类：线性变换、分段线性变换、非线性变换。图 7.1 是基于点运算的图像增强原理框图，从图中可以看出，对于点运算，输入的是一幅图像，输出的也是一幅图像，而且输出和输入图像的大小是相同的，各个像素的空间位置也没有发生变化，只是像素的灰度值发生了变化。

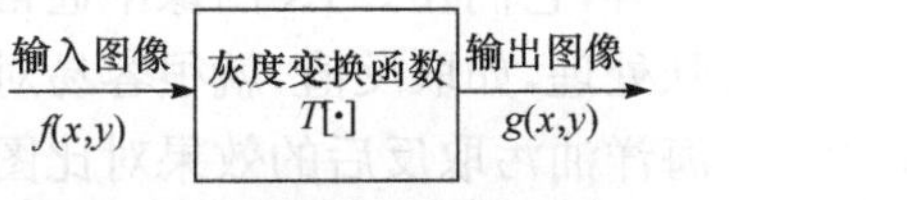

图 7.1　基于点运算的图像增强原理框图

7.1.1　灰度线性变换

设原图像 $f(x,y)$的灰度值范围为$[a,b]$，即 $f(x,y)\in[a,b]$，线性变换后的图像为 $g(x,y)$，其灰度取值范围是$[c,d]$，即 $g(x,y)\in[c,d]$。它们之间的线性变换关系如图 7.2 所示，变换函数为

$$g(x,y)=\frac{d-c}{b-a}\cdot[f(x,y)-a]+c \tag{7.2}$$

其中，$(d-c)/(b-a)$为变换函数的斜率，如果用k代替，即$k=(d-c)/(b-a)$，则式(7.2)可写成

$$g(x,y)=k[f(x,y)-a]+c \tag{7.3}$$

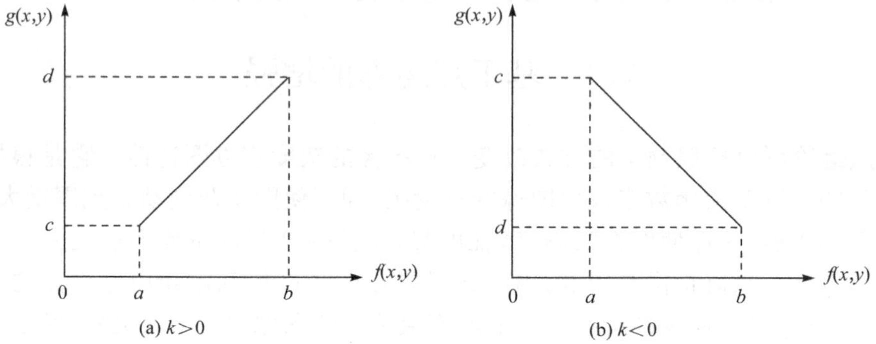

图 7.2 灰度线性变换关系

根据参数$[a,b]$和$[c,d]$取值大小，灰度变换又包含以下几种情况。

(1) 扩展动态范围。当$k>1$时，即$[a,b]\subset[c,d]$，会使图像的灰度取值范围展开，会适当改善图像灰度级分辨率，使原来一些模糊的地方变得清晰，但这种改善作用非常有限，因为对于遥感图像或 SAR 图像，关键还是成像时的辐射分辨率。

(2) 灰度值取反。当$k<0$时，变换后的图像的灰度值会反转，即原来亮的色泽变暗，而暗的色泽变亮。当$k=-1$时，输出图像为输入图像的反值。对于 SAR 图像，这种灰度取反非常有用。因为光滑目标，如机场跑道、公路、桥面以及海洋油污等，它们在 SAR 图像中通常是呈暗色，不便于分析和判读，要对它们进行灰度加强处理，如取反值，就很容易对这些目标进行检测和识别。图 7.3 就是机场目标和海洋油污取反后的效果对比图。其中，图 7.3(a)和图 7.3(b)是原始 SAR 图像，图 7.3(c)和图 7.3(d)分别是取反增强后的图像。图 7.3(a)是包含机场跑道等暗目标的 SAR 图像，图 7.3(b)是海洋被油污后的 SAR 图像，它们都是暗目标，经过灰度处理后变成了亮目标，有利于后续的判断、解译和应用。

(a)

(b)

(c)

(d)

图 7.3　灰度取反后的结果

有些 SAR 图像的整个灰度范围已经很宽，但感兴趣的地物目标间的灰度范围却很窄。这样可以针对特定目标区域，扩大它们之间的灰度距离，可通过分段线性函数来实现。分段函数的对应变换关系如图 7.4 所示。

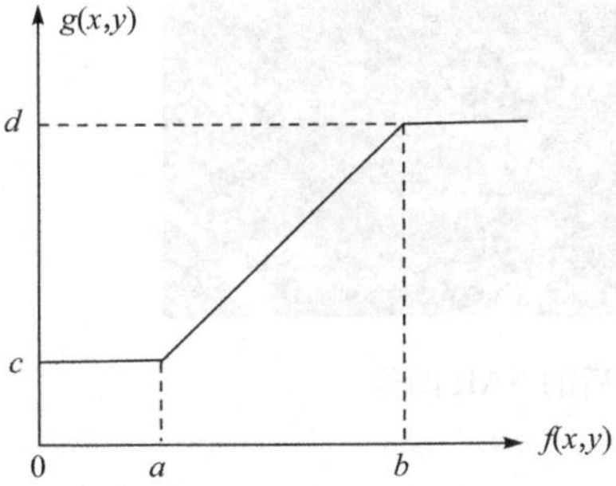

(a) 扩展感兴趣部分，舍弃其他部分

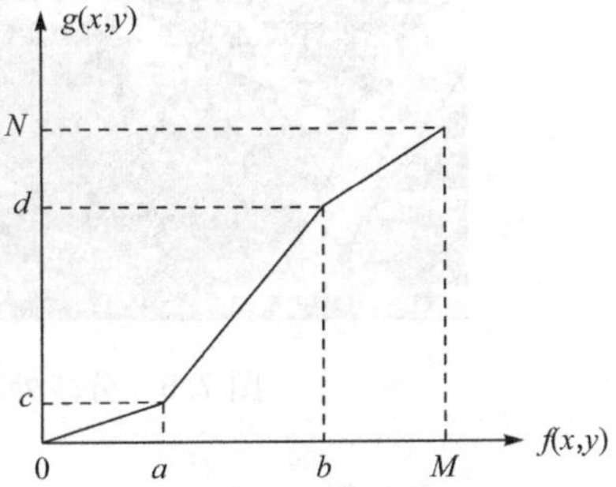

(b) 扩展感兴趣部分，压缩其他部分

图 7.4　灰度分段线性变换关系

对于感兴趣的区间$[a,b]$，可以采用斜率大于 1 的线性变换来进行扩展，而把其他区间部分用 c 或 d 来表示。这就是扩展感兴趣部分，舍弃其他部分，其变换关系图如图 7.4(a)所示，变换函数为

$$g(x,y)=\begin{cases} c, & f(x,y)<a \\ \dfrac{d-c}{b-a}\cdot[f(x,y)-a]+c, & a\leqslant f(x,y)\leqslant b \\ d, & f(x,y)>b \end{cases} \tag{7.4}$$

如果在扩展感兴趣的$[a,b]$区间的同时还要保留其他区间的灰度级，可以采用压缩其他区间的方法，即有扩有压，其变换关系图如图 7.4(b)所示，变换函数为

$$g(x,y)=\begin{cases}\dfrac{c}{a}f(x,y), & 0\leqslant f(x,y)<a\\ \dfrac{d-c}{b-a}\cdot[f(x,y)-a]+c, & a\leqslant f(x,y)\leqslant b\\ d+\dfrac{N-d}{M-b}\cdot[f(x,y)-b], & b<f(x,y)\leqslant M\end{cases} \tag{7.5}$$

图 7.5 是图 7.3(a)经灰度分段线性增强处理后的结果图，这里参数设置为 $a=40, b=200, c=10, d=255$。进行的是扩展感兴趣部分，舍弃其他部分的处理，从图中可以看到，在原图中灰度值大于 200 的灰度都变成了 255，而小于 40 的灰度值都变成了 10，对于在它们间的灰度按式(7.4)进行了灰度扩展处理。

图 7.5　分段处理增强后的 SAR 图像

7.1.2　灰度非线性变换

除了采用线性变换，还可以采用非线性变换来增强图像的对比度。所谓非线性变换是指利用非线性变换函数对图像进行灰度变换来突出某些特征，常用的方法有对数变换、指数变换和幂次变换等。

对数变换，是指输出图像的像素点的灰度值与对应的输入图像的像素灰度值之间为对数关系，其一般表达式为

$$g(x,y)=\lambda\lg[f(x,y)+1] \tag{7.6}$$

其中，λ 为一调节常数，用来调节变换后的灰度值，使其符合实际要求。对数变换的作用是扩展图像的低灰度范围，同时压缩高灰度范围，使图像的灰度均匀，与人的视觉特性相匹配。图 7.6(a)是图 7.3(a)经对数处理后的结果图像，其中 $\lambda=20$。

指数变换的效果恰好与对数变换相反，其使高灰度范围得到扩展，而压缩低灰度范围，变换函数表达式为

$$g(x,y)=\lambda[f(x,y)+\varepsilon]^{\gamma} \tag{7.7}$$

其中，λ 和 γ 为常数，为避免 $f(x,y)$ 为零的情况，增加了偏移量 ε。γ 值的选择对于

变换函数的特性有很大影响，当 $\gamma<1$ 时会将原始图像的灰度向高亮部分映射，当 $\gamma>1$ 时向低亮部分映射，当 $\gamma=1$ 时相当于正比变换。指数处理结果如图 7.5(b) 和图 7.5(c)所示。

(a) 对数处理$\lambda=20$　(b) 指数处理$\lambda=1,\gamma=0.8$　(c) 指数处理$\lambda=0.2,\gamma=1.2$

图 7.6　SAR 图非线性变换结果

7.2　直方图增强处理

统计学中的直方图用于数字图像处理，可表示图像的灰度分布，称为灰度直方图。不同的灰度分布对应不同的图像质量。灰度直方图是多种空间域处理技术的基础，同样也能有效地用于图像增强。基于直方图的图像增强与基于点运算的增强是有区别的，图 7.7 基于直方图增强的原理图。点运算的图像增强输入的是一幅图像，直方图增强输入的除了图像，还需有相应的参考直方图，才能进行直方图修正处理。参考直方图的来源有以下三种情况：①来源于输入原始图像的本身，用来进行均衡化处理，变成均匀的分布形式；②来源于规定的直方图，用于进行规定处理，变成预定的方式；③来源于另外的图像，变成与预定图像相似的直方图，用于辐射的相对校正。对于点运算，输入图像给变换函数即可实现增强处理，而直方图修正必须获得输入图像的直方图以及参考直方图，才能完成图像的增强修正处理。

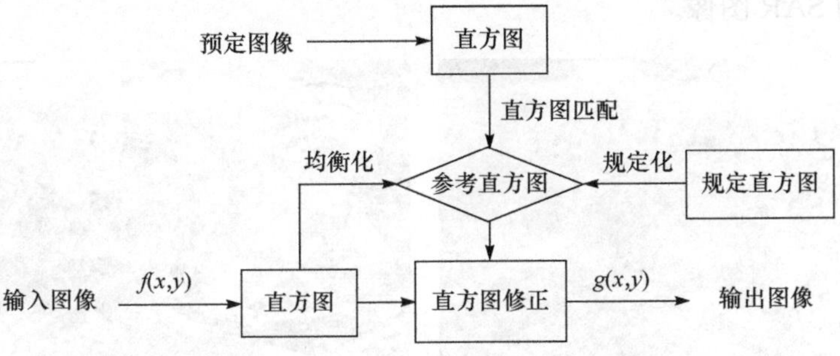

图 7.7　直方图增强原理框图

灰度直方图定义为数字图像中各灰度级与其出现的频率间的统计关系，可表

示为

$$P(k)=\frac{n_k}{n}, \quad k=0,1,\cdots,L-1 \tag{7.8}$$

并且

$$\sum_{k=0}^{L-1} P(k) = 1 \tag{7.9}$$

其中，k 为图像 $f(x,y)$ 的第 k 级灰度值；n_k 为 $f(x,y)$ 中灰度值为 k 的像素个数；n 为图像的总像素个数；L 为灰度级数。

常用的直方图修改方法有均衡直方图法和规定直方图法。

直方图均衡化是指通过对原始图像进行某种灰度变换，使变换后图像的直方图能均匀分布，这样就能使原图像中具有相近灰度且占有大量像素点的区域的灰度范围扩展，从而使大区域中的微小灰度变化显现出来，使图像更清晰。直方图均衡化实质上是对原始图像的灰度进行非线性变换，使它们的统计直方图变成均匀分布，以增加图像灰度的动态范围，达到增强图像整体对比度的效果。

直方图规定化也称为直方图匹配，是指根据某幅标准图像或已知图像的直方图来修正原始图像的过程，或者是直接给定直方图形状，通过某个灰度增强（变换）函数，使原始图像的直方图变成给定直方图的形式，从而有选择性地增强某个灰度值范围内的对比度。在遥感图像处理中，由于不同时间获得的遥感图像会受到不同因素的影响，导致遥感图像的色泽和亮度不同，即地物目标的反射或散射强度不同，会给遥感图像处理和应用带来影响。例如，动态监测信息的获取中，地物目标没有发生变化，可是由于一些因素的影响，不同时间获得的图像的幅度有别，经常需要进行相对的辐射校正，其中直方图匹配就是一种较简单的方法，图 7.8 为直方图均衡处理结果，图 7.9 为直方图匹配处理结果。在图 7.8 中，(a)是原始 SAR 图像，(b)是均衡处理后的 SAR 图像，(c)和(d)分别是(a)和(b)的直方图。在图 7.9 中，(a)是要求进行辐射调整的 SAR 图像，(b)规定的 SAR 图像，而(c)是进行直方图匹配后的 SAR 图像。

(a) 原始SAR图像

(b) 均衡处理后的SAR图像

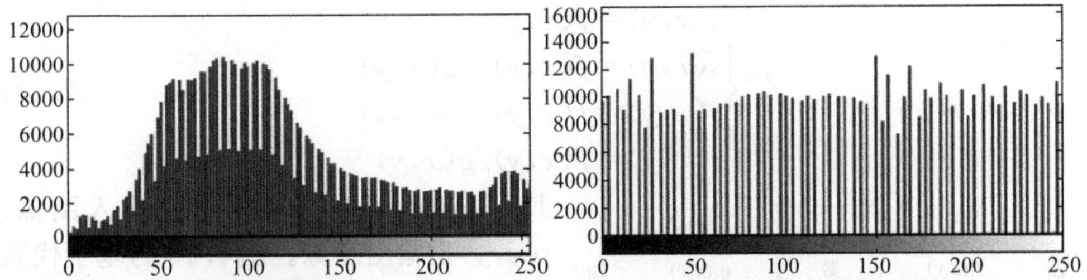

(c) 原始SAR图像直方图　(d) 处理后SAR图像直方图

图 7.8　直方图均衡处理

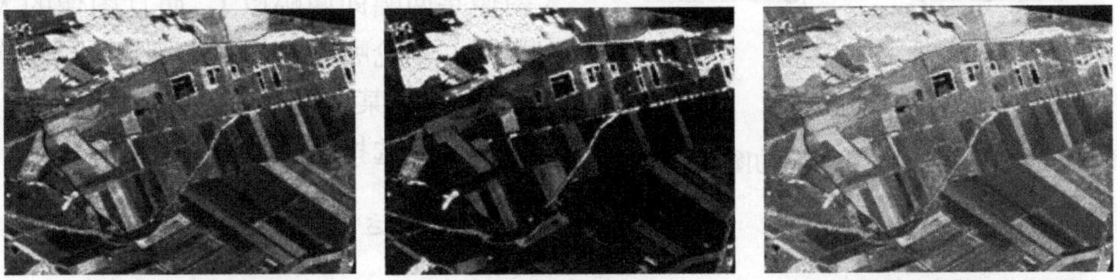

(a) 待匹配SAR图像　(b) 标准SAR图像　(c) 直方图处理后的SAR图像

图 7.9　直方图匹配处理

7.3　基于代数运算的增强

图像代数运算是指图像与图像之间对应像素的空间几何位置不变，而像素的灰度级之间进行四则运算。也就是两幅输入图像间进行的点对点的加、减、乘和除计算从而得到输出图像的运算。如果将待运算的而且相同的两幅数字图像 $f(x,y)$ 和 $g(x,y)$ 分别用矩阵的形式表示，即

$$f(x,y)=\begin{bmatrix} f_{11} & f_{12} & \cdots & f_{1N} \\ f_{21} & f_{22} & \cdots & f_{2N} \\ \vdots & \vdots & & \vdots \\ f_{M1} & f_{M2} & \cdots & f_{MN} \end{bmatrix} \tag{7.10}$$

$$g(x,y)=\begin{bmatrix} g_{11} & g_{12} & \cdots & g_{1N} \\ g_{21} & g_{22} & \cdots & g_{2N} \\ \vdots & \vdots & & \vdots \\ g_{M1} & g_{M2} & \cdots & g_{MN} \end{bmatrix} \tag{7.11}$$

其中，M 和 N 分别表示图像的高和宽，即图像的大小。两幅图像间的代数运算式表示为

$$\begin{cases} s(x,y)=f(x,y)+g(x,y) \\ s(x,y)=f(x,y)-g(x,y) \\ s(x,y)=f(x,y)\times g(x,y) \\ s(x,y)=f(x,y)/g(x,y) \end{cases} \tag{7.12}$$

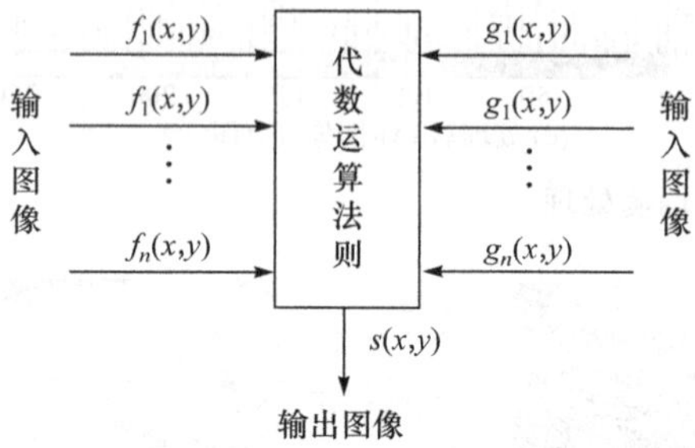

图 7.10　基于图像代数运算的图像增强框图

其中，$f(x,y)$和$g(x,y)$为输入图像；$s(x,y)$是输出图像。图 7.10 为基于代数运算图像增强原理框图。从图 7.10 可以看出，用图像代数运算进行增强处理，输入图像是两幅即两幅以上，而且图像的大小相同。不论哪种运算，都可用于图像增强，即可突出某些特征，但在具体应用时，需根据实际选择不同的运算。

1. 加法运算

加法运算是图像处理中常用一种运算方法，通过相加可以使某些特征加强，例如，多尺度分解中各子图像的求和。另外，对于图像中的加性噪声，可以采用非相干求和再平均的方法来滤除噪声。在 SAR 图像处理中，多视处理就是典型相加运算，另外是用于特征增强和提取。在图 7.11 中，图 7.11(a)～(d)为四视 SAR 图像，然后它们分别进行相干处理，提取目标，最后把所有检测结果进行非相干求和，即加法运算，获得最后增强的特征图像。

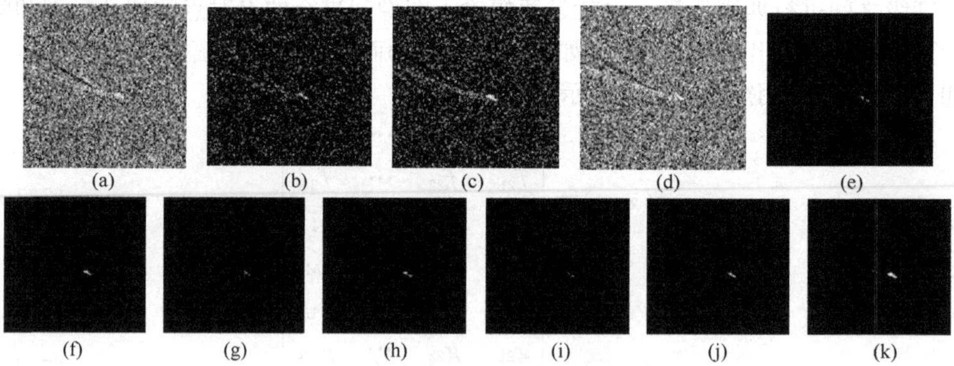

图 7.11　加法运算特征增强结果

(a) 四视子图 1；(b) 四视子图 2；(c) 四视子图 3；(d) 四视子图 4；(e) 四视子图 1 与图 2 的检测结果；(f) 四视子图 1 与图 3 的检测结果；(g) 四视子图 1 与图 4 的检测结果；(h) 四视子图 2 与图 3 的检测结果；(i) 四视子图 2 与图 4 的检测结果；(j) 四视子图 3 与图 4 的检测结果；(k) 四视检测结果非相干和

进行加法运算时，一定注意产生新的图像，即输出图像的灰度值范围，如果超出了一定的范围，如[0,255]，需乘以一个因子，确保求和后的数据在规定的范围之内。

2. 减法运算

减法运算在遥感图像中经常使用，尤其是变化信息的获取，因为两幅图像对间的相减结果把图像之间的差异显示出来了，有利于提取变化或动态信息。图 7.12 就是两幅不同 SAR 图像进行相减运算。跟加法运算一样，减法运算要确保计算结果在规定的灰度范围内。另外，相减的次序不同，反映的差异信息也不同，如图 7.12(c)和图 7.12(d)所示。

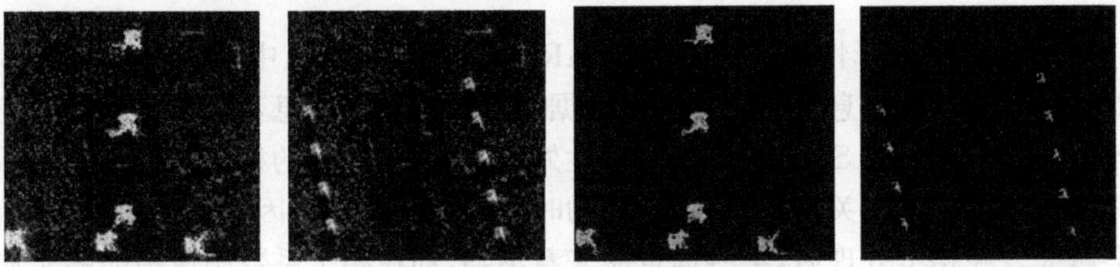

(a) SAR图像1　(b) SAR图像2　(c) 图像1减去图像2　(d) 图像2减去图像1

图 7.12　减法运算获取差异信息

3. 比值运算

比值运算(除法运算)在 SAR 图像中也经常应用。因为 SAR 相干性成像原理使得 SAR 图像不可避免地包含大量斑点噪声，而且斑点噪声是乘性噪声，因此通过两幅图像进行相比运算，可以有效去除斑点噪声。同样，两幅图像相除，也可以突出它们之间的差异信息，有利于变化信息的获取和动态监测。相除运算要注意的是分母不能为零，要作适当处理，此外，灰度值要保证在确定的范围内。图 7.13(a)是图 7.12(a)和图 7.12(b)的比值图像，从中可知，但两幅图像对应像素灰度值相等时，比值为 1，如果它们之间的差异越大，则比值越远离 1，图 7.13(b)是图 7.13(a)的灰度值减去 1 所得，图 7.13(c)是 1 减去图 7.13(a)的灰度值所获得的结果。同样，可以设置不同的阈值来获得相应的信息。

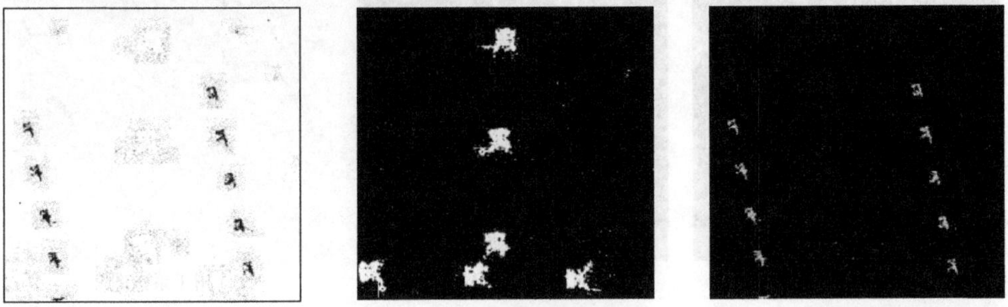

(a) 比值图像　(b) 比值图像减去1　(c) 1减去比值图像

图 7.13　比值获取的差异图像

4. 乘法运算

乘法运算在图像处理中用得非常多，如用于空间滤波的邻域运算。用乘法处理图像时，同样注意灰度值的取值范围，乘上适当的因子或权值确保灰度值在规定范围内。

7.4　相干性处理增强

SAR 成像是相干性成像机理，在 SAR 接收的回波信息中，除了幅度信息，还有非常重要的相位信息。单视复图像数据中就包含相位信息，因此，可以用同一场景不同时间的单视复 SAR 来进行相干性处理，来获得它们的相干系数图。用不同时间的复图像进行相关处理，它们之间的时间差越短越好。因为时间差越短，相干性会越大。经相干处理后，某些信息原来看不到，却在相干系数图像中能够非常清楚地看到。这又是 SAR 不同于光学图像的一个方面。相干系数计算式为

$$\gamma=\frac{|E[X_1 \cdot X_2^*]|}{\sqrt{E[|X_1|^2]\cdot E[|X_2|^2]}} \tag{7.13}$$

其中，X_1 和 X_2 为两时相的单视 SAR 复图像；$*$ 表示复共轭。γ 为相干系数，其值在 0～1，0 表示两幅单视 SAR 复图像没有相干性，或者相干性特别差，1 表示相干性特好。图 7.14 是两幅单视 SAR 图像进行的相干处理，获得它们的相干系数图，其中图 7.14(a)和图 7.14(b)分别为不同时间的 SAR 图像，图 7.14(c)为它们的相干系数图。从图 7.14 可以看出，没有进行相干处理时，各自的幅度图像中没有暗的一条路，但是经相干处理后，由于不同时间所走过的路的相干性比周围地物低，所以这条路在相干系数图中被突显示出来了，达到了增强的目的，而且检测到单幅图像中无法检测的目标。

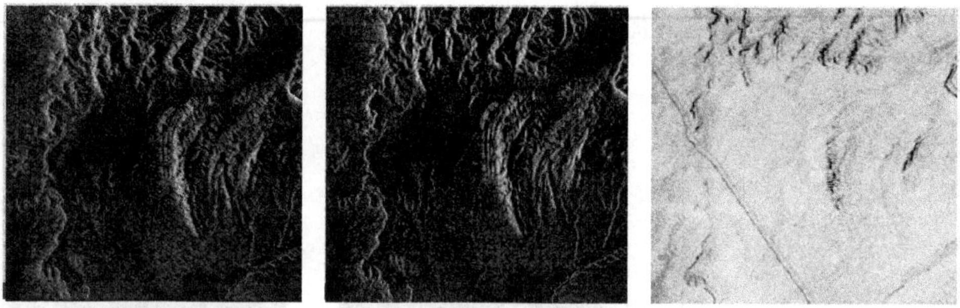

(a) 时间t_1时的SAR图像　(b) 时间t_2时的SAR图像　(c) 相干系数图

图 7.14　相干处理结果

上面讨论的相干性增强，针对的是两幅或两幅以上的图像，例如，同区域不同时相的 SAR 图像、不同极化 SAR 图像和多视 SAR 图像。如果只有一幅 SAR 图像，则如何进行相干性或相关性处理来增强 SAR 图像呢？还是用相干性原理来处理。

由于人造目标在很大的角度匹配范围内都具有强相干性，而自然地物需要亚像元级的配准才能形成强相干，所以，SAR 图像经相干处理后，可以达到提高 SAR 图像信杂比的目的。图 7.15 表示是 SAR 图像经相干处理后的检测结果。其中，图 7.15(a)是原始的 SAR 图像，图 7.15(b)是相干处理后的图像，图 7.15(c)是图 7.15(a)的检测结果图，图 7.15(d)是图 7.15(b)的检测结果图。从图 7.15 可以看出，SAR 图像被相干处理后，目标区域比处理前更亮些，而自然背景地物变化不大，这非常有利于目标检测。

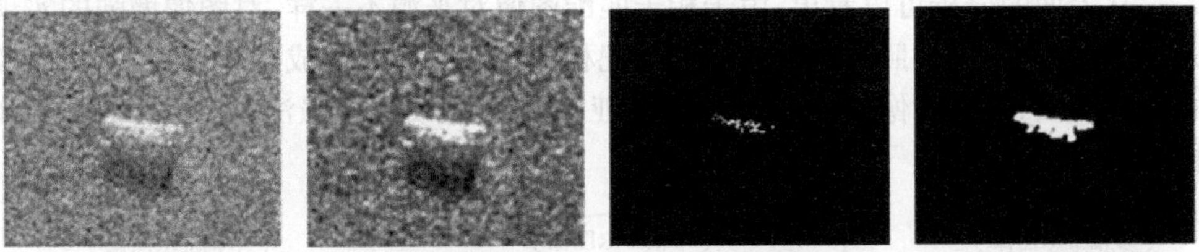

(a) 原始图像　(b) 相干后的图像　(c) (a)的检测结果　(d) (b)的检测结果

图 7.15　目标的相干性处理

按式(7.13)计算相干性系数，必须要求两幅 SAR 图像，因此，对于一幅图像，最关键的是分解成两幅图像，并且其影响能在可接受范围内。我们可以按多视处理的思想，从单幅 SAR 图像中获取相干子图像对源，这些子图像被称为子孔径图像。然后把它们进行相干，得到相干增强后的 SAR 图像，这就是单视子孔径相干增强算法。子孔径增强算法需对图像进行多次傅里叶变换和逆变换，计算量比较大。

图像超分辨率技术一直是图像领域研究的热点，并取得了许多理论突破，逐渐走向应用阶段。图像超分辨率是通过亚像元成像技术或差分采样技术来实现的，主要应用于光学和红外成像系统，目的是通过提高采样式成像系统探测器的空间和时间采样频率，达到提高遥感器地面像元分辨率。亚像元成像技术是指通过把采样式成像系统常规焦平面上的一排探测器线阵列，改成线阵方向错开 0.5 个像元、在垂直线阵方向上错开 $n+0.5$ 或 n 个像元(n 为整数)的两排探测器线阵列；在线阵列方向上通过错位，在垂直线阵方向上通过提高或不提高时间采样频率的手段来提高推扫式传输型航天遥感相机地元分辨率的一种新型技术。亚像元成像中，通过差分采样获得了同一时刻、同一成像区域的两幅低分辨率图像，然后是两幅低分辨率图像的融合滤波，以及融合后图像的恢复。

亚像元成像技术目前已成功应用于光学和红外成像系统，将来有可能用于微波成像系统。我们可以借鉴亚像元成像技术的处理方法，把单视 SAR 图像在方位向或距离向进行错位处理，就可获得相干性子图像，然后进行相干处理，再经图像融合和坐标变换处理，恢复原分辨率图像，即可获得增强后的 SAR 图像，这种方法称为亚像元空间域源增强算法。

亚像元空间域源是指在原始的图像空间域通过差分采样技术，从原图像中获得所需要的两个或若干个子图像，而不需其他空间变换。

亚像元空间域源增强算法主要包括以下三个步骤：①选一幅原始的 SAR 图像；②给出一个点扩散函数(point spread function，PSF)；③由图像的错位关系确定图像采样的网格，并以 PSF 为权值在网格点上对原始的 SAR 图像进行采样。通常以归一化的盒子函数(如四点平均函数)作为 PSF 对图像进行亚采样，通过对亚采样时所用的网格的错位就可以获得亚像元相干子图像。

从上面的分析可以看出，由于相干匹配图像对来源不一样，对图像增强的实现过程也有所不同，按照图像的来源可以把相干性增强算法分成以下三种：多幅图像相干增强法、单幅图像子孔径增强法和亚像元空间域源增强法，它们的流程图如图 7.16 所示。

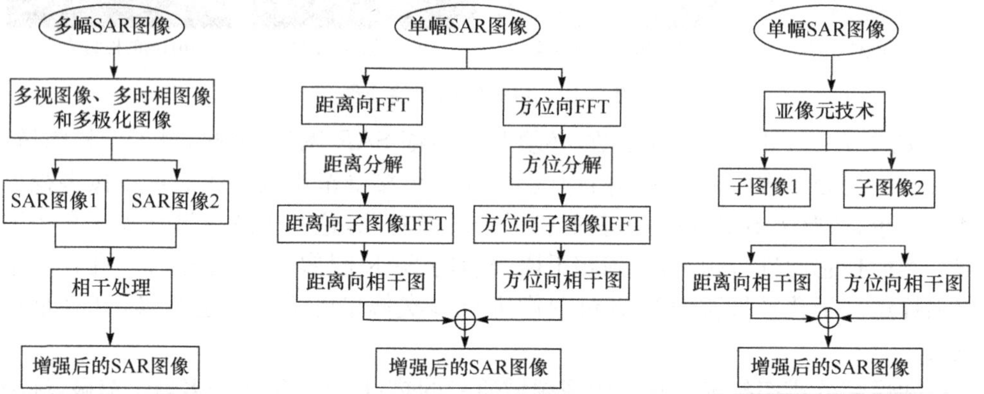

(a) 多幅图像相干增强法　(b) 单幅图像子孔径增强法　(c) 亚像元空间域源增强法

图 7.16　不同 SAR 图像相干性增强算法流程图

7.5　彩色增强处理

原始的 SAR 图像都是灰度图像，可辨性不是很高，因为人眼对灰度等级的区分并不敏感，通常能分辨的灰度级介于十几级到二十几级之间，但是却可以分辨上千种彩色，所以，如果把 SAR 图像用彩色显示或增强，将会大大提高 SAR 图像的视觉特性和可分辨性。为了改善图像的可分辨性，将灰度图像变成彩色图像或者改变已有彩色的分布，称为图像的彩色增强。常用的彩色增强方法包括伪彩色增强、假彩色增强和真彩色增强三种。伪彩色增强技术是对一幅灰度图像的处理，通过一定的方法，将一幅灰度图像变换生成一幅彩色图像。假彩色和真彩色则着眼于对多幅灰度图像的合成处理，一般是将三幅图像分别作为红、绿、蓝三个通道进行合成，只是假彩色合成的颜色不符合自然物体的颜色，而真彩色符合自然物体的色彩。SAR 图像处理中，彩色增强是提高 SAR 图像可辨性的一种非常有效方法，例如，SAR 图像的分类用伪彩色显示，不同时相、不同波段和不同极化方式的 SAR 图像用假彩色表示。

7.5.1　伪彩色增强

伪彩色增强是把一幅黑白图像(灰度图像)的每个不同灰度级按照线性或非线性的映射函数变换成不同的彩色，得到一幅彩色图像，使原图像细节更易辨认。因此，伪彩色不是物体本身的颜色，而是人为加到物体上的颜色，是假的颜色。伪彩色增强处理的实质就是给灰度图像或单色图像增加色彩。结果可改善图像的视觉效果，提高人眼对图像的分辨能力，突出细节信息，使目标更容易识别，如图 7.17 所示。其中，图 7.17(a)是原始 SAR 图像，图 7.17(b)是其分类图，并且每一类用一个颜色表示，这就是伪彩色图。图 7.17(b)的视觉效果优于图 7.17(a)，表明伪彩色增强可以提高分辨能力。

(a) 原始SAR图像　(b) SAR图像分类图

图 7.17　SAR 图像分类图

伪彩色增强的过程就是人工赋予彩色或着色的过程，即对原灰度图像中不同灰度值的区域分别赋予不同的颜色，以更明显地区分它们。所以，从图像处理的角度看，伪彩色增强处理，输入是灰度图像，输出是彩色图像，如图 7.17 所示。伪彩色增强方法主要有密度分割法、彩色变换法和频率滤波法三种。

1. 密度分割法

密度分割法是伪彩色图像增强中最简单、最基本的方法。该算法的基本思想是将灰度图像中的任意一点的灰度值看成该点的密度函数，把密度函数分割成几个相互独立的区间，给每个区间分配一种颜色。

假设一幅灰度图像用 $f(x,y)$ 表示，则可以看成坐标 (x,y) 的一个密度函数。把图像的灰度分为若干个等级。如果只有两个等级，则称为两级密度分割法；如果分成两个等级以上，则称为多级分割法。

设原灰度图像的灰度级范围为 $0\leqslant f(x,y)\leqslant L$，用 $K+1$ 灰度级把该灰度范围分为 K 段，即 $L_0,L_1,\cdots,L_K$，然后给每一段灰度映射一种颜色，映射关系为

$$g(x,y)=C_i \tag{7.14}$$

其中，$g(x,y)$ 为输出的伪彩色图像；C_i 为灰度在 L_i 范围内映射的色彩。需要说明的是，这 K 段可以是均匀的，也可以是不均匀的，是根据图像的灰度范围以及实际需求来设定每段的长度，以达到细节显示。经过这种映射处理后，原始黑白图像就成了伪彩色图像。图 7.18 为密度分割法原理示意图。

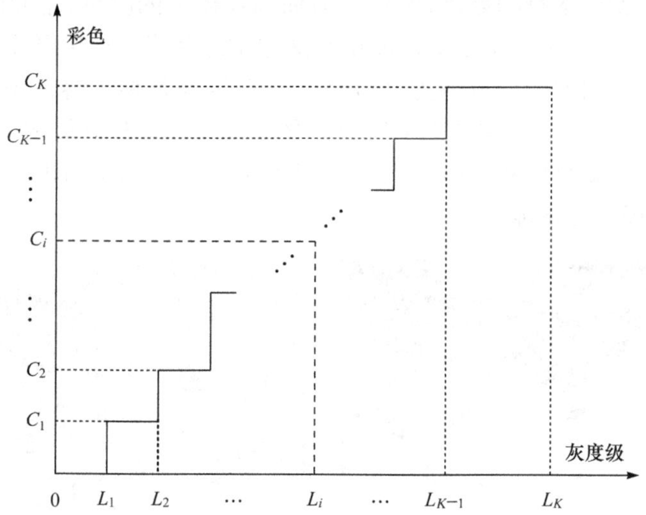

图 7.18　密度分割原理示意图

从图 7.18 可以看出，密度分割法的优点是简单、易实现，只要把分割的灰度区域与某个彩色进行映射，就可完成伪彩色处理，故得到的伪彩色图像的颜色受到分割层数的限制。因此，其缺点也很明显：彩色生硬，量化噪声大(分割误差)，为了减少量化误差，必须增加分割级数，引起设备复杂，很难满足更加复杂的应用需求，同时视觉效果不很理想。

2. 彩色变换法

彩色变换法的基本思想是对图像中每个像素点的灰度值 $f(x,y)$ 采用不同的变换函数，并将结果映射为彩色图像的 R、G、B 分量值，这样就可以得到一幅 RGB

空间上的彩色图像。在遥感图像处理中，通常也把该技术称为假彩色合成方法，可以将黑白灰度图像变为具有多种颜色渐变的连续彩色图像。但是，它跟假彩色增强有着本质区别，图 7.19 为彩色变换法示意图。从图中可看出，彩色变换法输入的图像只有一幅，输出图像也只有一幅，而假彩色增强输入的图像是三幅图像。

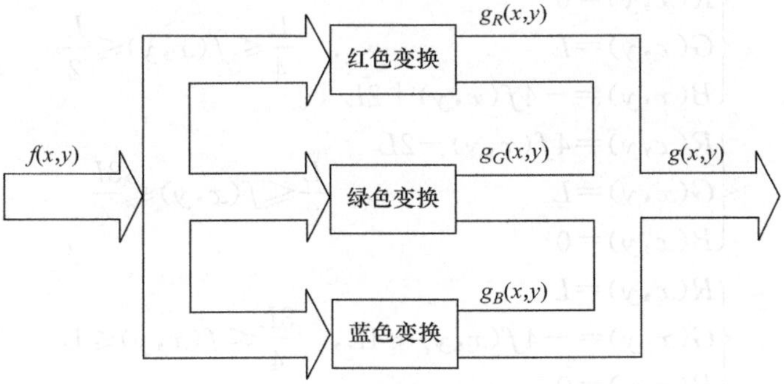

图 7.19　彩色变换法原理示意图

图 7.20 给出了一种灰度到彩色的变换方法。在 $f(x,y)\in[0,L/4]$时，红色的变为 0，绿色随灰度级从暗到亮呈线性变换关系，而蓝色为常数 L，红、绿、蓝合成后形成不同的彩色。$f(x,y)$在其他灰度级区间也因三种基色的不同而合成出不同的彩色。

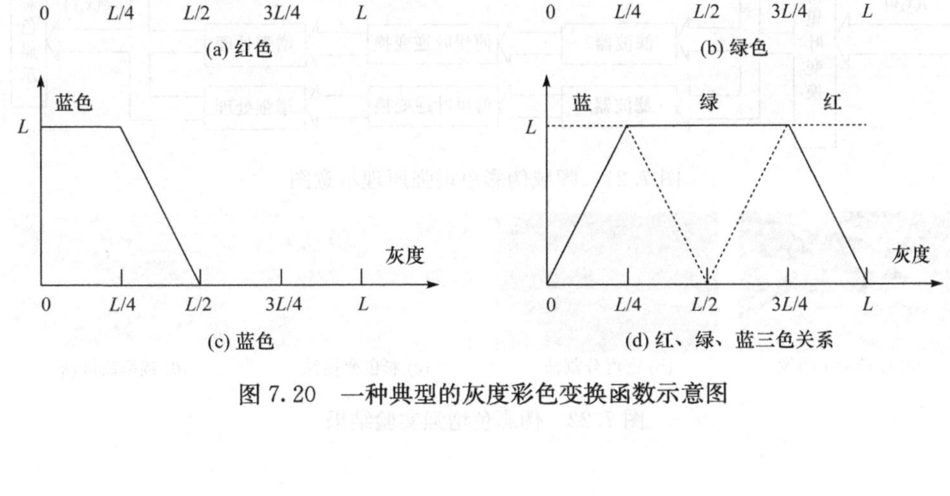

图 7.20　一种典型的灰度彩色变换函数示意图

由图 7.20 可得出红、绿、蓝的变换函数为

$$\begin{cases} R(x,y)=0 \\ G(x,y)=4f(x,y), \quad 0\leqslant f(x,y)\leqslant \dfrac{L}{4} \\ B(x,y)=L \end{cases} \tag{7.15}$$

$$\begin{cases} R(x,y)=0 \\ G(x,y)=L, \quad \dfrac{L}{4}\leqslant f(x,y)\leqslant \dfrac{L}{2} \\ B(x,y)=-4f(x,y)+2L \end{cases} \tag{7.16}$$

$$\begin{cases} R(x,y)=4f(x,y)-2L \\ G(x,y)=L, \quad \dfrac{L}{2}\leqslant f(x,y)\leqslant \dfrac{3L}{4} \\ B(x,y)=0 \end{cases} \tag{7.17}$$

$$\begin{cases} R(x,y)=L \\ G(x,y)=-4f(x,y)+4L, \quad \dfrac{3L}{4}\leqslant f(x,y)\leqslant L \\ B(x,y)=0 \end{cases} \tag{7.18}$$

3. 频率滤波法

频率滤波方法的基本思想是先把黑白图像从空间域经傅里叶变换变到频率域，然后在频率域内用三个不同传递特性的滤波器将图像分离成三个独立的分量，对每个范围内的频率分量分别进行傅里叶逆变换，得到三幅代表不同频率分量的单色图像，接着对这三幅图像作进一步的处理(如直方图均衡化)，最后将它们作为三基色分量分别加到彩色显示器的红、绿、蓝显示通道，从而实现频率域的伪彩色增强，其原理如图 7.21 所示。图 7.22 为密度分割法、彩色变换法和频率滤波法三种方法的实验结果图。

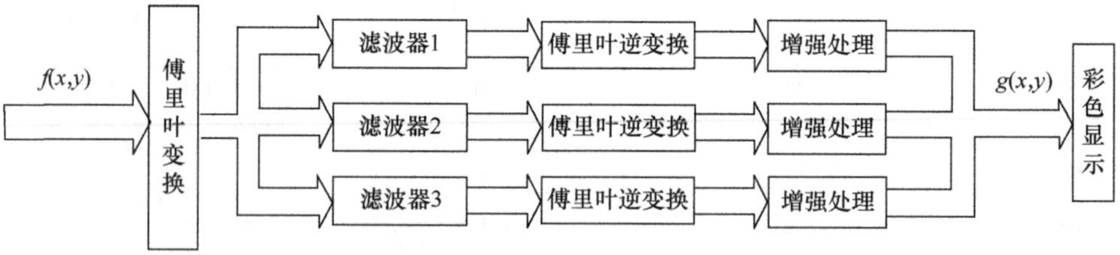

图 7.21　频域伪彩色增强原理示意图

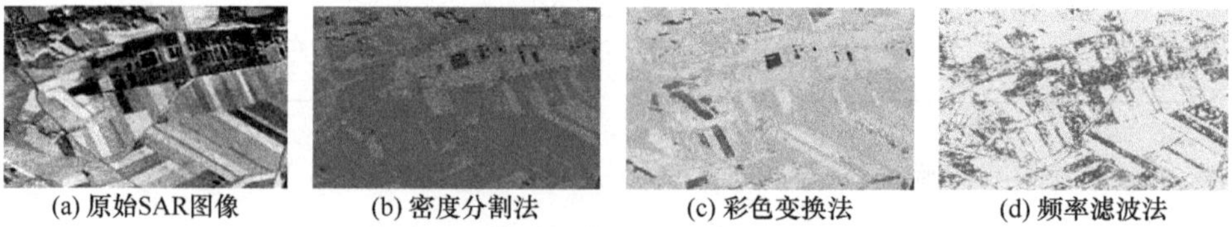

(a) 原始SAR图像　(b) 密度分割法　(c) 彩色变换法　(d) 频率滤波法

图 7.22　伪彩色增强实验结果

7.5.2　假彩色增强

假彩色增强不同于伪彩色增强，其处理的是真实的自然彩色图像，或者是多幅灰度图像，所以假彩色增强输入的是一幅真彩色图像或者多幅灰度图像，而输出的是一幅假彩色图像。对于真彩色图像，在处理过程中需提取红、绿、蓝三通道图像数据，然后把它们的颜色值进行互换，相对于输入的是三幅灰度图像。在 SAR 图像处理中，主要是用不同波段、不同极化方式和不同时相的 SAR 图像进行融合，或者 SAR 图像与光学遥感图像进行融合，形成假彩色图像，提高地物目标特征的可分性。

假彩色增强的目的是将一种彩色变成另一种彩色，或将多幅不同的灰度图像变成彩色图像。在遥感图像处理中经常使用，主要作用在于如下几点。

(1) 把正常的目标或特征置于特定的彩色环境中，使目标或特征更加突出，更易于辨识，尤其某些细微特征。

(2) 使正常目标具有与人眼颜色感觉的灵敏度相匹配的颜色，即提高图像的视觉效果和清晰度。例如，人眼对绿色特别敏感，因而感兴趣目标变成绿色更容易识别出来；自然界的植被和植物通常是绿色，在遥感图像中用绿色表示植被更适合人眼的习惯。另外，人眼对蓝色变化的对比灵敏度较高，可以将目标的一些细节特性映射到蓝色区域，从而可改善这些细节的可辨性。

(3) 把多幅灰度遥感图像合成彩色图像，虽然不是真彩色，但是变成彩色图像后，不仅看起来自然、逼真，符合人眼的视觉特性，而且不同图像组合可以提供更丰富的、更精确的信息，便于区分某些特征。

对于自然彩色图像，即真彩色图像的增强，一般采用如下的三对三的映射关系来实现。

$$\begin{bmatrix} R_g \\ G_g \\ B_g \end{bmatrix} = \begin{bmatrix} \alpha_1 & \beta_1 & \gamma_1 \\ \alpha_2 & \beta_2 & \gamma_2 \\ \alpha_3 & \beta_3 & \gamma_3 \end{bmatrix} \begin{bmatrix} R_f \\ G_f \\ B_f \end{bmatrix} \tag{7.19}$$

其中，R_f、G_f、B_f 以及 R_g、G_g、B_g 分别表示原图像某像素与处理后图像中对应像素点的三基色亮度值；等式右边第一项表示变换的关系矩阵。

对于多幅遥感图像的假彩色增强，通常采用多对三的映射关系，即

$$\begin{cases} R_g = T_R[f_1, f_2, \cdots, f_k] \\ G_g = T_G[f_1, f_2, \cdots, f_k] \\ B_g = T_B[f_1, f_2, \cdots, f_k] \end{cases} \tag{7.20}$$

其中，$f_1, f_2, \cdots, f_k$ 分别表示不同波段或时间获得的 k 幅图像。此时，原图像上同一像素点将对应 k 个原始值，经式(7.20)映射为显示三基色分量的值，然后赋予相应的颜色。这里的 T_R、T_G 和 T_B 分别代表原图像灰度值的线性或非线性变换函

数。在实际应用中，通常是三幅不同的遥感图像来做假彩色显示，而且赋予不同的颜色，强调不同特征的显示。图 7.23 为多极化 SAR 图像的彩色显示，而图 7.24 为多时相 SAR 图像的彩色显示。在图 7.23 和图 7.24 中，R、G 和 B 分别表示红色、绿色和蓝色。从图 7.24 中可知，不同时相的 SAR 图像通过假彩色的合成，不仅可以提高视觉效果，而且图像间的差异信息也能体现出来。除了多极化、多时相的 SAR 图像，多波段、多入射角、不同传感器的 SAR 图像以及 SAR 图像与光学图像可以用假彩色组合来进行加强处理，以突出某些特征和物理参数。

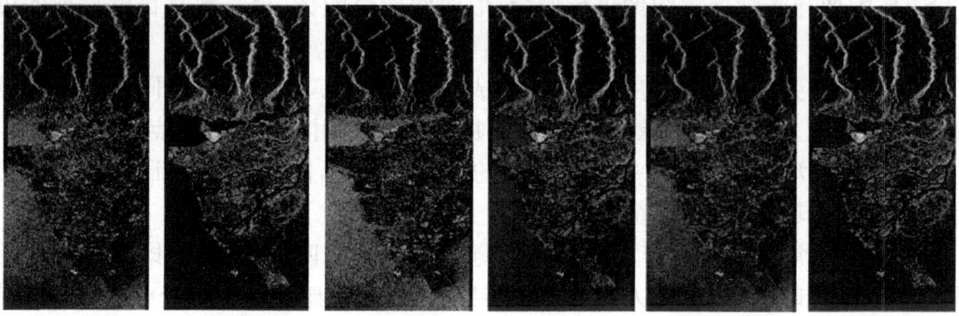

(a) HH极化　(b) HV极化　(c) VV极化　(d) R=HH,G=HV,B=VV　(e) R=HV,G=HH,B=VV　(f) R=HV,G=HV,B=VV

图 7.23　多极化 SAR 图像的假彩色表示

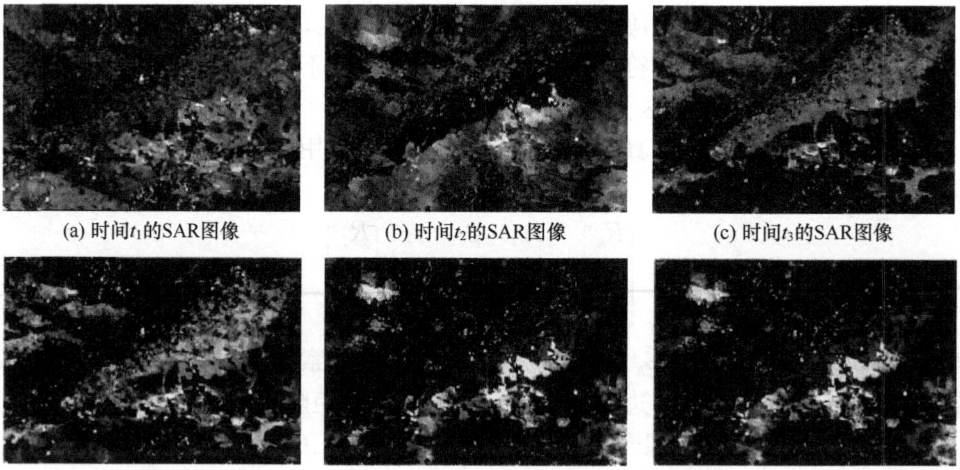

(a) 时间t_1的SAR图像　(b) 时间t_2的SAR图像　(c) 时间t_3的SAR图像

(d) $R=t_1,G=t_2,B=t_3$　(e) $R=t_2,G=t_2,B=t_3$　(f) $R=t_3,G=t_2,B=t_2$

图 7.24　多时相 SAR 图像的假彩色表示

7.5.3　真彩色增强

真彩色图像已经符合自然界物体颜色，但是为了突出某些特征，也对真彩色图像进行相应处理。真彩色图像增强处理有两个思路：一是直接利用RGB模型来处理；二是RGB模型和HSI模型结合处理。真彩色图像中的每个像素值都分成R、G、B三个基色分量，每个基色分量直接决定其基色的强度。如果直接利用坐标系统对这三个分量分别进行增强处理，再合成彩色，其结果会改变原彩色图像的颜色种类，使图像彩色失真，变成了假彩色。直接RGB模型增强原理框图如图7.25所示。

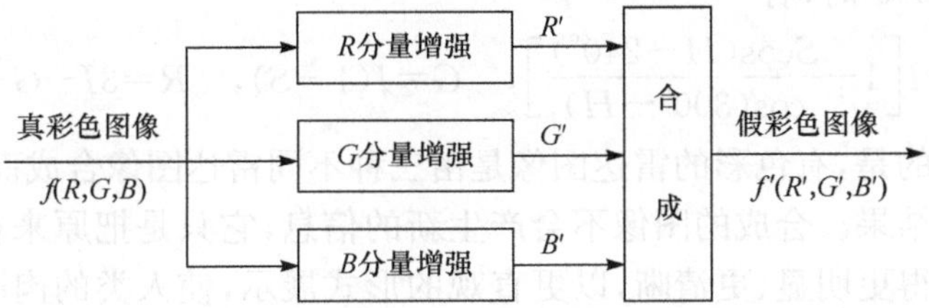

图7.25 真彩色图像的RGB模型直接增强原理示意图

真彩色增强的第二种思路是间接法。先把真彩色图像从RGB坐标转换成HSI坐标，转换公式为

$$\begin{cases} I=\dfrac{1}{3}(R+G+B) \\ S=1-\dfrac{3}{R+G+B}[\min(R,G,B)] \\ H=\begin{cases}\theta, & B\leqslant G \\ 360^\circ-\theta, & B>G\end{cases} \\ H=\arccos\left\{\dfrac{[(R-G)+(R+B)]/2}{\sqrt{(R-G)^2+(R-B)(G-B)}}\right\} \end{cases} \tag{7.21}$$

在HSI坐标颜色坐标系中，H和S分别表示色度和饱和度，它们与颜色的种类密切相关，而I表示亮度，与颜色种类无关。也就是说在HSI彩色空间中，亮度分量与色度分量是分开的，而且色调和饱和度与人的感知是密切相关的，所以在处理过程中选择HSI坐标，可以不改变颜色种类，只改变亮度分量I。对亮度信息进行增强处理后，再变回到RGB坐标系统，原理框图如图7.26所示，转换公式如下。

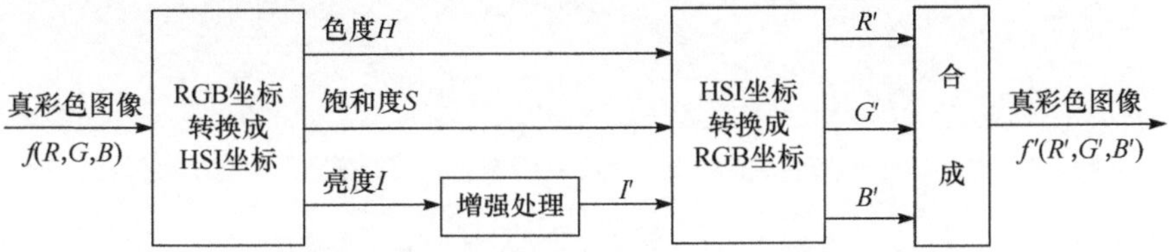

图7.26 真彩色图像的HSI模型增强原理示意图

当$0^\circ\leqslant H<120^\circ$时，有

$$R=I\left[1+\frac{S\cos(H)}{\cos(60°-H)}\right],\quad B=I(1-S),\quad G=3I-R-B \tag{7.22}$$

当 $120° \leqslant H < 240°$ 时，有

$$G=I\left[1+\frac{S\cos(H-120°)}{\cos(180°-H)}\right],\quad R=I(1-S),\quad B=3I-R-G \tag{7.23}$$

当 $240° \leqslant H < 360°$ 时，有

$$B=I\left[1+\frac{S\cos(H-240°)}{\cos(300°-H)}\right],\quad G=I(1-S),\quad R=3I-G-B \tag{7.24}$$

需要说明的是，有色彩的雷达图像是由三种不同雷达图像合成而产生的，是多维数据的合成结果。合成的图像不会产生新的信息，它只是把原来存在于各图像中的信息显示得更明显、更清晰，以更直观的形式展示，使人类的肉眼更容易识别而已。因此，我们不能一味追求一幅美观的图像，还应考虑信息融合的目的所在。如果没有明确的物理含义，没有明确的目的和应用的合成是没有科学价值的。

思　考　题

1. SAR 图像增强处理的目的是什么?
2. 为什么要对 SAR 图像进行彩色增强处理?
3. 基于点运算的 SAR 图像增强处理的原理是什么?
4. 点运算增强处理包含哪些典型的类型?
5. 点运算增强处理在实际中有哪些应用，举例说明?
6. 简述直方图增强处理原理及实际应用情况。
7. 基于代数运算的 SAR 图像增强，各种运算对 SAR 图像的应用是如何增强处理的?
8. 为什么 SAR 图像可以用相干性进行增强处理，而光学遥感图像却不能?
9. 彩色增强处理的目的是什么，常用的方法有哪些?
10. 伪彩色、假彩色和真彩色增强之间有哪些区别?
11. 实际应用中，什么时候用伪彩色增强方法，常用的是哪种方法?
12. 简述假彩色增强处理在 SAR 图像处理中的意义。

第8章 SAR图像分割与解译分析

图像分割是图像分析、图像理解和图像模式识别等领域的基础，同时也是图像处理的重要内容。因此，图像分割已在许多领域中得到了非常广泛的应用，如生物医学、遥感测绘、视频通信、航天航空、公共安全、档案管理、交通运输、农业、环境、生态、地质、海洋、气象、灾害、救援等，随着图像分割理论和方法技术的不断发展和完善，其在实际中的应用也更加广阔、更加深入。虽然一幅图像提供了大量有用的信息，但是实际上我们往往只对图像里面的某部分区域感兴趣，而对其他区域不感兴趣。感兴趣区域通常称为目标区域，它们具有相同或相似的特征，如灰度特征、纹理特征等；而剩下的其他区域统称为背景区域。把感兴趣的目标区域从背景图像区域中提取或分离出来的过程就是图像分割。因此，所谓的图像分割就是按照一定的准则，把一幅图像划分成若干个在物理上有意义的区域的集合，这些集合互不相交，相同的集合具有相同或者相似的特性，不同的集合具有不同特性。

图像分割的理论和方法非常多，到目前为止，图像分割方法(算法)至少已有1000多种，而且每年有成百上千篇关于图像分割理论和应用方面的学术文章，这表明新的图像分割理论和方法还在不断地发展和应用。虽然图像分割算法种类繁多，但是每种算法通常都是针对不同的应用背景而提出的，所以目前还没有一种对所有图像均能进行有效分割的方法理论，即尚未有一个普适的分割框架适用于所有的图像。同时，分割结果质量评判也没有一个统一的标准，很大程度上还是依靠视觉判断。图像分割方法大体上可分为四类：①基于阈值的图像分割；②基于边缘检测的图像分割；③基于区域生长的图像分割；④基于特定理论的图像分割。阈值分割是通过对图像灰度值设置阈值来实现图像分割，包含单阈值分割和多阈值分割两类。阈值分割的优点是简单、易实现，缺点是适合于目标区域与背景区域具有较强对比度的图像。边缘分割是通过先检测边缘点，然后连接边缘点，形成闭合的子图像边界，从而实现图像的分割。因此，根据边缘检测方式的不同可分为串行边缘检测分割和并行边缘检测分割。区域分割方法通常是根据图像的灰度、纹理、颜色等统计特征，充分考虑图像的空间信息，然后把图像划分成不同的子区域来实现图像分割，典型的方法有区域生长法、分裂合并法和分水岭法等。随着科学技术的发展，各种特定的理论和新兴技术与图像分割理论结合起来，产生了许多新的图像分割理论和方法，而且获得了良好的分割效果。

合成孔径雷达(SAR)是一种主动的微波成像雷达，典型特点是具有全天候全天时获取遥感数据能力，在民用和军用领域均得到了广泛的应用。但其相干性成像机理造成 SAR 图像中包含着大量不可避免的斑点噪声，这对 SAR 图像的分割和应用产生极大挑战和困难。因为通常的图像分割算法直接应用于 SAR 图像，很难取得理想的分割效果，因此，有许多学者根据 SAR 图像的特点和应用背景提出了许多不同的 SAR 图像分割算法。这些算法如果按 SAR 图像分割的目的来进行划分，可分为两大类：一类是针对感兴趣目标的提取的图像分割；一类是针对地物分类的图像分割。如果按减小 SAR 图像斑点噪声对图像分割的影响来划分，可分为直接分割和先滤波后分割两类。在直接进行 SAR 图像分割中，一般都是通过对 SAR 图像数据进行统计建模，并在分割模型中考虑斑点噪声的滤除，代表性的算法有基于恒虚警率(constant false alarm rate，CFAR)检测的图像分割、基于马尔可夫随机场(Markov random field，MRF)的图像分割和基于边缘检测的图像分割等。

基于 CFAR 检测的图像分割算法是通过对图像的统计特性进行估计的，得到一个阈值，然后将图像中每个像素的灰度值与该阈值进行比较，从而完成图像的分割。CFAR 检测分割算法的优点是分割速度快，缺点是仅考虑了图像的灰度信息，没有考虑空间信息，因此分割结果中往往包含着斑点噪声，不能满足实际需求。虽然基于 MRF 模型的 SAR 图像分割算法考虑了每个像素的空间邻域结构，但是缺陷也很明显：要处理的数据量大、算法收敛速度慢、需要调节多个参数，很难实现优化。基于边缘检测的 SAR 图像分割算法受到 SAR 图像中的斑点噪声的影响较大，如斑点噪声较多的情形中，边缘检测算子往往难以获得比较好的边缘图，导致对边缘像素的位置难以准确定位。

从上面的分析可知，图像分割是由图像处理到图像分析和图像理解的关键步骤，也是一种基本的计算机视觉技术。从图像的输入到图像识别和理解的整个图像处理过程中，图像分割起到了承上启下的桥梁作用，只有将图像分割成一个个有实际意义的研究目标，才能实现图像最终的理解工作。图像分割的方法非常多，但没有一种普适的方法，特别是 SAR 图像的分割，所以本章主要结合 SAR 图像的特点和《数字图像处理》中的相关内容，介绍基本图像分割方法，如阈值分割法、CFAR 检测分割法和基于 MRF 分割法等。最后介绍一些与 SAR 图像解译有关的基本内容。

8.1 图像分割的定义与特点

图像分割的定义可借助集合概念来进行描述，令集合 R 代表整个图像区域，对 R 的分割可看成将 R 分成若干个满足下列条件的非空子集(子区域) $R_1, R_2, \cdots, R_n$，这些子集合具有如下特点。

(1) 完备性：各区域之和是整个图像。

$$\bigcup_{i=1}^{n} R_i = R_n \tag{8.1}$$

式(8.1)表明分割所得到的全部子区域的并集(总和)应能包括图像中所有像素,或者说分割应将图像中的每个像素都分进某个子区域中。

(2) 独立性:各子区域互不重叠。

$$R_i \cap R_j = \varnothing, \quad i \neq j \tag{8.2}$$

式(8.2)表明分割所得的各个子区域是互不重叠的,也就是说一个像素不能同时属于两个区域。

(3) 单一性:同子区具有某些相同特性。

$$P(R_i) = \text{TRUE}, \quad i = 1, 2, \cdots, n \tag{8.3}$$

式(8.3)说明分割后得到的属于同一个区域中的像素应该具有某些相同特性。

(4) 互斥性:不同子区具有某些不相同特性。

$$P(R_i \cup R_j) = \text{FALSE}, \quad i \neq j \tag{8.4}$$

式(8.4)说明在分割后得到的属于不同区域中的像素应该具有一些不同的特性。

(5) 连通性:同子区像素具有连通性,即 R_i 是一个连通区的域,且 $i=1,2,\cdots,n$。

符合上述条件的分割是十分复杂和困难的,到目前为止,大部分研究成果都是针对某一特定类型的图像或某一具体应用的分割,通用的方法和策略仍面临着巨大的困难。实际应用中,图像分割和图像目标检测以及识别紧密相关,通常把图像不同目标区域划分成不同子区域,用 R_i 表示,$i=2,3,\cdots,n$,而图像背景划分成一个子区域,用 R_1 表示,这样就构成了一个 R 的分割或划分。

8.2　基于阈值的 SAR 图像分割

阈值分割法是一种传统的图像分割算法,因其具有实现简单、计算量小和性能稳定等优点而成为图像分割中最基本和应用最广泛的分割技术。图像阈值分割法是利用了图像中要提取的目标物与其背景在灰度特性上的差异,把图像视为具有不同灰度级的多个区域组成,设置一个或几个阈值,将图像的灰度级分为两部分或多个部分,所有灰度值大于或等于某阈值的像素认为属于某目标区域,所有灰度值小于该阈值的像素认为是另一个目标区域或背景区域。

先考虑最简单的情形,设图像 $f(x,y)$ 的直方图具有明显的双峰性,且目标和背景像素是两种主要模式的灰度级。这时可以选择一个合适的灰度值作为阈值 T,则按上述方法分割后的图像 $g(x,y)$ 表示为

$$g(x,y)=\begin{cases}1, & f(x,y)\geqslant T\\ 0, & f(x,y)<T\end{cases} \tag{8.5}$$

或者

$$g(x,y)=\begin{cases}1, & f(x,y)\leqslant T\\ 0, & f(x,y)>T\end{cases} \tag{8.6}$$

由上述思路获得的是一个二值图像，在实际应用中，通常把灰度值大于阈值 T 的像素保持原灰度级，其他像素灰度级都变为 0，把此方法称为半阈值法，分割后的图像可表示为

$$g(x,y)=\begin{cases}f(x,y), & f(x,y)\geqslant T\\ 0, & f(x,y)<T\end{cases} \tag{8.7}$$

对于复杂的图像包含多个目标区域，可以设置不同的多个阈值，分别把它们进行划分，两两之间的划分按上述方法进行。

从上面的分析可知，对于图像的阈值分割，尤其是从复杂背景中将目标区域完整地划分出来，阈值的选择是一个非常关键的技术，关系到分割后的图像质量以及后续的图像分析和理解。如果阈值的选择过高，那么过多的目标点会被误归为背景；如果阈值选取过低，则会把背景像素误归为目标区域。所以，对于阈值的选择，虽然许多学者对它进行了广泛的研究和关注，也产生了数以百计的阈值选择方法，但是这个看似简单的问题却与图像分割算法一样，没有一种方法对各种各样的图像都能得到令人满意的结果，甚至也没有一个理论指导我们选择特定方法处理特定图像，当然也没有一个让人满意的评判标准。下面简要介绍三种阈值选择方法：直方图阈值、最大类间方差阈值和最大熵阈值。

8.2.1 直方图阈值分割

利用直方图对图像进行分割的依据如下。

(1) 同一分割区域内由灰度值相近的像素点组成。

(2) 目标物和背景、不同目标物之间的灰度值有明显差异，可通过取不同门限区分。

直方图反映了一幅图像上灰度分布的统计特性，如果灰度级直方图有明显的双峰状，则选取两峰之间的谷底所对应的灰度级作为阈值，将目标和背景进行分离。设 $f(x,y)$ 为待分割图像，其直方图如图 8.1 所示。$f(x,y)$ 的灰度范围为 $[L_1,L_k]$，而且在灰度级 L_i 和 L_j 之间有一个明显的谷底，在它们各自之处有峰值。一般情况下，灰度级较小的是背景，而灰度级较大的是目标，谷底处就是阈值。对于双峰比较明显的直方图，这种分割效果非常明显，尤其图像的目标只有一个类型，即只有同一种目标，如图 8.2(a)所示。但是如果峰值不明显，这种方法的效果则不理想，如图 8.2(b)所示，该实验中阈值为 160。

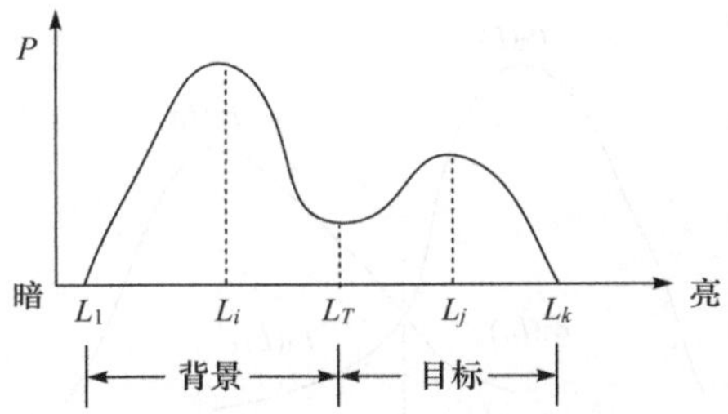

图 8.1　直方图双峰

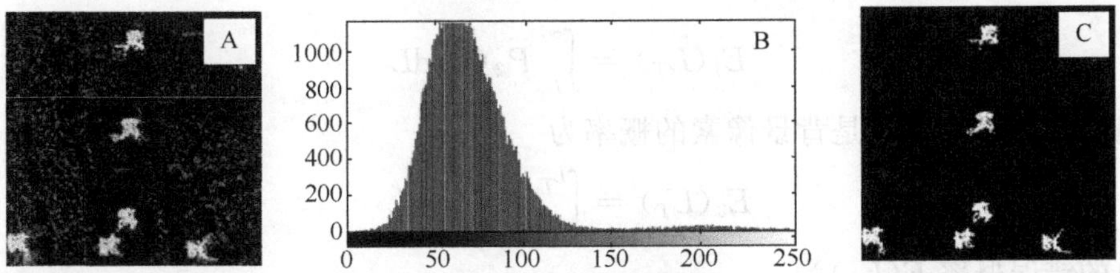

(a) 目标与背景的差异比较明显

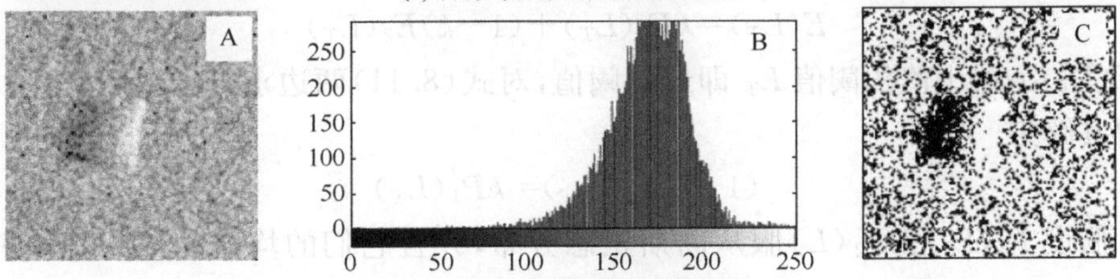

(b) 目标与背景的差异不明显

图 8.2　直方图阈值分割结果

图 8.2(A)是原始 SAR 图像，图 8.2(B)是直方图，图 8.2(C)是分割结果图，在图 8.2(a)中阈值比较好选择，因目标与背景的差异比较大，但是对于图 8.2(b)，阈值则不好选择，因为目标与背景的差异很小。下面介绍一种最佳的阈值选择方法，所谓最佳阈值选择方法就是使图像中目标物体与背景分割错误最小的阈值选择方法。

设一幅图像只由目标和背景组成，如图 8.2(A)中 SAR 图像一样，已知它们的灰度级分布概率密度函数分别为 $P_1(L)$ 和 $P_2(L)$，并且已知目标区域像素占整幅 SAR 图像像素的比例为 k，故整幅 SAR 图像的概率密度分布函数为

$$P(L)=kP_1(L)+(1-k)P_2(L) \tag{8.8}$$

假设选择的灰度级阈值为 L_T，图像中暗的部分为背景，亮的部分为目标，即灰度值大于 L_T 的像素为目标区域，灰度值小于 L_T 的像素为背景区域。按阈值 L_T 进行分割，如图 8.3 所示，把背景像素错认为是目标像素的概率为

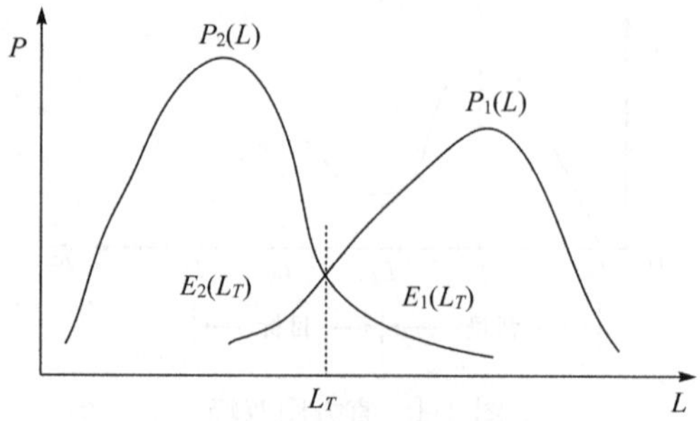

图 8.3　最佳阈值选择示意图

$$E_1(L_T)=\int_{L_T}^{\infty}P_2(L)\mathrm{d}L \tag{8.9}$$

将目标像素错误认为是背景像素的概率为

$$E_2(L_T)=\int_{-\infty}^{L_T}P_1(L)\mathrm{d}L \tag{8.10}$$

则总的错误概率 $E(L_T)$ 为

$$E(L_T)=kE_1(L_T)+(1-k)E_2(L_T) \tag{8.11}$$

使 $E(L_T)$ 为最小值的阈值 L_T 即最佳阈值，对式(8.11)两边求导，并令其等于零，获得其解为

$$(1-k)P_2(L_T)=kP_1(L_T) \tag{8.12}$$

假设 $P_1(L)$ 和 $P_2(L)$ 服从高斯正态分布，并且它们的均值和标准差分别为 μ_1、μ_2 和 σ_1、σ_2，则有

$$\begin{cases}P_1(L)=\dfrac{1}{\sqrt{2\pi\sigma_1}}\exp\left[\dfrac{-(L-\mu_1)^2}{2\sigma_1^2}\right]\\[2ex]P_2(L)=\dfrac{1}{\sqrt{2\pi\sigma_2}}\exp\left[\dfrac{-(L-\mu_2)^2}{2\sigma_2^2}\right]\end{cases} \tag{8.13}$$

将式(8.13)代入式(8.12)，并且两边取对数，得

$$\ln\sigma_1+\ln(1-k)-\frac{(L_T-\mu_2)^2}{2\sigma_2^2}=\ln\sigma_2+\ln k-\frac{(L_T-\mu_1)^2}{2\sigma_1^2} \tag{8.14}$$

如果假设 $\sigma_1=\sigma_2=\sigma$，则可求得

$$L_T=\frac{\mu_1+\mu_2}{2}+\frac{\sigma^2}{\mu_1-\mu_2}\ln\left(\frac{1-k}{k}\right) \tag{8.15}$$

当 $k=1/2$，则

$$L_T=\frac{\mu_1+\mu_2}{2} \tag{8.16}$$

对于没有处理的单视 SAR 图像，其概率分布一般不是高斯分布，其分布类型

在第 6 章中进行了介绍，只要把相应的分布函数代替高斯分布函数即可；经过处理后的 SAR 图像，如滤波和增强处理等，可以近似地认为是高斯分布。

8.2.2　最大类间方差阈值分割

最大类间方差算法由 Ostu 于 1978 年提出，又称为大津阈值分割法，其原理是在判决分析最小二乘法的基础上推导得出，该算法简单、稳定有效，是一种广泛应用的阈值提取方法。

假设原始图像灰度级是 L，灰度级等于 i 的像素点有 n_i 个，那么图像像素总数为

$$N=n_0+n_1+\cdots+n_{L-1} \tag{8.17}$$

归一化直方图，则

$$p_i=\frac{n_i}{N},\quad \sum_{i=0}^{L-1}p_i=1 \tag{8.18}$$

若用阈值 t 把灰度级划为两类 C_0 和 C_1，即

$$\begin{cases}C_0=(0,1,\cdots,t)\\C_1=(t,t+1,\cdots,L-1)\end{cases} \tag{8.19}$$

具体分类情况如图 8.4 所示，则 C_0 和 C_1 类的出现概率以及平均值可由式(8.20)计算。

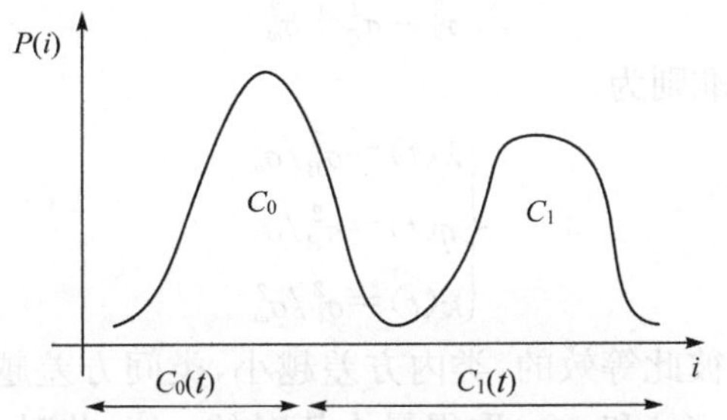

图 8.4　最大类间方差阈值分割示意图

$$\begin{cases}\omega_0=P_r(C_0)=\sum\limits_{i=0}^{t}p_i=\omega(t)\\ \omega_1=P_r(C_1)=\sum\limits_{i=t+1}^{L-1}p_i=1-\omega(t)\\ \mu_0=\sum\limits_{i=0}^{t}ip_i/\omega_0=\mu(t)/\omega(t)\\ \mu_1=\sum\limits_{i=t+1}^{L-1}ip_i/\omega_1=\dfrac{\mu_T-\mu(t)}{1-\omega(t)}\end{cases} \tag{8.20}$$

其中，$\mu(t)$和 μ_T 分别为

$$\begin{cases} \mu(t) = \sum_{i=0}^{t} ip_i \\ \mu_T = \mu(L-1) = \sum_{i=0}^{L-1} ip_i \end{cases} \tag{8.21}$$

并且无论 t 取何值，式(8.22)都成立。

$$\omega_0\mu_0 + \omega_1\mu_1 = \mu_T, \quad \omega_0 + \omega_1 = 1 \tag{8.22}$$

C_0 类和 C_1 类的方差计算公式为

$$\begin{cases} \sigma_0^2 = \sum_{i=0}^{t} (i-\mu_0)^2 p_i/\omega_0 \\ \sigma_1^2 = \sum_{i=t+1}^{L-1} (i-\mu_1)^2 p_i/\omega_1 \end{cases} \tag{8.23}$$

定义类内方差为

$$\sigma_\omega^2 = \omega_0\sigma_0^2 + \omega_1\sigma_1^2 \tag{8.24}$$

类间方差定义为

$$\sigma_B^2 = \omega_0(\mu_0 - \mu_T)^2 + \omega_1(\mu_1 - \mu_T)^2 = \omega_0\omega_1(\mu_1 - \mu_0)^2 \tag{8.25}$$

总体方差的定义为

$$\sigma_T^2 = \sigma_B^2 + \sigma_\omega^2 \tag{8.26}$$

则 t 的三个等价判决准则为

$$\begin{cases} \lambda(t) = \sigma_B^2/\sigma_\omega^2 \\ \eta(t) = \sigma_B^2/\sigma_T^2 \\ \kappa(t) = \sigma_t^2/\sigma_\omega^2 \end{cases} \tag{8.27}$$

以上三个准则是彼此等效的，类内方差越小，类间方差越大，类间分离效果越好，最佳阈值是 $\lambda(t)$、$\eta(t)$和 $\kappa(t)$取得最大值时的 t 值，此时 C_0 和 C_1 两类达到最大分离效果。由于 σ_ω^2 是基于二阶统计特性，σ_B^2 是基于一阶统计特性，而且 σ_ω^2 和 σ_B^2 都是阈值 t 的函数，但 σ_T^2 与 t 值无关，所以在以上三个准则中 $\eta(t)$最为简单，选其作为准则，可获得最佳阈值 t^*。

$$t^* = \arg\max_{0 \leqslant t \leqslant L-1} \eta(t) \tag{8.28}$$

由于该算法比较简单，在实时性要求较高的情况下，能取得不错的效果。但在实际应用中，因 SAR 图像受斑点噪声的干扰，以及目标与背景间的灰度对比，还有目标大小等因素的影响，该分割算法不能对所有 SAR 图像都适用，所以该算法在适用性上受到一定的限制。图 8.5 为最大类间方差阈值分割算法获得的结果，产生的阈值为 125。

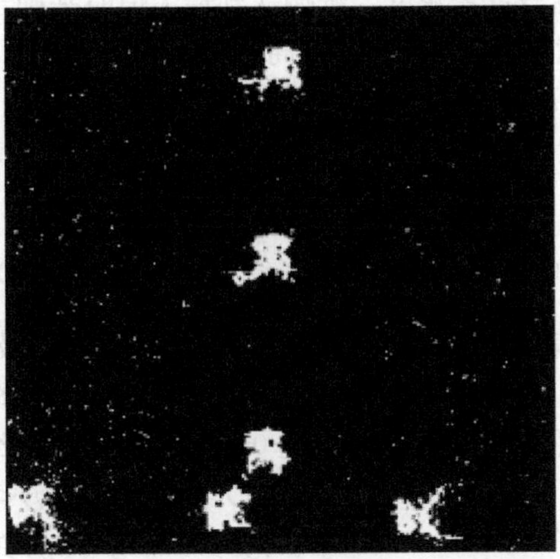

图 8.5　最大类间方差阈值分割结果

8.2.3　最大熵阈值分割

熵的概念来源于信息论，从 20 世纪 80 年代开始，许多学者将信息熵的概念应用于图像的阈值分割，其基本思想是利用图像的灰度分布密度函数定义图像的信息熵，根据假设的不同或视角的不同提出不同的熵准则，然后对这些熵规则进行优化而得到图像分割阈值。

根据信息论，熵定义为

$$H = -\int_{-\infty}^{\infty} p(x)\lg p(x)\mathrm{d}x \tag{8.29}$$

其中，$p(x)$是随机变量 x 的概率密度函数。对于数字图像，这个随机变量 x 可以是灰度值、区域灰度以及梯度等特征，一般用灰度值来表示的比较多。所谓灰度的一维熵最大，就是选择一个阈值，使图像用这个阈值分割出来的两部分的一阶灰度统计信息量最大。一维熵最大分割法类似于直方图阈值分割法，比较简单，下面主要讨论二维最大熵阈值分割。

由于一维最大熵阈值分割是基于图像原始直方图，只考虑了图像的灰度信息而未考虑图像的空间信息，所以当图像的信噪比降低时，分割效果并不理想。在图像特征中，点灰度无疑是最基本特征，但其对噪声比较敏感，区域灰度特征包含了图像的部分空间信息，故对噪声的敏感程度要低于点灰度特征。如果综合利用点灰度特征和区域灰度特征，则可以较好地表征图像信息，所以可采用图像点灰度值和区域灰度均值相结合的二维最大熵阈值法。二维最大熵值分割法是图像分割理论中比较简单而有效的方法，该方法通过使用图像的点灰度、区域灰度均值两个参量，使目标灰度二维熵与背景灰度二维熵达到最大值时来确定阈值，充分利用了每个像素点在其纹理特征空间的邻域计算局部尺度参数。

假设一幅大小为 $M\times N$ 的 SAR 图像，$f(x,y)$为位于坐标(x,y)处的点灰度值（L 灰度级），以像素点(x,y)为中心的一个 $n\times n$ 邻域，则其平均灰度值（L 灰度级）为

$$g(x,y)=\frac{1}{n^2}\sum_{i=-\lfloor n/2\rfloor}^{\lfloor n/2\rfloor}\sum_{j=-\lfloor n/2\rfloor}^{\lfloor n/2\rfloor}f(x+i,y+i) \tag{8.30}$$

其中，$n\leqslant M,N$，$\lfloor n/2\rfloor$表示对 $n/2$ 取整。如果用点灰度值以及 $n\times n$ 邻域平均灰度值形成的点灰度-区域灰度均值对$[f(x,y),g(x,y)]$来表示图像，即图像的广义图像。如果以二维阈值$\{s,t\}$来分割图像，且 $0\leqslant s,t\leqslant L-1$，那么阈值的判别函数为

$$f_{s,t}(x,y)=\begin{cases}A, & f(x,y)<s, \quad g(x,y)<t\\ B, & f(x,y)\geqslant s, \quad g(x,y)\geqslant t\end{cases} \tag{8.31}$$

其中，$0\leqslant A,s,t,B\leqslant L-1$。设 n_{ij} 为图像中点灰度为 i 和区域灰度均值为 j 的像素点，p_{ij} 为点灰度-区域灰度均值对(i,j)发生的概率，即

$$p_{ij}=\frac{n_{ij}}{M\times N} \tag{8.32}$$

则$\{p_{ij}\}$为该图像的点灰度-区域灰度均值的二维直方图，其中 $i,j=1,2,\cdots,L$。图 8.6为某幅图像及其直方图，其中图 8.6(a)是人造的原始图像，主要由目标区域和背景区域两部分组成，此外还包含独立的高斯噪声，图 8.6(b)是一维直方图，图 8.6(c)是二维直方图，图 8.6(d)是二维直方图的 XOY 平面图示意图。从图中可以看出，即使存在强噪声干扰，二维直方图由于利用了图像邻域关系的相关信息，目标和背景的双峰分布仍然明显得到保留。

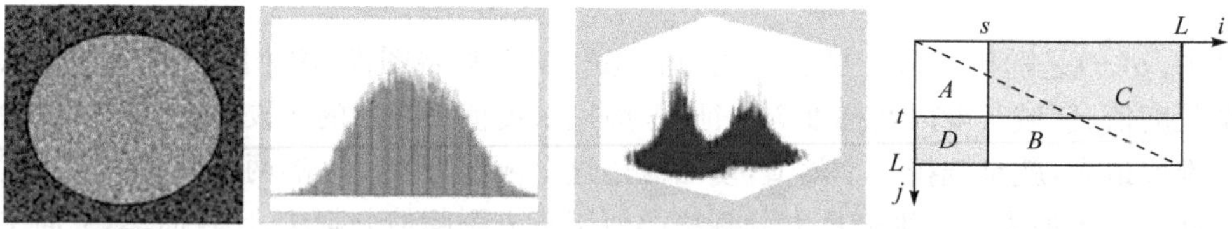

(a) 图像　(b) 一维直方图　(c) 二维直方图　(d) 二维直方图的XOY平面图

图 8.6　图像及其直方图

从图 8.6 中可以看到，点灰度-区域灰度均值的概率高峰主要分布在 XOY 平面对角线附近，并且总体上呈现双峰和谷的状态。原因在于图像中，目标区域和背景区域内像素灰度级较均匀，点灰度和区域灰度均值相差不大，即近似相等。所以，都集中在对角线附近，两个峰值分别对应目标区域和背景区域。而远离 XOY 平面对角线的峰值高度急剧下降，这部分是噪声干扰、边缘以及杂散点所形成的。

在二维灰度直方图的 XOY 平面示意图中，如图 8.6(d)所示。设沿对角线的

A 区域和 B 区域分别代表目标和背景，远离对角线的 C 区域和 D 区域分别代表边界和噪声。为了使图像中目标与背景分布的信息量最大，则在 A 区域和 B 区域上用点灰度-区域灰度均值二维最大熵确定的阈值即最佳阈值。

设 A 区域和 B 区域各自具有不同的分布概率函数，用 A 区域和 B 区域的后验概率对各区域的概率 p_{ij} 进行归一化处理，使目标区熵和背景区熵之间具有可加性，如果分割阈值设为(s,t)，则

$$\begin{cases} P_A = \sum_{i=1}^{s}\sum_{j=1}^{t} p_{ij} \\ P_B = \sum_{i=s+1}^{L}\sum_{j=t+1}^{L} p_{ij} \end{cases} \tag{8.33}$$

离散二维熵的定义为

$$H = -\sum_{i}\sum_{j} p_{ij}\lg p_{ij} \tag{8.34}$$

则目标 A 区和背景 B 区的二维熵值分别为

$$\begin{cases} H(A) = -\sum_{i=1}^{s}\sum_{j=1}^{t}(p_{ij}/P_A)\lg(p_{ij}/P_A) = \lg P_A + H_A/P_A \\ H(B) = -\sum_{i=s+1}^{L}\sum_{j=t+1}^{L}(p_{ij}/P_B)\lg(p_{ij}/P_B) = \lg P_B + H_B/P_B \end{cases} \tag{8.35}$$

其中，$H_A = -\sum_{i=1}^{s}\sum_{j=1}^{t} p_{ij}\lg p_{ij}$；$H_B = -\sum_{i=s+1}^{L}\sum_{j=t+1}^{L} p_{ij}\lg p_{ij}$。

定义熵的判别函数为

$$\Phi(s,t) = H(A) + H(B) \tag{8.36}$$

由于分布在远离对角线区域的噪声干扰、边缘及目标杂点概率较小，可近似忽略不计，即近似地认为 C 和 D 两区域中的 $p_{ij}\approx 0$，则有

$$\begin{cases} P_B = 1 - P_A \\ H_B = H_L - H_A \end{cases} \tag{8.37}$$

其中，$H_L = -\sum_{i=1}^{L}\sum_{j=1}^{L} p_{ij}\lg p_{ij}$；$H_B = \lg(1-P_A) + (H_L - H_A)/(1-P_A)$，把它代入式(8.36) 中，则可得

$$\Phi(s,t) = \lg[P_A(1-P_A)] + \frac{H_A}{P_A} + \frac{H_L - H_A}{1-P_A} \tag{8.38}$$

选取最佳阈值向量(s^*,t^*)满足

$$\Phi(s^*,t^*) = \max_{\substack{s=1,2,\cdots,L \\ t=1,2,\cdots,L}}[\Phi(s,t)] \tag{8.39}$$

最大熵阈值分割结果如图 8.7 所示。

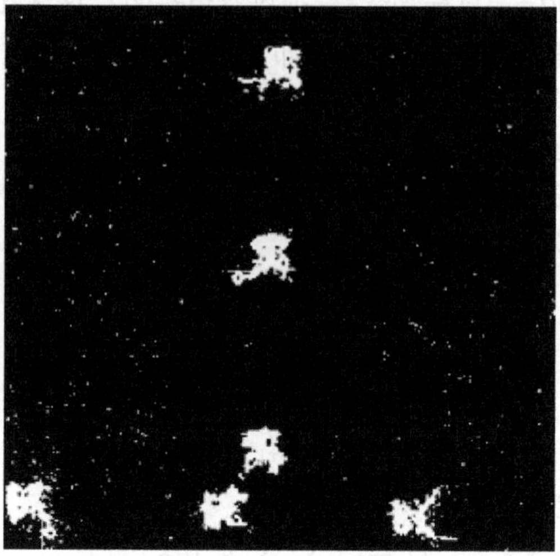

图 8.7 最大熵阈值分割结果

8.3 基于 CFAR 的 SAR 图像分割

8.3.1 CFAR 检测原理

SAR 图像分割检测是 SAR 图像目标分类和识别的前提和基础，因此 SAR 目标分割质量直接影响目标识别的精度。对 SAR 图像进行准确分割的一个最大妨碍是其固有的斑点噪声，针对 SAR 图像的特点，许多学者提出了大量的不同分割算法，其中基于恒虚警率检测(constant false alarm rate，CFAR)的分割算法仍然是目前较为广泛应用的一种有效分割方法。CFAR 算法是一类基于图像对比度信息的统计模型检测算法，不仅具有较强的抗杂波能力，而且具有算法简单，恒定的虚警率，自适应阈值，能快速地从复杂的背景中检测出目标等优点。

CFAR 算法通过单个像素灰度值与某一门限进行比较来达到检测目标像素的目的。在给定的虚警率条件下，检测门限由背景杂波的统计特性决定。假设 SAR 图像中的一个像素点的灰度值为 x，背景杂波统计模型的概率密度函数为 $p(x)$，检测阈值为 T，虚警概率为 P_{fa}，则虚警概率与检测阈值之间存在如下的关系，即

$$1-P_{fa}=\int_0^T p(x)\mathrm{d}x \tag{8.40}$$

由式(8.40)可知，只要给出虚警率 P_{fa} 就可推导出检测阈值 T，此时 CFAR 目标检测算法就转化成了一个二元假设检验问题，即

$$\begin{cases}H_0:x\geqslant T, & \text{当前像素点为目标区域}\\ H_1:x<T, & \text{当前像素点为背景区域}\end{cases} \tag{8.41}$$

图 8.8 为虚警率与检测率的关系示意图，其中 $P_b(x)$ 是背景杂波的分布函数，$P_t(x)$ 是目标的分布函数，只要设置合理的阈值 T，就能把目标区域从背景中分割出来。

基于 CFAR 的 SAR 图像目标检测的过程如下，首先在给定恒虚警概率的条件下，采用一个滑动窗口并按照一定步长在 SAR 图像中移动，同时对滑动窗口内背景杂波的统计特性进行拟合确定其统计分布模型，根据选取的统计模型进行参数估计，然后求取滑窗内的检测阈值，将窗口内目标像素的灰度值与检测阈值进行匹配比对，判断其是否为目标像素，最终对整幅图像像素进行遍历检测，以实现对全图所有像素点的检测，完后输出检测结果。经典 CFAR 检测方法的流程如图 8.9 所示。

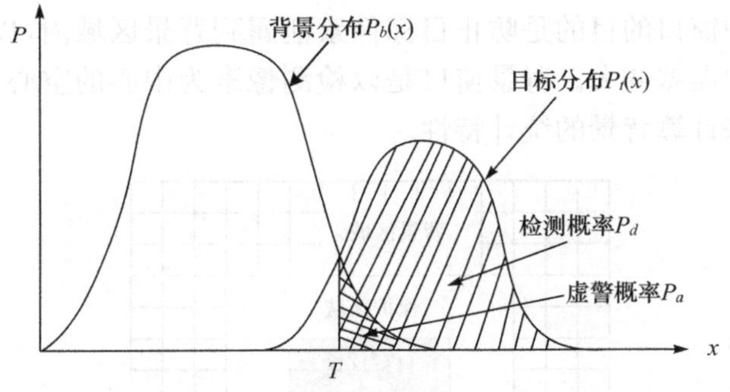

图 8.8　虚警率与检测率关系示意图

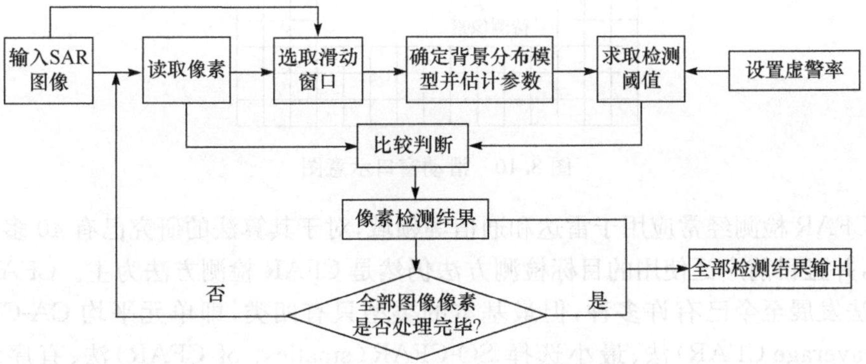

图 8.9　经典 CFAR 检测算法流程图

从图 8.9 中可知，经典 CFAR 检测算法的主要实现步骤如下。

(1) 选取滑动窗口，滑动窗口大小的选取对背景杂波统计模型以及检测阈值的确定至关重要。

(2) 确定 SAR 图像背景杂波分布模型，并估计其中的相关参数。

(3) 设置一定的虚警率，再根据背景数据模型和设定的虚警率来计算检测阈值。

(4) 比较每个像素灰度值与阈值的大小，并按判决规则给出相应的判决。

根据滑动窗口大小的选择不同，SAR 图像中 CFAR 检测算法分为两大类：一是全局 CFAR 检测算法，此时滑动窗口大小设置为整幅 SAR 图像；二是局部窗口 CFAR 检测算法，此时滑动窗口大小小于图像。由于全局 CFAR 检测算法只对 SAR 图像数据的参数估计一次，具有高效的优势。局部窗口 CFAR 检测算法需要多次设定滑动窗口，还需对图像中的每一个像素进行遍历来估计参数，虽然精度高但是计算量大。

经典的滑动窗口包括三个部分，如图 8.10 所示，即目标窗口、背景窗口和保护窗口。设置保护窗口的目的是防止目标像素泄露到背景区域内，以免导致背景的统计参数估计的误差变大。背景窗口是以检测像素为中心的空心正方形环，窗口内的像素被用来计算背景的统计特性。

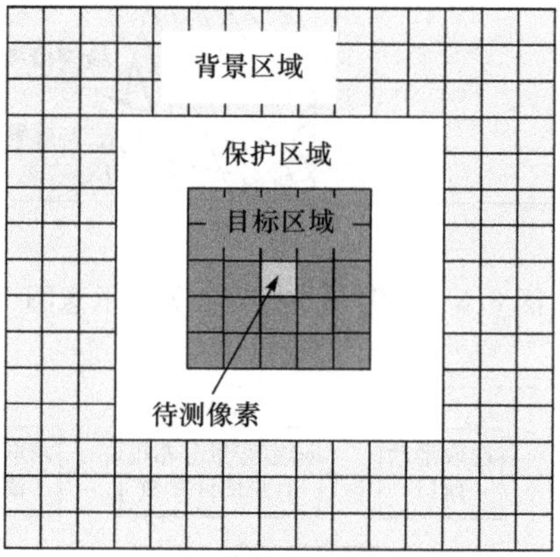

图 8.10　滑动窗口示意图

CFAR 检测经常应用于雷达和通信等领域，对于其算法的研究已有 40 多年的历史，并且目前广泛使用的目标检测方法仍然是 CFAR 检测方法为主。CFAR 检测算法发展至今已有许多种，但最基本的类型只有四类，即单元平均 CA-CFAR (cell-average CFAR)法、最小选择 SO-CFAR(smallest of CFAR)法、有序统计 OS-CFAR(order statistic CFAR)法和最大选择 GO-CFAR(greatest of CFAR)法，它们的主要区别在于杂波均值的不同估计形式。

(1) CA-CFAR 检测器。

CA-CFAR 检测器称为单元平均检测器，其原理是通过对待检单元周围的独立同分布的参考单元 x_i 采用加权平均的方法来估计背景杂波的均值。图 8.11 为

CA-CFAR 检测器的一维结构示意图。CA-CFAR 检测器的性能在均匀同质区域表现良好，但在多杂波边缘区域和多目标区域会产生很多的虚警，在非同质区域，采样得到的背景杂波有时不符合独立同分布条件，将导致 CA-CFAR 检测器的性能急剧下降。在图 8.11 中，x_D 是检测单元采样，x_k 和 $y_k(k=1,2,\cdots,N)$ 是参考单元采样，N 是参考单元数，Z 是采样单元的均值，γ 是依赖于虚警概率 P_{fa} 的标称化因子，T 为检测阈值。

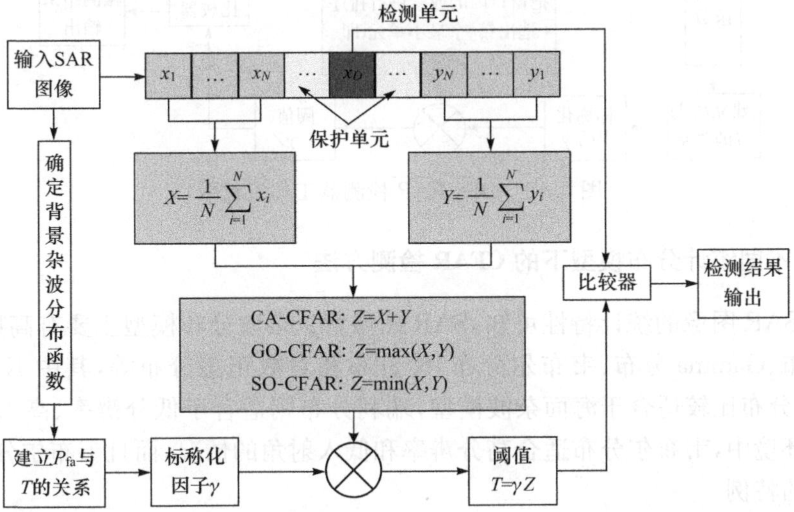

图 8.11　CA-CFAR 及 SO-CFAR 与 GO-CFAR 检测器工作流程图

(2) GO/SO-CFAR 检测器。

最大选择 GO-CFAR 和最小选择 SO-CFAR 检测器的出现解决了 CA-CFAR 检测器的不足，即不适用于异质区域的检测。其中，GO-CFAR 能在多杂波边缘区域中具有较好的恒虚警性能，而 SO-CFAR 能在多目标干扰区域中对目标区域具有较好的区别能力。GO-CFAR 是专门针对异质区域的多杂波特性而设计的，其选取杂波均值较大的作为背景估计参数。SO-CFAR 是针对一个滑动窗口内部出现的多个互相靠近的目标而且一个目标的信号泄露到另一个的滑动窗口背景区域的这种情况而设计的，所以它选取局部杂波估计均值中的较低者。GO/SO-CFAR 检测器工作流程与 CA-CFAR 检测器相似，它们的流程图如图 8.11 所示。

(3) OS-CFAR 检测器。

OS-CFAR 检测器算法原理来源于数字图像处理中的中值滤波，该方法在多目标干扰区域中具有较强的辨别能力，不仅克服了均值类 CFAR 检测方法的缺陷，而且在均匀同质区域也有适中的检测性能，不会像 GO/SO-CFAR 一样检测性能大幅度下降，图 8.12 为其检测工作流程图。

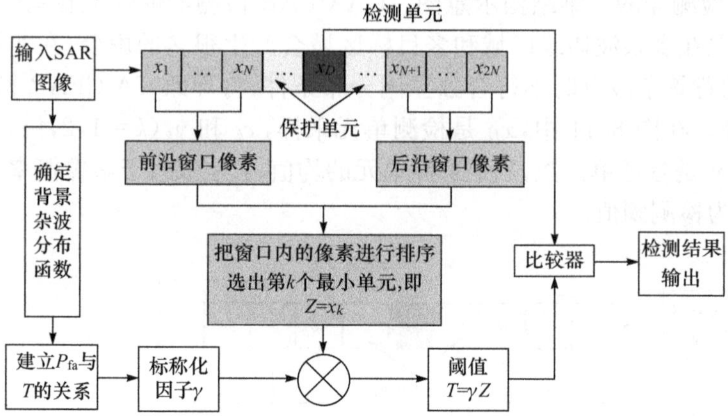

图 8.12　OS-CFAR 检测器工作流程图

8.3.2　不同统计分布模型下的 CFAR 检测方法

由 SAR 图像的统计特性可知,SAR 图像背景杂波分布模型主要有高斯分布、瑞利分布、Gamma 分布、韦布尔分布、K 分布和对数正态分布等,其中 K 分布和 Gamma 分布比较适合于海面杂波模型,瑞利分布则适合于低分辨率、高入射角和平稳的环境中,韦布尔分布适合高分辨率和低入射角的情况,而且韦布尔分布是瑞利分布的特例。

1. 基于高斯分布的 CFAR 检测

假设杂波背景服从高斯分布,而高斯分布的概率密度函数为

$$f(x)=\frac{1}{\sqrt{2\pi\sigma}}\exp\left[-\frac{(x-\mu)^2}{2\sigma^2}\right] \tag{8.42}$$

其中,μ 为背景杂波的均值;σ 为背景杂波的标准差,则其分布函数为

$$F(x)=\int_{-\infty}^{x}f(t)\mathrm{d}t=\int_{-\infty}^{x}\frac{1}{\sqrt{2\pi\sigma}}\exp[-\frac{(x-\mu)^2}{2\sigma^2}]\mathrm{d}t \tag{8.43}$$

令 $z=(t-\mu)/\sigma$,并把它代入式(8.43)中,则可得标准正态分布的积分表达式,即

$$F(x)=\int_{-\infty}^{\frac{x-\mu}{\sigma}}\frac{1}{\sqrt{2\pi}}\exp\left[-\frac{z^2}{2}\right]\mathrm{d}z=\Phi\left(\frac{x-\mu}{\sigma}\right) \tag{8.44}$$

设检测阈值为 T,并给定虚警概率为 P_{fa},则

$$P_{fa}=\int_{T}^{\infty}f(x)\mathrm{d}x=1-F(T)=1-\Phi\left(\frac{T-\mu}{\sigma}\right) \tag{8.45}$$

由式(8.45)可以求出检测阈值 T 的表达式为

$$T=\sigma\Phi^{-1}(1-P_{fa})+\mu \tag{8.46}$$

林肯实验室经典的双参数恒虚警率检测算法就是基于高斯分布的恒虚警检测器。

2. 基于瑞利分布的 CFAR 检测

瑞利分布能够对陆地 SAR 图像的背景杂波有较好的建模和拟合，其分布表达为

$$f(A)=\frac{A}{\sigma^2}\exp\left(-\frac{A^2}{2\sigma^2}\right) \tag{8.47}$$

其中，σ 为形状参数；$A=\sqrt{Z}$，Z 为杂波强度。将式(8.47)代入 CFAR 检测器中，则有

$$P_{\mathrm{fa}}=\int_T^{\infty} f(x)\,\mathrm{d}x=\int_T^{\infty}\frac{x}{\sigma^2}\exp\left(-\frac{x^2}{2\sigma^2}\right)\mathrm{d}x=\exp\left(-\frac{T^2}{2\sigma^2}\right) \tag{8.48}$$

求解式(8.48)，则可得瑞利分布下的 CFAR 检测器阈值，即

$$T=\sigma\sqrt{-2\ln(P_{\mathrm{fa}})} \tag{8.49}$$

3. 基于 K 分布的 CFAR 检测

SAR 图像的海杂波一般为 K 分布，假设 SAR 图像为单视情况下，K 分布的概率密度函数为

$$f(x)=\frac{2}{x\Gamma(\alpha)}\left(\frac{\alpha x}{\sigma}\right)^{\frac{1+\alpha}{2}}K_{\alpha-1}\left[2\sqrt{\frac{\alpha x}{\sigma}}\right],\quad x\geqslant 0 \tag{8.50}$$

则其分布函数为

$$F(x)=1-\frac{2}{\Gamma(\alpha)}\left(\frac{\alpha}{\sigma}\right)^{\frac{\alpha}{2}}x^{\alpha}K_{\alpha}\left[2\sqrt{\frac{\alpha}{\sigma}x}\right] \tag{8.51}$$

对于给定的虚警率 P_{fa}，其对应的检测阈值 T 满足

$$P_{\mathrm{fa}}=\frac{2}{\Gamma(\alpha)}\left(\frac{\alpha}{\sigma}\right)^{\frac{\alpha}{2}}T^{\alpha}K_{\alpha}\left[2\sqrt{\frac{\alpha}{\sigma}T}\right] \tag{8.52}$$

式(8.52)中包含第二类贝塞尔函数，不能直接得到阈值 T 的解析解。实际中，可采用查表的方式求解近似解。

图 8.13 是 CFAR 检测器对 SAR 图像的检测结果，在检测过程中进行了适当的处理。其中，图 8.13(A)表示原始 SAR 图像，图 8.13(B)表示的是目标区域检测结果，图 8.13(C)表示的是两种目标区域(包含阴影)检测结果，而且是用伪彩色进行显示，红色表示亮目标区域，绿色表示暗目标区域(阴影)，图 8.13(a)是坦克目标的检测结果，图 8.13(b)是机场目标的检测结果。

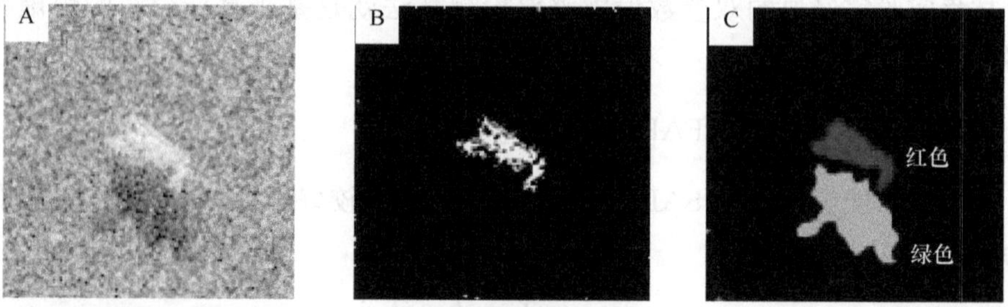

(a) 坦克目标

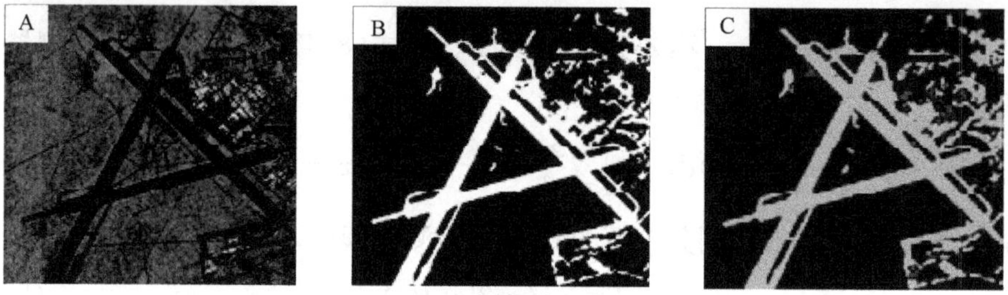

(b) 机场目标

图 8.13　SAR 目标的 CFAR 检测结果

8.4　基于马尔可夫模型的 SAR 图像分割

基于 CFAR 的 SAR 图像分割利用的是 SAR 图像的灰度特征，直接应用该方法时通常要求 SAR 图像有较大的灰度对比度，而且忽略了像素与像素之间的空间关系。纹理特征是 SAR 图像的一种非常重要的区域特性，它表征了 SAR 图像中各个像素点与其周围的像素点之间存在着一种相互依赖的关系，而马尔可夫随机场(Markov random field，MRF)模型是描述这种关系的理想方法。

基于 MRF 的图像分割算法是建立在马尔可夫随机场模型和贝叶斯理论的基础之上的。其中，MRF 模型为该算法提供了先验知识，即采用不确定性来描述图像的局部相关性；贝叶斯理论用于图像分割中融合图像的先验知识及其他统计特性，并根据统计决策和估计理论中后验概率最大的准则来确定分割问题的目标函数。图像分割问题就是求解满足该目标函数的最大可能分布问题，求解过程实质上就是搜索全局极大或极小值的最优化过程。

8.4.1　马尔可夫模型的数学描述

一个二维网格点集 $S=\{s=(i,j)\,|\,1\leqslant i\leqslant M,1\leqslant i\leqslant N\}$ 可以看成给定观测图像 Y 中所有图像像素点的位置的集合。其中，$Y=\{y_s=y_{ij};(i,j)\in S\}$ 为观测图像，而

y_s 表示观测图像 Y 中位置(i,j)的观测值，M 和 N 表示图像的大小，即图像的长度和宽度。标记场 $X=\{x_s=x_{ij};x_s\in\{1,2,\cdots,K\}\}$为 S 对应的随机场，$x=\{x_1,x_2,\cdots,x_K\}$表示随机场 X 的实现，其中 x_s 表示一个状态值，而 K 表示分类总数。图像分割问题实际就是图像标记问题，因此图像分割过程实际上就是估计图像中各个像素点分类状态的过程。

如果一个随机场 X 具有如下特性。

(1) 正概率性，即

$$P(X=x)>0 \tag{8.53}$$

(2) 马尔可夫性，即

$$P(X_{ij}=x_{ij}\mid X_{kl}=x_{kl},(k,l)\neq(i,j))=P(X_{ij}=x_{ij}\mid X_{kl}=x_{kl},(k,l)\in\eta_{ij}) \tag{8.54}$$

那么这个随机场 X 就称为马尔可夫随机场，η_{ij} 表示点(i,j)的邻域。邻域用于表示像素之间的作用距离。点(i,j)的一阶和二阶邻域关系如图 8.14 所示。

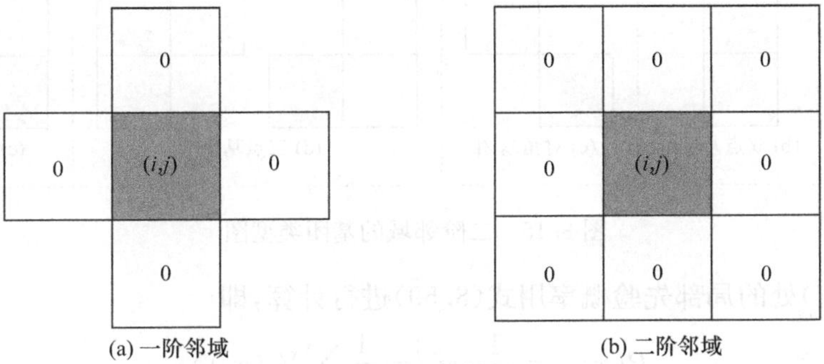

图 8.14　邻域关系图

图像分割的任务可归结为给定观测图像 Y，估计出对应的分割图像 X。估计分割图像 X 的过程通常遵循最大后验概率准则(MAP)，即估计值为 $\hat{X}=\arg\max P(X|Y)$。利用贝叶斯式，后验概率可写为

$$P(X|Y)=\frac{P(Y|X)P(X)}{P(Y)} \tag{8.55}$$

由于 $P(Y)$是常数，而且与 X 无关，所以式(8.55)可写成

$$P(X|Y)\propto P(Y|X)P(X) \tag{8.56}$$

其中，$P(Y|X)$叫做似然分布。假设观测图像 Y 的每个像素点是相互独立的，同时像素点与每个分类状态之间也是相互独立的，则有

$$P(Y\mid X)=\prod_{s\in S}P(y_s\mid x_s) \tag{8.57}$$

其中，$P(X)$包含关于标记场 X 的先验知识，一般假设标记图像 X 完全可由局部上

下文信息确定。由式(8.53)和式(8.54)就可确定 X 是马尔可夫随机场。由 Hammersley-Clifford 定理可知,马尔可夫随机场和 Gibbs 随机场是等价的。Gibbs 分布的表示形式为

$$P(X)=\frac{1}{Z}\exp\left\{-\frac{1}{T}\sum_{c\in C}V_c(X)\right\} \tag{8.58}$$

其中,T 为热力学温度;Z 为切分函数的归一化常量,$Z=\sum_{x\in\Omega}\exp\{-U(x)/T\}$;$c$ 称为基团;C 表示基团 c 的集合,二阶邻域中的基团类型如图 8.15 所示;V_c 表示基团 c 的势函数。

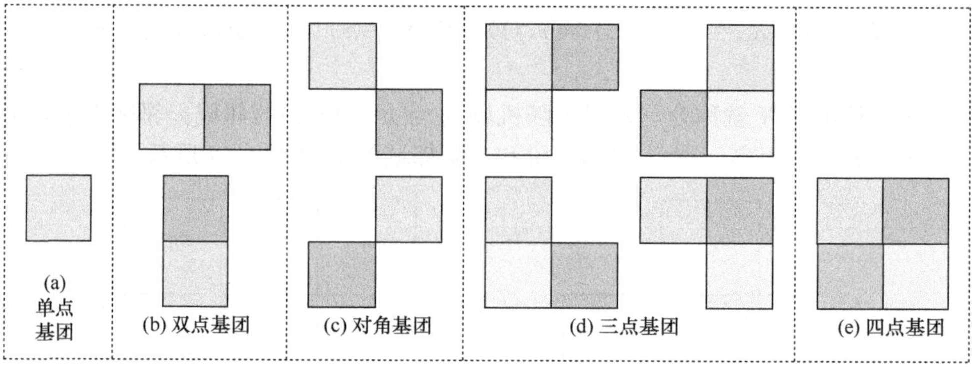

图 8.15 二阶邻域的基团类型图

点(i,j)处的局部先验概率用式(8.59)进行计算,即

$$P(x_{ij})=\frac{1}{Z_{ij}}\exp\left\{-\frac{1}{T}\sum_{c\in\eta_s}V_c(x_s)\right\} \tag{8.59}$$

其中,$Z_{ij}=\sum_{X}\exp\left\{-\frac{1}{T}\sum_{c\in\eta_s}V_c(x_s)\right\}$。

最终,基于 MRF 模型的 SAR 图像分割问题即可归结为一个求最大后验概率的问题。通过式(8.57)和式(8.58)可以得到全局后验概率的最终表示形式,即

$$P(X\mid Y)\propto\prod_{s\in S}\frac{1}{Z}\exp\left\{-\frac{1}{T}\sum_{c\in\eta_s}V_c(x_s)\right\}P(y_s\mid x_s) \tag{8.60}$$

点(i,j)处的局部后验概率计算公式为

$$P(x_s\mid y_s)\propto\frac{1}{Z_s}\exp\left\{-\frac{1}{T}\sum_{c\in\eta_s}V_c(x_s)\right\}P(y_s\mid x_s) \tag{8.61}$$

由式(8.60)和式(8.61),最大后验概率得出的最佳分割可以转化为下列最小值的求解,即

$$\hat{X}_{\text{opt}}=\operatorname{argmin}\left\{\frac{1}{T}\sum_{s\in S}\sum_{c\in\eta_s}V_c(x_s)-\sum_{s\in S}\ln P(y_s\mid x_s)\right\} \tag{8.62}$$

$$\widehat{X}_{\text{sopt}} = \operatorname{argmin}\left\{\frac{1}{T}\sum_{c\in\eta_s} V_c(x_s) - \ln P(y_s \mid x_s)\right\} \tag{8.63}$$

对于势函数 V_c，有着许多不同的形式。一些常用单像素和双像素基团的势函数形式如下。

(1) Ising 模型

$$V_c(x_s, x_{sl}) = \begin{cases}\beta, & x_s = x_{sl} \\ 0, & x_s \neq x_{sl}\end{cases}, \quad s_l \in \eta_s \tag{8.64}$$

(2) Auto-logistic 模型

$$V_c(x_s) = \alpha x_s, \quad V_c(x_s, x_{sl}) = \beta x_s x_{sl}, \quad s_l \in \eta_s \tag{8.65}$$

(3) Multi-level logistic(MLL)模型

$$V_c(x_s) = \alpha, \quad V_c(x_s, x_{sl}) = \begin{cases}\beta, x_s = x_{sl} \\ -\beta, x_s \neq x_{sl}\end{cases}, \quad s_l \in \eta_s \tag{8.66}$$

上述模型中，α 和 β 均为模型参数，在分割过程中可根据实际选取适当的值。

8.4.2　算法实现过程

基于 Gibbs-MRF 的 SAR 图像分割过程主要包含三个阶段，首先依据 SAR 图像的灰度信息来估计统计模型的参数，其次用估计的参数逐点对图像随机场的最大后验概率(MAP)进行估计，最后确定像素点在其邻域范围内最佳标记状态。

1. *确定先验概率* $P(X)$

由于不同的先验模型对应不同的势函数，其对应的局部概率分布也不同。所以，如果想要获得全局最优解，那么必须选择合适的先验模型。

Ising 模型中的局部概率为

$$P(x_s, x_{N_s}) = \frac{\exp[-\beta n_s(x_s)]}{\sum\limits_{x_i\in L}\exp[-\beta n_s(x_s)]} \tag{8.67}$$

其中，$n_s(x_s)$表示位置(i,j)的邻域范围内等于 x_s 的位置个数。

如果模型为 MLL 模型，那么局部概率函数为

$$P(x_s \mid x_{N_s}) = \frac{\exp[-\alpha_l - \beta n_s(x_s)]}{\sum\limits_{x_s\in L}\exp[-\alpha_l - \beta n_s(x_s)]}, \quad l \in L \tag{8.68}$$

其中，$n_s(x_s)$表示位置(i,j)的邻域范围内等于 x_s 的位置个数。

由上面的计算公式可知，只要邻域中某个点对该像素点标记的条件概率最大，就认为该像素点标记类型与那一点相同。

2. 确定概率密度函数 $P(Y|X)$

假如在分割标记已知的情况下，而且观测数据之间相互独立，则

$$P(Y \mid X) = \prod_{s \in S} P(y_s \mid x_s) \tag{8.69}$$

假设观测数据 $y=\{y_1, y_2, \cdots, y_{M\times N}\}$ 服从 K 状态混合高斯分布，则 $x_s=m, m=N_i$，其中 $i=1,2,\cdots,K$，分别代表对应的隐状态。在 x_s 下 (i,j) 服从 $N(\mu_m, \sigma_m^2)$ 的正态分布，其概率密度分布函数为

$$P(i,j) = \sum_{m=N_i} \tau_m(i,j) p((i,j) \mid x_s = m) \tag{8.70}$$

其中，$\sum_{m=N_i} \tau_m(i,j) = 1$。

用最大伪似然(MPL)方法来获得参数，相应的计算公式为

$$\mu_m^{(t)} = \frac{1}{N_m^{(t)}} \sum_{(i,j)\in S_m^{(t)}} y_m^{(t)}(i,j) \tag{8.71}$$

$$\sum_m^{(t)} = \frac{1}{N_m^{(t)} - 1} \sum_{(i,j)\in S_m^{(t)}} [y_m^{(t)}(i,j) - \mu_m^{(t)}][y_m^{(t)}(i,j) - \mu_m^{(t)}]^{\mathrm{T}} \tag{8.72}$$

其中，t 为迭代次数标记；m 为隐状态；$s_m^{(t)}$ 表示图像像素点标记为 m 的格网位置的集合；$N_m^{(t)}$ 表示标记为 m 的图像像素点的个数；$y_m^{(t)}(i,j)$ 表示图像像素点标记为 m 的观测值。

3. 确定后验概率分布 $P(X|Y)$

由式(8.67)～式(8.69)可得出后验概率 $P(X|Y)$ 的计算公式为

$$P(X \mid Y) = \frac{\exp[-U(X \mid Y)/T]}{\sum_{X_{ij}} \exp[-U(X \mid Y)/T]} \tag{8.73}$$

$$U(X|Y) = U(X) + U(Y|X) \tag{8.74}$$

假设 $P(Y \mid X=m)$ 服从 $(\mu_m, \sum_m)$ 的高斯分布，则有

$$U(Y \mid X=m) = \sum_{s\in S} (y_s - \mu_m) \sum_m^{-1} (y_s - \mu_m) + \ln \left| \sum_m \right| \tag{8.75}$$

$$U(X) = \sum_{s\in S} \sum_{r=1}^{K} [\alpha_r V_c(x_s, x_{s+r})](y_s - \mu_m) \tag{8.76}$$

当后验概率分布 $P(X|Y)$ 取最大值时，则 $U(X|Y)$ 最小，即实现最佳分割。图 8.16为迭代条件模式(iterated conditional mode, ICM)下马尔可夫模型的 SAR 图像分割算法流程图。ICM 算法由 Besag 于 1986 年提出并用于解决马尔可夫随机场分割模型的目标函数问题，该方法在迭代优化过程中采用了贪婪的策略。每

次迭代过程中,ICM 算法将根据给定像素的邻域像素的标号以及它们在标号集中所对应的能量函数,来选择能够使得能量函数达到最小的标号作为当前像素的标号,这个一直重复进行,直到相邻两次的标号场对应的能量函数值不变。

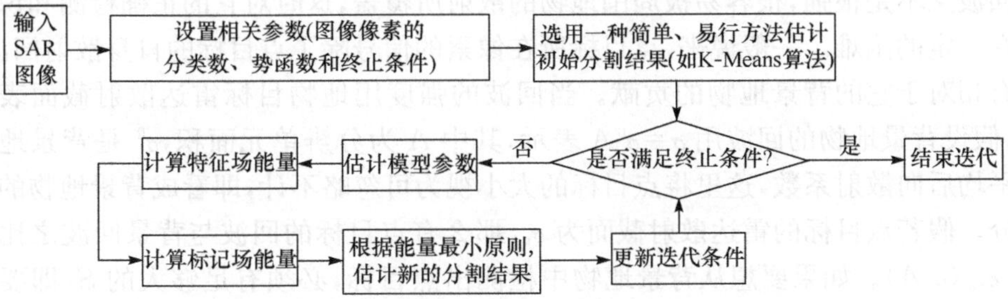

图 8.16 基于 MRF 的 SAR 图像分割算法流程图

8.5 SAR 图像解译分析

SAR 图像是地物目标散射特征的表现形式,因此 SAR 图像信息是地物目标对于雷达电磁波的反应。这种反应受地物目标所处的位置、地物结构、表面形态和介电性能等因素的影响,它们的不同会导致地物目标对雷达电磁波不同反应;同时,不同的雷达波段、极化方式、入射角和方位角也会使地物产生不同的反应,因而在图像上形成不同的色调和纹理。SAR 图像解译的核心问题就是对这些不同的色调和纹理做出正确的解释,为信息获取提供理论依据。SAR 图像的解译分析是 SAR 图像理解和应用的重要内容,而且一般比较复杂,主要原因是地物目标与环境电磁散射特性的复杂,同时 SAR 图像目标特征的多样性和易变性使得其精细特征很难被判读员把握。

8.5.1 SAR 图像地物目标类型

SAR 图像中的地物目标一般可分为点目标、线目标和分布(面)目标。点目标只能得到它的灰度信息,而无法获得它的形状信息;线目标是在 SAR 目标中表现为具有一定形状的线,其色泽或亮或暗,而且往往具有特殊的形状,所以不同的线目标其处理方法也具有各种的特殊性,适用于一种线目标的方法对其他线目标并不适用,例如,机场跑道和河流或海岸线的提取。分布目标在 SAR 图像中占有一定的面积,通常又称面目标,可以被看成由多个点目标或线目标组成,不同分布目标之间有着不同灰度、纹理和几何形状的差别,这种差别便构成了识别它们的依据。

1. 点目标

点目标是指比分辨单元小得多的地物目标,它们在一个像素所对应的地块内比较小的独立地物目标，并与周围其他地物不是一个类型，因此，它的散射回波与周围地物的散射回波有所不同。有时它的回波信号特别强，在整个地块的回波信号中占有主导地位，这时它所在像素的信号几乎就只反映它的存在。有时它的散射回波又不是很强，很容易被周围地物的散射所覆盖，这时对它的正确检测和识别存在一定的困难。一般说来，点目标所在像素的信号除了点目标的自身散射回波，还有相对于它的背景地物的贡献。当回波的强度用地物目标雷达散射截面表示时，假设背景地物的回波用 $\sigma=\sigma^0 A$ 表示，其中 A 为分辨单元面积，σ^0 是背景地物的平均后向散射系数，这里将点目标的大小视为可忽略不计，即看成背景地物的一部分。假若点目标的雷达散射截面为 σ_t，那么有点目标的回波与背景回波之比为 $S=\sigma_t/(\sigma^0 A)$。如果要想从背景地物中检测出点目标，必须有足够大的 S，即要有较高的信杂比(signal to clutter ratio，SCR)。一般来说，SAR 图像的空间分辨率越高，SAR 图像点目标越容易被检测。

大多数战术目标，如坦克、战车、大炮、装甲车、舰船以及航母、导弹运输车和发射架等，另外一些民用以及工业设施，如高压输电线塔、油井、油库、孤立的小建筑物等，它们在 SAR 图像中通常是以亮点的形式出现的，即点目标。对于点目标与背景杂波具有较高对比度的 SAR 图像，可以利用阈值分割法、恒虚警率(CFAR)检测法、扩展分形(EF)法等直接进行检测。如果对比度不明显，则先对 SAR 图像进行增强处理，然后再进行检测。

2. 线目标

线目标是 SAR 图像中的一类特殊目标，既不占有相当面积，又不限制在分辨单元之内的地物，其回波信号在图像上往往表现为一系列亮点或一定形状的亮线，而且具有一定的形状，这类目标称为线目标。对于自然界的线目标，如河流、海岸线等，它们的形状不规则，而对于线状的人造目标，如机场跑道、高速公路、铁路和输电线等，它们就具有规则几何形状。线目标与雷达波束的方向性有很大关系，当雷达波束垂直于线目标照射时，回波信号非常强；但波束平行线目标照射时，回波比较弱。它们在 SAR 图像中通常是“暗线”，但有时也是“亮线”，如高速公路路面属于镜面反射，故在 SAR 图像中是暗的，但是由于路边的栏杆或树林与路面形成强的二面角散射，在 SAR 图像中会显得是亮的；河流有水时，在 SAR 图像中是暗的，当它干涸时，在 SAR 图像中变成了“亮线”。

线目标的检测主要是使用边缘检测的方法来完成的。早期的 SAR 图像边缘提取方法主要源自传统的图像处理技术，如各种基于梯度的边缘检测算子，包括 Sobel 算子、Laplace 算子和 Canny 算子以及它们的改进算法。20 世纪 80 年代中后期，出现了大量基于假设检验的边缘检测方法和基于 Markov 随机场方法等。像桥梁、机场跑道以及船舶航迹等作为一类特定的线性目标，由于它们是具有一定长度的直线段特征目标，可直接采用局部 Radon 变换方法来提取。

3. 面目标

面目标是由许许多多同一类型的物质或点组成的，如一大块草地、森林或农田，因此通常又称分布目标。面目标中的组成物质或点的位置是随机分布的，因而它接收到的电磁波相位互不相同，回波初相也不一致，其回波振幅也是随机的，但是，这片地物目标中没有任何一个物点的回波散射可以在总回波强度中占主导地位。所以，当雷达波束扫过这些点之后，获得的 SAR 图像中这类地物信号从最强信号(亮点)到最弱(暗点)信号呈周期性变化，但并非灰度均匀的反应，更不是有信号和无信号之间的强烈反差，而是一系列亮点和暗点相间的图斑，形成了"光斑"效应。这是 SAR 图像中面目标所独有的特性。

面目标一般指占有较大面积的纹理区域，当然也是感兴趣的目标区域。对于这类目标的检测，一般根据实际应用情况而采用相应的方法，如灰度阈值分割法、目标分类检测法、区域生长法、边缘检测法、CFAR 检测法、Markov 随机场法、基于各种特征和变换的检测法等，以及一些新的理论，如基于稀疏表征、非负矩阵表征、群智能理论等。

8.5.2　SAR 图像陆地目标特征

随着 SAR 图像空间分辨率的不断提高，SAR 成像的优势越来越明显，通过 SAR 图像来发现和识别地物目标更容易、更可行、更准确、更有效。陆地目标包括自然目标和人造目标，其中典型的人造目标有港口、桥梁、铁路、公路、机场、停机坪、飞机、油库、各种车辆和建筑物及各种障碍物等。由于雷达回波的强度主要由角反射器效应决定，与材料相关性较少，所以它们在 SAR 图像中通常作为强反射的亮目标出现，例如，桥架、桥墩和跨梁组成的桥梁在 SAR 图像中呈现亮线，特别是有河流作衬托时更明显。但在某些取向角时，即雷达波束与桥梁平行时，桥梁回波比较弱，在雷达 SAR 图像上其呈暗线型。

对于道路，如高速公路、土路、混凝土路或沥青路，在 Ku 波段或 X 波段其都可以认为是光滑散射面，具有较弱的散射回波，因此在 SAR 图像中呈现较暗。但是，它们在 SAR 图像中有一定的形状，是典型的线目标。一般情况下，道路的平化程度和路面宽度对 SAR 图像中道路的识别有一定的影响；道路识别的另一困难来自路边树木的阴影。尽管如此，路边树木的阴影仍有某种线性特征，可以利用起来识别道路，而且当电磁波波束与道路方向垂直时，这种线特征不仅更加明显，而且呈现亮线。最容易与道路相混淆的是河流与其他传输线，但可以借助邻近的其他地物标志来辅助识别它们，如桥梁及其他建筑、输电线的电线杆或铁塔架等。

在中等分辨率的 SAR 图像中，铁路一般窄于分辨单元，故其图像依赖临近地物回波的线性特征勾画，通常铁路与周围地物有一段距离，这使铁路在图像中表现不突出。但当电磁波波束与铁路垂直时，铁轨与地面形成二面角的强反射体，同样，当铁轨上有火车时，火车通常也是强反射体，其与路基也形成强二面反射体，故在 SAR 图像上铁路为亮标记，这样就可以方便地区分铁路目标。

机场和停机坪通常是比较容易识别的目标。虽然它们的回波较弱，但其有明显的轮廓，尤其是机场跑道，是最易识别的目标。停放的飞机和汽车会产生极强的回波，然而由于过强有时难以辨认，但较大的飞机或高分辨率 SAR 图像，都会有飞机的形状。

孤立的建筑物有较强的回波，并且其外形容易识别。利用阴影长度，还可以测量其高度，在建筑群中高大的建筑是可以依靠阴影来识别的。城市建筑还有相应的纹理和规整的布局，比较容易识别。

有水面衬托的水坝、河堤都是比较容易识别的目标，因为它们通常都会产生角反射效应，产生较强的回波，而水面产生较弱的回波。

陆地目标除了人造目标，剩余目标都是自然地物目标，包括河流、湖泊、池塘、森林、草地、植被、农作物、耕地、沙漠戈壁等以及自然的地形地貌。它们一般以面目标的形式出现在 SAR 图像中。图 8.17 给出了几种典型陆地目标的 SAR 图像。

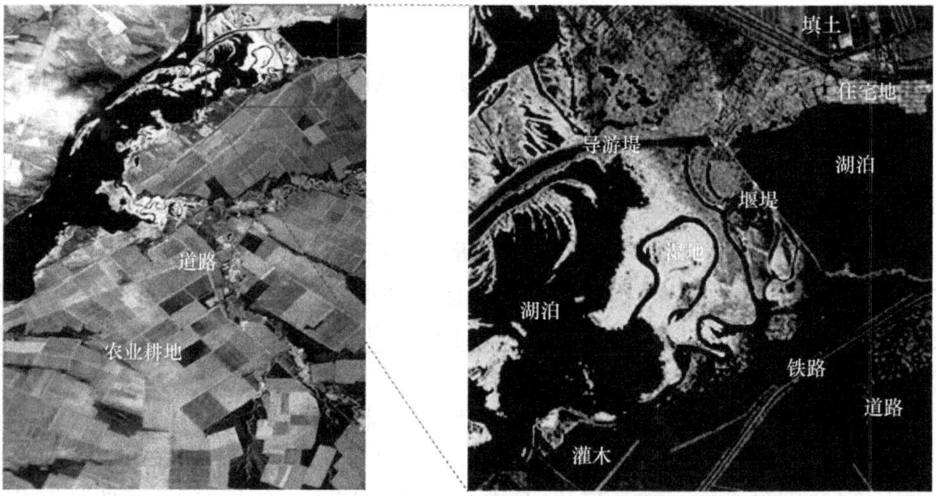

图 8.17　典型陆地目标 SAR 图像

8.5.3　SAR 图像海面目标特征

海面目标主要指的是海面上的舰船，另外还包括海洋环境监测中的油污。对于舰船目标一般具有很强的角反射效应，同时船舶以及运动船舶的尾迹在 SAR 图像上通常都表现为很亮的特征，但是油污呈暗色，如图 8.18 所示。在中低分辨率中，舰船的尺度一般与 SAR 图像的空间分辨率大致相当，它们通常被看成一个点或少数几个点组成的强目标，平静海域与海杂波背景有较高的对比度，比较容易检测；但对于海浪比较大的区域，而且舰船尺寸又比较小时，舰船目标不易检测。随着 SAR 成像技术的不断进步，在高分辨率的 SAR 图像，舰船目标可以认为是具有较小区域的目标，这时就可认为它们是面状目标。大型运动的舰船目标，通常有较长的尾迹。所以，根据舰船目标的特点，对它们进行检测有两种思路：一是直接检测舰船目标；二是先检测尾迹，再在尾迹附近寻找舰船目标。海洋的油污在 SAR 图像中呈现暗色的区域，比较容易检测。

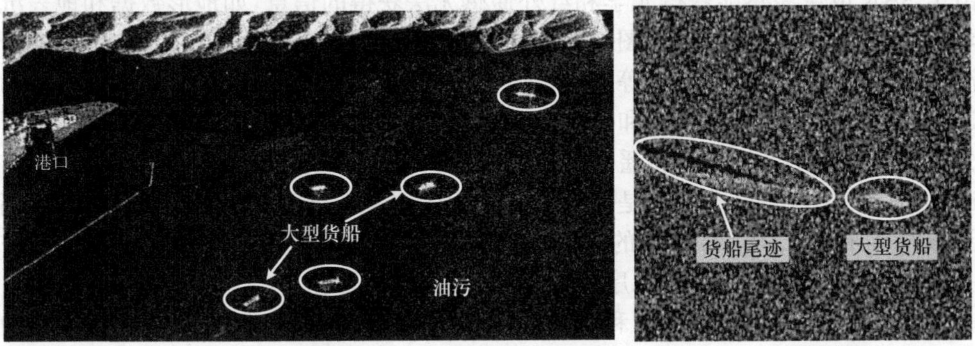

(a) 平静海面　　(b) 大浪海面

图 8.18　典型海面目标 SAR 图像

思 考 题

1. 图像分割的定义是什么？
2. 一个完好的图像分割需满足什么条件？
3. 简述阈值分割的原理。
4. 直方图阈值分割的原理是什么？
5. 什么是最大类间方差阈值分割？
6. 简述最大熵阈值分割的原理。
7. 简述 CFAR 用于 SAR 图像分割的原理。
8. 基本的 CFAR 检测器包括哪些类型？
9. 基于不同统计分布模型的 CFAR 检测器有哪些类型？
10. 简述 MRF 用 SAR 图像分割的原理。
11. SAR 图像的目标通常分为哪几类？
12. SAR 图像的点、线和面目标分别具有什么特点？
13. SAR 图像中的陆地目标的特征如何？
14. SAR 图像中的海洋目标主要有哪些？
15. SAR 图像的点、线和面目标如何检测？

第9章 多时相SAR图像处理

SAR成像的最大优势在于能全天候全天时地获取遥感数据，这为多时相SAR图像处理提供了可能和条件。所谓的多时相SAR图像处理指的是在不同时间里对同一场景获得的SAR图像进行一系列处理以便提取目标动态变化信息的过程。由于SAR成像遥感能获得光学和红外遥感无法获得的信息，如地形数据和地表沉降信息等，所以多时相SAR图像处理的内涵除了动态变化检测或监测，还包括干涉SAR成像、极化干涉成像等内容。传统的遥感图像动态监测就是从不同时期的遥感数据中进行定量的分析和确定地表变化的特征及变化过程，涉及变化的类型、分布状况和变化量。多时相遥感图像处理的关键技术就是变化检测技术，而目前遥感图像变化检测技术大多是针对两个时相的遥感影像进行操作，获得的是两幅图像的差异信息。SAR图像的多时相处理除了两时相图像，提取地表沉降信息需一系列不同时期的SAR图像序列，而且是同时进行处理。

本章主要结合SAR成像和SAR图像的特点来介绍多时相SAR图像处理的相关内容，包括多时相的SAR图像变化检测、干涉SAR成像和差分干涉SAR成像以及时间序列SAR处理等。

9.1 SAR图像变化检测概述

SAR是一种主动微波相干成像雷达。它不仅能够获得高分辨率的SAR图像，而且具有全天候、全天时、大尺度、远距离、连续观测运动目标的能力，例如，SAR在一些如地震、火灾、飓风等灾害发生之前、发生之中、发生之后均能获得遥感数据，这对及时了解这些紧急事件发生的位置和状态有着非常重要的意义；SAR还具有一定的穿透植被、土壤和遮盖物的能力，很容易辨别地面的伪装目标和隐藏于山林中的军事目标，如识别伪装的导弹地下发射井、识别云雾笼罩地区的地面目标等；在导弹图像匹配制导中，采用合成孔径雷达摄图，能使导弹击中隐蔽和伪装的目标；同时，SAR能对慢速动态目标进行昼夜监视跟踪，如对舰船、车辆、装甲车、导弹运输车、地面部队集结等动态目标的连续跟踪；更重要的是SAR能对整个战争进程进行无间断的观测，及时获取战场的动态信息，给指挥员提供实时情报信息，以便及时调整战略决策和作战方案。SAR图像变化检测在民用和军事领域方面均有着重要的实际应用价值，如全球资源与环境的变化监测、海洋环境监测、灾害（洪灾、火灾、地震、地质等）损失评估、农业生产评估、土地使用规划监测、城市扩展变化检测、森林监测、水文监测等，以及目标打击效果和战场态势评估等。

SAR 图像变化检测既是 SAR 图像解译的重要内容，也是 SAR 图像应用的重要领域。

遥感图像变化检测是指利用相同或不同的传感器，在不同的时间获取同一地区的遥感图像，对获取的时间序列遥感图像进行两两之间的处理和分析，提取在一段时间内该区域地物目标发生变化的状态或信息。虽然遥感图像变化检测方法和种类非常多，但是它们均是针对不同的传感器和不同的应用目的而提出的，所以这些算法很难有一个统一评价标准，更没有普适性可言。主要原因如下：一是每次成像时，传感器和地物目标的成像参数不一定完全相同，导致不同时相的图像质量不一定完全相同；二是图像处理的特定目的也不完全相同，对获取信息的精度和要求不同；三是图像处理过程中每次采用的技术手段不完全相同。通过对现有变化检测方法进行分析和研究，多时相遥感图像变化检测技术和方法大体上可以归纳为以下五类。第一类是基于直接图像域的变化检测方法，即在不同时相的遥感图像之间直接进行处理或运算，以获取变化信息，如图像灰度差值法、图像灰度比值法、图像纹理特征差值法、相关系数法、图像回归法、典型相关法等。第二类是基于图像特征域的变化检测方法，首先分别提取不同时相图像的特征，然后对这些特征分别进行比较和运算处理，以获得变化信息，如最大似然估计法、贝叶斯估计法、统计特征法等。第三类是基于变换域的变化检测方法，这类方法首先对不同时相的图像进行相同的变换，然后在变换域中提取变化信息，如傅里叶变换、小波变换、主成分分析和多尺度几何分析理论等。第四类是基于图像分类的变化检测方法，这类方法首先对不同时相的遥感图像分别进行分类，然后对不同的类分别进行比较分析，以获得最终的变化信息，如支持向量机、聚类分析等。第五类是基于新的理论和交叉学科的变化检测方法，如稀疏表征、模糊理论、人工智能、群智能理论、分形理论、信息融合等。图 9.1 为多时相 SAR 图像变化检测原理流程框图。

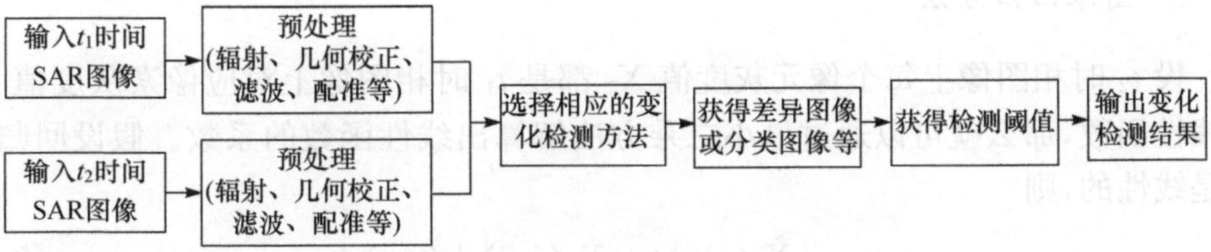

图 9.1　多时相 SAR 图像变化检测原理框图

9.1.1　基于图像代数运算的变化检测方法

1. *图像差值法*

假设 X_1 和 X_2 分别为传感器对于地面上同一位置在不同时间 t_1 和 t_2 获得的遥感图像，对它们进行精确的配准后，对应像元进行相减运算，则

$$X_D(i,j)=X_2(i,j)-X_1(i,j)+C \tag{9.1}$$

其中，$X_D(i,j)$为差值图像像素值；$X_1(i,j)$和 $X_2(i,j)$分别为 t_1 和 t_2 图像的像素

值;C为常数。在新生成的差值图像中,未发生变化的区域其像素值接近零,发生变化的区域其像素值可能为正或负,为了使得像素值都大于零,常常加上一个常数C,或者取绝对值,即

$$X_D(i,j)=|X_2(i,j)-X_1(i,j)| \tag{9.2}$$

如果差值图像X_D中像素灰度值大于阈值T_d,就认为该像素发生变化,否则没有发生变化。用对应像素灰度值直接相减的效果很差,一般都取滑动窗口,用窗口均值代替窗口中心像素的灰度值进行计算。

2. 图像比值法

图像的比值处理又称为相除运算,也是遥感图像处理中常用的方法,是相对较快又简单的方法,其定义为

$$R(i,j)=\frac{X_2(i,j)}{X_1(i,j)},\quad X_1(i,j)\neq 0 \tag{9.3}$$

其中,$R(i,j)$为比值图像像素值;$X_1(i,j)$和$X_2(i,j)$分别为时相t_1和t_2图像的像素值。如果区域没有变化则其结果接近1,如果其值远大于或小于1,说明该区域就发生了变化。图像比值法的处理过程和图像差值法差不多,只是最后对窗口均值求比值而不是求差值。当$R(i,j)$满足式(9.4)时,就认为该像素发生了变化,否则没发生变化。

$$\begin{cases}R(i,j)\leqslant T_l\\R(i,j)\geqslant T_h\end{cases} \tag{9.4}$$

其中,T_l和T_h分别表示低阈值和高阈值。

3. 图像回归方法

设t_2时相图像上每个像元灰度值X_2都是t_1时相图像上对应像素灰度值X_1的线性函数,那么就可以通过最小二乘方法解算出线性函数的系数。假设回归函数是线性的,则

$$\hat{X}_2(i,j)=aX_1(i,j)+b \tag{9.5}$$

其中,a和b待定,称a为这个一元线性回归函数的回归系数,a和b可以通过最小二乘法估计,即通过两个图像之间的像素值来求解,计算公式为

$$\begin{cases}\hat{a}=\overline{X}_2-\hat{b}\overline{X}_1\\ \hat{b}=\dfrac{\sum\limits_{k=1}^{M}[X_1(k)-\overline{X}_1][X_2(k)-\overline{X}_2]}{\sum\limits_{k=1}^{M}[X_1(k)-\overline{X}_1]^2}\end{cases} \tag{9.6}$$

其中,$X_1(k)$和$X_2(k)$分别表示图像中的某点像素值;$\overline{X}_1$和$\overline{X}_2$分别表示图像窗口

像素的平均值；M 是窗口图像的大小。$\hat{X}_2(i,j)$ 与 $X_2(i,j)$ 之间的差值用 $X_D(i,j)$ 表示，定义为

$$X_D(i,j)=\hat{X}_2(i,j)-X_2(i,j) \tag{9.7}$$

获得差值图像后的处理方法与图像差值法是一样的。

4. 背景相减法

对于不同时相的遥感图像，一般情况下变化的区域是小部分区域，背景相减法的思路是把图像中不变的部分看成背景，而发生了变化地物的图像看成前景。对于 t_1 和 t_2 两个时相的图像 X_1 和 X_2，首先把 t_1 图像进行低通滤波，生成背景图像 $\hat{X}_1$，然后用 t_2 图像 X_2 减去背景图像 $\hat{X}_1$，就获得了变化的差值图像 X_D，即

$$X_D(i,j)=X_2(i,j)-\hat{X}_1(i,j) \tag{9.8}$$

设定某一变化的阈值 T_d，差值图像 X_D 中大于阈值的像素值就认为是发生了变化。

9.1.2　基于图像变换的变化检测方法

1. 主成分分析法

主成分分析（principal components analysis，PCA）法实质上是利用 K-L 变换将原始的数据向量投影到椭球体的各主轴方向，从而形成按相关性强弱分类的新的向量。变换的结果称为主成分，主成分是原始数据的线性变换，主成分之间正交不相关，而且第一主成分 PC_1 包含的信息最多，第二主成分 PC_2 包含的信息次多，以此类推。一般第一主成分 PC_1、第二主成分 PC_2 和第三主成分 PC_3 占了整个图像 95%以上的信息，因此通过 PCA 变换可以达到冗余压缩和信息集中的目的。在图像变化检测中，PCA 的应用有三种方式：第一种是先对各个时相的多波段图像进行 K-L 变换，然后利用差值法提取多时相对应主成分图像间的变化；第二种是将对应波段的多时相图像放在一起作 K-L 变换，将变换结果的第二主成分直接当作变化增强的结果；第三种是先用多时相图像获得差异图像，然后对差异图像进行 PCA 变换，获得的第一主成分就是变化增强的结果。

2. 相关系数法

相关系数法用来计算不同时相影像之间对应像素灰度值的相关系数，所获得的结果代表了对应像素的相关性。由于相关系数是灰度线性变化的不变量，所以可以消除由于拍摄时间、拍摄条件的不同所造成的影像之间亮度与对比度的差异，相关法也可以应用于变化检测。如果不同时相影像发生了变化，那么它们对应的相关系数也会发生变化。在计算过程中，一般以某个像素 (i,j) 为中心取一个滑动窗口，计算两个图像中对应窗口的相关系数，来表示窗口中心像素的相关性。如果相关系数值接近 1 则说明相关性很高，该像素没有变化；反之，则说明该像素发生

了变化。设 X_1 和 X_2 分别为传感器对于地面上同一位置在不同时间 t_1 和 t_2 获得的遥感图像。如果 X_1 和 X_2 都是复 SAR 图像，则相关系数计算公式为

$$C(i,j)=\frac{\left|\sum_{x,y\in A}X_1(x,y)X_2^*(x,y)\right|}{\sqrt{\sum_{x,y\in A}|X_1(x,y)|^2}\cdot\sqrt{\sum_{x,y\in A}|X_2(x,y)|^2}} \tag{9.9}$$

如果 X_1 和 X_2 都不是复图像，而是幅度或功率图像，则它们的相关性计算公式为

$$C(i,j)=\frac{\sum_{x,y\in A}[X_1(x,y)-\overline{X}_1][X_2(x,y)-\overline{X}_2]}{\sqrt{\sum_{x,y\in A}[X_1(x,y)-\overline{X}_1]^2}\cdot\sqrt{\sum_{x,y\in A}[X_2(x,y)-\overline{X}_2]^2}} \tag{9.10}$$

在式(9.9)和式(9.10)中，A 表示大小为 $m\times n$ 的滑动窗，中心像素为 (i,j)，$\overline{X}_1$ 和 $\overline{X}_2$ 分别表示滑动窗中灰度值的均值。获得相关系数后，对其进行运算，求得一个判别阈值 T，如果 $C\leqslant T$，就认为该像素发生了变化，反之，未发生变化。

影响相关性的因素如下。①入射角的变化。入射角角度变化大会使得它们的相关性发生剧烈的变化，因此，在变化检测中，要求相同或相近的入射角。②地物目标的类型。例如，如果地表的类型为植被或森林，由于其生长的影响，会造成相关性的急速下降。③变化中的地物目标。如车辆的通过、建筑用地的施工等，也能影响相关性。④自然因素。如刮大风时的麦地和无风的麦地，其相关性会下降。⑤地物目标方位角的变化。方位角变化过大会使它们的相关性发生明显的变化。

9.1.3 基于图像分类的变化检测方法

1. 分类后比较法

分类后比较法是先对不同时相的遥感图像分别进行独立分类，然后对分类产生的结果进行比较、分析，检测出感兴趣地物的变化信息，而且可以提供变化类型信息。如果对应像素的类别标签相同，则认为该像素没有发生变化，否则认为该像素发生了变化。分类的方法可以是监督分类方法也可以是非监督分类方法。因为不同时相图像是独立进行分类的，所以可以消除频率、地物目标介电常数及粗糙度等因素对不同时相 SAR 图像的影响。然而，这种方法的关键是地物目标的分类，地物目标变化检测精度取决于其分类精度，并且分类错误有组合影响，即变化检测的精度等于每幅图像分类精度的乘积。分类后比较法经常用于城市扩展、森林采伐、土地利用类型变迁等。

2. 直接多时相图像分类法

直接多时相图像分类方法是把不同时相的图像看成同一时相不同波段的图像，然后采用监督分类和非监督分类方法对图像进行分类，然后检测那些区域是否

发生了变化。分类变化检测的关键还是分类，主要的分类方法有最小距离分类、贝叶斯分类、决策树分类、神经网络分类和基于知识的分类等。直接多时相图像分类法主要用于多波段图像，在海岸区域和森林区域的变化检测中通常能取得较好的结果。

9.1.4　基于结构特征的变化检测方法

图像纹理特征描述了在图像中反复出现的局部模式和它们的排列规则，反映了宏观意义上灰度变化的一些规律。纹理通常定义为图像的某种局部性质，或对局部区域像素之间关系的一种度量，而图像可以看成不同纹理区域的组合。纹理特征可用于定量描述图像中的空间信息，它通常与物体的位置、走向、尺寸、形状有关，但与平均灰度级无关。通常情况下，如果地物目标的纹理结构没发生变化，地物目标也没发生变化，如森林季节性的变化。所以 SAR 图像的纹理变化检测从空间上反映了地物目标的变化情况。

9.2　变化检测阈值的确定

从上面的分析可知，变化阈值的确定是多时相遥感图像变化检测的关键技术和步骤。在遥感图像的变化检测中，常用基于贝叶斯理论的最小错误率的方法来确定检测阈值。

9.2.1　贝叶斯理论的基本概念

假设经几何、辐射校正且配准好的影像 X_1 和 X_2 是同一传感器在不同时间 t_1 和 t_2 获得同一区域的 SAR 影像，它们的大小为 $M\times N$，若用集合表示，则 $X_1=\{X_1(i,j),1\leqslant i\leqslant M,1\leqslant j\leqslant N\}$，$X_2=\{X_2(i,j),1\leqslant i\leqslant M,1\leqslant j\leqslant N\}$。用 x 表示差值图像 $X_D=\{X_D(i,j),1\leqslant i\leqslant M,1\leqslant j\leqslant N\}$ 中任意像素点的灰度值，即 $X(i,j)$ 表示像素点 (i,j) 的灰度值，且 $X(i,j)=X_2(i,j)-X_1(i,j)$。

首先只考虑差值图像 X_D 由两类组成，即变化和未变化两类，然后，在此基础上讨论两类以上的情况。设 ω_u 和 ω_c 分别表示未变化类和变化类，它们各自分布的先验概率分别为 $P(\omega_u)$ 和 $P(\omega_c)$，灰度值 x 在 ω_u 和 ω_c 中的条件概率分别为 $P(x/\omega_u)$，$P(x/\omega_c)$。X_D 的直方图 $H(X)$ 近似认为是 x 概率分布函数 $P(x)$ 的估计，其表达式为

$$P(x)=P(x/\omega_u)P(\omega_u)+P(x/\omega_c)P(\omega_c) \tag{9.11}$$

利用贝叶斯公式，有

$$P(\omega_k/x)=[P(x/\omega_k)P(\omega_k)]/P(x),\quad k=\{u,c\} \tag{9.12}$$

式(9.12)称为 x 的后验概率。贝叶斯公式的实质是，通过观测值 x，把状态的先验概率 $P(\omega_k)$ 转化为状态的后验概率 $P(\omega_k/x)$。这样，基于最小错误率的贝叶

斯决策规则为：如果 $P(\omega_u/x)>P(\omega_c/x)$，就把 x 归类为没发生变化；如果 $P(\omega_u/x)<P(\omega_c/x)$，就认为 x 发生了变化。当变化检测判别阈值 T 满足式(9.13)时，就认为其是最佳的阈值，即

$$P(\omega_u)P(T/\omega_u)=P(\omega_c)P(T/\omega_c) \tag{9.13}$$

9.2.2　阈值确定的 KI 算法

图像灰度差值变化检测中确定判别阈值的方法，主要有循环分割法、最大类间方差自动分割法、最佳熵自动分割法、矩不变自动分割法等，此外，是基于贝叶斯理论的最小错误率的 KI 算法和 EM 算法。其中，KI 阈值选择法是由 Kittler 和 Illingworth 于 1986 年提出的，其算法的核心思想是对服从高斯分布模型的图像采用一种简单的参数估计方法来获得图像分割的最佳阈值。

为了简便，假设变化类像元仅出现在差值图像 X_D 的直方图 $H(X)$ 上灰度值大的一边。设阈值为 T，且 $T\in\{0,1,\cdots,L-1\}$，分别用 $P_u(T)$，$\mu_u(T)$，$\sigma_u^2(T)$，$P_c(T)$，$\mu_c(T)$，$\sigma_c^2(T)$来表示未发生变化类和发生变化类的先验概率、均值和方差，计算公式为

$$\begin{cases} P_u(T)=\displaystyle\sum_{x=0}^{T}H(x) \\ \mu_u(T)=\displaystyle\sum_{x=0}^{T}xH(x)/P_u(T) \\ \sigma_u^2(T)=\displaystyle\sum_{x=0}^{T}[x-\mu_u(T)]^2H(x)/P_u(T) \end{cases} \tag{9.14}$$

$$\begin{cases} P_c(T)=\displaystyle\sum_{x=T+1}^{L-1}H(x)=1-P_u(T) \\ \mu_c(T)=\displaystyle\sum_{x=T+1}^{L-1}xH(x)/P_c(T) \\ \sigma_c^2(T)=\displaystyle\sum_{x=T+1}^{L-1}[x-\mu_c(T)]^2H(x)/P_c(T) \end{cases} \tag{9.15}$$

定义一个准则函数 $J(T)$来表示整幅图像上平均的正确分类性能，其定义为

$$J(T)=\sum_{x=0}^{L-1}H(x)c(x,T) \tag{9.16}$$

其中，$c(x,T)$为代价函数，它是反映分类性能的一种量度，其计算公式为

$$c(x,T)=\begin{cases}-2\ln p(\omega_u|x,T), & x\leqslant T \\ -2\ln p(\omega_c|x,T), & x>T\end{cases} \tag{9.17}$$

$p(\omega_k|x,T)$表示在给定阈值 T 和灰度值 x 时，未发生变化类和发生变化类的后验概率密度，其中 $k=\{u,c\}$。最佳阈值的选择就是要使图像的平均分类性能$J(T)$达

到最小值，即

$$T^* = \mathrm{argmin}(J(T)), \quad T=0,1,\cdots,L-1 \tag{9.18}$$

根据贝叶斯理论，后验概率密度函数可以用先验概率和似然概率来表示，即

$$p(\omega_k \mid x,T) = \frac{P(\omega_k)p(x \mid \omega_k,T)}{\sum\limits_{k=\{u,c\}} P(\omega_k)p(x \mid \omega_k,T)} = \frac{P(\omega_k)p(x \mid \omega_k,T)}{P(x)}, \quad k=\{u,c\} \tag{9.19}$$

从上面的分析可知，只要知道差值图像的统计分布模型，就可以估计出最佳阈值。如果目标区域是同质的，且图像有较高的视数，则高斯分布是可以适用的，尤其对于多时相图像。因此，我们假设差值图像 X_D 服从高斯分布，即 $P(x/\omega_u)$，$P(x/\omega_c)$服从高斯密度函数分布，其表达式为

$$p(x/\omega_k)=\frac{1}{\sqrt{2\pi\sigma_k^2}}\exp\left[-\frac{(x-\mu_k)^2}{2\sigma_k^2}\right], \quad k=\{u,c\} \tag{9.20}$$

其中，μ_u，μ_c，σ_u^2 和 σ_c^2 分别表示未变化的像元类 ω_u 和变化的像元类 ω_c 的均值和方差。那么代价函数 $c(x,T)$的表达式为

$$c(x,T)=\begin{cases}-2\ln\left\{P_u(T)\dfrac{1}{\sqrt{2\pi\sigma_u^2(T)}}\exp\left[\dfrac{(x-\mu_u(T))^2}{2\sigma_u^2(T)}\right]\right\}, & x\leqslant T\\ -2\ln\left\{P_c(T)\dfrac{1}{\sqrt{2\pi\sigma_c^2(T)}}\exp\left[\dfrac{(x-\mu_c(T))^2}{2\sigma_c^2(T)}\right]\right\}, & x>T\end{cases} \tag{9.21}$$

准则函数 $J(T)$可以写成

$$J(T)=1+2[P_u(T)\ln\sigma_u(T)+P_c(T)\ln\sigma_c(T)]+2H(\Omega,T) \tag{9.22}$$

其中，$H(\Omega,T)$表示类别 Ω 的熵，$\Omega=\{\omega_u,\omega_c\}$，$H(\Omega,T)$的定义为

$$H(\Omega,T)=-2[P_u(T)\ln(P_u(T))+P_c(T)\ln(P_c(T))] \tag{9.23}$$

使式(9.22)中 $J(T)$达到极小值时的 T 值，就是最佳的阈值。

9.2.3　阈值确定的 EM 算法

数学期望最大(expectation maximization，EM)算法是对不完整数据问题进行最大似然估计的一种常用算法，它不需要任何外来数据和先验知识，即不需要地面的实况数据，从观测数据本身就可以获得参数的估计值。它包括一个求期望值和求最大值两个阶段，两步重复进行，直到收敛。

假设差值图像 X_D 服从高斯分布，在式(9.20)中，μ_u，μ_c，σ_u^2 和 σ_c^2 分别表示未变化的像元类 ω_u 和变化的像元类 ω_c 的均值和方差，则有四个未知参数需要从差值影像 X_D 中得到估计。采用 EM 算法来估计统计分布参数的计算公式为

$$p^{t+1}(\omega_k) = \frac{\sum\limits_{X(i,j)\in X_D}\dfrac{p^t(\omega_k)p^t(X(i,j) \mid \omega_k)}{p^t(X(i,j))}}{M\times N} \tag{9.24}$$

$$\mu^{t+1}(\omega_k)=\frac{\sum\limits_{X(i,j)\in X_D}\frac{p^t(\omega_k)p^t(X(i,j)\mid\omega_k)}{p^t(X(i,j))}X(i,j)}{\sum\limits_{X(i,j)\in X_D}\frac{p^t(\omega_k)p^t(X(i,j)\mid\omega_k)}{p^t(X(i,j))}} \tag{9.25}$$

$$(\sigma^2)^{t+1}(\omega_k)=\frac{\sum\limits_{X(i,j)\in X_D}\frac{p^t(\omega_k)p^t(X(i,j)\mid\omega_k)}{p^t(X(i,j))}[X(i,j)-\mu_k^t]^2}{\sum\limits_{X(i,j)\in X_D}\frac{p^t(\omega_k)p^t(X(i,j)\mid\omega_k)}{p^t(X(i,j))}} \tag{9.26}$$

式(9.24)~式(9.26)分别用来估计先验概率、均值和方差。其中 $k=\{u,c\}$，上标 t 和 $t+1$ 分别表示当前和下一次迭代所用的参数值，差值影像 X_D 的大小为 $M\times N$，$X(i,j)$表示 X_D 中第 i 行第 j 列的像元值。

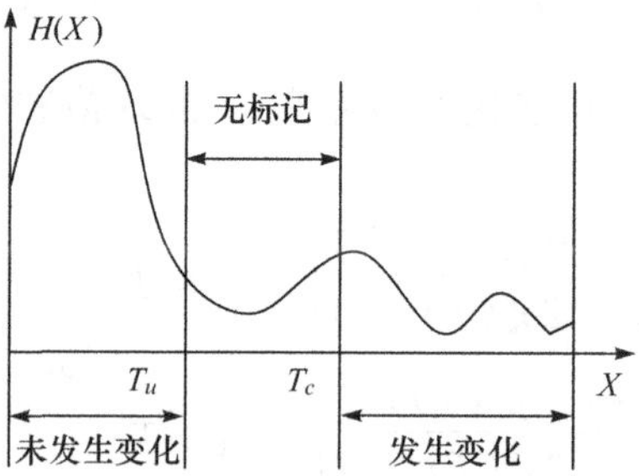

图 9.2　单阈值初始值确定示意图

通过对统计项由初始值开始迭代直到收敛得到估计值，每次迭代中待估函数的对数似然函数都有一个增量 $L(\theta)=\ln p(X_D/\theta)$，其中 $\theta=\{p(\omega_u),p(\omega_c),\mu_u,\mu_c,\sigma_u^2,\sigma_c^2\}$。这些参数估计的关键问题是如何确定初始值，它们可以通过差值图像 X_D 来确定。假设发生变化的类在直方图 $H(X)$的右边，没发生变化的在直方图的左边。在直方图上选取左右各一个阈值 T_u 和 T_c，如图 9.2 所示，计算公式为

$$\begin{cases}T_u=(1-\alpha)M_d\\ T_c=(1+\alpha)M_d\\ M_d=[\max(X_D)+\min(X_D)]/2\end{cases} \tag{9.27}$$

其中，$\alpha\in(0,1)$为权因子。两个像元子集 $S_u=\{X(i,j)\mid X(i,j)<T_u\}$ 和 $S_c=\{X(i,j)\mid X(i,j)>T_c\}$分别作为未变化和变化两类像元的初始样本集，没有被这两个子集所包含的像元则被记为无标识样本，记为 $S=\{X(i,j)\mid T_u\leqslant X(i,j)\leqslant T_c\}$。然后分别在这两个子集上按式(9.28)计算先验概率、均值和方差的初始值。

$$\begin{cases}P(\omega_k)=\dfrac{\| S_k \|}{M\times N}\\ \mu_k=\dfrac{\sum\limits_{X(i,j)\in S_k}X(i,j)}{\| S_k \|}\\ \sigma_k^2=\dfrac{\sum\limits_{X(i,j)\in S_k}[X(i,j)-\mu_k]^2}{\| S_k \|}\end{cases} \tag{9.28}$$

其中，$k=\{u,c\}$。通过式(9.13)解关于阈值 T 的方程，就可以获得最佳阈值 T。把式(9.20)代入式(9.13)，并简化可得

$$(\sigma_u^2-\sigma_c^2)T^2+2(\mu_u\sigma_c^2-\mu_c\sigma_u^2)T+\mu_c^2\sigma_u^2-\mu_u^2\sigma_c^2+2\sigma_u^2\sigma_c^2\ln\left[\frac{\sigma_c p(\omega_u)}{\sigma_u p(\omega_c)}\right]=0 \quad (9.29)$$

阈值 T 一旦确定，就可以根据下面的准则来获得变化图：如果 $X_D\leqslant T$，则 $X_D\in\omega_u$，否则 $X_D\in\omega_c$。

上面讨论的是单阈值情况，下面介绍多阈值的确定。假设差值图像 X_D 由三类组成，即未发生变化类 ω_u、发生变化的灰度值增强类 ω_{c1} 和发生变化的灰度值减弱类 ω_{c2}。差值影像 X_D 的概率分布函数 $P(x)$ 表示为

$$P(x)=P(x/\omega_{c1})P(\omega_{c1})+P(x/\omega_u)P(\omega_u)+P(x/\omega_{c2})P(\omega_{c2}) \quad (9.30)$$

从图 9.3 中可以看出，没发生变化的像素，其值接近 0，发生变化增强的像素集中在直方图 $H(X)$ 的右边，变化减弱的像素集中在直方图 $H(X)$ 的左边，离坐标轴中心越远，它们的变化就越大。当 $X\geqslant 0$ 时，通过双阈值 T_{u1} 和 T_{c1} 可以获得图像子集 S_{u1} 和 S_{c1}，T_{u1} 和 T_{c1} 可由式(9.31)进行计算。

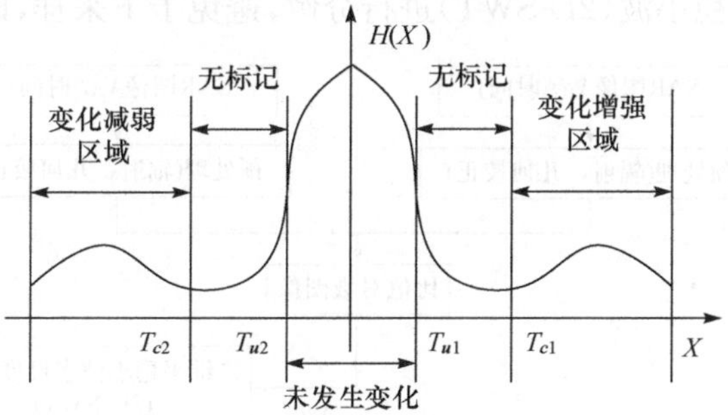

图 9.3　双阈值初始值确定示意图

$$\begin{cases}T_{u1}=(1-\alpha)M_{d1}\\T_{c1}=(1+\alpha)M_{d1}\\M_{d1}=\max(X_D)/2\end{cases} \quad (9.31)$$

其中，M_{d1} 是直方图 $H(X)$ 中增强区域的中值；权因子 α 的取值与式(9.27)一样。同样，当 $X\leqslant 0$ 时，通过双阈值 T_{u2} 和 T_{c2} 可以获得图像子集 S_{u2} 和 S_{c2}，此时 $M_{d2}=\min(X_D)/2$。通过子图像集 $S_{u1}=\{X(i,j)\mid 0<X(i,j)<T_{u1}\}$，$S_{c1}=\{X(i,j)\mid X(i,j)\geqslant T_{c1}\}$，$S_{u2}=\{X(i,j)\mid T_{u2}<X(i,j)<0\}$，$S_{c2}=\{X(i,j)\mid X(i,j)\leqslant T_{c2}\}$，利用式(9.28)，我们可以获得 EM 算法的初始估计值。然后，由式(9.24)～式(9.26)反复迭代，直到收敛于预先设置的虚警率。从而得到相应的参数 $\{P(\omega_{u1}),\mu_{u1},\sigma_{u1}^2\}$，$\{P(\omega_{c1}),\mu_{c1},\sigma_{c1}^2\}$，$\{P(\omega_{u2}),\mu_{u2},\sigma_{u2}^2\}$ 和 $\{P(\omega_{c2}),\mu_{c2},\sigma_{c2}^2\}$，把它们代入式(9.29)，获得了双阈值 T_1 和 T_2。如果 $X_D\leqslant T_2$，则 $X_D\in\omega_{c2}$，即变化减弱区域；

如果 $X_D \geqslant T_1$，则 $X_D \in \omega_{c1}$，变化增强区域。

9.3 小波分解的 SAR 图像变化检测

SAR 相干性成像机理所带来的斑点噪声给多时相 SAR 图像变化检测带来了许多困难，所以斑点噪声是 SAR 图像变化检测需考虑的因素之一。小波多尺度分解是现代信号处理的重要方法手段，特别适合非平稳、非线性信号的处理，在许多领域和信号处理中得到了广泛的应用。前面已经讨论了小波多尺度分解在 SAR 图像滤波中的应用，在滤波的结果中可知小波多尺度分解既能对 SAR 图像斑点噪声起到抑制作用，又能对 SAR 图像中的几何细节和边缘信息起到有效保护作用。这里利用小波多尺度分解对多时相 SAR 图像进行处理，以获取变化信息。

1. 算法描述

基于小波分解的多时相 SAR 图像变化检测算法的流程图如图 9.4 所示，该算法采用二维离散平稳小波（2D-SWT）进行分解，避免了下采样，即每个分解尺度获

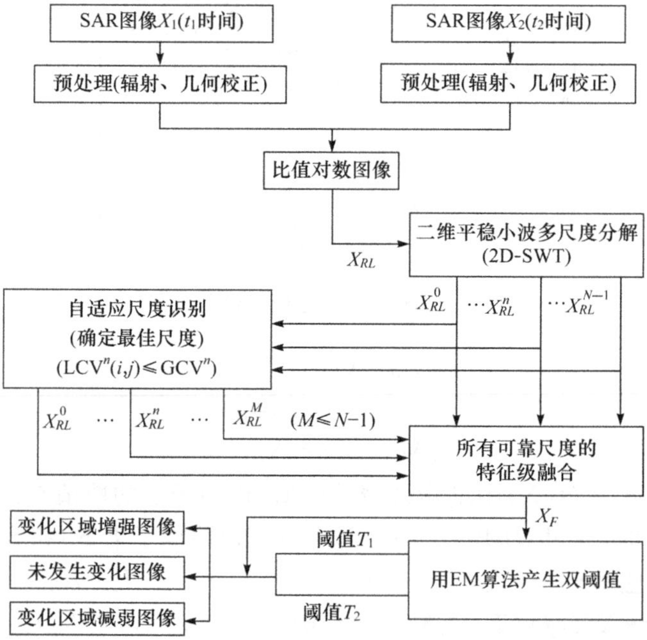

图 9.4 基于小波变换的 SAR 图像变化检测框图

得的子图像的大小均与原始图像一样。在利用小波多尺度分解产生变化图像时，本方法采用的是所有稳定层特征级加权融合的方法，充分体现了各层的信息量和

特征；不是对原始图像进行小波分解，而是对比值对数图像进行分解，有效地抑制了乘性斑点噪声；设置了双阈值，能检测出发生变化的区域是否增强或减弱。具体实现步骤如下。

(1) 对不同时相的 SAR 图像进行预处理。假设时间 t_1 和时间 t_2 所得的 SAR 图像分别为 X_1 和 X_2，首先对它们进行预处理，即进行几何校正和辐射校正以及相互间的配准处理。

(2) 获得比值对数图像 X_{RL}。SAR 图像 X_1 和 X_2 经配准好后，按对应像素逐一进行相比(相除)运算，然后取对数，即 $X_{RL}(i,j)=\log[X_2(i,j)/X_1(i,j)]$，$(i,j)$ 表示像素的空间位置，且 $X_1(i,j)$ 的值不能为零。当 $X_1(i,j)$ 等于零时，为防止出现较大的奇异值，通常以该像素为中心，以适当大小的窗口内像素的均值作为这个像素的值。进行比值运算的目的是降低斑点噪声，因为 SAR 图像中的斑点噪声是乘性噪声。

(3) 进行小波多尺度分解。用来进行小波分解的图像不是原始 SAR 图像，而是比值对数图像 X_{RL}。在分解过程中，选择了二维离散平稳小波进行变换，这样可以避免分解时产生下采样。所以，经小波分解后，将获得一系列与原始图像大小一样的图像集 X_{DS}，即

$$X_{DS}=\{X_{RL}^0,\cdots,X_{RL}^n,\cdots,X_{RL}^{N-1}\} \tag{9.32}$$

其中，上标 $n(n=0,1,\cdots,N-1)$ 表示分解层数。

(4) 确定小波分解的最佳尺度数(层数)M。小波分解的最佳层数采用变化系数(CV)来确定。小波变换的目的是降低斑点噪声的同时，尽量保护几何细节信息。而 CV 是衡量斑点噪声的指标，用来判断像素点 (i,j) 在每个分解层是否属于边界区域还是同质区域，后面将详细阐述。一旦获得最佳分解层后，就可以得到可靠的图像集 X_{DS}^M，即

$$X_{DS}^M=\{X_{RL}^0,\cdots,X_{RL}^n,\cdots,X_{RL}^M\},\quad M\leqslant N-1 \tag{9.33}$$

(5) 比值对数图像的重构。图像的重构过程有两种方法：一是对各个分解层图像进行处理后，按多尺度分解的逆过程进行重构；二是用各分解层近似图像(低频部分)进行重构。本书选择后者，去掉高频部分的同时也去掉了大量的斑点噪声，而且对图像的变化检测影响不大。当然，只对可靠分解层内的像素进行重构，重构后的比值对数图像为 X_F。

(6) 确定变化检测阈值。利用 EM 算法对比值对数图像 X_F 进行处理，就可获得我们需要的不同判别阈值。根据实际需要，可以确定两个或多个检测阈值。

(7) 获得变化信息图像。由步骤(6)所获得的阈值对比值对数图像 X_F 进行判别，根据预定的判别准则，就可以获得未发生变化的图像和发生不同变化(等级)的图像。

如果获得了每个空间位置的图集 X_{DS}^M，根据最佳分解层融合策略，就可以获得

变化的变化检测图。基于小波分解的 SAR 图像变化检测算法只对所有稳定分解层内的全部特征进行融合。在多尺度图像序列 X_{DS} 中，通过考虑特征级融合的策略，将获得更好的可利用的信息。为了在不同尺度完成融合过程，通过平均 X_{DS} 里面全部可能结合的序列图像，产生新的图像集 $\overline{X}_{DS}^{R}=\{\overline{X}_{DS}^{0},\cdots,\overline{X}_{DS}^{n},\cdots,\overline{X}_{DS}^{M-1}\}$，计算公式为

$$\overline{X}_{DS}^{n}=\frac{1}{n+1}\sum_{h=0}^{n}X_{DS}^{h},\quad n=0,1,\cdots,M-1 \tag{9.34}$$

其中，上标 n 表示包括在平均运算中的最高尺度。当 n 的值较小时，图像 $\overline{X}_{DS}^{n}$ 包含着大量的几何细节和斑点噪声成分。随着 n 值增加，图像 $\overline{X}_{DS}^{n}$ 中所包含的几何细节和斑点噪声成分越来越少。比值法是像素级的变化检测，主要用于区域(或大的分布目标)变化检测，所以，在融合的过程中不加高频成分不会影响变化检测结果。在多尺度图像中，由于不同尺度图像包含的信息量不同，加权平均比简单的算术平均好。低尺度图像所包含的信息比较多，但是其含有的噪声成分也较多；高尺度图像所含信息少，但其所含斑点噪声也少。它们在融合的图像中所占的比例是不一样的，对它们进行归一化平均处理，即加权处理，则式(9.34)可改写为

$$\overline{X}_{DS}^{n}=\sum_{h=0}^{n}W^{h}X_{DS}^{h},\quad n=0,1,\cdots,M-1 \tag{9.35}$$

其中，W^{h} 表示尺度为 h 的图像 X_{DS}^{h} 的权值。它们的值可通过计算各个稳定尺度图像的方差或均值的归一化来获得。

在图像 $\overline{X}_{DS}^{M}$ 中，空间位置(i,j)像素就被通过一定的阈值归属相应的类，其判断定义为

$$X_{DS}^{\omega}(i,j)\in\begin{cases}\omega_{Ic}, & \overline{X}_{DS}^{M}(i,j)>T_{1}^{M}\\ \omega_{u}, & T_{2}^{M}\leqslant\overline{X}_{DS}^{M}(i,j)\leqslant T_{1}^{M}\\ \omega_{Dc}, & \overline{X}_{DS}^{M}(i,j)<T_{2}^{M}\end{cases} \tag{9.36}$$

其中，T_{1}^{M} 和 T_{2}^{M} 是用 EM 算法对图像 $\overline{X}_{DS}^{M}$ 进行计算所得的双阈值。

从图 9.4 中可知，用小波多尺度分解对不同时相的 SAR 图像进行变化信息的提取中，最关键步骤就是检测阈值 T 和小波分解层 M 的确定。对于阈值的确定，采用基于贝叶斯理论的数学期望最大(EM)算法来完成，已在前面的章节中进行了详细介绍。下面着重阐述小波分解及其最佳分解层数 M 的确定。

2. 小波分解与最佳分解层数的确定

小波多尺度分解的关键是最佳分解层的确定和小波逆变换。SAR 图像中的斑点噪声是乘性噪声，用小波多尺度去除斑点噪声时，一般是先取对数运算，把乘性斑点噪声转化为加性噪声，再进行滤波处理，对滤波后的各子图像进行小波多尺

度逆变换，最后进行指数运算。在这里直接对比值对数图像 X_{RL} 进行多尺度分解，不进行对数和指数运算。这是因为产生比值对数图像时，就进行了对数运算。在对比值对数图像 X_{RL} 进行小波多尺度分解时，选择的是比值对数图像 X_{RL}，而不是对原始的 SAR 图像 X_1 和 X_2 进行分解，这样可以节省运算费用和时间。经小波多尺度分解后，可获得一系列的子图像 X_{DS}。

在多尺度分解过程中，采用二维离散稳定小波变换(2D-SWT)，而不是标准的离散小波变换(DWT)。这是因为 2D-SWT 分解可以避免对滤波信号进行下采样，而且每层的子图像大小均与原始的图像一样。在没有高频成分的情况下，2D-SWT 保证了其逆变换不会产生混淆现象。图 9.5 为 X_{RL} 的 2D-SWT 分解过程。X_{RL} 首先被分解成四个大小同它一样的子图像，包括一个低分辨率的 $X_{RL}^{LL_1}$ 图像，也称为近似信号，包含着第一分解层的水平和垂直方向的空间低频率部分。另外，还包括三个高频图像 $X_{RL}^{LH_1}$、$X_{RL}^{HL_1}$ 和 $X_{RL}^{HH_1}$，它们分别对应着第一分解层的水平、垂直和对角方向的细节信号。上标 LL、LH、HL 和 HH 指的是高通和低通滤波次序，图 9.5 中的 $h^n(\cdot)$ 和 $l^n(\cdot)$ 是应用于 2D-SWT 各个分解层的高通和低通滤波的冲击响应，其中 $n=0,1,\cdots,N-1$。然后，低频部分 $X_{RL}^{LL_1}$ 继续按上述方法进行分解，将在第二分解层分别获得四个子图像 $X_{RL}^{LL_2}$、$X_{RL}^{LH_2}$、$X_{RL}^{HL_2}$、$X_{RL}^{HH_2}$，如此重复直到分解尺度为 2^{N-1} 的低频信息 $X_{RL}^{LL_{n-1}}$。

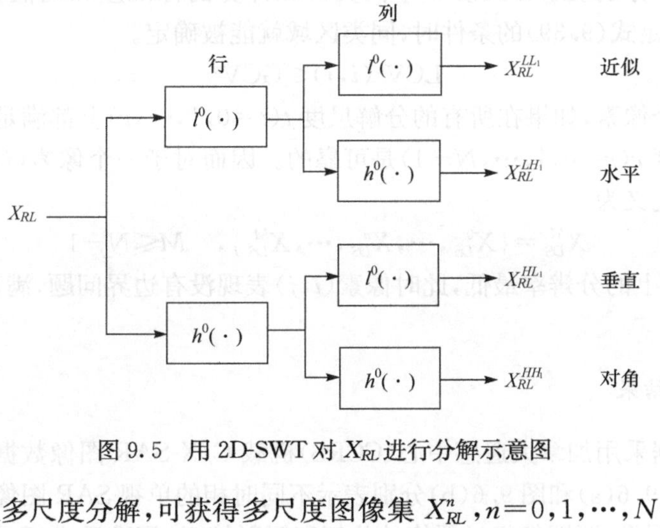

图 9.5　用 2D-SWT 对 X_{RL} 进行分解示意图

通过小波多尺度分解，可获得多尺度图像集 X_{RL}^n，$n=0,1,\cdots,N-1$。为了后面空间信息的融合，必须为每个空间位置确定可靠的分解尺度。可靠尺度的选择是根据被考虑的像素在不同的尺度下属于边界还是同质区域来判断。值得注意的是，在低分辨率水平，用像素判别是否属于边界还是同质区域的信息不可靠。因为在这些分解尺度层上的细节和边缘信息在分解的过程中被移开了。对于一个像素，如果它既不是边缘信息又不是几何细节信息，则像素所在的尺度就是稳定的尺度。

在一个给定的尺度 n 上，一个像素是否属于边缘还是同质区域，我们采用多尺度局部变化系数（LCV^n）来判断。变异系数是用来描述 SAR 图像的局部不均匀程度的一个指数，也可以作为反映斑点噪声大小的一个理论值。LCV^n 的定义为

$$LCV^n(i,j)=\frac{\sigma^n(i,j)}{\mu^n(i,j)} \tag{9.37}$$

其中，$\sigma^n(i,j)$和$\mu^n(i,j)$分别表示局部标准差和均值。用式(9.37)计算在分解尺度为 n 的空间位置(i,j)的局部变化系数，其中 $n=0,1,\cdots,N-1$。为了提高精度，一般采用一个滑动窗进行计算，滑动窗的大小由用户决定。如果滑动窗太小，将降低局部统计参数的可靠性；如果滑动窗太大，将降低几何细节的敏感性。所以滑动窗大小的选择应该在这两个属性之间权衡。变化系数是场景异质的估量，低值对应着同质区域，高值对应着异质区域（如边缘区域和点目标）。区分同类区域和异类区域，必须定义一个阈值。在分解尺度 n 上，同类区域的同质程度能用全局变化系数（GCV^n）来表示，定义为

$$GCV^n=\frac{\sigma^n}{\mu^n} \tag{9.38}$$

其中，σ^n 和 μ^n 分别表示在尺度 n 中同类区域计算的标准差和均值。在每个尺度上，当它们满足式(9.39)的条件时，同类区域就能被确定。

$$LCV^n(i,j)\leqslant GCV^n \tag{9.39}$$

对于一个像素，如果在所有的分解尺度 $t(t=0,1,\cdots,r)$上都满足式(9.39)，就认为分解尺度 $r(r=0,1,\cdots,N-1)$是可靠的。因而对于一个像素(i,j)，其可靠尺度图像集的定义为

$$X_{DS}^M=\{X_{DS}^0,\cdots,X_{DS}^n,\cdots,X_{DS}^M\},\quad M\leqslant N-1 \tag{9.40}$$

其中，M 尺度上的分辨率最低，此时像素(i,j)表现没有边界问题，满足可靠尺度的定义。

3. 实验结果

实验数据采用加拿大遥感中心（CCRS）机载 C/X-SAR 图像数据，如图 9.6 所示。其中，图 9.6(a)和图 9.6(b)分别表示不同时相的单视 SAR 图像，它们是 C 波段 HH 极化图像，两图像经过严格的几何和辐射校正，配准后进行了重采样，图像空间分辨率为 5m×5m。图 9.6(a)和图 9.6(b)的获取时间分别为 1991 年 3 月 18 日和 1992 年 2 月 8 日。假设图 9.6(a)是时间 t_1 的 X_1，图 9.6(b)是时间 t_2 的 X_2。这是一片森林区域，因森林被砍伐了，地面目标类型发生了变化，其散射结构发生了变化，导致了最终的 SAR 图像发生了变化。森林的散射比裸露的地面强，因此

森林被采伐后，后向散射变弱了，在SAR图像中体现较暗，如图9.6(b)中央区域。在图9.6(b)中，中间较亮的直线区域是树木与地面形成的二面角反射，属于强散射结构，回波强度较大，在SAR中表现较亮。

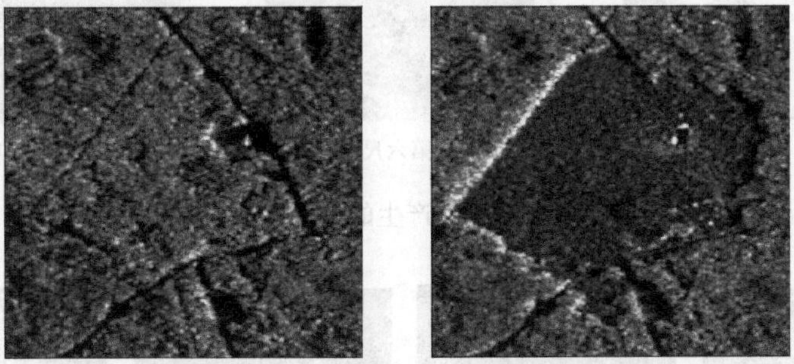

(a) 时间t_1时的SAR图像　　(b) 时间t_2时的SAR图像

图9.6 实验所用的SAR图像数据

用二维平稳小波对比值对数图像X_{RL}进行多尺度分解，所得的多尺度图像序列如图9.7所示，分解尺度为7，图9.7(a)～(g)分别表示第一到第七层的近似图像，选的小波基函数为Daubechies-4，每个计算的近似系数用来重构不同的尺度，即$X_{DS}=\{X_{RL}^1,\cdots,X_{RL}^7\}$。用变化系数自适应识别可靠尺度为4，用推导的可靠尺度4进行特征级融合，产生新的图像序列。对X_{DS}做加权平均处理，得到新的图像集$\overline{X}_{DS}$，$\overline{X}_{DS}=\{\overline{X}_{DS}^1,\cdots,\overline{X}_{DS}^4\}$，如图9.8所示。图9.8(a)～(d)分别表示新的图像序列第一到第四层的近似图像。重构融合后比值图像$X_F=\overline{X}_{DS}^4$，用多阈值EM算法对X_F进行计算，获得判别阈值。在本实验中，只进行了双阈值实验，共产生了两个阈值T_1和T_2，$T_1=48.566$，$T_2=-23.974$。按照判别规则，如果像素$X_F(i,j)\leqslant T_2$，则$X_F(i,j)\in\omega_{Dc}$，即属于变化减弱区域类；如果像素$X_F(i,j)\geqslant T_1$，则$X_F(i,j)\in\omega_{Ic}$，即属于变化增强区域类；当$T_2<X_F(i,j)<T_1$，则属于未发生变化区域。变化检测结果如图9.9所示，其中图9.9(a)为变化减弱区域，图9.9(b)是变化增强区域，图9.9(c)是全部发生变化图像，图9.9(d)是原始图像X_1和发生变化的像素图像的合成，绿色表示像素灰度值增强区域，蓝色表示像素灰度值减弱区域。

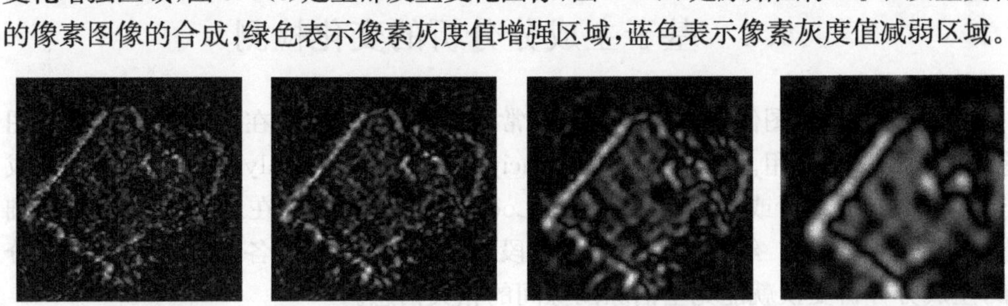

(a) 第一尺度　　(b) 第二尺度　　(c) 第三尺度　　(d) 第四尺度

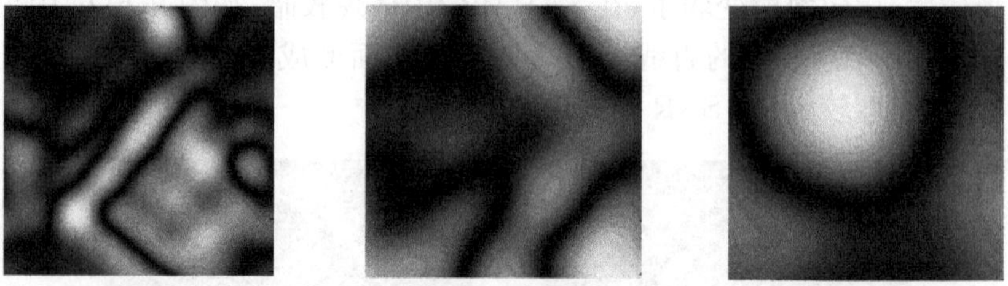

(e) 第五尺度　(f) 第六尺度　(g) 第七尺度

图 9.7　小波分解产生的多尺度近似图像

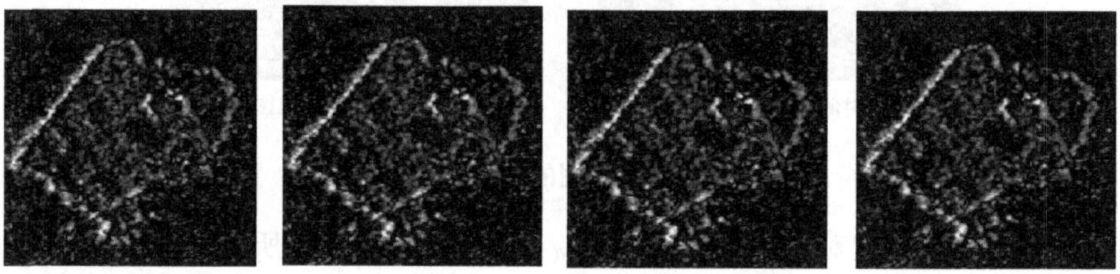

(a) 第一尺度重构　(b) 第二尺度重构　(c) 第三尺度重构　(d) 第四尺度重构

图 9.8　加权处理生成的新多尺度图像序列

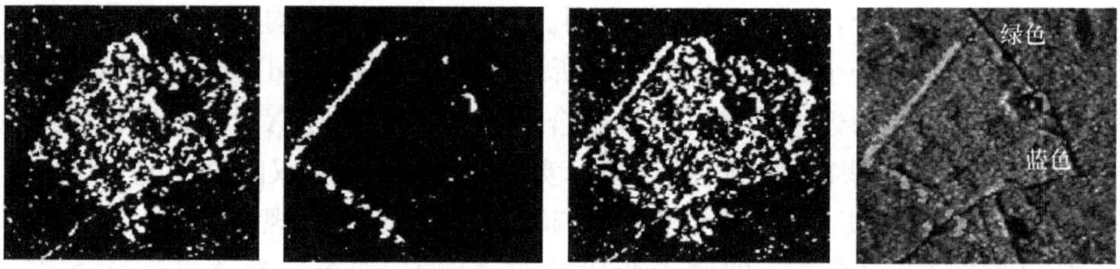

(a) 变化减弱区域　(b) 变化增强区域　(c) 全部变化区域　(d) 变化的伪彩色显示

图 9.9　基于小波变换的变化检测结果

9.4　基于主成分分析的变化检测

主成分分析是图像处理领域中一种常用的变换方法，已在光学和红外遥感图像中得到广泛的应用。主成分分析(principal component analysis，PCA)又称主成分变换、主分量分析或 K-L(Karhunen-Loeve)变换，是建立在二阶统计特征基础上的正交线性变换。经常用来处理多波段的遥感图像，只要各个图像满足高斯分布，主成分分析变换就能完全消除图像间的相关信息。

主成分分析是一种数学变换方法，通过对一组给定的变量进行线性变换，获得另一组不相关的变量。在遥感图像处理中，主成分变换的目的就是把多光谱图像或多时相图像中有用信息集中到数目尽可能少的新的主成分图像中，并使这些主成分图像之间互不相关。这样就大大减少了总的数据量，并使图像信息得到增强。在遥感图像变化检测中，主成分分析的应用有三种方式：一是先对各个时相的遥感图像进行 K-L 变换，然后利用差值法提取多时相对应主成分图像间的变化信息；二是将多时相遥感图像放在一起直接作 K-L 变换，将变换结果的第二主成分直接当作变化增强的结果；三是先利用多时相图像形成差值图像，然后对差值图像进行 K-L 变换，从而获得变化信息，与第一种方式类似。

对 m 幅不同时相的 SAR 图像进行一个线性变换，即对该 SAR 图像组成的数据矩阵空间 X 乘以一个线性变换矩阵 T，产生一个新的数据矩阵空间 Y。其定义为

$$Y = TX \tag{9.41}$$

其中，X 是变换前由不同时相的 SAR 图像组成的数据空间矩阵；T 是一个 $m\times m$ 的线性变换矩阵；Y 是经变换后所得的新的数据空间矩阵，它的各个行向量依次称为第一主成分、第二主成分，……，第 m 主成分。把各主成分数据矢量转换成二维图像数据，就获得了 m 幅主成分子图像。第一主成分子图像、第二主成分子图像和第三主成分子图像合在一起包含了原图像中 95%以上的信息。

变换矩阵 T 是由不同时相的 SAR 图像数据构成的数据矩阵 X 的协方差矩阵 C 的特征值 $\lambda_i (i=1,2,\cdots,m)$ 所对应的单元特征向量组成的正交矩阵。主成分变换的具体实现步骤如下。

(1) 对不同时相的 SAR 图像进行预处理，即对它们进行辐射校正、几何校正和配准处理。

(2) 计算数据矩阵 X。先把 m 幅不同时相的 SAR 图像数据转换成 m 个数据矢量，再由这 m 个数据矢量作为数据矩阵 X 的每一行，即组成了数据矩阵 X，其表达式为

$$X = \begin{bmatrix} x_{11} & x_{12} & \cdots & x_{1n} \\ x_{21} & x_{22} & \cdots & x_{2n} \\ \vdots & \vdots & & \vdots \\ x_{m1} & x_{m2} & \cdots & x_{mn} \end{bmatrix} \tag{9.42}$$

其中，m 为不同时相的 SAR 图像个数；n 为每幅 SAR 图像中的像元数，矩阵中的每一行矢量是一幅 SAR 图像数据经过转换后的矢量数据。

(3) 计算协方差矩阵 C。各 SAR 图像的均值用式(9.43)进行计算，即

$$\overline{x_i} = \frac{1}{n}\sum_{k=1}^{n} x_{ik} \tag{9.43}$$

其中，i 表示第 i 幅 SAR 图像。接着逐一计算协方差矩阵的元素，其计算公式为

$$C(i,j)=E\{[x_i(k,l)-\overline{x}_i][x_j(k,l)-\overline{x}_j]\} \tag{9.44}$$

其中，$x_i(k,l)$为像素点(k,l)在第 i 幅 SAR 图像中的值，$\overline{x}_i$ 为第 i 幅 SAR 图像的均值；$x_j(k,l)$为像素点(k,l)在第 j 幅 SAR 图像中的值，$\overline{x}_j$ 为第 j 幅 SAR 图像的均值。

(4) 计算协方差矩阵 C 的特征值 λ_i 和特征向量 U_i。求解特征方程$(\lambda E-C)U=0$，并求得每个特征值 λ_i 对应的特征向量。

(5) 组成变换向量 T。把特征向量 λ_i 按由小到大的顺序排列，求出对应特征值的单位特征向量 U_i，以 U_i 为列构成矩阵 U，U 的转置矩阵即所求的变换矩阵 T。

(6) 计算图像的主成分。用式(9.41)进行变换计算，所得的矩阵 Y 的每一行为一主成分图像。

实验数据来源于 MSTAR(Moving and Stationary Target Acquisition and Recognition)数据库中的 T72 坦克的 SAR 图像。MSTAR 数据是由美国 DARPA/AFRL MSTAR 项目组提供的实测 SAR 地面静止军用目标数据。它是由美国圣地亚(Sandia National Laboratory)国家实验室在 1995 年和 1996 年利用 X 波段 HH 极化方式在聚束式成像模式下分别获得的 0.3m 高分辨率 SAR 图像，图像切片大小为 128×128。假设时间 t_1 的三幅不同 SAR 图像是某一邻近方位角的图像，分别为 X_1、X_2 和 X_3，如图 9.10(a)所示，即变化前的图像。对应时间 t_2 的三幅变化图像为Y_1、Y_2 和Y_3，如图 9.10(b)所示，即变化后的图像。其中，图 9.10(b)是图 9.10(a)对应的仿真变化图像。

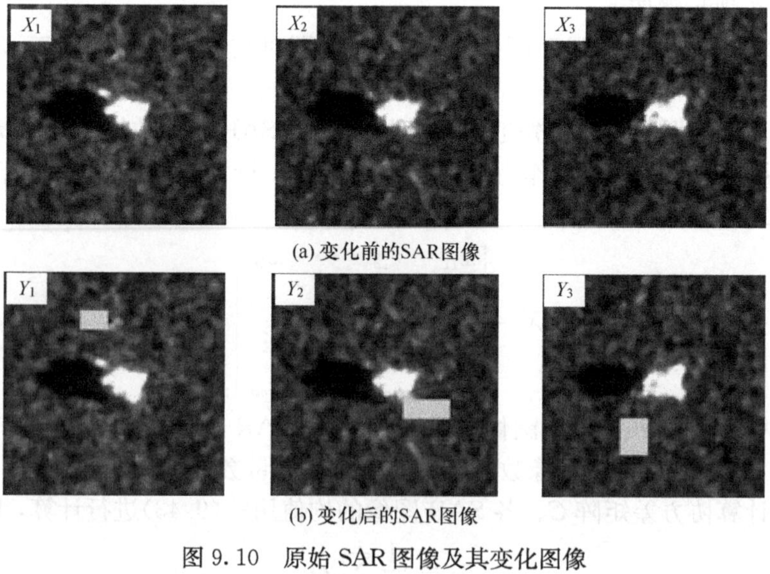

(a) 变化前的SAR图像

(b) 变化后的SAR图像

图 9.10　原始 SAR 图像及其变化图像

运用主成分分析原理对图 9.10 所示的图像数据进行处理，实验结果如

图 9.11 所示。图 9.11 是基于主成分分析的各成分子图像，其中，图 9.11(a)～(f) 分别表示第一主成分到第六主成分子图像。从图 9.11 中可以看出，用主成分分析处理后的各主成分子图像中，前三个主成分子图像几乎包含了全部信息，所以用主成分分析作多时相的 SAR 图像变化检测时，只需考虑前三个主成分子图像即可。

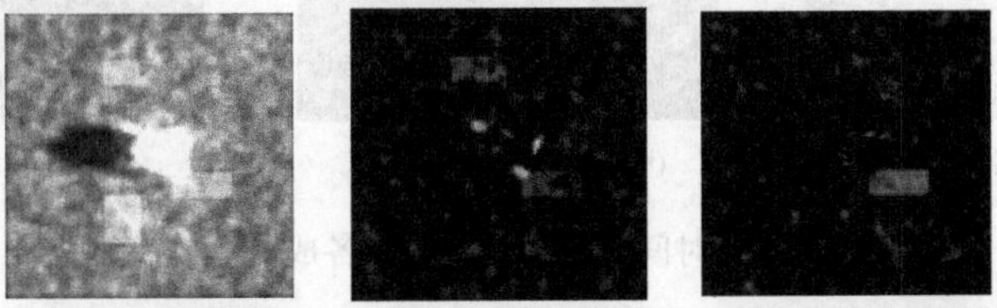

(a) 第一主成分子图像　(b) 第二主成分子图像　(c) 第三主成分子图像

(d) 第四主成分子图像　(e) 第五主成分子图像　(f) 第六主成分子图像

图 9.11　图 9.10 的主成分变换结果

下面用主成分分析法对图 9.10 所示的图像进行变化检测实验。用主成分分析对多时相遥感图像进行变化检测由两种方案：一是先对各个时相的遥感图像进行主成分变换处理，然后利用差值法提取多时相对应主成分图像间的变化；其实，先进行差值运算，再做主成分变换，取得的结果类似。二是将对应的多时相图像放在一起进行主成分变换，将变换结果的第二主成分直接当作变化增强的结果。对于第一种方法的实验结果如图 9.12～图 9.14 所示。其中，图 9.12 是时间 t_1 的三幅 SAR 图像作 PCA 变换后的各成分图像，图 9.13 是时间 t_2 的三幅 SAR 图像作 PCA 变换后的各成分图像，图 9.14 是各主成分图像变化检测结果图，其中图 9.14(A)是灰度变化增强区域图，图 9.14(B)是灰度变化减弱区域图，图 9.14(C)是灰度变化全部区域图。

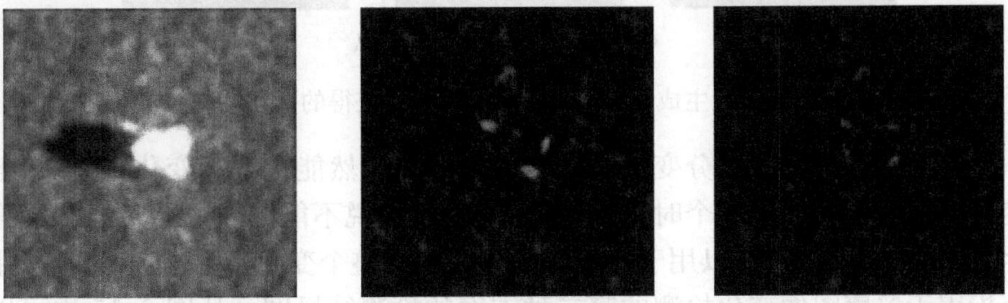

(a) 第一主成分子图像　(b) 第二主成分子图像　(c) 第三主成分子图像

图 9.12　时间 t_1 的 SAR 图像各成分子图像

(a) 第一主成分子图像　　(b) 第二主成分子图像　　(c) 第三主成分子图像

图 9.13　时间 t_2 的 SAR 图像各成分子图像

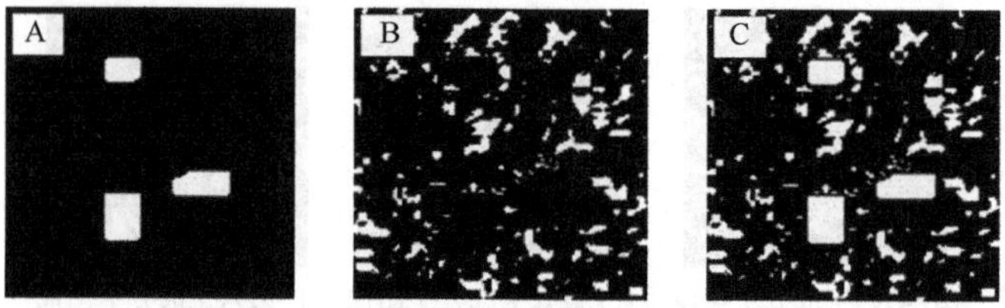

(a) 第一主成分获得的变化信息

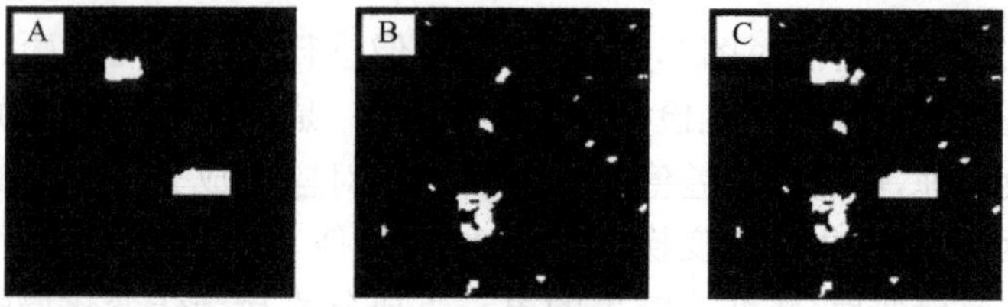

(b) 第二主成分获得的变化信息

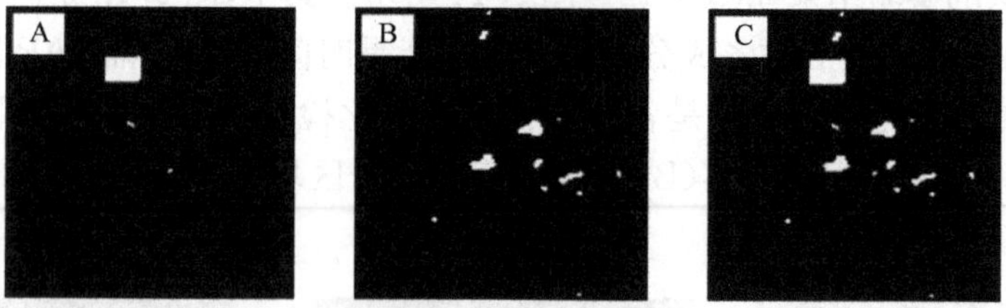

(c) 第三主成分获得的变化信息

图 9.14　主成分分析变换第一种方式获得的变化结果

从图 9.14 可知，主成分变换第一种检测方法虽然能检测出变化的区域，但是这变化的区域不知道是哪个时相图像提供的，或者说不能确定是哪对时相图像对发生了变化。然后，它可以用于只考虑不同时间的整个变化情况。图 9.15 是主成分分析用于遥感图像变化检测的第二种方案的检测结果图。从图 9.15 中可以看出，对于简单的增强变化检测，第二种方法是可行的。

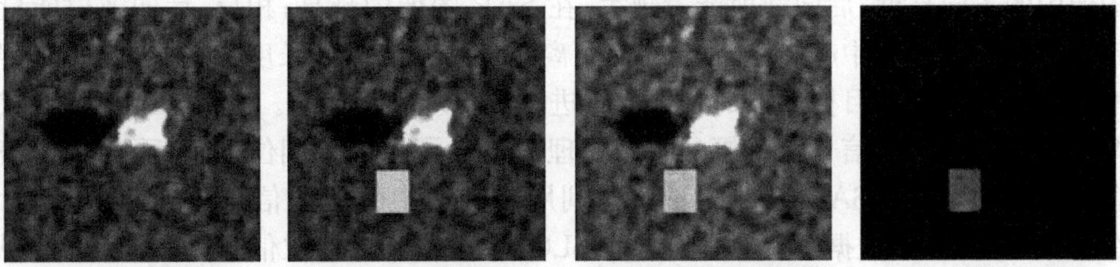

(a) 原始SAR图像　(b) 变化后的图像　(c) 第一主成分子图像　(d) 第二主成分子图像

图 9.15　PCA 变换第二种方式获得的变化结果

9.5　合成孔径雷达干涉测量

干涉测量的概念和方法早已在应用物理和光学中出现，也用于距离量测，通常是利用两个光源向一个目标发射相干光，根据两束相干光照射的相位差可以高精度地计算出目标的距离，合成孔径雷达干涉(interferometric synthetic aperture radar，InSAR)测量的原理与此类似。InSAR 将合成孔径雷达成像技术与干涉测量技术成功地结合于一体，利用传感器高度、雷达波长、波束视向及天线基线距之间的几何关系，可以精确地测量出图像上每一点的三维位置和变化信息。Granham 于 1974 年最先提出了合成孔径雷达干涉测量三维成像的概念，并用于金星测量和月球观察。后来 Zebker、Fornaro 和 Pepe 等进一步进行了研究，目的是解决 InSAR 处理系统中的一些关键技术问题，如基线估计、SAR 图像配准、相位解缠和数字高程模型(digital elevation model，DEM)的生成等。自 1991 年欧空局成功发射载有 C 波段 SAR 的卫星 ERS-1 以后，该技术得到了极大的发展和应用。InSAR 起初主要应用于生成数字高程模型(DEM)和制图，后来很快被扩展到差分干涉 SAR(differential InSAR，D-InSAR)技术，并应用于测量微小的地表形变，并且其已在地震形变、火山运动、冰川漂移、城市沉降以及山体滑坡等方面表现出极好的应用前景。D-InSAR 不仅具有高形变敏感度和高空间分辨率的特点，而且具有全天时全天候工作的优势，同时，它还是一种基于面观测的空间大地测量新技术，这可以弥补已有的基于点观测的低空间分辨率大地测量技术，如全球定位系统(GPS)测量和精密水准测量等。

9.5.1　InSAR 测量原理

由 SAR 信号的获取过程可知，雷达随载体向前运动时，雷达天线以一定的重复频率不断地向飞行平台一侧发射电磁波，当它们遇地物目标后其中的后向散射分量形成回波，天线接收后按时间先后记录下回波强度，不同强度大小形成 SAR

图像中的不同亮度，后向散射能量越大，在 SAR 图像中越亮；相反，后向散射能量越小，在 SAR 图像中越暗。SAR 图像距离向分辨率与脉冲长度有关，方位向分辨率是通过记录同一目标回波的相位后再进一步处理来获得的。因此，在 SAR 的成像过程中既包含了信号的振幅(强度)处理又包含了信号的相位处理，而且相位信息是距离的函数。SAR 干涉测量正是利用了回波中的相位信息才得以实现的。在前面讨论 SAR 数据类型时，单视复(SLC)数据中包含相位信息，所以获得单视复 SAR 图像是 InSAR 处理的基础和前提。

要想通过影像来获取目标的高程信息，必须采取立体摄影的方式，雷达干涉测量原理也是这样，但是与光学摄影测量的过程有点不同。摄影测量是同时成像直接获取，而 InSAR 既可以同时成像也可以不同时成像，但不能直接获得地物目标的高程信息，需先获得两幅单视复 SAR 图像，然后对 SAR 图像的相位信息进行处理后才能获得高程信息。因此，对于 InSAR 测量，需要得到同一地物目标区域的两幅 SAR 图像，这两幅图像是由两个“观测”点上对目标进行观测而获得的，两个观测点就是两幅天线的位置，图 9.16 描述了雷达干涉测量的一般原理。

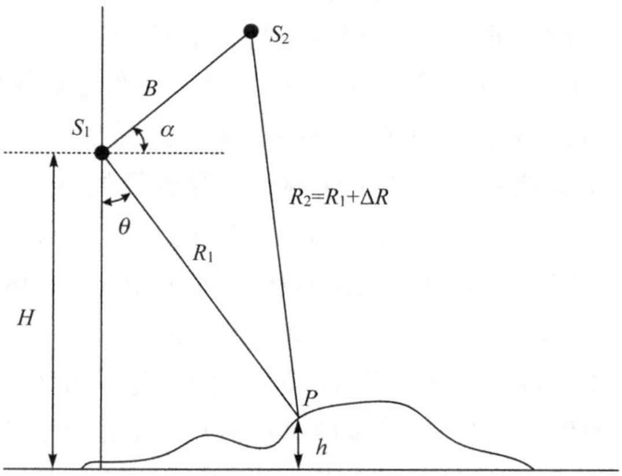

图 9.16　雷达干涉测量的原理框图

在图 9.16 中，S_1 和 S_2 分别代表两幅天线的位置，它们之间的距离称为基线，用 B 表示，基线与水平方向的夹角为 α，H 为平台高度，地面一点 P 到天线 S_1 的距离用 R_1 表示，到天线 S_2 的距离用 R_2 表示，且 $R_2=R_1+\Delta R$。θ 为第一幅天线的视角，此地认为等于入射角，h 表示地物目标点 P 的高度。

假设 S_1 和 S_2 两天线同时对地物目标进行观测，几乎同时接收来自目标点 P 的雷达回波，并且只有天线 S_1 发射电磁波，则天线 S_1 和 S_2 接收到的 SAR 回波信号分别为

$$\begin{cases} s_1(R_1)=A_1(R_1)\exp[\mathrm{j}\phi(R_1)] \\ s_2(R_2)=A_2(R_2)\exp[\mathrm{j}\phi(R_2)] \end{cases} \tag{9.45}$$

其中，$A_1(R_1)$和$A_2(R_2)$分别表示复信号 s_1 和 s_2 的模值。复信号 s_1 和 s_2 的相位可以看成由两部分构成，一部分是由电磁波传播路径造成的时延产生的确定相位，另一部分是由不同散射特性引起而产生的随机相位。它们的表达式分别为

$$\begin{cases}\phi_1=\dfrac{4\pi}{\lambda}R_1+\arg(A_1)\\ \phi_2=\dfrac{4\pi}{\lambda}R_2+\arg(A_2)\end{cases} \tag{9.46}$$

其中，$\arg(A_1)$和$\arg(A_2)$表示不同散射特性造成的随机相位。假设两幅图像中的随机相位所作出的贡献相同，那么$\arg(A_1)=\arg(A_2)$。只要两幅图像的复信号进行共复轭相乘就可得到它们的复干涉条纹图，表达式为

$$s_1(R_1)s_2^*(R_2)=|s_1s_2^*|\exp[\mathrm{j}(\phi_1-\phi_2)]=|s_1s_2^*|\exp\left(-\mathrm{j}\frac{4\pi}{\lambda}\Delta R\right) \tag{9.47}$$

其中，* 表示复共轭。用 ϕ 表示两天线 S_1 和 S_2 处回波信号的相位差，即干涉相位，则有

$$\phi=-\mathrm{j}\frac{4\pi}{\lambda}\Delta R+2\pi n,\quad n=0,\pm1,\pm2,\cdots \tag{9.48}$$

从式(9.48)可知，直接得到的干涉图上的点只能看到其相位主值，因为三角运算只能得到干涉相位的主值，从而丢失掉了 $2\pi n$，这就是相位的缠绕(wrapping)，此时 ϕ 值为

$$\phi=-\mathrm{j}\frac{4\pi}{\lambda}\Delta R \tag{9.49}$$

必须对干涉相位进行相位解缠才能得到真实的相位值，这个过程称为相位解缠(phase wrapping)。只要找到了丢失的 $2\pi n$，再把它加到主值上，即可获得真实的相位信息。

由图 9.16 中的几何关系，再根据余弦定理，则有

$$\begin{aligned}R_2^2&=(R_1+\Delta R)^2=R_1^2+B^2-2R_1B\cos\left(\frac{\pi}{2}-\theta+\alpha\right)\\&=R_1^2+B^2-2R_1B\sin(\theta-\alpha)\end{aligned} \tag{9.50}$$

由于 $\Delta R\ll R_1$，所以$(\Delta R)^2$ 项可以忽略不计，同时，考虑到 $B\ll R_1$，则式(9.50)可以简化为

$$\Delta R\approx-B\sin(\theta-\alpha)=-B_{\parallel} \tag{9.51}$$

其中，$B_{\parallel}$ 为基线距的视线向分量，即平行基线方向，而垂直于基线方向的分量为

$$B_{\perp}=B\cos(\theta-\alpha) \tag{9.52}$$

由式(9.49)和式(9.51)可得

$$\phi=-\frac{4\pi}{\lambda}\Delta R=\frac{4\pi}{\lambda}B\sin(\theta-\alpha)=\frac{4\pi}{\lambda}B_{\parallel} \tag{9.53}$$

由式(9.53)可得

$$\theta=\arcsin\left(\frac{\lambda\phi}{4\pi B}\right)+\alpha \tag{9.54}$$

由图 9.16 中的几何关系可以得到地面目标的高程 h，即

$$h=H-R_1\cos\theta=H-R_1\cos\left[\arcsin\left(\frac{\lambda\phi}{4\pi B}\right)+\alpha\right] \tag{9.55}$$

其中，λ 为雷达信号的波长。式(9.55)表明地面点高程的计算与基线 B、两天线的相对定向角度 α 及天线高度 H 是紧密相关的。

9.5.2　InSAR 的基本干涉模式

InSAR 测量系统通过对同一个目标区域的两次 SAR 成像实现干涉测量，两次成像既可以同时进行也可以不同时进行。按装载 InSAR 系统的载体不同，可分为机载 InSAR 和星载 InSAR。按 SAR 两次成像信号获取方式的不同，InSAR 的测量模式或工作方式可分为双天线单航模式(包括 SAR 交轨干涉测量和 SAR 顺轨干涉测量)和单天线双航模式(SAR 重复轨道干涉测量)。

1. SAR 交轨干涉测量模式

SAR 交轨干涉测量模式也就是单轨双天线横向模式，也称为距离向干涉测量模式。该模式要求两副天线安装在同一飞行平台上，其中一副天线发射雷达波，称为主天线，两副天线同时接收雷达回波，即用两副天线同时对地面同一区域成像，对得到的复图像对进行干涉处理后的相位差与天线接收的波程差有关，再根据几何关系模型得到地面高程信息。该模式通常应用于机载 InSAR 系统，交轨模式示意图如图 9.17 所示。从图中可以看出，两副天线的安装位置与飞行方向正交。在该模式下，干涉相位差是由于地物目标的高度变化引起的，所以主要用于地形制图和地形变化监测。

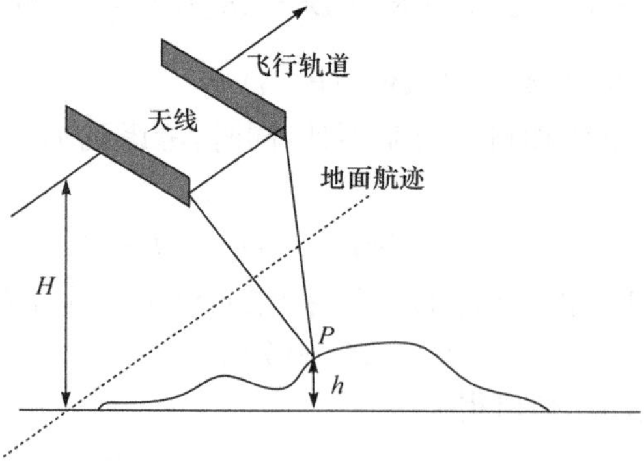

图 9.17　SAR 交轨干涉测量的几何示意图

2. SAR 顺轨干涉测量模式

SAR 顺轨干涉测量也就是双天线单轨纵向模式，又称为方位向干涉测量模式。该模式也要求两副天线安装在同一飞行平台上，其中一根天线为主天线，另一天线为辅天线，两天线均是顺着平台飞行轨道来安装的。SAR 顺轨干涉测量是通过两天线在不同时间对同一地区成像来研究地表的变化。干涉基线与雷达波平台运动方向平行，多幅图像组成时间序列，通过图像间的分析比较检测地面目标的运动。该模式主要是通过测量图像对的相位差来确定目标的运动状况，其几何原理示意图如图 9.18 所示。

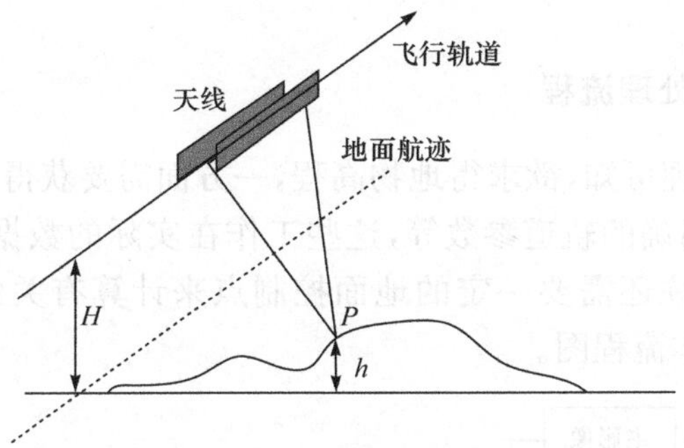

图 9.18　SAR 顺轨干涉测量的几何示意图

双天线单航模式主要有两个优点：一是两个 SAR 成像的数据同时得到，两幅图像中的地物目标后向散射属性一样，数据相干性好，能形成高质量干涉图；二是一发两收，两幅图像的回波精确地来自于同一地物目标区域的同一次扫描，地面各点在两图中有很好的位置对应关系，比较容易配准。缺点是安装两根天线和两套接收通道，这使雷达的硬件设计复杂，同时对导航等硬件的技术水平的要求也较高，费用比较大。

3. SAR 重复轨道干涉测量模式

SAR 重复轨道干涉测量模式即重复轨道单天线模式，在飞行平台上只安装一副天线，利用这一副天线在不同时间对地面同一地域进行成像，得到两幅或多幅复图像，通过干涉处理后得到的相位差获得地面高程信息或地形信息。该模式需要对飞行轨道进行精确定位，由于星载系统相比机载系统具有更稳定的运行轨道，所以该测量模式最常应用于星载 InSAR 系统，其几何原理框图如图 9.19 所示。

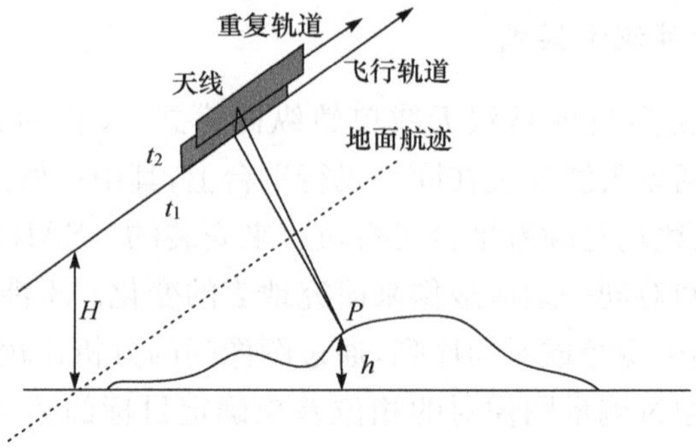

图 9.19　SAR 重复轨道干涉测量的几何示意图

9.5.3　InSAR 数据处理流程

从 InSAR 的原理可知，欲求得地物高程，一方面需要获得准确的相位差，另一方面要求能估计出精确的轨道参数等，这些工作在实际的数据处理过程中均非易事。实际处理时，往往还需要一定的地面控制点来计算有关的参数。图 9.20 是 InSAR 数据处理基本流程图。

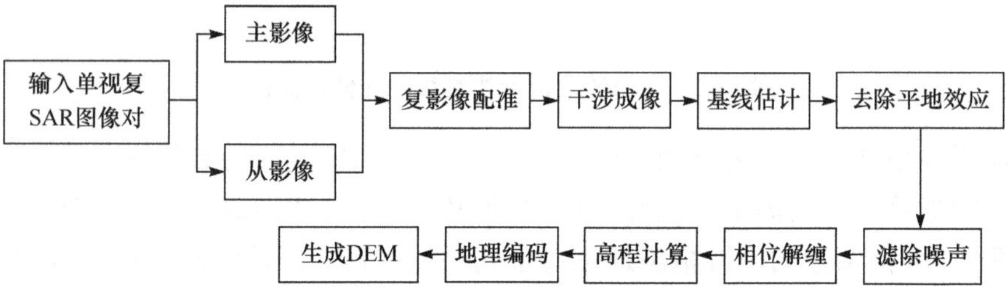

图 9.20　InSAR 数据处理基本流程图

从图 9.20 中可知，InSAR 数据处理生成 DEM 的基本过程中，主要包括如下几个阶段。①数据导入阶段。即各种格式的 SLC 数据、精密轨道数据的导入、轨道粗定位和前置滤波等。②干涉处理阶段。即主从影像的精配置、生成干涉图和相干图、后置滤波和相位解缠等。③相位到高程的阶段。即相位到高程的转换、地理编码和 DEM 生成。

(1) SAR 图像配准。配准是 InSAR 处理中最为关键的第一步。由于两幅 SAR 图像成像轨道、视角或时间的偏差，在距离向和方位向都会产生一定的错位和扭曲，生成干涉图之前必须使同一场景的两幅复图像精确地对准，使两景影像上对应像元为地面上的同一目标点。配准精度越高，获得的干涉相位越准确。

(2) 干涉成像。SAR 图像对完成配准后，主图像和重采样后的辅图像进行共轭相乘，即可生成干涉图和相干系数图，干涉图的幅度图可以辅助DEM的生成，相干系数图可以作为相位解缠的质量图，指导相位解缠的路径或权值设置。

(3) 基线估计。基线是决定干涉系统成败的重要因素，因其是反演高程的必要参数。基线估计误差是造成最后地形高度误差的主要原因之一。目前基线估计的主要方法有基于星历参数或GPS参数的基线估计方法和基于地面控制点及干涉条纹的估计方法。

(4) 去除平地效应。干涉图中的相位包含了平地相位信息和地形高程相位信息。平地相位信息是随距离向或方位向位置的不同所引起的相位变化，它并不反映地物目标的高度变化，故称为平地效应。由于平地效应常常会造成干涉条纹过密，给相位解缠带来困难。所以，在相位解缠前，需要先消除平地效应，得到反映地形高度变化的稀疏干涉条纹。

(5) 噪声滤波。干涉图中的噪声主要来源于地形、时间或基线失相关、热噪声、数据处理噪声等。噪声的存在使得干涉图信噪比降低，从而严重影响相位的解缠精度，甚至使相位解缠无法进行。所以，必须采用有效的方法来滤除干涉相位中的噪声，同时还要尽量保持干涉条纹边缘的完整性。最常用干涉图滤波方法有多视平均法或中值滤波法、自适应滤波算法、圆周期中值滤波法等。

(6) 相位解缠。由于复数对相位的周期性，干涉图中各点的相位值只能落入主值的范围内，即$(-\pi,\pi]$，所以干涉条纹图中的相位只是真实相位的主值，要得到反映高程信息的真实相位值必须对每个相位值加上2π的整数倍，将由相位主值得到真实相位值的过程统称为相位解缠。相位解缠是干涉数据处理过程中的关键技术和难点，直接影响数字高程信息和地表形变信息的精度。相位解缠的方法有许多，如枝切法、质量图法、最小范数法等。

(7) 高程计算。相位解缠得到反映地形高度的真实相位后，根据InSAR成像基本原理及坐标转换来生成地形高程信息。在高程计算的过程中，需要去除系统的偏移和误差，通过迭代的方式逐步求解，以保证高程值的精确。

(8) 地理编码。通过干涉图计算出高程后，只得到一个SAR坐标系下每一个点处的地面高程值，不能称为数字高程模型。所以，需要根据卫星轨道参数对图中每个点进行校正，使其转换到地理坐标系统下，生成正射影像，这就是地理编码。

9.5.4　InSAR测量实例

使用的是嵌入ENVI软件中的SARscape软件，该软件由SARMAP公司研发，是国际上知名的SAR图像处理软件。SARscape软件提供了一个完整的SAR

数据处理功能，主要包括四种模式的数据处理，即 SAR 图像处理、SAR 干涉（InSAR/D-InSAR）处理、极化 SAR（PolSAR）处理和极化干涉 SAR（Pol-InSAR）处理。

处理的两景单视 SAR 复图像来源于欧空局 ENVISAT 的 ASAR，主影像数据获取时间是 2002 年 11 月 7 日，从影像数据获取时间为 2003 年 1 月 16 日。两景数据都是 IS4 模式，入射角约为 34°、VV 极化，空间分辨率为分别获取 15m×15m，成像区域为美国拉斯维加斯附近 15km×15km 区域。实验结果如图 9.21 和图 9.22 所示，其中图 9.21 是原始的单视复图像对，它们经过精确配准，图 9.22 是处理过程中的结果。从图 9.21 中可知，距离向和方位向的分辨率不统一，相差比较大，因此对它们进行了多视处理，距离向为 1 视，即不变，而方位向设为 4 视，处理结果分别如图 9.22(a)和图 9.22(b)所示。图 9.22(c)为相干系数图，图 9.22(d)为生成的干涉条纹图，图 9.22(e)是图 9.22(d)去除平地效应后的干涉图，图 9.22(f)是图 9.22(e)滤波后干涉图，图 9.22(g)是图 9.22(f)解缠后的相位图，即相位展开图。图 9.22(h)是通过选取控制点重新提炼精度后的干涉图，而图 9.22(i)是图 9.22(h)的相位展开图，图 9.22(j)就是图 9.22(i)生成的 DEM 图，此时是斜距 DEM，图 9.22(k)是经过地理编码后的 DEM，图 9.22(l)是图 9.22(k)的假彩色显示。

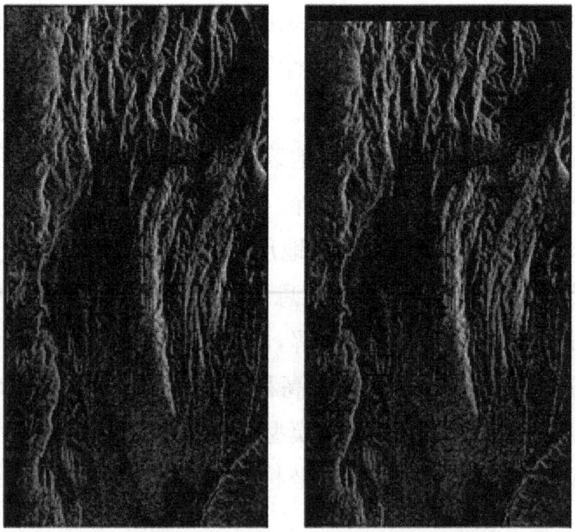

(a) 主影像　　(b) 从影像

图 9.21　原始的 SLC 图像对

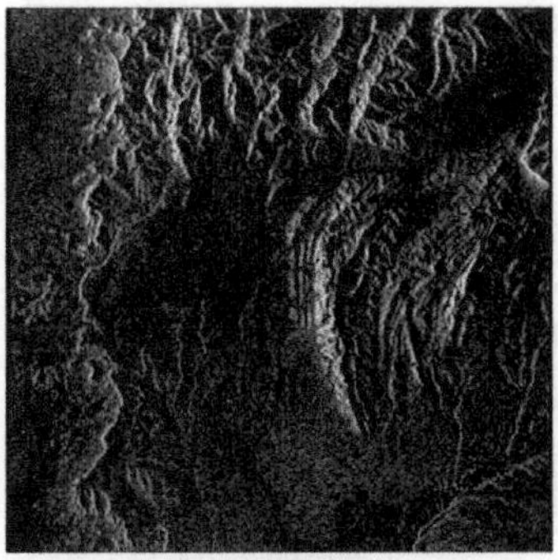

(a) 主影像1

(b) 主影像2

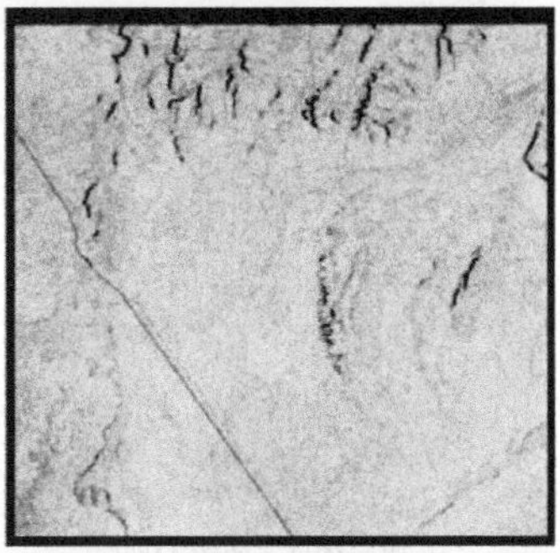

(c) 相干系数

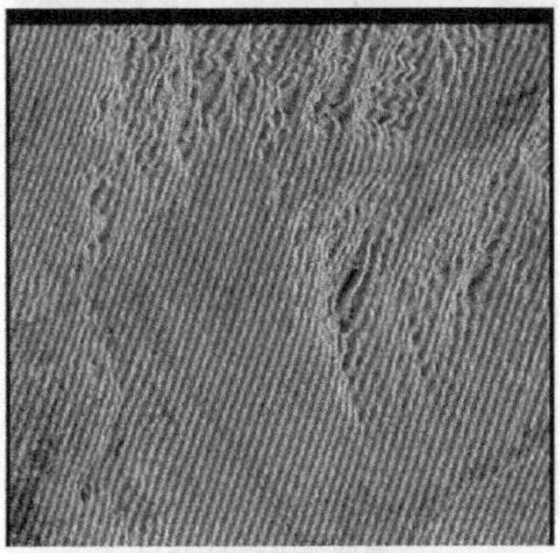

(d) 干涉条纹图

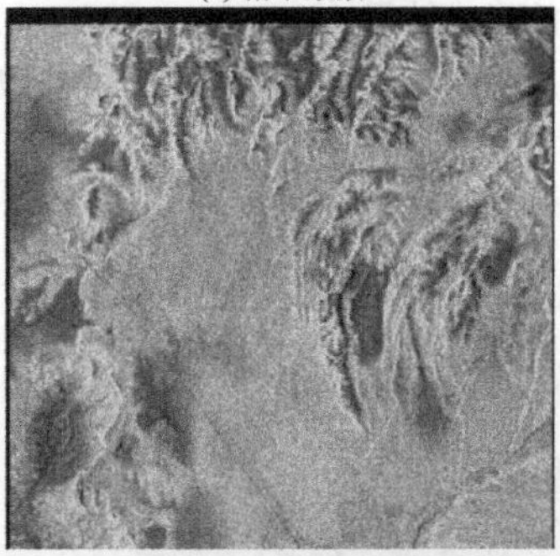

(e) 去平地效应后的干涉图

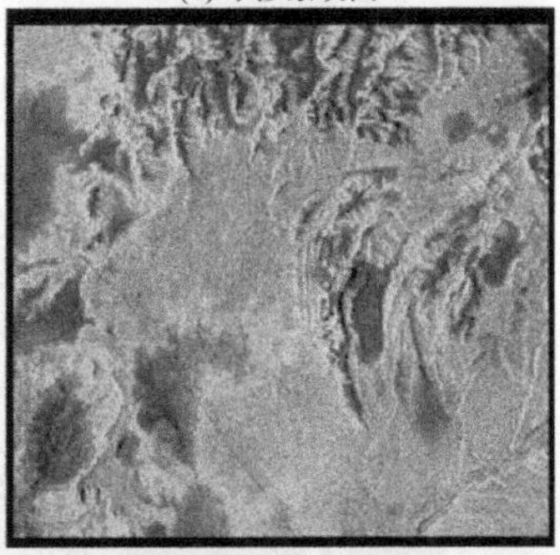

(f) 滤波后的干涉图

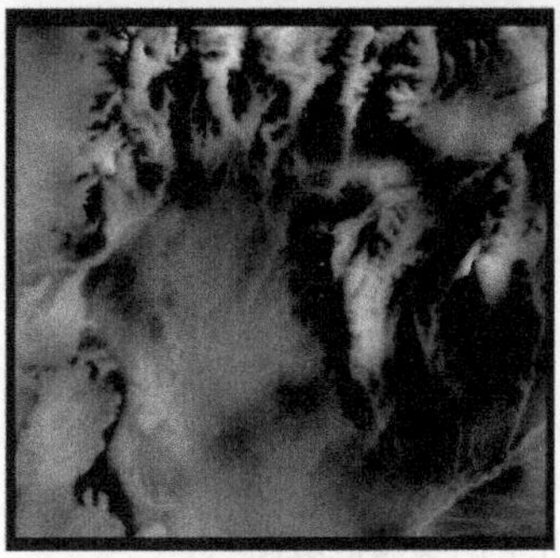

(g) 解缠后的相位图

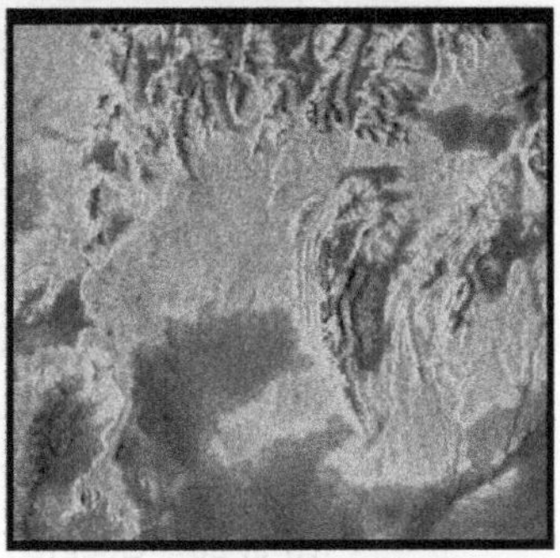

(h) 精确提炼后的干涉图

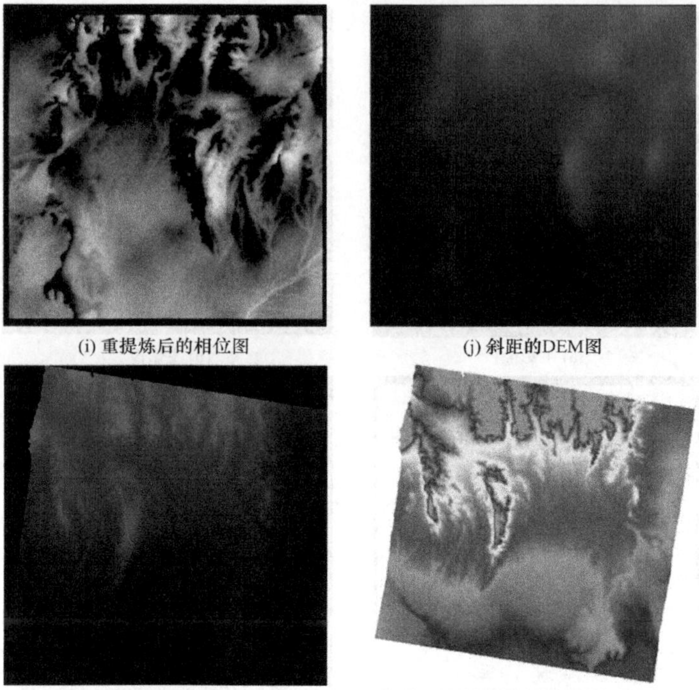

(i) 重提炼后的相位图　　(j) 斜距的DEM图

(k) 地理编码后的DEM　　(l) 假彩色显示的DEM图

图 9.22　DEM 的形成结果

图 9.23 为实验区域的 Google Earth，从图 9.22 和图 9.23 中可以看出，生成的 DEM 与实际地形是相符的。

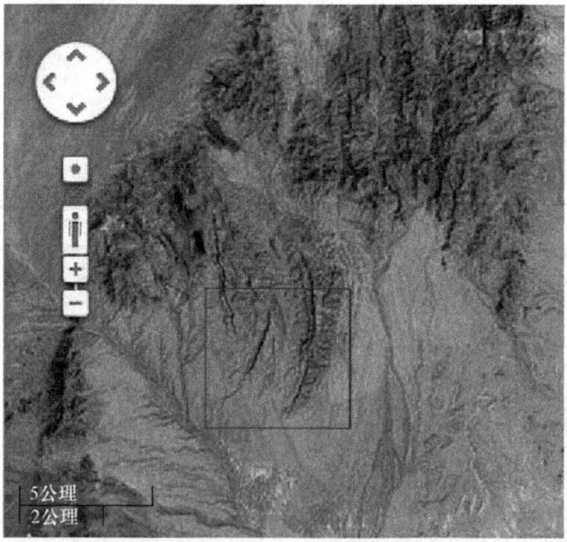

图 9.23　Google Earth 上的实验区域图

9.6　合成孔径雷达差分干涉测量

在 9.5 节中讨论了 InSAR 干涉测量原理，用 InSAR 技术获取 DEM 时，假设两次影像获取的时间段内地表没有发生形变，而且不考虑大气和噪声等因素的影响。实际上，两次影像获取的时间段内地表可能发生了形变，则在两幅影像干涉图中的干涉相位包含了平地相位、地形相位、地表形变相位，如式(9.56)所示，即

$$\phi_{\mathrm{Int}}=4\pi\frac{R_1-R_2}{\lambda}=\phi_{\mathrm{Topography}}+\phi_{\mathrm{Change}}+\phi_{\mathrm{Movement}}+\phi_{\mathrm{Atmosphere}} \tag{9.56}$$

如果将平地相位和地形相位以及噪声相位从干涉相位图中去除，就获得了地形形变相位。从干涉相位图中提取地形形变相位的过程称为差分干涉测量(differential interferometry SAR，D-InSAR)。从式(9.56)中可知，雷达干涉相位的变化主要取决于地形起伏和地形表面的形变两方面因素，如果重复进行干涉或者结合已有的 DEM 数据，消除地形起伏的影响，可以检测出地表微小的形变，获得精密的形变信息。根据去除地形相位方法的不同，D-InSAR 技术分为双过差分法、三过差分法和四过差分法。从可靠性上讲，双过差分干涉法最可靠，而且目前全球大部分地区都有免费的 SRTM3 的 DEM，可以满足很多应用需求。

9.6.1　双过差分干涉

双过差分法是利用地表变化前后两幅影像生成干涉条纹图，再利用已获取的该地区 DEM 数据图，从干涉条纹图中去除地形信息，从而得到地表变化相位，原理框图如图 9.24 所示。这种方法无需相位解缠，故工作量少，但是在引入 DEM 数据时可能会带入新的误差。

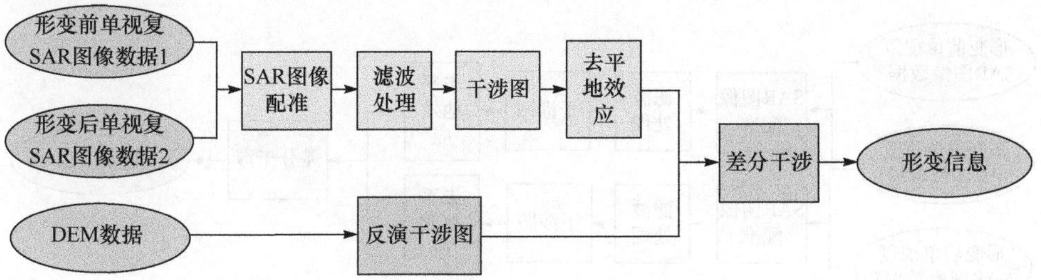

图 9.24　双过差分法原理框图

假设在两幅 SAR 图像获取的时间段内地面存在形变，在 SAR 观测斜距方向的形变值为 Δr，干涉图中相位值 ϕ 可表示为

$$\phi=-\frac{4\pi}{\lambda}[(R_1+\Delta r)-R_2] \tag{9.57}$$

DEM 按照干涉基线和入射角模拟的相位值 ϕ_0 可表示为

$$\phi_0=-\frac{4\pi}{\lambda}(R_1-R_2) \tag{9.58}$$

形变相位值 ϕ_0 为

$$\phi_d=\phi-\phi_d=-\frac{4\pi}{\lambda}\Delta r \tag{9.59}$$

在双过差分法的处理过程中，可以先去除平地效应，然后再去除地形相位，最后得到形变相位，或者可以将平地相位加在模拟地形相位中一起去除。当然这是理想状态下，实际在干涉相位图中还存在大气相位、噪声相位等误差相位。

9.6.2 三过差分干涉

三过差分干涉法是利用三景 SAR 影像生成两幅干涉图，其中前两幅 SAR 图像时间间隔内地表无形变，所生成的干涉图反映地形信息，而第一幅和第三幅 SAR 图像时间间隔内地表发生了形变，所生成的干涉条纹图反映地表形变信息，将两个干涉条纹图进行差分处理就可得到形变干涉图，从而获得形变信息。三过差分干涉法是直接从 SAR 图像中提取地表形变信息，避免了从外部引入误差。三过差分干涉原理与二过差分干涉原理基本相同，只是处理流程有所不同，原理框图如图 9.25 所示。三过差分干涉法要求三幅 SAR 图像中的两幅图像是在事件发生(地形形变)前获得的，其中一幅作为公共主图像，其干涉结果作为本地的 DEM 信息；公共主图像与事件后的图像进行干涉，再与得到 DEM 的干涉图进行差分，得到形变信息。

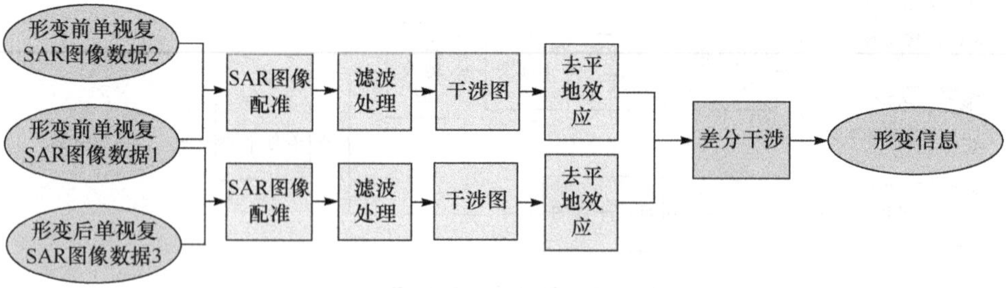

图 9.25　三过差分法原理框图

第一次干涉获得的地形相位信息为

$$\phi_{12}=\phi_1-\phi_2=\frac{4\pi}{\lambda}B_1\sin(\theta-\alpha_1) \tag{9.60}$$

第二次干涉获得的地形相位信息为

$$\phi_{13}=\phi_1-\phi_3=\frac{4\pi}{\lambda}B_2\sin(\theta-\alpha_2)+\frac{4\pi}{\lambda}\Delta r \tag{9.61}$$

其中，ϕ_{12} 只包含地形信息；ϕ_{13} 含地形信息和形变信息；B_1 和 B_2 分别表示基线长度；θ 为主图像视角；α_1 和 α_2 分别为基线 B_1 及 B_2 与水平方向的夹角；Δr 为地表在卫星视角方向上的形变位移。

用两次干涉获得的地形相位进行差分运算，即可得到地表微小形变差分方程为

$$\phi_d=\phi_{13}-\phi'_{12}=\phi_{13}-\phi_{12}\frac{B_1\sin(\theta-\alpha_1)}{B_2\sin(\theta-\alpha_2)}=-\frac{4\pi}{\lambda}\Delta r \tag{9.62}$$

9.6.3　四过差分干涉

四过差分干涉法需要两组主辅 SAR 影像，第一组用于提取地形信息，在两景影像发生时间段地表没有发生形变，相当于双过差分法中的 DEM，第二组用于提取形变信息，两景影像发生时间段内地表发生了形变。四过差分干涉对数据的要求较高，时空基线对适合的情况比较少。如果两组主辅影像使用的是同样的 SAR 系统，那么成像系统参数一致，容易配准。4 幅 SAR 图像中需有 3 幅是事件发生前获取的，1 幅是事件发生后获取的。由于处理的图像多，所以其缺点是数据量大，数据处理流程复杂。图 9.26 为四个差分干涉原理框图。

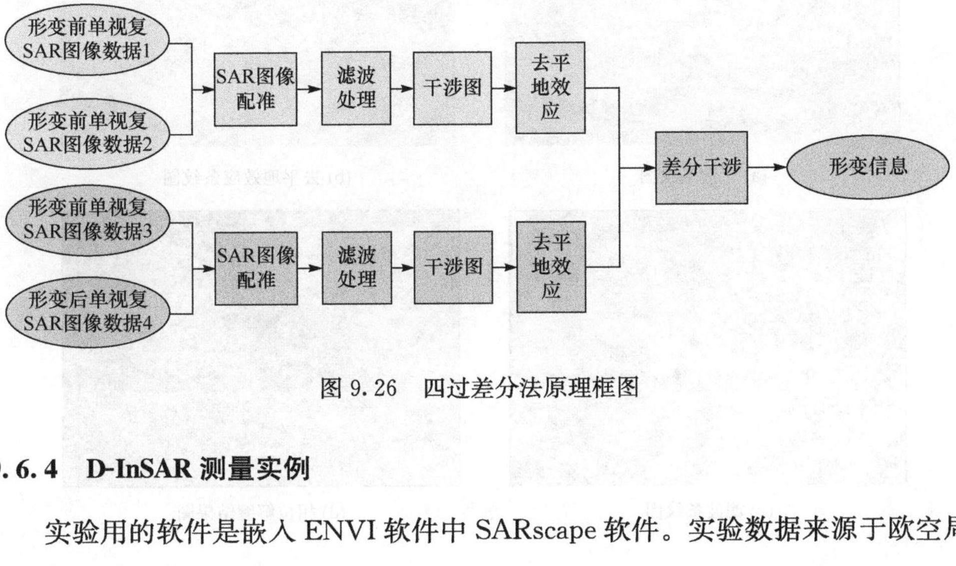

图 9.26　四过差分法原理框图

9.6.4　D-InSAR 测量实例

实验用的软件是嵌入 ENVI 软件中 SARscape 软件。实验数据来源于欧空局

的 ENVISAR ASAR，VV 极化，入射角为 22.74°，数据获取区域为伊朗巴姆地区，主要检测地震造成的地表形变信息。2003 年 12 月 26 日伊朗巴姆地区发生了 6.6 级的大地震，震前获取 SAR 图像时间是 2003 年 12 月 3 日，震后获取 SAR 图像时间是 2004 年 2 月 11 日。SAR 图像覆盖范围为 56km×40km，空间分辨率为 25m×25m，辅助数据 DEM 的分辨率也为 25m。这里的实验是双过差分法。图 9.27是地震发生前后的原始图像，图 9.28 是 D-InSAR 处理过程中的结果图像。

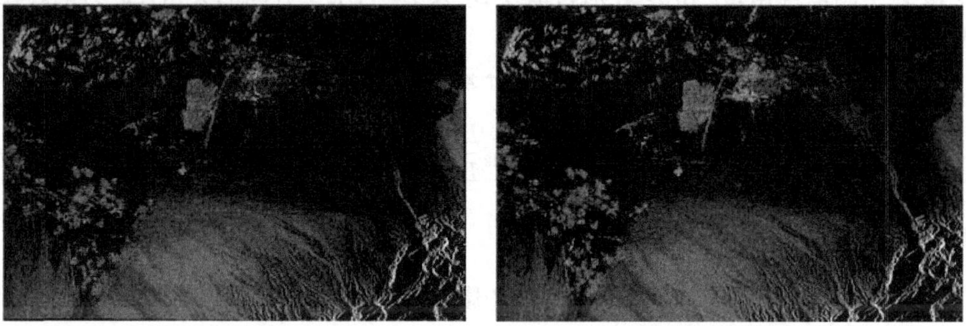

(a) 震前的SAR图像　　(b) 震后的SAR图像

图 9.27　地震前后的 SAR 图像

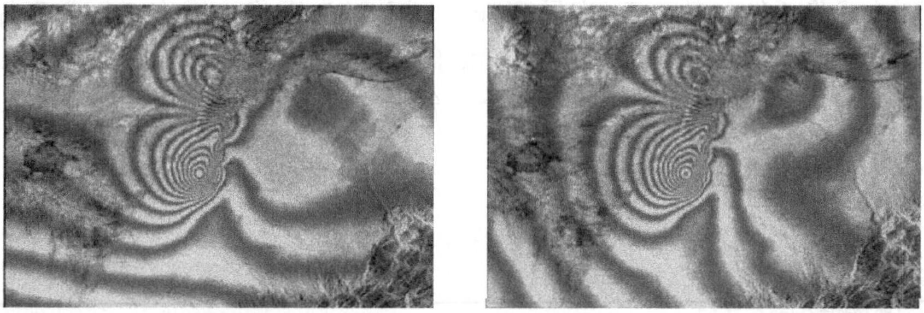

(a) 干涉条纹图　　(b) 去平地效应条纹图

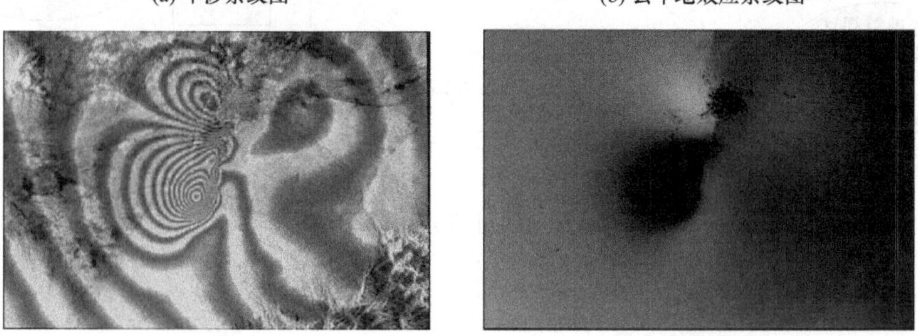

(c) 滤波条纹图　　(d) 相位解缠结果图

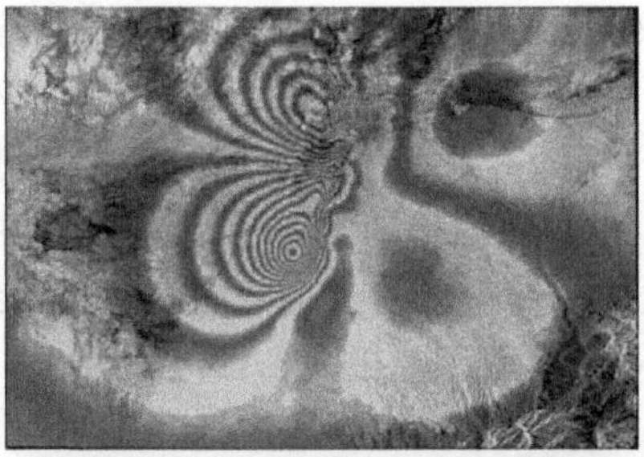

(e) 轨道精炼和重去平及滤波后条纹图

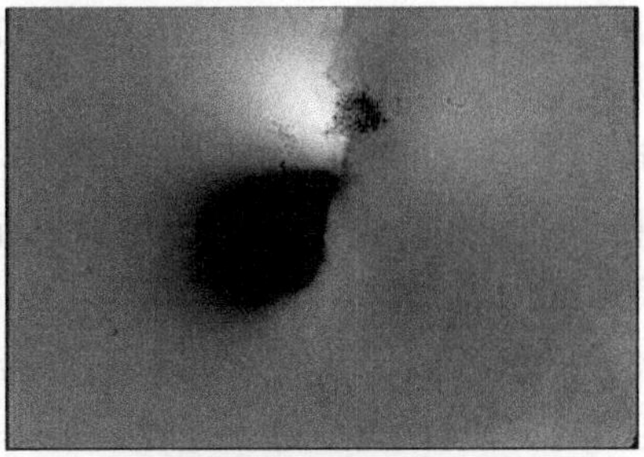

(f) 提炼后的相位解缠结果图

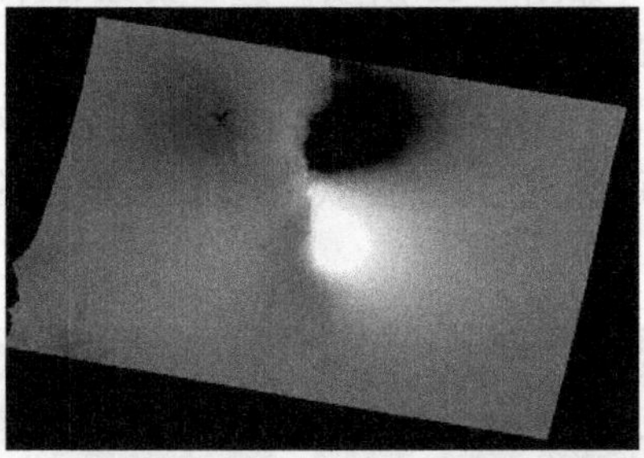

(g) 地理编码后的形变图

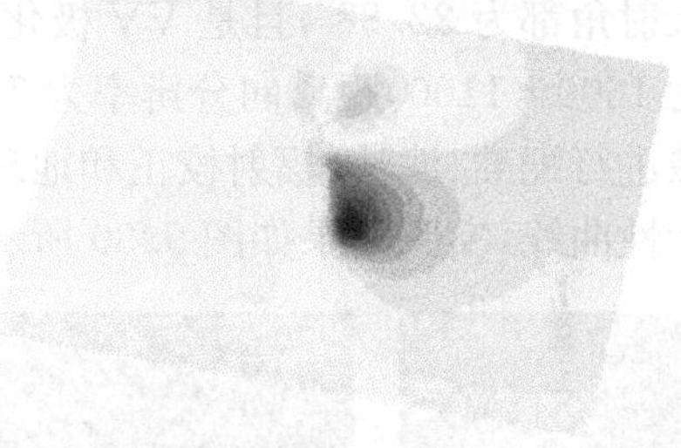

(h) 形变图的假彩色显示

图 9.28　D-InSAR 处理结果图像

9.7　多时相时序 SAR 图像处理

上面讨论的是两幅不同时间之间的 SAR 图像处理与应用，虽然四过差分法也需获得四幅不同时相的 SAR 图像，但是它们进行处理时，每次只用到了两幅不同时相的 SAR 图像。下面我们讨论的多时相时序 SAR 图像处理，一般指的是对同一区域不同时间获得的多幅 SAR 图像的处理及信息提取，图像的幅数通常要大于 5 幅，而且时间的跨度比较大。处理是同时进行处理，如几何和辐射校正、配准和滤波等。

9.7.1　时序 SAR 图像获取信息

SAR 具有全天候全天时获取数据能力，因此对于农作物生长状况的监测和估计占有极大的优势，例如，水稻种植面积和种植类型的提取以及生长过程的监测等。多时相时序 SAR 图像处理不仅只是获取地物目标的变化信息，而且是通过多幅不同时间的 SAR 图像，可对研究的地物目标的散射特征或规律进行深入探讨，从而建立地物目标特征与时间的关系模型。

假设有 n 幅同区域不同时间的 SAR 图像，它们与观测时间 t 组成了 SAR 影像时间序列集，用 L 表示这个序列集合，且 $L=\{t_1,t_2,\cdots,t_n\}$，其中 t_i 表示第 i 幅 SAR 图像的获取时间，观测时间 t_i 是严格增加序列，即 $i<j$，则 $t_i<t_j$。如果从第 i

幅 SAR 图像中提取某个特征值 v_i，例如，像素点的灰度值 I，那么 SAR 图像序列可记为 $V=\{(v_1,t_1),(v_2,t_2),\cdots,(v_n,t_n)\}$。从序列中提取的 l_i 既可以是整幅 SAR 图像，也可以是指定的特征区域，还可以是一个像元。当 v_i 为区域特征时，即可获得特征的时间特性曲线；当 v_i 为一个像素单元时，则获得的是像素灰度级时间特性曲线。

采用 Sarmap 公司研发的 SARscape 软件来获得像素灰度的时间特性曲线，并提取水稻种植区域。数据来源于欧空局 ENVISAT 卫星的 ASAR 强度数据，图像幅数为 8，获取时间分别为 2005 年 4 月 24 日、5 月 29 日、7 月 3 日、8 月 7 日、9 月 11 日、10 月 16 日、11 月 20 日和 12 月 25 日，如图 9.29 所示。这 8 景 SAR 图像的成像入射角都为 22.88°，且是 VV 极化的 IMS 产品，成像区域为黑龙江地区，图像大小为 1600×1100，距离向分辨率为 7.8m，方位向分辨率为 24.25m。分别对这 8 景图像进行配准、滤波、辐射校正和地理编码处理后，就可获得每个像素点的灰度时间特性曲线，实验结果如图 9.30 所示。

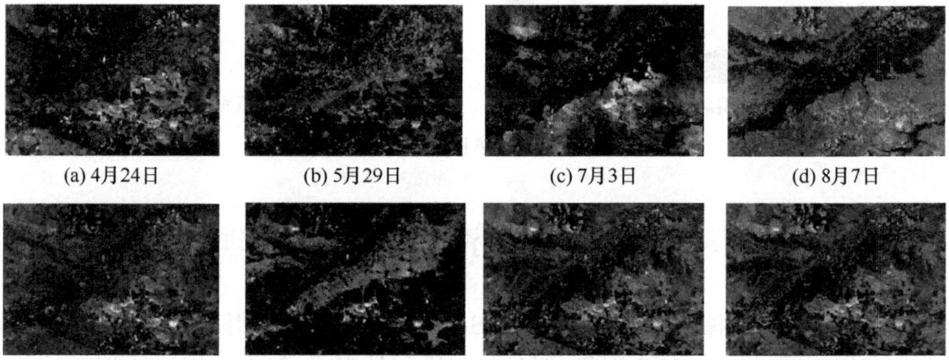

(a) 4月24日　(b) 5月29日　(c) 7月3日　(d) 8月7日

(e) 9月11日　(f) 10月16日　(g) 11月20日　(h) 12月25日

图 9.29　不同时间的 SAR 图像

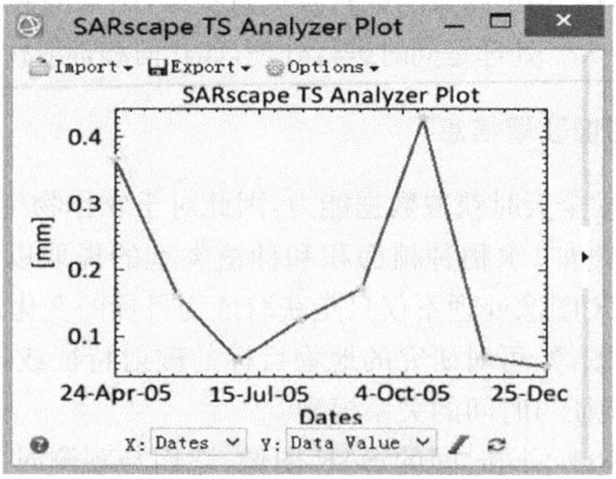

图 9.30　SAR 图像时序特性曲线图

黑龙江地区种植水稻，一般是从 5 月中旬开始插秧，7 月份开始扬花孕穗，10

月份水稻成熟。从图 9.30 中可以看到随着不同水稻生长周期，稻田的后向散射系数发生较大的变化，在 7 月份水稻已经盖住水田，水稻田表面较平整，这个时候后向散射系数较小；10 月份水稻成熟，稻穗下垂，稻田表面较粗糙，后向散射系数达到较大。通过图 9.30 的分析，可以选择 4/7/10 月份 SAR 图像进行 RGB 假彩色合成，10 月份稻田后向散射系数大，在图上显示为蓝色，即水稻种植区域，如图 9.31 所示。

图 9.31　时序分析后合成的假彩色图

9.7.2　InSAR 时序分析技术

合成孔径雷达差分干涉测量(D-InSAR)技术是用来作为测量地表形变信息的一种新型探测手段，尤其是干涉叠加技术的实现和大量长时间序列 SAR 图像数据的获取，使这一技术的应用达到了一个小的高潮，特别是地表沉降信息的获取。D-InSAR 测量技术能够高精度获取地表形变信息的原因在于其测量精度取决于相干雷达波所独具的相位信息。所以，干涉雷达波的相位是决定干涉测量精度的主要因素。雷达相干波在传播的过程中会受大气效应的影响；同时地表变化造成的时间去相关和长基线引起的空间去相关等因素的影响也会造成测量误差；而且 D-InSAR 技术只能得到单次形变结果，无法获取研究区域地表形变的时间演化情况。为了较好地解决这些问题，一些学者在 D-InSAR 的基础上提出了时序InSAR (multi temporal InSAR, MT-InSAR)技术，通过对大量数据中高相干点目标的时序分析，可以获取研究地区的地表形变速率和时间形变序列。MT-InSAR 技术包含永久散射体(peananent scatters, PS)干涉测量技术和小基线(small baselines subset, SBAS)干涉测量技术。PS 干涉测量技术是由意大利学者 Ferretti 等于 2000 年提出的，目的是要解决常规 D-InSAR 技术实施过程中的时间、空间去相关和大气效应等限制测量精度的问题，并为测量领域开拓了应用长时间序列 InSAR 数据实现地表微小形变检测的新思路。

PS 技术又称永久散射体技术，所谓永久散射体指的是 SAR 影像中它们的散射特性和相位特性在相当长的时间内保持相对稳定而不随时间发生变化的散射体，仍然保持稳定反射特性的散射体。PS 技术是 D-InSAR 技术的改进，其目的是研究某一区域内地表长期缓慢变形的过程及其变化规律。PS 技术的基本原理是利用不同时间的多幅同一地区的 SAR 图像，通过统计分析所有影像的幅度信息，查找那些不受时间、空间基线去相关和大气效应影响的永久散射体。通过对这些永久散射体的相位差随时间变化的历史分析反演得到高程残差、形变速率以及大气相位贡献值，从而实现在永久散射体上的高精度形变测量。所以 PS 技术主要用于分析点目标，而且结果与线性形变有关。通常要求使用长时间序列的 SAR 图像，一般要求 30 景以上的干涉图数据参与计算，并且接收时间不要间断，最佳情况是一月一景影像。PS 技术可以探测到毫米级的位移，由此可推断在时间段上的变形速度。近年来在地表沉降信息获取方面得到广泛研究和应用。

SBAS 技术由 Berardino 等于 2002 年提出，通过选取空间基线和时间基线都较小的合适 InSAR 干涉对，能够有效地减缓由时空基线过长而引起的失相干情况，并且选取相干目标点利用线性形变模型进行计算，在减少 D-InSAR 处理中的去相关影响及高程和大气误差的同时，还能获得地表的时间形变序列。SBAS 技术主要用分布目标的分析，其获得的地表形变信息与传统的 D-InSAR 处理结果类似，它们的区别在于 SBAS 可以分析更大时间序列数据，而 D-InSAR 只能分析二过、三过和四过数据。相比于 PS 技术，SBAS 技术对输入的数据数量要求没有那么高，当然，输入的数据越多可以得到更精确的测量结果。在测量形变类型上，PS 局限于线性形变，而 SBAS 既可适合线性形变，又可用于非线性形变。

下面用 SARscape 软件对北京地区 2003 年到 2011 年的 52 景 ASAR 数据为例进行处理，数据为单视复图像数据，IS2 模式，入射角 23°，VV 极化方式，影像的覆盖范围约 43km×43km。实验结果如图 9.32 所示，从图中可看到北京的东北地区形成了三个沉降漏斗，沉降速率大于 50mm/a，图 9.33 为北京市区的 Google 图像。

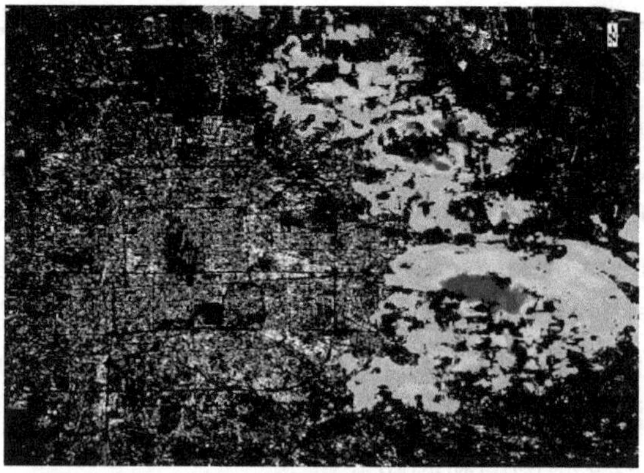

图 9.32　平均形变速率结果图

图 9.33　北京市区的 Google 图

思　考　题

1. 什么是多时相 SAR 图像处理？
2. 多时相 SAR 图像变化检测的定义是什么？
3. 简述多时相 SAR 图像变化检测的原理和过程。
4. SAR 图像变化检测方法通常分为哪几类？
5. 常用的 SAR 图像变化检测方法有哪些？
6. 常用的检测阈值确定方法有哪几种？
7. 基于小波多尺度变换的 SAR 图像变化检测原理是什么？
8. 基于主成分分析的 SAR 图像变化检测有几种实现方式？
9. 简述 InSAR 测量原理。
10. 干涉测量方式包括哪几种模式？
11. 差分干涉测量的原理是什么？
12. D-InSAR 测量包含哪几种模式？
13. 时间序列 SAR 图像处理的目的是什么？
14. 什么是 PS 测量技术？
15. 什么是 SBAS 测量技术？

参考文献

保铮,刑孟道,王彤. 2005. 雷达成像技术. 北京:电子工业出版社.

陈富龙,张红,王超. 2007. SAR 变化检测技术发展综述. 遥感技术与应用,22(1):109-115.

陈怡曲. 2013. 基于 InSAR 的形变监测技术研究. 成都:电子科技大学.

陈宗鹭. 1988. 现代雷达. 北京:国防工业出版社.

程玉平. 2000. SAR 成像中几个问题的研究. 西安:西安电子科技大学.

邓云凯,赵凤军,王宇. 2012. 星载 SAR 技术的发展趋势及应用浅析. 雷达学报,1(1):1-10.

丁鹭飞,陈建春. 2009. 雷达原理. 北京:电子工业出版社.

丁鹭飞. 2000. 雷达系统. 西安:西安电子科技大学出版社.

冯珂. 2013. InSAR 复图像配准方法研究. 长沙:长沙理工大学.

郭华东,等. 2000. 雷达对地观测理论与应用. 北京:科学出版社.

韩宇飞,宋小刚,单新建,等. 2010. D-InSAR 技术在长白山天池火山形变监测中的误差分析与应用. 地球物理学报,53(7):1571-1579.

洪文. 2012. 圆迹 SAR 成像技术研究进展. 雷达学报,1(2):124-135.

胡笑斌. 2005. SAR 图像目标识别中几个问题的研究. 合肥:合肥工业大学.

环境一号 C 星第一轨 SAR 遥感影像图. 2014. http://www.zhb.gov.cn/ztbd/rdzl/wxyg/ygtp/201212/t20121217_243873.htm.

黄世奇,刘代志. 2009. 侦测目标的 SAR 图像处理与应用. 北京:国防工业出版社.

黄世奇. 2008. SAR 成像与目标散射特性及变化检测相关技术研究. 西安:第二炮兵工程学院.

焦李成,张向荣,等. 2008. 智能 SAR 图像处理与解译. 北京:科学出版社.

雷达遥感和 SAR 数据查询. 2014. http://www.eastdawn.com.cn.

李春升,杨威,王鹏波. 2012. 星载 SAR 成像处理算法综述. 雷达学报,2(1):111-122.

李明. 雷达原理. 西安:西安电子科技大学电子教案.

李振华. 1999. 合成孔径雷达运动补偿研究. 南京:南京航空航天大学.

林颖. 2006. 多普勒参数估计及 SAR 波数域算法研究. 成都:电子科技大学.

刘银中. 2006. 机载 SAR 实测数据多普勒参数估计与成像算法研究. 哈尔滨:哈尔滨工业大学.

刘永坦,等. 2001. 雷达成像技术. 哈尔滨:哈尔滨工业大学出版社.

刘直芳,王运琼,朱敏. 2011. 数字图像处理与分析. 北京:清华大学出版社.

马飞. 2013. InSAR 技术及其在矿区大梯度沉陷监测中的应用研究. 西安:西安科技大学.

皮亦鸣,杨建宇,付毓生,等. 2007. 合成孔径雷达成像原理. 成都:电子科技大学出版社.

日本 JAXA 公布 ALOS-2 获得的最新数据. 2014. http://news.3snews.net/2014/0708/31136.html.

单新建,宋小刚,韩宇飞,等. 2009. 汶川 Ms8.0 地震前 InSAR 垂直形变场变化特征研究. 地球物理学报,52(11):2739-2745.

盛柳青. 2012. SAR图像目标检测中若干关键技术的研究. 合肥：合肥工业大学.
舒宁. 2003. 微波遥感原理. 武汉：武汉大学出版社.
宋建社，郑永安，袁礼海. 2008. 合成孔径雷达图像理解与应用. 北京：科学出版社.
田馨. 2013. InSAR技术形变监测中的干涉条件研究. 武汉：武汉大学.
王桥，杨一鹏，黄家柱，等. 2005. 环境遥感. 北京：科学出版社.
王小谟，张光义. 2008. 雷达与探测：信息化战争的火眼金睛. 2版. 北京：国防工业出版社.
王亚飞，程亮，钟礼山，等. 2013. 像素级SAR影像时间序列的建模方法研究. 地理与地理信息科学，29(4)：109-116.
许录平. 2011. 数字图像处理. 北京：科学出版社.
杨建宇. 2012. 雷达技术发展规律和宏观趋势分析. 雷达学报，1(1)：19-27.
袁孝康. 2003. 星载合成孔径雷达导论. 北京：国防工业出版社.
张澄波. 1989. 综合孔径雷达原理、系统分析与应用. 北京：科学出版社.
张红，王超. 2009. 高分辨率SAR图像目标识别. 北京：科学出版社.
张建强，崔鹏，葛永刚，等. 2010. 基于合成孔径雷达的城市建筑地震受损分析. 灾害学，25(S)：282-285.
张艳宁，李映. 2014. SAR图像处理的关键技术. 北京：电子工业出版社.
张占睦，芮杰. 2008. 遥感技术基础. 北京：科学出版社.
张直中. 2004. 机载和星载合成孔径雷达导论. 北京：电子工业出版社.
赵英时. 2003. 遥感应用分析原理与方法. 北京：科学出版社.
Bayarsaikhan U，Boldgiv B，Kim K R，et al. 2009. Change detection and classification of land cover at Hustai National Park in Mongolia. International Journal of Applied Earth Observation and Geoinformation，(11)：273-280.
Bovolo F，Bruzzone L. 2005. A detail-preserving scale-driven approach to change detection in multitemporal SAR images. IEEE Transactions on Geoscience and Remote Sensing，43(12)：2963-2972.
Bovolo F. 2009. A multilevel parcel-based approach to change detection in very high resolution multitemporal images. IEEE Geoscience and Remote Sensing Letters，6(1)：33-37.
Catalogue of satellite instruments(2012，Oct.). CEOS EO Handbook. [Online]. Available：http：//www.eohandbook.com.
Celil T. 2010. A Bayesian approach to unsupervised multiscale change detection in synthetic aperture radar images. Signal Processing，(90)：1471-1485.
Cumming I G，Wong F H. 2007. 合成孔径雷达成像——算法与实现. 洪文，胡东辉，等，译. 北京：电子工业出版社.
Curlander C，et al. 2006. 合成孔径雷达：系统与信号处理. 李钊庄，等，译. 北京：电子工业出版社.
Feng D J，Li Y S，Lan Y. 2004. Dynamic monitoring using image fusion by wavelet transform. Chinese Remote Sensing Technology and Application，19(3)：159-162.
Gabriele M，Sebastiano S，Gianni V. 2007. Unsupervised change detection from multichannel SAR

images. IEEE Transactions on Geoscience and Remote Sensing Letters, 4(2): 278-282.

Gao G, Kuang G Y, Zhang Q, et al. 2007. Fast detecting and locating groups of targets in high-resolution SAR images. Pattern Recognition, (40): 1378-1384.

Giustarini L, Hostache R, Matgen P, et al. 2013. A change detection approach to flood mapping in urban areas using TerraSAR-X. IEEE Transactions on Geoscience and Remote Sensing, 51(4): 2417-2430.

Hegarat S L, Seltz R. 2004. Automatic change detection by evidential fusion of change indices. Remote Sensing of Environment, (91): 390-404.

Jordi I, Grégoire M. 2007. A new statistical similarity measure for change detection in multitemporal SAR images and its extension to multiscale change analysis. IEEE Transactions on Geoscience and Remote Sensing, 45(5): 1432-1445.

Maître H. 2005. 合成孔径雷达图像处理. 孙洪, 等, 译. 北京: 电子工业出版社.

Nathan L, Fabio P. 2012. Multi-modal change detection, application to the detection of flooded Areas: outcome of the 2009-2010 data fusion. IEEE Earth Observation and Remote Sensing, 5(1): 331-342.

Novak L. 2005. Applications of synthetic aperture radar: tutorial N. IEEE International Radar Conference.

Oliver C, Quegan S. 1998. Understanding Synthetic Aperture Radar Images. London: Artech House.

Paolo G, Fabio D A, Giovanna T. 2007. Rapid damage detection in the bam area using multitemporal SAR and exploiting ancillary data. IEEE Transactions on Geoscience and Remote Sensing, 45(6): 1582-1589.

Tzeng Y C, Chiu S H, Chen D, et al. 2007. Change detections from SAR images for damage estimation based on a spatial chaotic model. Proceedings IEEE International Geoscience and Remote Sensing Symposium: 1926-1930.

Werner M. 2005. Principles of SAR: tutorial F: 2005RA-059. IEEE International Radar Conference.

Woodhouse L H. 2014. 微波遥感导论. 董晓龙, 徐星欧, 徐曦煜, 译. 北京: 科学出版社.